21世纪高职高专教材·计算机系列

计算机基础项目化教程

主编 赵 伟 宫国顺 韩雪松

北京交通大学出版社

·北京·

内 容 简 介

本书详细讲解了计算机基础知识、windows 10 操作系统、办公软件 Office 2016、计算机网络等内容，以项目、任务引领整个操作过程，旨在培养读者的操作技能，提高读者对知识的应用，帮助读者解决实际中遇到的问题。

本书讲解通俗易懂、案例丰富、结构清晰、操作性强，将理论很好地与实践进行了结合，能够很好地指导读者完成相关操作。本书适合用作专升本考试用书、高职院校计算机基础教材、计算机基础培训用书，也可作为办公职场人员的参考用书。

图书在版编目（CIP）数据

计算机基础项目化教程 / 赵伟，宫国顺，韩雪松主编. —北京：北京交通大学出版社，2021.7
ISBN 978-7-5121-4351-7

Ⅰ. ①计…　Ⅱ. ①赵…　②宫…　③韩…　Ⅲ. ①电子计算机-高等职业教育-教材　Ⅳ. ①TP3

中国版本图书馆 CIP 数据核字（2020）第 209431 号

计算机基础项目化教程
JISUANJI JICHU XIANGMUHUA JIAOCHENG

责任编辑：谭文芳
出版发行：北京交通大学出版社　　电话：010-51686414　　http://www.bjtup.com.cn
地　　址：北京市海淀区高梁桥斜街 44 号　　邮编：100044
印 刷 者：北京时代华都印刷有限公司
经　　销：全国新华书店
开　　本：185 mm×260 mm　　印张：27.25　　字数：692 千字
版 印 次：2021 年 7 月第 1 版　　2021 年 7 月第 1 次印刷
印　　数：1～6 000 册　　定价：69.00 元

本书如有质量问题，请向北京交通大学出版社质监组反映。对您的意见和批评，我们表示欢迎和感谢。
投诉电话：010-51686043，51686008；传真：010-62225406；E-mail：press@bjtu.edu.cn。

前　　言

随着信息技术的发展和普及，计算机技术已经深入各个角落，各行各业的办公也越来越依赖于计算机技术。进入21世纪以后，计算机基础教学所面临的形势发生了巨大的变化。随着计算机教学改革的深入，计算机应用能力已成为衡量大学生业务素质与能力的突出标志之一。作为当代大学生，学好计算机基础知识，不仅能够方便自己整理各种数字资料，而且能够为将来工作打下良好基础。

本书根据教育部高等学校计算机基础课程教学指导委员会对计算机基础教学提出的目标和要求编写。本书从设计到编写都聘请了企业专家进行指导，把企业中优秀的案例引入到课堂教学中，使内容更贴近于工作实际应用。本书共分为6章，每章又包括若干个项目，每个项目又包括知识点提要、任务单、资料卡及实例、评价单、知识点强化与巩固五个栏目，构建了相对完整的从引入到操作再到评价的教学环节。

本书在设计过程中遵循教学改革要求，以“任务驱动、项目引领”为主要设计要点，教学目标明确，针对性和操作性强，采用“基于任务的行动导向”教学理念，让学生在实操过程中学会知识，学会操作，学会举一反三，从而提升学生的计算机水平，真正体现了职业技术教育的性质和特点。

本书主编赵伟负责编写教材提纲、确定参编人员及教材推广；主编宫国顺负责确定框架结构，拟定章节目录和主要知识点；主编韩雪松负责分配编写任务及统稿工作；齐齐哈尔火车站货运车间曹国志、齐齐哈尔火车站自动售票员李志刚特别参与本书的案例设计，提供企业案例参考；第一章由赵龙厚编写，第二章项目一、项目二由刘伟编写，项目三由崔瑛瑞编写，第三章项目一由崔瑛瑞编写，项目二由尹宏飞编写，第四章项目一由徐秀华编写，项目二、项目三由闫庆华编写，第五章项目一由于晓坤编写，项目二、项目三由关玉梅编写，项目四由韩江编写，第六章由尹宏飞编写。

本书内容合理，通俗易懂，适合高职高专各专业学生使用，也可以作为培训教材或自学指导书。为方便学习，本书涉及的所有任务单答案、电子素材资料、知识点强化与巩固习题答案，读者可以扫描扉页上的二维码下载。

由于作者水平有限，书中难免出现疏忽错漏之处，欢迎各位学者、专家、老师和同学提出宝贵的建议或意见。

编　者

2021年4月

目　录

第1章 计算工具

计算机（全称为电子计算机；英文为 computer）是一种能够自动、高速、精确地进行各种信息处理的电子设备，是20世纪最伟大发明创造之一，对人类的生产活动和社会活动产生了极其重要的影响，并以强大的影响力飞速发展。它的应用领域从最初的军事科研应用扩展到目前社会的各个领域，已形成规模巨大的计算机产业，带动了全球范围的技术进步，由此引发了深刻的社会变革。现如今，计算机已遍及学校、企事业单位，进入寻常百姓家，成为信息社会中必不可少的工具。在21世纪信息时代中，计算机与信息技术的基础知识已成为人们必须掌握的基本文化课程。

项目一　计算机的发展

知识点提要

1. 早期的计算机工具
2. ENIAC 诞生记
3. 电子计算机的时代划分
4. 计算机类型
5. 我国计算机发展状况
6. 计算机特点及应用
7. 计算机的未来发展方向
8. 计算机新技术

任务单

<table>
<tr><td>任务名称</td><td>计算工具</td><td>学　时</td><td>2学时</td></tr>
<tr><td>知识目标</td><td colspan="3">1．掌握计算机发展的历程。
2．掌握 ENIAC 产生的时间、地点。
3．掌握计算机的分类。
4．了解我国计算机的发展状况。
5．理解计算机新技术。</td></tr>
<tr><td>能力目标</td><td colspan="3">1．具有描述计算机发展情况的能力。
2．具有将计算机发展与实际中计算机的使用联系在一起的能力。</td></tr>
<tr><td>素质目标</td><td colspan="3">1．通过学习铁路 12306 客票系统中大数据的技术支持，引导学生了解大数据的使用，培养学生勇于探索科技新知识的能力。
2．通过对学生分组教学，使学生相互合作、有效沟通，培养学生文明友善、沟通协作的品质。</td></tr>
<tr><td>任务描述</td><td colspan="3">一、中国古代的算盘为什么没有演变为计算机？

二、写出计算机发展的四个阶段情况。
<table><tr><th>发展阶段</th><th>逻辑元件</th><th>主存储器</th><th>运算速度</th></tr><tr><td></td><td></td><td></td><td></td></tr><tr><td></td><td></td><td></td><td></td></tr><tr><td></td><td></td><td></td><td></td></tr><tr><td></td><td></td><td></td><td></td></tr></table>
三、写出你对未来计算机发展情况的描述。

四、学习资料一：大数据在中国铁路客票系统中提供了哪些技术支持？</td></tr>
<tr><td>任务要求</td><td colspan="3">1．仔细阅读任务描述中的要求，认真完成任务。
2．小组间讨论交流。</td></tr>
</table>

资料卡及实例

1.1 计算机的发展

计算技术的发展历史是人类文明史的一个缩影。计算机的产生和发展经历了漫长的历史过程，在这个过程中，科学家们经过艰难探索，发明了各种各样的计算机，推动了计算机技术的发展。从 1946 年 2 月 14 日，美国军方定制的世界上第一台电子计算机“电子数字积分计算机”在美国宾夕法尼亚大学问世到现在，在这短短的七十多年的发展历程中，计算机经历了一个从简单到复杂，从低级到高级的发展阶段。如今，计算机的发展之路没有终结，依然在向着更加完善的方向快速发展。

1.1.1 早期的计算机工具

人类最早的计算工具也许是手指和脚趾，因为这些计算工具与生俱来，无须任何辅助设施，具有天然优势。英语单词“dight”既表示“手指”又表示“整数数字”；而中国古人常用“结绳”来帮助记事，即在一条绳子上打结。结绳记事是文字发明前人们所使用的一种记事方法。

1．算筹

算筹是中国古代最早的计算工具之一，成语“运筹帷幄”中的“筹”就是指算筹。根据史书记载和考古材料发现，古代算筹实际上是一种竹制、木制或骨制的小棍。古人在地面或盘子里反复摆弄这些小棍，通过移动来进行计算，从此出现了“运筹”这个词，运筹就是计算，后来才派生出“筹”的词义。中国古代科学家祖冲之最先算出了圆周率小数点后的第 7 位，使用的工具正是算筹。

2．算盘

算筹在使用中，一旦遇到复杂运算常弄得繁杂混乱，让人感到不便，于是中国人又发明了一种新式的“计算机”。

著名作家谢尔顿在他的小说《假如明天来临》里讲过一个故事：骗子杰夫向经销商兜售一种袖珍计算机，说它“价格低廉，绝无故障，节约能源，十年中无需任何保养”。当商人打开包装盒一看，这台“计算机”原来是一把来自中国的算盘。世界文明的四大发源地——黄河流域、印度河流域、尼罗河流域和幼发拉底河流域先后都出现过不同形式的算盘，只有中国的珠算盘一直沿用至今。

珠算盘最早可能萌芽于汉代，定型于南北朝。它利用进位制记数，通过拨动算珠进行运算：上珠每珠当五，下珠每珠当一，每一档可当作一个数位。打算盘必须记住一套口诀，口诀相当于算盘的“软件”。算盘本身还可以存储数字，使用起来的确方便。2013 年，中国穿珠算盘被联合国列为人类非物质文化遗产。

3．机械计算器

17 世纪，欧洲出现了利用齿轮技术的计算工具，这是一台能进行 6 位十进制加法运算的机器，如图 1-1 所示。这台加法器是由齿轮组成、以发条为动力、通过转动齿轮来实现加减运算、用连杆实现进位的计算装置。科学家从加法器的成功中得出结论：人的某些思维过程与机械过程没有差别，因此可以设想用机械来模拟人的思维活动。

1673年，莱布尼茨研制了一台能进行四则运算的机械式计算器，称为莱布尼茨四则运算器，如图1-2所示。这台机器在进行乘法运算时采用进位-加（shift-add）的方法，后来演化为二进制，被现代计算机采用。莱布尼茨的计算机，加、减、乘、除四则运算一应俱全，也给其后风靡一时的手摇计算机铺平了道路。

图1-1 帕斯卡加法器

图1-2 莱布尼茨四则运算器

4．巴贝奇自动计算机器

1822年研制成功第一台差分机，如图1-3所示。差分机是一种专门用来计算特定多项式函数值的机器，“差分”的含义是将函数表的复杂计算转化为差分运算，用简单的加法代替平方运算，快速编制出对数和三角函数数学用表。

图1-3 巴贝奇差分机

1.1.2 ENIAC诞生记

世界上第一台通用电子数字计算机“埃尼阿克”（ENIAC），于1946年2月诞生于美国宾夕法尼亚大学，如图1-4所示。它使用了18 000多个电子管，10 000多个电容器，1500多个继电器，耗电150 kW，占地面积170 m^2，重量达30吨。虽然它体积大、速度慢、能耗大，但它却为发展电子计算机奠定了技术基础。ENIAC最突出的优点就是高速度，每秒能完成

5000 次加法运算或 400 多次乘法运算，比当时最快的继电器计算工具快 1000 多倍，比手工计算快 20 万倍。ENIAC 是世界上第一台能真正运转的大型电子计算机，ENIAC 的出现标志着电子计算机（以下称计算机）时代的到来。

图 1-4 ENIAC 计算机

虽然 ENIAC 显示了电子元件在进行初等运算速度上的优越性，但没有最大限度地实现电子技术所提供的巨大潜力。ENIAC 的主要缺点是：第一，存储容量小，至多存储 20 个 10 位的十进制数；第二，程序是“外插型”的，为了进行几分钟的计算，接通各种开关和线路的准备工作就要用几个小时。新生的电子计算机需要人们用千百年来制造计算工具的经验和智慧赋予更合理的结构，从而获得更强的生命力。

半个多世纪以来，计算机已经发展了四代，现在正向第五代计算机发展。在推动计算机发展的很多因素中，电子器件的发展起着决定性的作用。另外，计算机系统结构和计算机软件的发展也起着重大的作用。

1.1.3 电子计算机的时代划分

计算机硬件的发展以用于构建计算机硬件的元器件的发展为主要特征，而元器件的发展与电子技术的发展紧密相关，每当电子技术有突破性的进展，就会导致计算机硬件的一次重大变革。因此，计算机硬件发展史中的“代”通常以其所使用的主要器件，即电子管、晶体管、集成电路、大规模集成电路和超大规模集成电路来划分。

1. 第一代计算机（1946—1958）

第一代计算机以 1946 年 ENIAC 的研制成功为标志。这个时期的计算机都是建立在电子管基础上，笨重而且产生很多热量，容易损坏；存储设备比较落后，最初使用延迟线和静电存储器，容量很小，后来采用磁鼓（磁鼓在读写臂下旋转，当被访问的存储器单元旋转到读写臂下时，数据被写入这个单元或从这个单元中读出），有了很大改进；输入设备是读卡机，可以读取穿孔卡片上的孔，输出设备是穿孔卡片机和行式打印机，速度很慢。在这个时代将要结束时，出现了磁带驱动器（磁带是顺序存储设备，也就是说，必须按线性顺序访问磁带上的数据），它比读卡机快得多。

这个时期的计算机非常昂贵，而且不易操作，只有一些大的机构，如政府和一些主要的银行才买得起，这还不算容纳这些计算机所需要的可控制温度的机房和能够进行计算机编程的技术人员。

2．第二代计算机（1959—1964）

第二代计算机以1959年菲尔克公司研制成功的第一台大型通用晶体管计算机为标志。这个时期的计算机用晶体管取代了电子管，晶体管具有体积小、重量轻、发热少、耗电省、速度快、价格低、寿命长等一系列优点，使计算机的结构与性能都发生了很大改变。

20世纪50年代末，内存储器技术的重大革新是麻省理工学院研制的磁芯存储器，这是一种微小的环形设备，每个磁芯可以存储一位信息，若干个磁芯排成一列，构成存储单元。磁芯存储器稳定而且可靠，成为这个时期存储器的工业标准。

这个时期的辅助存储设备出现了磁盘，磁盘上的数据都有位置标识符——地址，磁盘的读写头可以直接被送到磁盘上的特定位置，因而比磁带的存取速度快得多。

20世纪60年代初，出现了通道和中断装置，解决了主机和外设并行工作的问题。通道和中断装置的出现在硬件的发展史上是一个飞跃，使得处理器可以从繁忙的控制输入/输出的工作中解脱出来。

3．第三代计算机（1965—1970）

第三代计算机以IBM公司研制成功的360系列计算机为标志。在第二代计算机中，晶体管和其他元件都是手工集成在印刷电路板上，第三代计算机的特征是集成电路。所谓集成电路是将大量的晶体管和电子线路组合在一块硅片上，故又称其为芯片。制造芯片的原材料相当便宜，硅是地壳里含量第二的常见元素，是海滩沙石的主要成分，因此采用硅材料的计算机芯片可以廉价地批量生产。

这个时期的内存储器用半导体存储器淘汰了磁芯存储器，使存储容量和存取速度有了大幅度的提高；输入设备出现了键盘，使用户可以直接访问计算机；输出设备出现了显示器，可以向用户提供立即响应。

为了满足中小企业与政府机构日益增多的计算机应用，第三代计算机出现了小型计算机。1965年，数字设备公司（Digital Equipment Corporation，DEC）推出了第一台商业化的以集成电路为主要器件的小型计算机PDP-8。

4．第四代计算机（1971至今）

第四代计算机以Intel公司研制的第一代微处理器Intel 4004为标志，这个时期的计算机最为显著的特征是使用了大规模集成电路和超大规模集成电路。所谓微处理器是将CPU集成在一块芯片上，微处理器的发明使计算机在外观、处理能力、价格及实用性等方面发生了深刻的变化。

第四代计算机要数微型计算机最为引人注目了，微型计算机的诞生是超大规模集成电路应用的直接结果。微型计算机的“微”主要体现在它的体积小、重量轻、功耗低、价格便宜。时至今日，奔腾系列微处理器相继产生，使得现在的微型计算机体积越来越小、性能越来越强、可靠性越来越高、价格越来越低。

微处理器和微型计算机的出现不仅深刻地影响着计算机技术本身的发展，同时也使计算机技术渗透到社会生活的各个方面，极大地推动了计算机的普及。尽管微型计算机对人类社会的影响深远，但是微型计算机并没有完全取代大型计算机，大型计算机也在发展。利用大规模集成电路制造出的多种逻辑芯片，组装出大型计算机、巨型计算机，使运算速度更快、存储容量更大、处理能力更强，这些企业级的计算机一般要放到可控制温度的机房里，因此很难被普通公众看到。

20 世纪 80 年代，多用户大型机的概念被小型机器连接成的网络所代替，这些小型机器通过联网实现共享打印机、软件和数据等资源。计算机网络技术使计算机应用从单机走向网络，并逐渐从独立网络走向互联网络。80 年代末，出现了新的计算机体系结构——并行体系结构（就是所有处理器共享同一个内存）。虽然把多个处理器组织在一台计算机中存在巨大的潜能，但是为这种并行计算机进行程序设计的难度也相当高。

由于计算机仍然在使用电路板，仍然在使用微处理器，因此仍然没有突破冯·诺伊曼体系结构，所以我们不能为这一代计算机划上休止符。但是，生物计算机、量子计算机等新型计算机已经出现，对第五代计算机的到来，我们拭目以待。

1.1.4 计算机类型

国际电子与电气工程师协会（IEEE）1989 年将计算机分为巨型计算机、小巨型计算机、小型计算机、工作站（WS）和个人计算机（PC）五种类型。这种按计算性能分类的方法会随时间而改变，如 20 世纪 90 年代的巨型计算机并不比目前微机计算能力强。如果根据计算性能分类，就必须根据计算性能的不断提高而随时改变计算机的分类，这显然是不合理的。尤其是计算机集群技术的发展，使大、中、小型计算机之间的界限变得模糊，而工作站这种机型也被服务器所取代。

现代计算机诞生以来，计算机产业发展非常迅速，计算机性能不断提高。因此，很难对计算机进行精确的类型划分。如果按照目前计算机市场产品的应用情况，大致可以分为大型计算机、微型计算机、嵌入式计算机等类型，如图 1-5 所示。

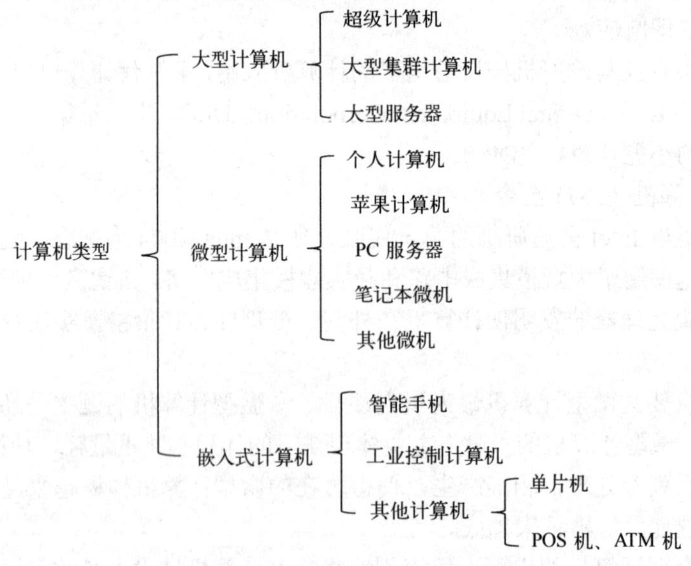

图 1-5 计算机的基本类型

1. 大型计算机

大型计算机主要用于科学计算、军事、通信、金融等大型计算项目等。在超级计算机设计领域，目前主流设计思想是采用计算机集群（cluster）结构。

计算机集群技术是将多台（几台到上万台）独立计算机（大多为PC服务器），通过高速局域网组成一个机群，并以单一系统模式进行管理，使多台计算机像一台超级计算机那样统一管理和并行计算。集群中运行的单台计算机并不一定是高档计算机，但集群系统却可以提供高性能不停机服务。集群中每台计算机都承担部分计算任务，因此整个系统计算能力非常高。同时，集群系统具有很好的容错功能，当集群中某台计算机出现故障时，系统可将这台计算机进行隔离，并通过各台计算机之间的负载转移机制，实现新的负载均衡，同时向系统管理员发出故障报警信号。

计算机集群一般采用 Linux 操作系统和集群软件实现并行计算，计算机集群的价格只有专用大型计算机的几十分之一。计算机集群具有可增长特性，即可以不断向集群加入新计算机。计算机集群提高了系统的稳定性和数据处理能力，绝大部分超级计算机都采用集群技术，只有极少的大型计算机采用专用系统结构。

超级计算机是指信息处理能力比个人计算机快一到两个数量级以上的计算机，它具有很强的计算和处理数据的能力，主要特点表现为高速度和大容量，配有多种外围设备及丰富的、高功能的软件系统。超级计算机采用涡轮式设计，每个刀片就是一个服务器，能实现协同工作，并可根据应用需要随时增减。以我国第一台全部采用国产处理器构建的“神威·太湖之光”为例，它的持续性能为9.3亿亿次/秒，峰值性能可以达到12.5亿亿次/秒，在2017年11月 14 日美国丹佛召开的 SC2017 国际高性能计算大会上，斩获世界超级计算机排名榜单TOP500 第一名。神威·太湖之光通过先进的架构和设计，实现了存储和运算的分开，确保用户数据、资料在软件系统更新或CPU升级时不受任何影响，保障了存储信息的安全，真正实现了保持长时、高效、可靠的运算并易于升级和维护的优势。

2019年6月17日上午，第53届全球超算TOP 500名单在于德国法兰克福举办的“国际超算大会”（ISC）上发布。与2018年11月公布的名单相比，榜单前四位没有变化，部署在美国能源部旗下橡树岭国家实验室及利弗莫尔实验室的两台超级计算机“顶点”（Summit）和“山脊”（Sierra）仍占据前两位，中国超算“神威·太湖之光”和“天河二号”分列三、四名。其中，世界最快超算“顶点”在本届榜单上的性能峰值达到148.6 PFlops，创下了新的超算记录

2．微型计算机

1971年11月英特尔公司推出一套芯片，并将这套芯片称为“MCS-4微型计算机系统”，这是最早提出的“微机”概念。但是，这仅仅是一套芯片而已，当时没有组成一台真正意义上的微型计算机。以后，人们将装有微处理器芯片的机器称为“微机”。

（1）台式PC系列计算机

大部分个人计算机采用Intel公司CPU作为核心部件，凡是能够兼容IBM PC 的计算机产品都称为PC。目前台式计算机基本采用Intel和AMD公司的CPU产品，这两个公司的CPU兼容Intel公司早期的80x86系列CPU产品，因此也将采用这两家公司CPU产品的计算机称为x86系列计算机。

如图 1-6 所示，台式计算机在外观上有立式和一体化机两种类型，它们在性能上没有区别。台式计算机主要用于企业办公和家庭应用，因此要求有较好的多媒体功能。台式计算机应用广泛，应用软件也最为丰富，这类计算机有很好的性价比。

图 1-6　立式计算机（左）和一体化计算机（右）

（2）PC 服务器

如图 1-7 所示，PC 服务器往往采用机箱或机架等形式，机箱式 PC 服务器体积较大，便于售后扩充硬盘等 I/O 设备；机架式 PC 服务器体积较小，尺寸标准化，扩充时在机柜中再增加一个机架式服务器即可。PC 服务器主要用于网络服务，因此对多媒体功能几乎没有要求，但是对数据处理能力和系统稳定性有很高要求。

目前，PC 在各个领域都取得了巨大成功，PC 成功的原因是拥有海量应用软件，以及优秀的兼容能力，而低价高性能在很长一段时间里都是 PC 的市场竞争法宝。

（a）机箱式服务器

（b）刀片式服务器

（c）机架式服务器

图 1-7　各种形式的 PC 服务器

（3）苹果系列计算机

苹果公司的计算机产品主要有 Power iMac G5 系列，如图 1-8 所示。苹果公司产品在硬件和软件上均与 PC 机不兼容。苹果 Power iMac G5 计算机采用双 64 位 Power PC G5 处理器（近年逐步采用 Intel Xeon 处理器），高瑞型号拥有两块 2.5 GHz 处理器，而且配备先进的水冷系统。苹果计算机采用基于 UNIX 的 Mac OS X 操作系统。

（4）笔记本计算机

笔记本计算机（notebook computer）主要用于移动办公，因此具有短小轻薄的特点。近年来流行的“上网本”和“超级本”都是笔记本计算机的一种类型。笔记本计算机在软件上与台式计算机完全兼容，在硬件上虽然按照 PC 设计规范制造，但由于受到体积限制，不同厂商之间的产品不能互换，硬件兼容性较差。笔记本与台式机在相同配置下，笔记本计算机的性能要低于台式计算机，价格也要高于台式计算机。笔记本计算机一般具有无线通信功能。

图 1-8　苹果 iMac G5 一体化机

（5）平板计算机

平板计算机（tablet PC）最早由微软公司 2002 年推出。平板计算机是一种小型、方便携带的个人计算机。如图 1-9 所示，目前平板计算机最典型的产品是苹果公司的 iPad。平板计算机在外观上只有杂志大小，目前主要采用苹果和安卓操作系统，它以触摸屏作为基本操作设备，所有操作都通过手指或手写笔完成，而不是传统键盘或鼠标。平板计算机一般用于阅读、上网、简单游戏等。平板计算机的应用软件专用性强，这些软件不能在台式计算机或笔记本计算机上运行，普通计算机上的软件也不能在平板计算机上运行。

图 1-9　微软公司平板计算机（左）和苹果公司 iPad 平板计算机（右）

3．嵌入式计算机

嵌入式系统（embedded system）是一种为特定应用而设计的专用计算机系统，或者作为设备的一部分。“嵌入”是将微处理器设计和制造在某个设备内部的意思。嵌入式系统是一个外延极广的名词，凡是与工业产品结合在一起，并且具有计算机控制的设备都可以称为嵌入式系统。

（1）智能手机

早期手机是一种通信工具，用户不能安装程序，信息处理功能极为有限。而智能手机（smart phone）打破了这些限制，它完全符合计算机关于“程序控制”和“信息处理”的定义，而且形成了丰富的应用软件市场，用户可以自由安装各种应用软件，目前智能手机是移动计算的最佳终端。

智能手机是指具有完整的硬件系统、独立的操作系统、用户可以自行安装第三方服务商提供的程序，并可以实现无线网络接入的移动计算设备。智能手机的名称主要是针对手机功能而言，并不意味着手机有很强大的“智能”。

智能手机操作系统有谷歌公司基于 Linux 开发的 Android（安卓）、苹果公司开发的 iOS、微软公司开发的 Windows Phone、Linux 联盟和英特尔等公司共同开发的 Tizen（泰泽）等。不同操作系统手机之间的应用软件互不兼容，而相同系统的手机软件基本通用。因为可以安装第三方软件，所以智能手机有丰富的扩展功能。

安卓（Android）智能手机操作系统由谷歌公司和开放手持设备联盟联合研发。安卓采用开放源代码（公开操作系统核心的源程序）形式发放，而且在性能和其他方面的表现也非常优秀，所以大量智能手机生产商采用安卓操作系统。

（2）工业控制计算机

工业控制计算机（IPC）是一种采用工业总线结构的计算机，它主要用于实现过程控制和过程管理。工业控制计算机具有 CPU、内存、硬盘、外设及接口等硬件设备，并有实时操作系统、控制网络和协议、应用程序等软件系统。IPC 工作环境恶劣，如存在粉尘、烟雾、潮湿、震动、腐蚀等，因此对系统可靠性要求高。IPC 对生产过程进行实时在线检测与控制，需要对工作状况的变化给予快速响应，因此对实时性要求较高。IPC 有很强的输入输出功能，可扩充符合工业总线标准的检测和控制板卡，完成工业现场的参数监测、数据采集、设备控制等任务。

1.1.5 我国计算机发展状况

20 世纪 50 年代中期，计算机这个词对绝大多数中国百姓来说还很陌生。为了尽快实现国家现代化，当时我国制定了“十二年科学技术发展规划”，并提出“向科学进军”的口号。著名数学家华罗庚敏锐地意识到计算机的发展前景广阔，便提出要研制我国的计算机。

1956 年，国家成立中科院计算技术研究所筹备委员会。在苏联的援助下，中国科研人员得到了 M3 型计算机的相关资料，并开始对计算机技术快速地消化吸收，国营 738 厂用时 8 个月，完成了计算机的制造工作。1958 年 8 月 1 日，中国人自己制造的第一部电子计算机——103 机诞生。它体积庞大，仅主机部分就有好几个大型机柜，占地达 40 平方米。它十分精密，机体内有近 4000 个半导体锗二极管和 800 个电子管。虽然 103 机的运算速度仅有每秒 30 次，但它却成为我国计算技术这门学科建立的标志。103 机研制成功后一年多，104 机问世，运算速度提升到每秒 1 万次。

1965 年中科院计算所研制成功了我国第一台大型晶体管计算机——109 乙机；对 109 乙机加以改进，两年后又推出 109 丙机，在我国两弹试制中发挥了重要作用，被用户誉为“功勋机”。

1973 年，我国第一部百万次集成电路大型计算机 150 机诞生。1974 年，清华大学等单位联合设计、研制成功采用集成电路的 DJS-130 小型计算机，运算速度达每秒 100 万次。1983 年，国防科技大学研制成功运算速度每秒上亿次的银河-I 巨型机，这是我国高速计算机研制的一个重要里程碑，它将我国带入了研制巨型机国家的行列。

2009 年 9 月，我国首台千万亿次超级计算机“天河一号”研制成功。2010 年 11 月 14 日，国际 TOP 500 组织在网站上公布了最新全球超级计算机前 500 强排行榜，中国超级计算机系统“天河一号”排名全球第一。后 2011 年被日本超级计算机“京”超越。2012 年 6 月 18 日，国际超级计算机组织公布的全球超级计算机 500 强名单中，“天河一号”排名全球第五。

2016 年“神威 · 太湖之光”超级计算机由国家并行计算机工程技术研究中心研制成功，该机安装了 40 960 个中国自主研发的“申威 26010”众核处理器，该众核处理器采用 64 位自主申威指令系统，峰值性能为12.54亿亿次/秒，持续性能为9.3亿亿次/秒。它在一分钟里可以完成的计算量，相当于全球72亿人用计算器不间断地计算32年。2016年6月20日，在法兰克福国际超算大会上，国际TOP 500组织发布的榜单显示，“神威·太湖之光”超级计算机系统登顶榜单之首；2018年11月12日，新一期全球超级计算机500强榜单在美国达拉斯发布，“神威·太湖之光”位列第三名。

1.1.6 计算机的特点及应用

1．计算机的主要特点

（1）运算速度快

运算速度是计算机的一个重要性能指标。计算机的运算速度通常用每秒执行定点加法的次数或平均每秒执行指令的条数来衡量。运算速度快是计算机的一个突出特点。计算机的运算速度已由早期的每秒几千次发展到现在的最高可达每秒几千亿次至万亿次。这样的运算速度是何等的惊人！

计算机高速运算的能力极大地提高了工作效率，把人们从浩繁的脑力劳动中解放出来。过去用人工旷日持久才能完成的计算，计算机在“瞬间”即可完成。曾有许多数学问题，由于计算量太大，数学家们终其毕生也无法完成，现在使用计算机则可轻易地解决。

（2）计算精度高

由于计算机采用二进制数字表示数据，因此它的精度主要取决于数据表示的位数，一般称为字长。字长越长，其精度越高。计算机的字长为8位、16位、32位、64位等。例如，利用计算机计算圆周率，目前可以算到小数点后上亿位。

（3）存储容量大

计算机的存储器可以存储大量数据，这使计算机具有了“记忆”功能。目前计算机的存储容量越来越大，已高达千吉数量级的容量。目前RAM突破了128 GB的限制， 这是一个巨大的变化。在手机的内存中，6 GB和8 GB都不少见。内存一般读取时间只需十分之几微秒，甚至百分之几微秒。具有记忆和高速存取能力是计算机能够自动高速运行的必要基础。

（4）具有逻辑判断功能

计算机内部的运算器是由一些数字逻辑电路构成的。逻辑运算和逻辑判断是计算机基本的功能，例如判断一个数大于还是小于另一个数。有了逻辑判断能力，计算机在运算时就可以根据对上一步运算结果的判断，自动选择下一步计算的方法。这一功能使得计算机还能进行诸如情报检索、逻辑推理、资料分类等工作，大大扩大了计算机的应用范围。

（5）自动化程度高，通用性强

由于采用存储程序控制方式，一旦输入编好的程序，启动计算机后，它就能自动地执行下去，不需要人来干预。这一点是计算机最突出的特点，也是它和其他一切计算工具的本质区别。

用计算机解决问题时，针对不同的问题，可以执行不同的计算机程序。因此，计算机的使用具有很大的灵活性和通用性，同一台计算机能解决各式各样的问题，应用于不同的范围。

2．计算机的应用

由于计算机具有处理速度快、处理精度高、可存储、可进行逻辑判断、可靠性高、通用性强和自动化等特点。因此，计算机具有广泛的应用领域。

（1）科学计算

科学计算的特点是计算量大，而逻辑关系相对简单。例如卫星轨道计算，导弹发射参数的计算，宇宙飞船运行轨迹和气动干扰的计算等。

（2）信息处理

是指对各种信息进行收集、存储、加工、分析和统计，向使用者提供信息存储、检索等一系列活动的总和。例如银行储蓄系统的存款、取款和计息；图书、书刊、文献和档案资料的管理和查询等。

（3）过程控制

它是由计算机对采集到的数据按一定方法经过计算，然后输出到指定执行机构去控制生产的过程。例如在化工厂可用来控制化工生产的某些环节或全过程等。

（4）计算机辅助系统

是设计人员使用计算机进行设计的一项专门技术，用来完成复杂的设计任务。它不仅应用于产品和工程辅助设计，而且还包括辅助制造、辅助测试、辅助教学及其他许多方面，这些都统称为计算机辅助系统。

- 计算机辅助设计（computer aided design，CAD）；
- 计算机辅助制造（computer aided manufacture，CAM）；
- 计算机辅助教学（computer aided institute，CAI）；
- 计算机辅助教育（computer based education，CBE）。

（5）人工智能

人工智能是指用计算机模拟人类大脑的高级思维活动，使计算机具有学习、推理和决策的功能。专家系统是人工智能研究的一个应用领域，可以对输入的原始数据进行分析、推理，做出判断和决策。例如智能模拟机器人、医疗诊断、语音识别、金融决策、人机对弈等。

（6）电子商务

电子商务（electronic commerce，EC）广义上指使用各种电子工具从事商务或活动，狭义上指基于浏览器-服务器应用方式，利用 Internet 从事商务或活动。电子商务涵盖的范围很广，一般可分为企业对企业（business to business），或企业对消费者（business to consumer）两种。例如消费者的网上购物、商户之间的网上交易和在线电子支付等。

（7）多媒体应用

多媒体计算机的主要特点是集成性和交互性，即集文字、声音、图像等信息于一体，并使人机双方通过计算机进行交互。多媒体技术的发展大大拓宽了计算机的应用领域，视频、音频信息的数字化，使得计算机走向家庭，走向个人。

计算机在社会各领域中的广泛应用，有力地推动了社会的发展和科学技术水平的提高，同时也促进了计算机技术的不断更新，使其朝着微型化、巨型化、网络化、智能化的方向不断发展。

1.1.7 计算机的未来发展方向

越来越多的专家认识到，试图在传统计算机的基础上，大幅度提高计算机的性能，永远都是一个空想。只有一切重新开始，才可能找到计算机发展的突破口。很多专家都在探讨，如何利用生物芯片、神经网络芯片等全新技术，促进计算机的再次飞跃。但也有很多专家把目光投向了最基本的物理原理上，他们认为以光子、量子和分子计算机为代表的新技术，将推动新一轮的超级计算技术革命。

1．分子计算机

电子计算机是通过硅芯片上的电子来传送信息的，而分子计算机是以生物分子（DNA和蛋白质等）的碱基排列来传输信息的，通过分子之间的化学反应来进行运算。如果在试管里加入经过适当加工的DNA（脱氧核糖核酸），就可以随意进行碱基排列，进而得出运算结果。

分子计算机有超排列性、节能性和小型的特点，前景非常为人看好。值得一提的是，分子计算机在电子计算机很难解决的排列问题上可以大显身手。

2002年1月，由日本奥林巴斯光学工业公司和东京大学组成的天空小组，成功地研制出用于解读基因的DNA计算机。这是一种由DNA计算部分和电子计算部分组成的混合计算机，在试管阶段的研究上前进了一步，是世界上第一台有实用性的DNA计算机。今后，经过鉴定试验后，DNA计算机可望在基因诊断方面得到应用。

现阶段，分子计算机有望在解读需要进行大量计算的基因序列，以及在人体内进行诊断的医疗计算机等方面加以应用。分子计算机的用途现在还很有限，恐怕今后也不可能完全取代电子计算机。

2．光计算机

光计算机是由光子元件构成的，利用光信号进行运算、传输、存储和信息处理的计算机。光计算机的运算器件、记忆器件和存储设备的工作都是用光学方法来实现的，也就是利用光子代替电子传递信息的计算机。光计算机不仅具有电子计算机的全部功能，而且由于光子以每秒30万千米的速度平行传播，是电子运行速度的300倍，所以，光计算机与电子计算机相比，还具有以下几个突出特点：

（1）光计算机具有 $N \times N$ 的并行处理能力。光的平行传播性，可以保证成千上万条光同时穿越一块光子元件的不同通道而不会互相干扰。

（2）光计算机计算精度高，运算速度极快。光计算机比现行电子计算机运算速度快一千倍。

（3）因为光的信息携带能力强，所以光通道携带的信息比电通道多得多，且光子存储器能够快速和并行存取数据。

在20世纪80年代欧洲就开始研制光计算机。据悉，1984年5月欧洲八所大学联合研制成了世界上第一台光计算机。20世纪90年代初美国也研制出了光计算机的模型机。目前，单元的光学逻辑器件、光形状器件、光存储器件已经问世，作为光计算机的外部存储设备的光盘技术已相当成熟。21世纪光计算机的应用将会成为现实。

3．量子计算机

量子计算机，简单地说，它是一种可以实现量子计算的机器，是一种通过量子力学规律以实现数学和逻辑运算、处理和储存信息能力的系统。它以量子态为记忆单元和信息储存形式，以量子动力学演化为信息传递与加工基础的量子通信与量子计算，在量子计算机中其硬件的各种元件的尺寸达到原子或分子的量级。

如同传统计算机是通过集成电路中电路的通断来实现0、1之间的区分，其基本单元为硅晶片一样，量子计算机也有着自己的基本单位——量子比特，它通过量子的两态的量子力学体系来表示 0 或 1。在量子计算机中，数据采用量子位存储。由于量子的叠加效应，一个量子位可以是 0 或 1，也可以既存储 0 又存储 1。所以，一个量子位可以存储两位二进制数据，就是说同样数量的存储单元，量子计算机的存储量比晶体管计算机的大。量子计算机的优点，一是能够实现并行计算，加快解题速度；二是大大提高了存储能力；三是可以对任意物理系统进行高效率模拟；四是能实现发热量极小的计算机。

2019 年 10 月 23 日，谷歌在英国《自然》杂志发表的一篇论文中，演示了量子霸权（quantum supremacy），即一台可编程量子计算机超越了最快的经典超级计算机。该量子系统只用了约 200 秒就完成了一个指定任务，但使用经典计算机大约需要 10 000 年才能完成。

量子计算机也存在一些问题：一是对微观量子态的操纵太困难；二是受环境影响大，量子并行计算本质上是利用了量子的相干性，但是在实际系统中，受到环境的影响，量子相干性很难保持；三是量子编码纠错复杂效率不高；四是必须在超低温下运行。

量子计算机具有量子并行性和运行速度非常快的特点，它可以用于模拟其他的量子系统，可以用于大数量的分解因子。现在量子计算机正在研制实验阶段。

1.1.8 计算机新技术

1．云计算

“云”实质上就是一个网络，狭义上讲，云计算（cloud computing）就是一种提供资源的网络，使用者可以随时获取“云”上的资源，按需求量使用，并且可以看成是无限扩展的，只要按使用量付费就可以，“云”就像自来水厂一样，我们可以随时接水，并且不限量，按照自己家的用水量，付费给自来水厂就可以。

从广义上说，云计算是与信息技术、软件、互联网相关的一种服务，这种计算资源共享池就叫作“云”。云计算把许多计算资源集合起来，通过软件实现自动化管理，只需要很少的人参与，就能让资源被快速提供。也就是说，计算能力作为一种商品，可以在互联网上流通，就像水、电、煤气一样，可以方便地取用，且价格较为低廉。

总之，云计算不是一种全新的网络技术，而是一种全新的网络应用概念，云计算的核心概念就是以互联网为中心，在网站上提供快速且安全的云计算服务与数据存储，让每一个使用互联网的人都可以使用网络上的庞大计算资源与数据中心。

云计算是分布式处理、并行处理和网格计算的发展。是一种基于因特网的超级计算模式，共享的软硬件资源和信息可以按需提供给计算机和其他设备。典型的云计算提供商往往提供通用的网络业务应用，可以通过浏览器等软件或者其他 Web 服务访问，而软件和数据都存储在服务器上。

云计算包括以下 3 个层次的服务。

① 基础设施即服务（infrastructure as a service，IaaS），提供给消费者的服务是对所有设施的利用，包括处理、存储、网络和其他基本的计算资源，用户能够部署和运行任意软件，包括操作系统和应用程序。

② 平台即服务（platform as a service，PaaS），提供给消费者的服务是把客户采用提供的开发语言和工具（例如 Java，Python，.Net 等）、开发的或收购的应用程序部署到供应商的云

计算基础设施上。客户既能控制部署的应用程序，也可以控制运行应用程序的托管环境配置。

③ 软件即服务（software as a service，SaaS），提供给客户的服务是运营商运行在云计算基础设施上的应用程序，用户可以在各种设备上通过客户端界面访问，如浏览器。

如何理解云计算的这 3 个层次服务呢？举个平时我们吃烧烤的例子，吃烧烤需要自己先准备烤炉、木炭、酱料，然后串好食材，最后动手烧烤，这种方法费时费力。实际上我们吃烧烤一般通过以下 3 个途径：第一种方法是串好烤串，去野营地租用烧烤炉子自己烤，这就像 IaaS 服务一样，直接使用商家提供的基础设施；第二种方法是到自助烧烤店里，商家为你准备好烤炉和烤串，只需要你动手自己烤，这就好比 PaaS 服务一样，利用商家的平台；第三种方法是坐在烤吧里照着菜单点菜，这就好比 SaaS 服务一样，直接使用云服务商提供的全套服务。

2. 5G 网络

简单说，5G 就是第五代通信技术，主要特点是波长为毫米级，超宽带，超高速度，超低延时。1G 实现了模拟语音通信，“大哥大”没有屏幕，只能打电话；2G 实现了语音通信数字化，功能机有了小屏幕，可以发短信了；3G 实现了语音以外图片等的多媒体通信，屏幕变大可以看图片了；4G 实现了局域高速上网，大屏智能机可以看短视频了，但在城市信号好，偏远地区信号差。1G～4G 都是着眼于人与人之间更方便快捷的通信，而 5G 将实现随时、随地、万物互联，让人类敢于期待与地球上的万物通过直播的方式无时差同步参与其中，如图 1-10 所示。

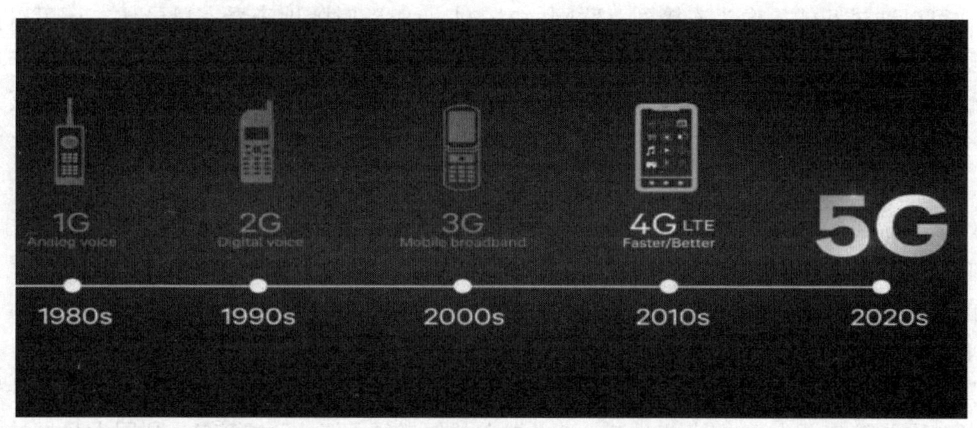

图 1-10 5G

目前，5G 正处于商用部署初期，增强移动宽带类的生活娱乐应用会最先得到普及，如高清视频、沉浸式内容、增强/虚拟现实、可穿戴设备、在线游戏等。不久的将来，将会渗透到各行各业，比如，无人驾驶、无人机、远程医疗、智能机器人、智慧城市等。5G 的生命力在于万物互联的创新应用。目前来看，在应用方面未知远大于已知，随着 5G 商用网络的部署，将有更多超乎想象的潜在可能性有待挖掘。

3. 物联网

物联网是新一代信息技术的重要组成部分，其英文名称是“Internet of things”。顾名思义，“物联网就是物物相连的互联网”。这里有两层意思：第一，物联网的核心和基础仍然是互联网，是在互联网基础上的延伸和扩展的网络；第二，其用户端延伸和扩展到了任何物品与物品之间进行信息交换和通信。

物联网是指通过各种信息传感设备，实时采集任何需要监控、连接、互动的物体或过程等各种需要的信息，与互联网结合形成的一个巨大智能网络。其目的是实现物与物、物与人、所有的物品与网络的连接，方便识别、管理和控制。比如：汽车、家用电器等，具有计算机化系统。在这项技术中，每一个设备都能自动工作，根据环境变化自动响应，与其他或多个设备交换数据，不需要人为参与。整个系统由无线网络和互联网的完美结合而构建。物联网的主要目的是提高设备的效率和准确性，为人们节省金钱和时间。

你可能好奇物联网到底能做些什么？但现实是物联网能做的事情有很多，你永远无法想象数以亿计的设备相互联通能撞出什么样的火花。下面列举一个物联网应用的例子：智能家居。

智能家居意味着房屋及其设备是一个完全自动化的控制系统。

（1）方便

如果在家中使用了物联网设备，会使生活变得更加方便。比如你要出门，家里的电视机、空调、灯泡等电器设备的电源会自动关闭，扫地机器人开始工作，烟雾警报器自动打开。而且你可以在任意地点、任何时间控制家中的智能设备，比如下班后通过手机中的 APP 打开家里的空调，到家后打开房间的灯，这样一回到家就能享受到舒适的温度，也不用摸黑去找灯的开关了。

（2）安全

你可以通过智能摄像头连接到互联网，7×24 小时随时随地查看家里录像，还可以自动检测家里有没有异常，发现可疑人员会自动提醒甚至报警。智能门锁，利用指纹开锁，更加安全快速，不用怕忘记带钥匙而无法开门，通过摄像头和麦克风与门外的访客进行交谈，确保安全再开门。如果安装了自动门窗，这些设备上的特定传感器可以根据环境的变化自动开关。

（3）温控

物联网设备可以检测房间内的温度，根据设定的温度，自动开启制热或者制冷，保持房间内的温度在一个适宜的范围内，温度正常后自动关闭电源，节省资源。

4. 大数据

随着人类文明的不断发展，人们所掌握的数据量呈指数级的增长，伴随着数据量的爆炸式增长，人类迎来了大数据时代，有人说“得大数据者得天下”，如何充分利用大数据技术解决各自领域的实际问题是摆在各行业、各部门决策者面前的一个重要任务。

数据、信息和知识是不同的概念，数据是信息的载体，知识是人们经过归纳和整理的有规律的信息。比如：关于学生身高的问题，测量得到的 1.62 为数据，张丽同学的身高为 1.62 m 则为信息，经过对多个同学身高信息的归纳计算后，得出大学女生的平均身高为 1.62 m，则为知识。

维基百科给出的定义“大数据（Big data 或 Megadata），或称巨量数据、海量数据、大资料，指的是所涉及的数据量规模巨大到无法通过人工在合理时间内达到截取、管理、处理并整理成为人类所能解读的信息”。

大数据是一个体量特别大，数据类别特别多的数据集，无法在一定时间内用传统数据库软件工具对其内容进行抓取、管理和处理的数据集合。

（1）大数据的特点

大数据具有规模性（volume）、多样性（variety）、高速性（velocity）价值性（value）和真实性（veracity）五个特点，简称“5V”特点。

规模性是指数据体量巨大。当前，典型个人计算机硬盘的容量为 TB 量级，而一些大企业的数据量已经接近 EB 量级。数据的量是相对的，当前被认为“巨大的数量”在将来甚至会更大。

多样性是指数据类型繁多。数据被分为结构化数据和非结构化数据。相对于以往便于存储的以文本为主的结构化数据，非结构化数据越来越多，包括网络日志、音频、视频、图片、地理位置信息等，这些多类型的数据对数据的处理能力提出了更高要求。

高速性是指处理速度快。这是大数据区分于传统数据挖掘的最显著特征，随着数据产生、获取、存储速度持续加快，数据的处理和分析的速度亟待提高。特别是某些大数据的应用所采用的数据是实时产生的，因此对时间很敏感，比如实时欺诈监测或多渠道“即时”营销，要求必须实现实时地分析数据，才能产生价值，因此高速性是大数据得以发展的重要特性。

价值性是指价值密度低。以视频为例，一部 1 小时的视频，在连续不间断的监控中，有用数据可能仅有一二秒。如何通过强大的机器算法更迅速地完成数据的价值“提纯”成为目前大数据背景下亟待解决的难题。价值密度低不等于价值低，价值密度低使得在海量数据中提取有价值的知识难度加大，但是一旦提取出来，其价值是高于传统的数据处理技术的。

大数据的真实性是指数据的准确度和可信赖度，代表数据的质量。

（2）大数据的处理流程

大数据的处理流程包括数据采集、数据预处理、数据分析与挖掘、结果呈现等过程。

① 数据采集。

大数据的采集是指利用多个数据库来接收发自客户端的数据，包括 Web 网络，APP，传感器以及机构信息系统的数据并附上时空标志，去伪存真，尽可能收集异源甚至是异构的数据，还可与历史数据对照，多角度验证数据的全面性和可信性。常用的数据库可以是传统的关系型数据库 MySQL 和 Oracle，也可以是 NoSQL 数据库，比如 Redis 和 MongoDB。

大数据技术不是采样，而是要获取全部所有的数据。在大数据的采集过程中，其主要特点和挑战是并发数高，因为同时有可能会有成千上万的用户来进行访问和操作，比如火车票售票网站，它的并发访问量在峰值时达到上百万，所以需要在采集端部署大量数据库才能支撑，并且要考虑如何在数据库之间进行负载均衡和分片。

② 数据预处理。

要对这些海量数据进行有效的分析，还应该将这些来自前端的数据导入到一个集中的大型分布式数据库，或者分布式存储集群，并对数据进行清洗和预处理，导入和预处理过程中每秒钟的数据量经常会达到百兆，甚至千兆级别，因此需要考虑高速地进行海量数据的导入与预处理。

在数据的采集和导入的过程中一个重要的技术问题是数据的存储，要达到低成本、低能耗、高可靠性目标，要用到冗余配置、分布化和云计算技术，存储时对数据进行分类，通过过滤和去重，减少存储量，并加入便于检索的标签。现在大数据的存储多是流式的分布式存储和云存储技术。

③ 大数据分析与挖掘。

简单的分析需求可以通过分布式计算集群对存储于其内的海量数据进行传统的统计分析和分类汇总完成，而要发掘大数据内部隐藏的知识，由于没有明确的主题和目标，则要应用多种技术综合挖掘，大数据的复杂性使得难以用传统的方法描述与度量，需要将高维图像等多媒体数据降维后度量与处理，利用上下文关联进行语义分析，从大量动态及可能模棱两可的数据中综合信息，并导出可理解的内容，将用到统计和分析、机器学习、数据挖掘等技术。大数据注重分析数据的相关关系，而不是因果关系，因此大数据分析的结果只是表明事物之间的相关性，并不一定存在着必然的因果关系。

④ 结果的可视化。

为了使大数据分析与挖掘的结果更直观以便于洞察，可以采用云计算、标签云、关系图等技术进行展现。例如，支付宝的电子对账单通过用户一段时间的支付宝使用信息，自动生成专门针对此用户的本月消费产品数据图表，可以帮助用户分析其自身的消费情况。此外，一些社交网络或生活消费类网站将应用与网络地图相叠加，实现多维叠加式数据可视化应用。

学习资料一

铁路 12306 大数据应用

中国铁路客票系统在坚持完全自主知识产权的原则下，拥有日益丰富的购票渠道和支付方式，是全球交易量最大的铁路票务系统。目前，12306 互联网售票占比最高超过 80%，“互联网+高铁网”给铁路客运带来深刻的变革，取得显著社会效益与经济效益。

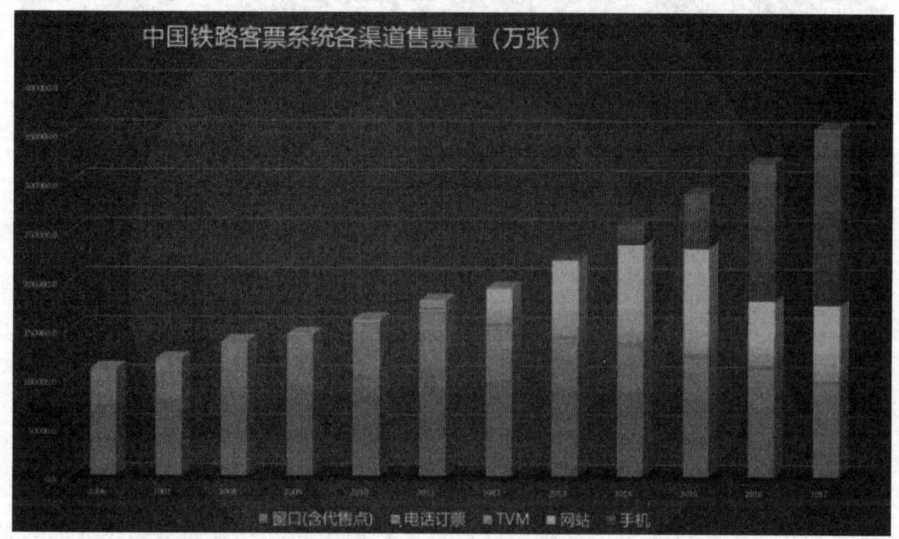

铁路客运快速发展积累了大量数据，这些数据产生于系统运行、业务运营、旅客出行等各个环节，对它们的整合和分析可为管理部门提供决策支持，为运营部门业务开展提供支撑，为旅客用户提供更个性化、更好的社会化服务。因此，充分发掘和利用这些数据资产，可为铁路产生巨大的价值。

中国铁路客票团队从 2012 年开始进行大数据的应用技术研究，针对数据采集、存储、处理、共享、可视化及数据安全等形成技术积累和人才储备，对客运业务及运营需求进行数据归类、模型建立和经验总结，将技术与应用结合实践，搭建小规模的大数据平台，并在部分业务系统中开展试点应用。

（1）12306 风控系统

铁路通过 12306 网站开展互联网购票后，出现了大量的抢票软件及第三方加价代购网站，他们利用技术手段向 12306 网站发起大量访问请求，实施“抢、占、囤、代”等行为，为网站的平稳运行带来极大的风险。

这些抢票软件和网站对 12306 网站的无序访问，一方面大幅增加了网站负载和带宽压力，另一方面带来了个人信息泄露风险，破坏了公平和公正的网络售票秩序。

2017 年 12306 网站建设了风控系统，通过内外联运、多维度大数据分析、多样化控制等手段形成完善的风控体系，具备实时风险识别能力。2018 年春运售票期间，通过风控系统加大防范力度，为保障 12306 网站的平稳运行发挥了显著作用。

（2）优化客运运营组织

在“互联网+高铁网”模式下，基于铁路客票大数据技术，通过客流数据分析，进行开行方案制定，从而实现运行图的优化管理，为铁路客运运营工作提供全过程大数据支撑。

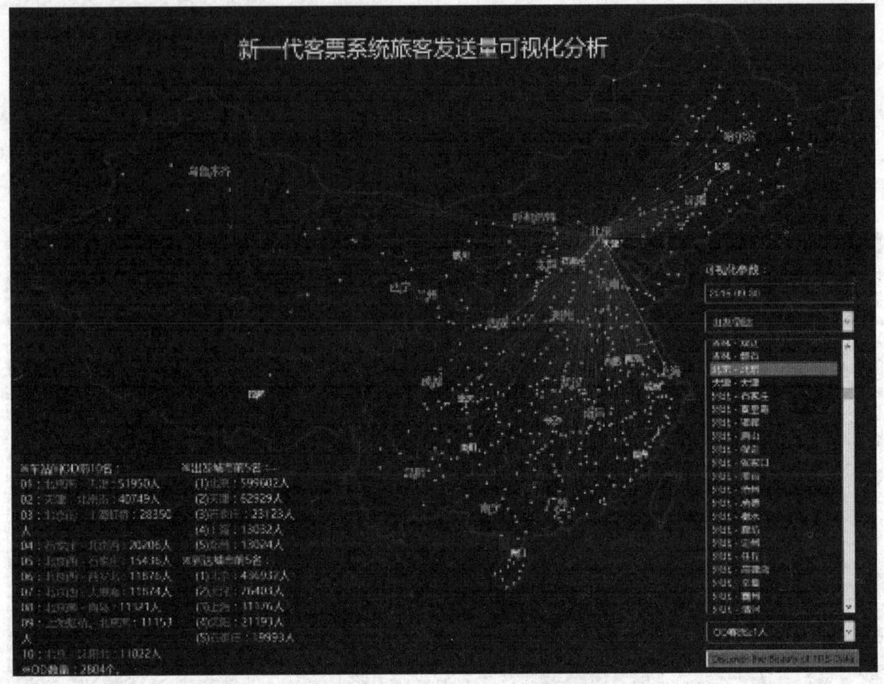

（3）票额预分应用

票额预分是以历史客运数据为基础，以列车运行图为约束，对列车起终点的客流量进行分席别的需求预测，在此基础上，以票额最大化利用率为优化目标，实施售票组织策略。

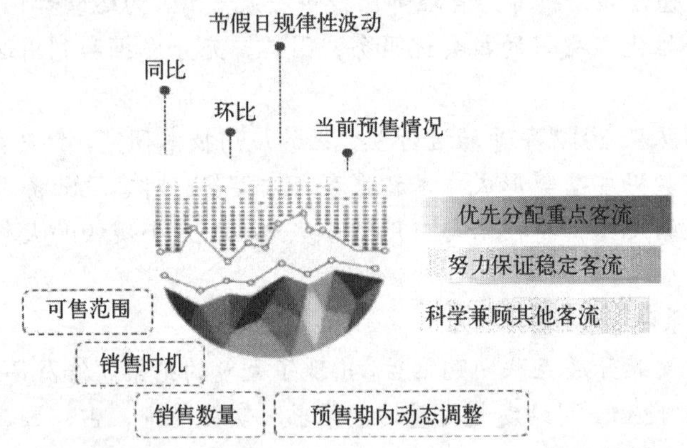

票额预分应用是在铁路有限动力约束下，以最大程度有效利用运能、满足旅客出行需求为目标，构建的铁路基于客运大数据平台的客运票额优化组织与管理的创新管理模式。

评价单

项目名称				完成日期	
班级		小组		姓名	
学号				组长签字	
评价项点		分值	学生评价		教师评价
计算机发展历程		10			
计算机的分类		10			
计算机的特点与应用		10			
介绍神威·太湖之光，增强民族自豪感和强烈的爱国情怀		10			
云计算的三个服务层次		10			
举例说明5G网络的应用		10			
物联网中智能家居		10			
铁路12306网站中大数据的应用		20			
态度是否认真		5			
与小组成员的合作情况		5			
总分		100			
学生得分					
自我总结					
教师评语					

知识点强化与巩固

一、填空题

1．采用大规模或超大规模集成电路的计算机属于第（　　　　）代计算机。

2．ENIAC 采用的电子器件是（　　　　）。

3．英文缩写 CAD 的中文意思是（　　　　）。

4．CAI 的中文含义是（　　　　）。

5．1946 年，ENIAC 诞生于（　　　　）国。

6．大数据具有（　　　　）（　　　　）（　　　　）（　　　　）（　　　　）5 个特点，简称 5V。

7．云计算包括三个层次的服务：（　　　　）、（　　　　）、（　　　　）。

二、选择题

1．按使用器件划分计算机发展史，当前使用的微型计算机是（　　）。

A．集成电路　　B．晶体管　　C．电子管　　D．超大规模集成电路

2．从第一台计算机诞生到现在的 60 多年中计算机的发展经历了（　　）个阶段。

A．3　　B．4　　C．5　　D．6

3．第二代电子计算机使用的电子器件是（　　）。

A．电子管　　B．晶体管　　C．集成电路　　D．超大规模集成电路

4．第四代电子计算机是（　　）。

A．大规模集成电路电子计算机　　B．电子管计算机

C．晶体管计算机　　D．集成电路计算机

5．第一台电子计算机 ENIAC 诞生于（　　）年。

A．1927　　B．1936　　C．1946　　D．1951

6．世界上的第一台电子计算机诞生于（　　）。

A．中国　　B．日本　　C．德国　　D．美国

7．计算机可以进行自动处理的基础（　　）。

A．存储程序　　B．快速运算

C．能进行逻辑判断　　D．计算精度高

8．计算机进行数值计算时的高精确度主要决定于（　　）。

A．计算机的体积　　B．内存容量　　C．基本字长　　D．计算机的速度

9．计算机应用最广泛的领域是（　　）。

A．科学计算　　B．信息处理　　C．过程控制　　D．人工智能

10．截止 2018 年 12 月，中国超级计算机中（　　）运算速度最快。

A．天河二号　　B．曙光-星云

C．　神威·太湖之光　　D．银河四号

11．（　　）由光子元件构成的，利用光信号进行运算、传输、存储和信息处理的计算机。

A．分子计算机　　B．光计算机

C．量子计算机　　D．电子计算机

三、判断题

1．计算机的性能不断提高，体积和重量不断加大。　（　　）

2．世界上第一台计算机的电子元器件主要是晶体管。　（　　）

3．云计算是一种全新的网络技术。　（　　）

4．物联网架构可分为物理层、网络层和应用层三个层。　（　　）

项目二 计算机系统

知识点提要

1. 冯·诺依曼型计算机
2. 计算机系统的组成
3. 微型计算机概述
4. 操作系统
5. 组装计算机

任务单

任务名称	计算机系统	学时	2学时
知识目标	1．掌握冯·诺依曼机的基本组成。 2．掌握硬件系统各部分的功能和特点。 3．掌握计算机软件系统的分类。 4．掌握计算机组装的步骤。		
能力目标	1．具有描述计算机系统的基本组成的能力。 2．能熟练的掌握硬件系统各部分的功能和特点。 3．能熟练掌握计算机软件系统的分类。 4．通过实际装机过程，培养学生的动手与合作能力。		
素质目标	1．通过学习华为公司发展史，引导学生努力学好专业知识，要勇于创新，创新是企业发展的根本。 2．通过对学生分组教学，使学生相互合作、有效沟通，培养学生文明友善、沟通协作的品质。		
任务描述	一、说出以下硬件的名称  二、进行市场调查，制定一份家用计算机的攒机单，给出具体的硬件配置及价格。 三、学习资料二，华为从一个简陋厂房发展为中国第一民营企业，我们从中学习到了什么？		
任务要求	1．仔细阅读任务描述中的要求，认真完成任务。 2．小组间讨论交流。		

资料卡及实例

1.2 计算机系统

1.2.1 冯·诺依曼型计算机

从20世纪初，物理学和电子学科学家们就在争论制造可以进行数值计算的机器应该采用什么样的结构。人们被十进制这个人类习惯的计数方法所困扰。所以，那时以研制模拟计算机的呼声更为响亮和有力。20世纪30年代中期，科学家冯·诺依曼大胆地提出，抛弃十进制，采用二进制作为数字计算机的数制基础。同时，他还说预先编制计算程序，然后由计算机来按照人们事前制定的计算顺序来执行数值计算工作。

冯·诺依曼理论的要点是：数字计算机的数制采用二进制，计算机应该按照程序顺序执行。人们把冯·诺依曼的这个理论称为冯·诺依曼体系结构。从ENIAC到当前最先进的计算机都采用的是冯·诺依曼体系结构，所以冯·诺依曼是当之无愧的数字计算机之父。

根据冯·诺依曼体系结构构成的计算机，必须具有如下功能。

① 把需要的程序和数据送至计算机中。

② 必须具有长期记忆程序、数据、中间结果及最终运算结果的能力。

③ 能够完成各种算术、逻辑运算和数据传送等数据加工处理的能力。

④ 能够根据需要控制程序走向，并能根据指令控制机器的各部件协调操作。

⑤ 能够按照要求将处理结果输出给用户。

为了完成上述的功能，计算机必须具备五大基本组成部件，包括：输入数据和程序的输入设备，记忆程序和数据的存储器，完成数据加工处理的运算器，控制程序执行的控制器，输出处理结果的输出设备。

计算机系统应按照下述模式工作：将编写好的程序和原始数据，输入并存储在计算机的内存储器中（即“存储程序”）；计算机按照程序逐条取出指令加以分析，并执行指令规定的操作（即“程序控制”）。这一原理称为“存储程序”原理，是现代计算机的基本工作原理，至今的计算机仍采用这一原理，其工作原理的核心是“存储程序”和“程序控制”。

1.2.2 计算机系统的组成

计算机的基本结构，包括硬件和软件系统两个部分。如图1-11所示。计算机硬件是指组成计算机的物理设备的总称，是计算机完成计算的物质基础。计算机软件是在计算机硬件设备上运行的各种程序、相关数据的总称。

1．计算机硬件系统

计算机硬件系统由运算器、控制器、存储器、输入设备和输出设备五大部分构成。他们之间的逻辑关系如图1-12所示。

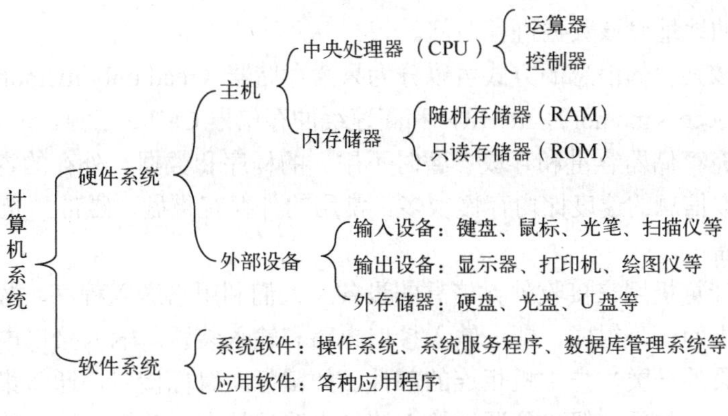

图1-11 计算机系统构成

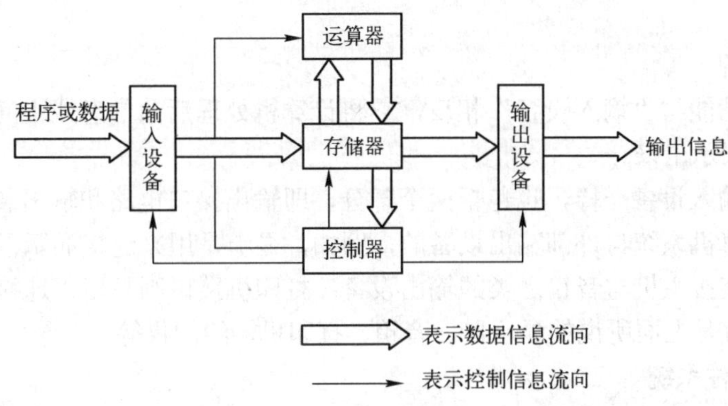

图1-12 计算机硬件系统的基本组成

下面分别简述这五大部件的基本功能。

（1）运算器

运算器又名“算术逻辑部件”，简称“逻辑部件（arithmatic logic unit，ALU）”。它是实现各种算术运算和逻辑运行的实际执行部件。算术运算是指各种数值运算；逻辑运算则是指因果关系判断的非数值运算。运算器的核心部件就是加法器和高速寄存器，前者用于实施运算，后者用于存放参加运算的各类数据和运算结果。

（2）控制器

控制器是分析和执行指令的部件，也是统一指挥和控制计算机各部件按时序协调操作的部件。计算机之所以能自动、连续的工作就是依靠控制器的统一指挥。控制器通常是由一套复杂的电子电路组成，现在普遍采用超大规模的集成电路。

控制器与运算器都集成在一块超大规模的芯片中，形成整个计算机系统的核心，这就是我们常说的中央处理器（central processing unit，CPU）。中央处理器是计算机硬件的核心，是计算机的心脏。微型计算机的中央处理器又称为微处理器。

（3）存储器

存储器的主要功能是存放运行中的程序和数据。一般是指内部存储器，或称“主存储器”。内部存储器是计算机的记忆部件，用于存放正在运行的程序及数据。内部存储器通常由许许多多的记忆单元组成，各种数据存放在这一个个存储单元中，当需要存入或取出时，可通过该数据所在单元的地址对该数据进行访问。

内部存储器按其存储信息的方式可以分为只读存储器（read only memory，ROM）、随机存储器（random access memory，RAM）和高速缓冲存储器 Cache 三种。

外存用于扩充存储器容量和存放“暂时不用”的程序和数据。外存的容量大大高于内存的容量，但它存取信息的速度比内存慢很多。常用的外存有磁盘、磁带、光盘等。

（4）输入设备

输入设备是计算机用来接收外界信息的设备，人们利用它送入程序、数据和各种信息。输入设备一般是由两部分组成，即：输入接口电路和输入装置。输入接口电路是输入设备中将输入装置（外设的一类）与主机相连的部件，如键盘、鼠标接口，通常集成于计算机主板上。也就是说，输入装置一般必须通过输入接口电路挂接在计算机上才能使用。最常见的输入设备是键盘和鼠标，扫描仪也是输入设备，现在还有一种手写输入的手写光电笔也属于输入设备。

（5）输出设备

输出设备的功能与“输入设备”相反，它将计算机处理后的信息或中间结果以某种人们可以识别的形式表示出来。

输出设备与输入设备一样，也包括两个部分，即输出接口电路和输出装置。输出接口电路是用来连接计算机系统与外部输出设备的，例如，显卡是用来连接显示器这样一种输出设备的，声卡可以连接主机与音箱之类的输出设备；打印机接口则是用来连接打印机与主机系统的。输出装置就是上面所说的显示器、音箱、打印机、绘图仪等。

2．计算机软件系统

软件是计算机的灵魂，没有软件的计算机就如同没有磁带的录音机和没有录像带的录像机一样，与废铁没什么差别。那什么是软件呢？计算机软件就是程序、数据和相关文档的集合。它是计算机系统的重要组成部分，它可以使计算机更好地发挥作用。计算机软件可以分为系统软件和应用软件。

1）系统软件

系统软件是完成管理、监控和维护计算机资源的软件，是保证计算机系统正常工作的基本软件，用户不得随意修改，如操作系统、编译程序、数据库管理系统等。

（1）操作系统

操作系统是控制计算机硬件和软件资源的一组程序。它是系统的资源管理者，是用户与计算机的接口。在用户与计算机之间提供了一个良好的界面，用户可以通过操作系统最大限度地利用计算机的功能。操作系统是最底层的系统软件，但却是最重要的。常用的操作系统有 DOS 操作系统、Windows 系列操作系统、UNIX 操作系统等。

（2）计算机语言

计算机语言是为了编写能让计算机进行工作的指令或程序而设计的一种用户容易掌握和使用的编写程序的工具，具体可分为以下几种。

① 机器语言。

机器语言的每一条指令都是由 0 和 1 组成的二进制代码序列。机器语言是最底层的面向机器硬件的计算机语言，是计算机唯一能够直接识别并执行的语言。利用机器语言编写的程序执行速度快、效率高，但不直观、编写难、记忆难、易出错。

② 汇编语言。

将二进制形式的机器指令代码用符号（或称助记符）来表示的计算机语言称为汇编语言。用汇编语言编写的程序计算机不能直接执行，必须由机器中配置的汇编程序将其翻译成机器语言目标程序后，计算机才能执行。将汇编语言源程序翻译成机器语言目标程序的过程称为汇编。

③ 高级语言。

机器语言和汇编语言都是面向机器的语言，而高级语言则是面向用户的语言。高级语言与具体的计算机硬件无关，其表达方式更接近于人们对求解过程或问题的描述方法，容易理解、掌握和记忆。用高级语言编写的程序其通用性和可移植性好，例如： C 语言、FoxPro、Visual FoxPro、Visual Basic、Java、C++等都是人们熟知和广泛使用的高级语言。

高级语言编写的程序计算机是不能直接识别和接收的，也需要翻译。这个过程有编译与解释两种方式，如图 1-13 所示。编译是将程序完整地进行翻译，整体执行；而解释是翻译一句执行一句。解释的交互性好，但速度比编译慢，不适用于大的程序。

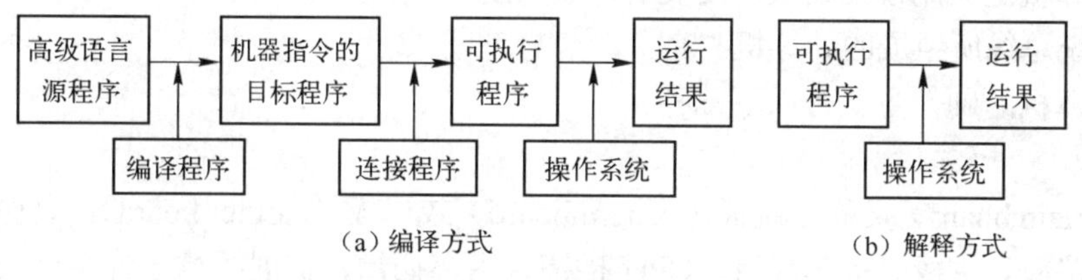

图 1-13 编译方式与解释方式

（3）数据库管理系统

数据库是为了满足某部门中不同用户的需要，按照一定的数据模型在计算机中组织、存储、使用相互联系的数据的集合。目前常用的数据库管理系统有 Visual FoxPro、Access、SQL server 等。

（4）服务性程序

服务性程序是指协助用户进行软件开发和硬件维护的软件，如各种开发调试工具软件、编辑程序、工具软件、诊断测试软件等。

2）应用软件

应用软件是指计算机用户利用计算机的软、硬件资源为某一专门的应用目的而开发的软件。除系统软件以外的所有软件都属于应用软件。常用的应用软件有：

① 各种信息管理软件；

② 办公自动化系统，如 Microsoft Office 等；

③ 各种辅助设计软件及辅助教学软件；

④ 各种软件包，如数值计算程序库，图形软件包等。

3. 二进制编码

为什么计算机中非要采用二进制呢？主要原因是做一个二进制的电路比较简单。因为二极管有单向导电性，即总处于导通与不导通两种状态之一。若通代表 1，不通代表 0，则 0 与 1 刚好表示出二进制的全部数码。二极管的两个状态决定了由它制出的计算机必然采用二进制。

我们可以从运算角度来分析一下，二进制编码对计算机的优越性和重要性。如果计算机采用十进制数作为信息编码的基础，那么做加法运算就需要 10 个运算符号，而且加法运算规则有：0+0=0，0+1=1，0+2=2，…，9+9=18，共有 100 个运算规则。如果采用二进制编码，则运算符号只有两个，加法规则为：0+0=0，0+1=1，1+0=1，1+1=10，一共有 4 个运算规则。可见采用二进制编码可以降低计算机设计的复杂性。

有人会指出采用十进制计算工作量小，因为十进制 1+2 只需要做一位加法运算，而转换为 8 位二进制数后，需要做 8 位加法运算（00000001+00000010）。确实二进制数增加了计算工作量，但是计算机最善于做大量的、机械的、重复的高速计算工作。

由以上分析可以看出，利用二进制设计计算机结构简单，但是信息的存储量和计算量会大大增加。

1.2.3 微型计算机概述

微型计算机是大规模集成电路发展的产物，是以中央处理器为核心，配以存储器、I/O 接口电路及系统总线所组成的计算机。

微型计算机的硬件主要有以下几种。

1．主板

主板（main board）又称系统板（system board）或母板（mother board），是微机系统中最大的一块电路板。主板上有芯片组、CPU 插槽、内存插槽、扩展插槽、各种外设接口，以及 BIOS 和 CMOS 芯片等，如图 1-14 所示。

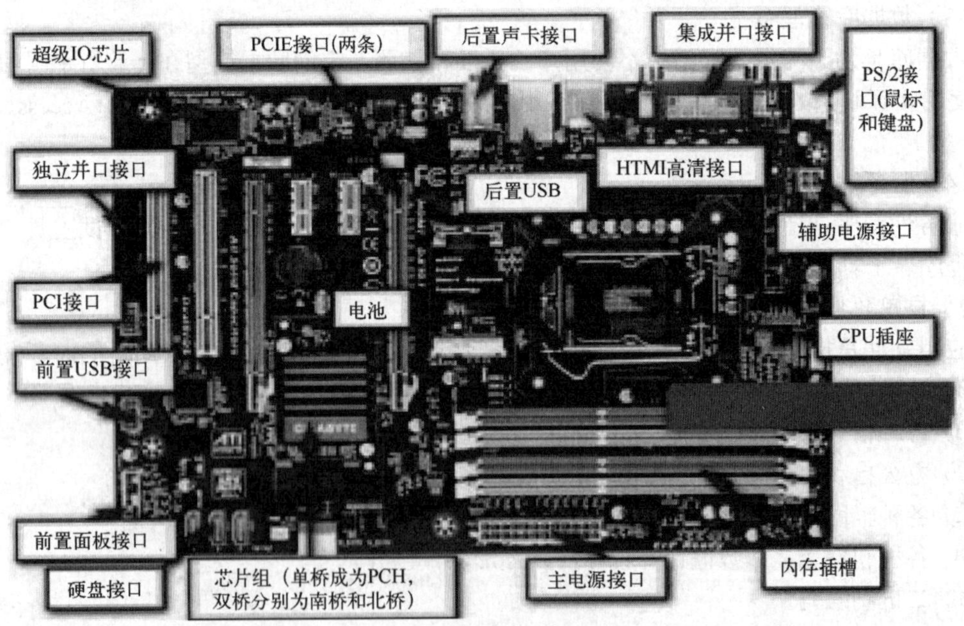

图 1-14 认识主板

① 芯片组（chip set）。可以比作 CPU 与周边设备通信的桥梁。一般分为北桥芯片组和南桥芯片组。北桥芯片组主要负责实现与 CPU、内存、AGP 显示卡接口之间的数据传输，并通

过专门的数据传输通道与南桥芯片组相连接，由于“交通”繁忙，热量较高，因而北桥芯片组一般覆盖有散热片散热。南桥芯片组主要负责和 IDE 存储设备、PCI 设备、声音设备、网络设备以及其他 I/O 设备的通信。

② CPU 插座。主板上 CPU 插座或插槽都是用来安装 CPU 芯片的，安装时 CPU 插在主板插座上，插槽主要分为 Socket、Slot 这两种。

③ 扩展插槽。它是主板上用于固定扩展卡并将其连接到系统总线上的插槽，使用扩展插槽是一种增强计算机特性及功能的方法。

④ 外设接口。主板上集成了硬盘接口、COM 串行口、PS2 鼠标键盘接口、LPT 并行口、USB 接口等，少数主板上集成了 IEEE 1394 接口。

⑤ BIOS 和 CMOS 芯片。BIOS 是 basic input output system（基本输入输出系统）的英文缩写，是指集成在主板上的一个 ROM 芯片，其中保存了微机系统最重要的基本输入输出程序、系统参数设置、自检程序和系统启动自举程序。CMOS 是微机主板上的一块可读写的 RAM 芯片，用来保存当前系统的硬件配置和用户对某些参数的设定。系统在加电引导机器时，只读取 CMOS 信息，用来初始化机器各个部件的状态。

2. 中央处理器（CPU）

CPU 是中央处理器（central processing unit）的英文缩写，是一个体积不大而集成度非常高，功能强大的芯片，也称微处理器（micro processor unit，MPU），是微机的核心。CPU 由运算器和控制器两部分组成，用以完成指令的解释与执行。

运算器由算术逻辑单元 ALU、累加器 AC、数据缓冲寄存器 DR 和标志寄存器 F 组成，是微机的数据加工处理部件。控制器由指令计数器 IP、指令寄存器 IR、指令译码器 ID 及相应的操作控制部件组成，它产生各种控制信号，使计算机各部件得以协调工作，是微机的指令执行部件。CPU 中还有时序产生器，其作用是对计算机各部件高速的运行实施严格的时序控制。

CPU 的性能包括 CPU 的字长、工作频率和内部高速缓冲存储器（Cache）的容量。

（1）字长

字长是以二进制位为单位，其大小是 CPU 能够同时处理的数据的二进制位数，它直接关系到 PC 机的计算精度、功能和速度。历史上，苹果机为 8 位机，IBM PC / XT 与 286 机为 16 位机，386 机与 486 机为 32 位机，后推出的 Pentium 3 和 Pentium 4 为 64 位的高档 PC 机。

（2）CPU 的频率

包括主频、外频和倍频。

主频：CPU 内核（运算器）电路的实际工作频率，即 CPU 在单位时间（秒）内发出的脉冲数，也就是我们经常说的 Pentium 4 2.8 GHz 等。主频越高，CPU 的运算速度就越快。

外频：主板为 CPU 提供的基准时钟频率。

倍频：CPU 的外频与主频相差的倍数，即主频＝倍频×外频，如 Pentium 4 2.8 GHz 的主频就是外频 200 MHz×14 倍频而得来的。

提高 CPU 工作频率可以提高 CPU 性能，目前主流 CPU 工作频率在 4.0 GHz 以下。继续大幅度提高 CPU 工作频率受到了生产工艺限制。由于 CPU 在半导体硅片上制造，硅片上元件之间需要导线进行连接，在高频状态下要求导线越细、越短越好，这样才能减小导线分布电容等杂散信号的干扰，以保证 CPU 运算正确。其次 CPU 的高频发热难以解决。

（3）高速缓冲存储器（Cache）

高速缓存（Cache）是采用 SRAM 结构的内部存储单元。设置高速缓冲存储器是为了提高 CPU 访问内存储器的速度。现代 CPU 中都集成了一级 Cache（L1）或二级 Cache（L2）。L1 通常包括 64 KB 的专门用于存放指令的指令 Cache 和 64 KB 的用于存放数据的数据 Cache，L2 的容量一般为 512 KB。目前 CPU 的 Cache 容量为 1～10 MB，甚至更高。

（4）多核 CPU

多核 CPU 是在一个 CPU 芯片内部，集成多个 CPU 处理内核。多核 CPU 带来了更强大的运算能力，但是增加了 CPU 发热功耗。目前 CPU 产品中，4 核甚至 8 核 CPU 已经占据了主流地位。多核 CPU 使计算机设计变得更加复杂，运行在不同内核的程序为了互相访问、相互协作，需要进行独特设计。多核 CPU 需要软件支持，只有基于线程化设计的程序，多核 CPU 才能发挥应有性能。

目前，较流行的 CPU 芯片有 Intel 公司的 Core（酷睿）、Celeron（赛扬）、Pentium（奔腾）、Xeon（至强）、Atom（凌动）等系列，其中至强是针对服务器推出的，不过这些品牌中的处理器，即使是至强，也有很多型号用在个人计算机上。酷睿处理器的 i3/i5/i7/i9 只是 CPU 的等级，从低端到高端，以 Intel 公司的 Core i7 如图 1-15 所示为例，我们来认识一下 CPU 型号代表哪些信息。i7 代表酷睿高端处理器，CPU 等级后面（i3/i5/i7/i9）会跟着 4 个数字，有些是 4 个数字带 1 或 2 个字母。四个数字的第一个表示 CPU 代数，比如 i7-8XXX，就是第八代酷睿。CPU 后面的四个数字扣除第一个之后，后三位数字就是 Intel SKU 型号，后三位数字越大，就说明它在同等级下是级别更高的处理器，简单来说就是性能更强。比如同样是 i7 级别，i7-8700 的性能就比 i7-8600 更强。CPU 最后一位，如果带字母，一般叫后缀，这个后缀表示意思有很多种，根据所带的字母来决定。例如，字母 H，用在移动版处理器上，支持超线程，比如 Core i5-8400H；字母 HK，是移动版处理器才有的，在 H 的基础上，增加超频功能，比如 Core i9-8950HK；字母 K，支持超频的处理器，比如 i7-8700K 等。当然，不带字母的话，就说明这个处理器很普通，适合多数人使用。

图 1-15 Intel Core i7 CPU

Core i7 采用 22 nm（纳米）工艺制造的 4 核 CPU，在 160 mm^2 的硅核心上集成了 14.8 亿个晶体管，平均每平方毫米 900 万个晶体管。对于 CPU 来说，更小的晶体管制造工艺意味着更高的 CPU 工作频率，更高的处理能力，更低的发热量。

3. 存储器

1）存储器概述

存储器的主要功能是存放程序和数据。不管是程序还是数据，在存储器中都是用二进制的形式表示，统称为信息。数字计算机的最小信息单位称为位（bit），即一个二进制代码。能存储一位二进制代码的器件称为存储元。通常，CPU 向存储器送入或从存储器取出信息时，不能存取单个的“位”，而是用 B（Byte，字节）和 W（Word，字）等较大的信息单位来工作。一个字节由 8 位二进制位组成，而一个字则至少由一个以上的字节组成，通常把组成一个字的二进制位数叫作字长。

存储器存储容量的基本单位是字节（Byte，B），常用的单位有，千字节（KB）、兆字节

（MB）、吉字节（GB）、太字节（TB）、拍字节（PB）。它们之间的关系为：

1 KB=2^{10} B=1024 B

1 MB=2^{10} KB=1024×1024 B

1 GB=2^{10} MB=1024×1024×1024 B

1 TB=2^{10} GB=1024×1024×1024×1024 B

1 PB=2^{10} TB=1024×1024×1024×1024×1024 B

内存储器的主要性能指标如下。

- 容量：内存所具有的单元数，表征可存储的数据量，用字节（byte）表示。内存容量反映了内存储器存储数据的能力。存储容量越大，其处理数据的范围就越广，并且运算速度一般也越快。目前个人计算机的内存容量通常为256 MB或521 MB，甚至高达1 GB。
- 内存带宽：内存与CPU之间的最大数据传送率，单位为B/s。带宽越高，系统的性能就越好。
- 存取时间：读取数据所延迟的时间。绝大多数SDRAM芯片的存取时间为6、7、8或10 ns（越小越好）。
- 系统时钟周期：SDRAM能运行的最大频率，如一片系统时钟周期为10 ns的SDRAM芯片，最大可以运行在100 MHz的频率下。

2）存储器的分类

存储器分为内存储器和外存储器两种。

内存储器简称内存，主要用于存储计算机当前工作中正在运行的程序、数据等，相当于计算机内部的存储中心。内存按功能可分为随机存储器（random access memory，RAM）和只读存储器（read only memory，ROM）。

① 随机存储器，主要用来随时存储计算机中正在进行处理的数据，这些数据不仅允许被读取，还允许被修改，重新启动计算机后，RAM中的信息将全部丢失。我们平常所说的内存容量，指的就是RAM的容量。

② 只读存储器，它存储的信息一般由计算机厂家确定，通常是计算机启动时的引导程序、系统的基本输入输出等重要信息，这些信息只能读取，不能修改，重新启动计算机后，ROM中的信息不会丢失。

内存条引脚线数：台式个人计算机使用的内存条引脚线数一般是168线，笔记本计算机的内存条是199线。

外存储器简称外存，用于存储暂时不用的程序和数据。常用的外存有硬盘、光盘、U盘等。它们的存储容量也是以字节为基本单位。外存与内存之间交换信息，而不能被计算机系统的其他部件直接访问。外存相对于内存的最大特点就是容量大，可移动，便于不同计算机之间进行信息交流。

① 硬盘存储器。

硬盘存储器简称硬盘，是由若干硬盘片组成的盘片组，一般被固定在机箱内，容量已达TB。硬盘工作时，固定在同一个转轴上的数张盘片以每分钟7200转，甚至更高的速度旋转，磁头在驱动马达的带动下在磁盘上做径向移动，寻找定位点，完成写入或读出数据工作。硬盘使用前要经过低级格式化、分区及高级格式化后才能使用，一般硬盘出厂前低级格式化已完成。

固态硬盘（SSD）在接口标准、功能及使用方法上，与机械硬盘完全相同。固态硬盘接口大多采用 SATA、USB 等形式。固态硬盘没有机械部件，因而抗震性能极佳，同时工作温度很低。如图 1-16 所示，256 GB 固态硬盘的尺寸和标准的 2.5 英寸硬盘完全相同，但厚度仅为 7 mm，低于机械硬盘标准的 9.5 mm。

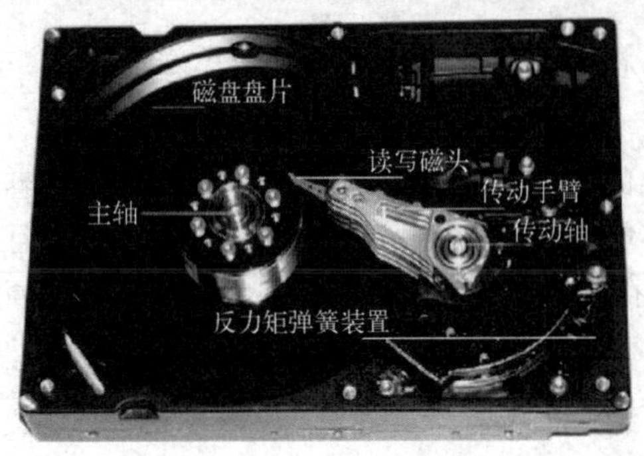

图 1-16　机械硬盘与 SSD 硬盘（右）图

3.5 英寸机械硬盘平均读取速度在 50～100 MBps 之间，而固态硬盘平均读取速度可以达到 400 MBps 以上；其次，固态硬盘没有高速运行磁盘，因此发热量非常低。

② 光盘驱动器

光盘驱动器（简称光驱）和光盘一起构成了光存储器。光盘用于记录数据，光驱用于读取数据。光盘的特点是记录数据密度高，存储容量大，数据保存时间长。按照光盘读写方式分类，光盘可分为只读光盘（DVD-ROM）、一次性刻录光盘（DVD-R）、反复读写光盘（DVD-RW）。如果按照光盘容量分类，有 CD-ROM（容量为 650 MB）光盘、DVD-ROM（容量 4.7～17 GB）光盘、BD（蓝光光盘，容量为 23 GB 或 27 GB）等。

③ 闪存。

闪存（flash memory）是一种新型的移动存储器。由于闪存具有无需驱动器和额外电源、体积小、即插即用、寿命长等优点，因此越来越受用户的青睐。目前常用的闪存有 U 盘（USB flash disk，USB 闪存盘）、CF 卡（compact flash）、SM 卡（smart media）、SD 卡（secure digital memory card）、XD 卡（extreme digital）、记忆棒（memory stick，又称 MS 卡）。

4. 输入设备

输入设备用于接受用户输入的数据和程序，并将它们转换成计算机能够接受的形式存放到内存中。常见的输入设备有键盘、鼠标、扫描仪、光电笔、数字化仪等。

（1）键盘

键盘是计算机系统中最基本的输入设备，通过一根电缆线与主机相连接。一般可分为机械式、电容式、薄膜式和导电胶皮四种。键盘的键数一般为 101 键和 104 键，101 键盘被称为标准键盘。

（2）鼠标

鼠标是一种“指点”设备，多用于 Windows 操作系统环境下，可以取代键盘上的部分键子功能。按照工作原理可分为机械式鼠标、光电式鼠标、无线遥控式鼠标等。按照键的数目，可分为两键鼠标、三键鼠标及滚轮鼠标等。按照鼠标接口类型，可分为 PS/2 接口的鼠标、串行接口的鼠标、USB 接口的鼠标。

鼠标的主要性能指标是其分辨率，指每移动1英寸所能检出的点数，单位是ppi。目前鼠标的分辨率为200～400 ppi，传送速率一般为1200 bps，最高可达9600 bps。

（3）扫描仪

扫描仪是常用的图像输入设备，它可以把图片和文字材料快速地输入计算机。通过光源照射到被扫描材料上来获得材料的图像，被扫描材料将光线反射到扫描仪的光电器件上，根据反射的光线强弱不同，光电器件将光线转换成数字信号，并存入计算机的文件中，然后就可以用相关的软件进行显示和处理。

5. 输出设备

输出设备用于将计算机处理的结果从内存中输出，常见的输出设备有显示器、打印机、绘图仪等。

（1）显示器（Monitor）

显示器是用户用来显示输出结果的，是标准的输出设备。分为单色显示器和彩色显示器两种。台式机主要使用CRT（cathode ray tube，阴极射线管监视器）和LCD（liquid crystal display，液晶显示器），笔记本电脑均使用LCD液晶显示器。

显示器的主要性能指标有颜色、像素、点间距、分辨率和显存等。颜色是指显示器所显示的图形和文字有多少种颜色可供选择，而显示器所显示的图形和文字是由许许多多的“点”组成的，这些点称为像素。屏幕上相邻两个像素之间的距离称为点间距，也称点距。点距越小，图像越清晰，细节越清楚。单位面积上能显示的像素的数目称为分辨率。分辨率越高，所显示的画面就越精细，但同时也会越小。目前的显示器一般都能支持800×600、1024×768、1280×1024等规格的分辨率。显示器在显示一帧图像时首先要将其存入显卡的内存（简称显存）中，显存的大小会限制对显示分辨率及流行色的设置。

显示适配卡又称显卡，显示器只有配备了显卡才能正常工作。显卡一般被插在主板的扩展槽内，通过总线与CPU相连。当CPU有运算结果或图形要显示时，首先将信号送给显卡，由显卡的图形处理芯片把它们翻译成显示器能够识别的数据格式，并通过显卡后面的一根15芯VGA接口和显示电缆传给显示器。

常见的显示适配卡有彩色/图形适配器CGA、视频图形阵列VGA、TVGA（有较高的分辨率，是目前主流彩色显示器适配器）、SVGA（超级VGA，亮度较其他类型的适配器高）。

（2）打印机

打印机作为各种计算机的最主要输出设备之一，随着计算机技术的发展和日趋完美的用户需求而得到较大的发展。目前，常见的有针式打印机、喷墨打印机和激光打印机。

针式打印机的基本工作原理是在打印机联机状态下，通过接口接收个人计算机发送的打印控制命令、字符打印或图形打印命令，再通过打印机的CPU处理后，从字库中寻找与该字符或图形相对应的图象编码首列地址（正向打印时）或末列地址（反向打印时），如此一列一列地找出编码并送往打印头驱动电路。利用机械和电路驱动原理，使打印针撞击色带和打印介质，进而打印出点阵，再由点阵组成字符或图形来完成打印任务的。

喷墨打印机是在针式打印机之后发展起来的，采用非打击的工作方式。目前喷墨打印机按打印头的工作方式可以分为压电喷墨技术和热喷墨技术两大类型。按照喷墨的材料性质又可以分为水质料、固态油墨和液态油墨等类型的打印机。

压电喷墨技术是将许多小的压电陶瓷放置到喷墨打印机的打印头喷嘴附近，利用它在电压作用下会发生形变的原理，适时地把电压加到它的上面。压电陶瓷随之产生伸缩使喷嘴中的墨汁喷出，在输出介质表面形成图案。热喷墨技术是让墨水通过细喷嘴，在强电场的作用下，将喷头管道中的一部分墨汁气化，形成一个气泡，并将喷嘴处的墨水顶出喷到输出介质表面，形成图案或字符。所以这种喷墨打印机有时又被称为气泡打印机。

激光打印机是将激光扫描技术和电子显像技术相结合的非击打输出设备。激光打印机是由激光器、声光调制器、高频驱动、扫描器、同步器及光偏转器等组成。其作用是把接口电路送来的二进制点阵信息调制在激光束上，之后扫描到感光体上。感光体与照相机构组成电子照相转印系统，把射到感光鼓上的图文映像转印到打印纸上，其原理与复印机相同。

6. 总线与接口

微型计算机采用总线结构将各部分连接起来并与外界实现信息传送，它的基本结构如图 1-17 所示。

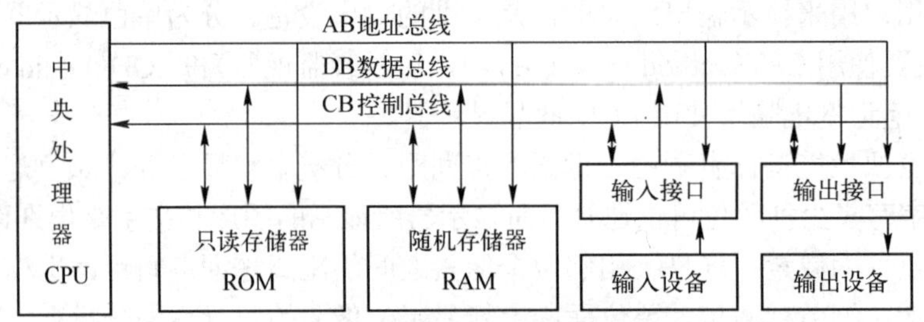

图 1-17　微型计算机的基本结构

（1）总线（BUS）

总线是指计算机中传送信息的公共通路，包括数据总线 DB，地址总线 AB，控制总线 CB。CPU 本身也由若干个部件组成，这些部件之间也通过总线连接。通常把 CPU 芯片内部的总线称为内部总线，而连接系统各部件间的总线为外部总线或称为系统总线。

① 数据总线（DB）：用于传输数据信息，它是 CPU 同各部件交换信息的通道，数据总线是双向的。

② 地址总线（AB）：用来传送地址信息，CPU 通过地址总线把需要访问的内存单元地址或外部设备的地址传送出去，地址总线通常是单方向的。地址总线的宽度与寻址的范围有关。例如寻址 1MB 的地址空间，需要有 20 条地址线。

③ 控制总线（CB）：用来传输控制信号，以协调各部件的操作，它包括 CPU 对内存和接口电路的读写信息、中断响应信号等。

（2）接口

接口是指计算机中的两个部件或两个系统之间按一定要求传送数据的部件。不同的外部设备与主机相连都要配备不同的接口。微机与外设之间的信息传输方式有串行和并行两种方式。串行方式是按二进制数的位传送的，传输速度较慢，但器材投入少。并行方式一次可以传输若干个二进制位的信息，传输速度比串行方式快，但器材投放较多。

微机中采用串行通信协议的接口称为串行端口，也称为 RS-232 接口，一般微机有两个串行端口，COM1 和 COM2，主要用于连接鼠标、键盘和调制解调器等。

并行端口用一组线同时传送一组数据。微机中一般配置一个并行端口，被标记为 LPT1 或 PRN。主要连接的设备有打印机、外置光驱和扫描仪等。

PCI 是系统总线接口的国际标准。网卡、声卡等接口大部分是 PCI 接口。

USB 接口是符合通用串行总线硬件标准的接口，它能够与多个外设相互串接，即插即用，树状结构最多可接 127 个外设。主要用于外部设备，如扫描仪、鼠标、键盘、光驱、调制解调器等。

从实用组装个人计算机的角度讲，微机的基本构成都是由显示器、键盘和主机箱构成。在主机箱内有主板、硬盘驱动器、CD-ROM 驱动器、电源、显示适配器（显示卡）等。

1.2.4 操作系统

操作系统（operating system，OS）是系统软件的核心，是整个计算机系统的控制管理中心，是用户与计算机之间的一个接口，是人机交互的界面。一方面，操作系统管理着所有计算机系统资源；另一方面，操作系统为用户提供了一个抽象概念上的计算机。在操作系统的帮助下，用户使用计算机时，避免了对计算机系统硬件的直接操作。对计算机系统而言，操作系统是对所有系统资源进行管理的程序的集合；对用户而言，操作系统提供了对系统资源进行有效利用的简单抽象的方法。安装了操作系统的计算机称为虚拟机（virtual machine），是对裸机的扩展。

目前微机上常见的操作系统有 UNIX、Xenix、Linux、Windows 等。所有的操作系统一般都具有并发性、共享性、虚拟性和不确定性四个基本特征。操作系统的形态多样，不同类型计算机中安装的操作系统也不相同，如手机上的嵌入式操作系统和超级计算机上的大型操作系统等。操作系统的研究者对操作系统的定义也不一致，例如有些操作系统集成了图形化使用者界面，而有些操作系统仅使用文本接口，而将图形界面视为一种非必要的应用程序。

1．操作系统的功能

操作系统是一个由许多具有管理和控制功能的程序组成的大型管理程序，它比其他的软件具有“更高”的地位。操作系统管理整个计算机系统的所有资源，包括硬件资源和软件资源，其基本功能如下。

（1）CPU 的控制与管理

CPU 是计算机系统中最重要的硬件资源，任何程序只有占用了 CPU 才能运行，其处理信息的速度远比存储器的速度和外部设备的工作速度快，只有协调好它们之间的关系才能充分发挥 CPU 的作用。

操作系统可以使 CPU 按照预先规定的顺序和管理原则，轮流地为若干外部设备和用户服务，或在同一时间间隔内并行地处理几项任务，以达到资源共享，从而使计算机系统的工作效率得到最大的发挥。

（2）内存的分配和管理

当计算机在处理一个具体问题的时候，要用到操作系统、编译系统、多用户程序和数据等，这就需要由操作系统进行统一分配内存并加以管理，使它们既保持联系，又避免相互干扰。如何合理地分配与使用有限的内存空间，是操作系统对内存管理的一个重要工作，操作系统按一定的原则回收空闲的存储空间，必要时还可以使有用的内容临时覆盖掉暂时无用的内容（把暂时不用的内容调入外存存储器），待需要时再把被覆盖掉的内容从外部存储器调入内存，从而相对地增加了可用的内存容量。

（3）外部设备的控制和管理

操作系统是控制外部设备和CPU之间的通道，把提出请求的外部设备按一定的优先顺序排好队，等待CPU响应。为提高CPU与输入输出设备之间并行操作程序，以及为了协调高速CPU与低速输入输出设备的工作节奏，操作系统通常在内存中设定一些缓冲区，使CPU与外部设备通过缓冲区成批传送数据。数据传输方式是，先从外部设备一次写入一组数据到内存的缓冲区，CPU依次从缓冲区读取数据，待缓冲区中的数据用完后再从外部设备读入一组数据到缓冲区。这样成组地进行CPU与输入输出设备之间的数据交互，减少了CPU与外部设备之间的交互次数，从而提高了运算速度。

（4）文件的控制和管理

文件是存储在外部介质上的逻辑上具有完整意义的信息集合。每一个文件必须有一个名字，称为文件名。例如，一个源程序、一批数据、一个文档、一个表格或一幅图片都可以各自组成一个文件。操作系统根据用户要求实现按文件名存取，负责对文件的组织，以及对文件存取权限、打印等的控制。

（5）作业的控制和管理

操作系统对进入系统的所有作业进行组织和管理，提高运行效率。它为用户提供一个使用计算机的界面，使用户能够方便地运行自己的程序。

作业包括程序、数据以及解题的控制步骤。一个计算机问题是一个作业，一个文档的打印也是一个作业。作业管理提供“作业控制语言”，用户通过它来书写控制作业执行的说明书。同时，还为操作员和终端用户提供与系统对话的“命令语言”，用其请求系统服务。操作系统按操作说明书的要求或收到的命令控制用户作业的执行。

2. 操作系统的分类

操作系统的分类方法很多，常见的分类方法可以按照系统提供的功能分为单用户操作系统、批处理操作系统、实时操作系统、分时操作系统、网络操作系统、分布式和嵌入式操作系统；按其功能和特性分为批处理操作系统、分时操作系统和实时操作系统；按系统同时管理用户数的多少分为单用户操作系统和多用户操作系统。

（1）单用户操作系统

单用户操作系统面对单一用户，所有资源均提供给单一用户使用，用户对系统有绝对的控制权。单用户操作系统是从早期的系统监控程序发展起来的，进而成为系统管理程序，再进一步发展为独立的操作系统。单用户操作系统是针对一台机器、一个用户的操作系统，它的特点是独占计算机。

（2）批处理操作系统

批处理系统一般分为两种概念，即单道批处理系统和多道批处理系统。它们都是成批处理或者顺序共享式系统，它允许多个用户以高速、非人工干预的方式进行成组作业工作和程序执行。批处理系统将作业成组（成批）提交给系统，由计算机按顺序自动完成后再给出结果，从而减少了用户作业建立和打断的时间。批处理系统的优点是系统吞吐量大、资源利用率高。

（3）实时操作系统

实时操作系统（real time operating system）分为实时控制和实时信息处理。实时是立即的意思，该系统对特定的输入在限定的时间内作出准确的响应。实时操作系统的特点如下。

① 实时钟管理：实时系统设置了定时时钟，实时系统完成时钟中断处理和实时任务的定时或延时管理。

② 中断管理：外部事件通常以中断的方式通知系统，因此系统中配置有较强的中断处理机构。

③ 系统可靠性：实时系统追求高度可靠性，在硬件上采用双机系统，操作系统具有容错管理功能。

④ 多重任务性：外部事件的请求通常具有并发性，因此实时系统具有多重任务处理能力。

（4）分时操作系统

批处理操作系统的缺点是用户不能和它的作业运行交互作用。为了满足用户的人机对话需求，引出了分时操作系统（time sharing operating system）。分时操作系统的基本思想是基于人的操作和思考速度比计算机慢得多的事实，如果将处理时间分成若干个时间段，并规定每个作业在运行了一个时间段后暂停，将处理器让给其他作业。经过一段时间后，所有的作业都被运行了一段时间，当处理器被重新分给第一个作业时，用户感觉不到其内部发生的变化，感觉不到其他作业的存在。分时操作系统使多个用户共享一台计算机成为可能。分时操作系统的特点如下。

① 独立性：用户之间可互相独立的操作，而互不干扰。

② 同时性：若干远程、近程终端上的用户在各自的终端上“同时”使用同一台计算机。

③ 及时性：计算机可以在很短的时间内做出响应。

④ 交互性：用户可以根据系统对自己的请求和响应情况，通过终端直接向系统提出新的请求，以便程序的检查和调试。

（5）网络操作系统

网络操作系统，有人也将它称为网络管理系统，它与传统的单机操作系统有所不同，它是建立在单机操作系统之上的一个开放式的软件系统，它面对的是各种不同的计算机系统的互连操作，面对不同的单机操作系统之间的资源共享、用户操作协调和与单机操作系统的交互，从而解决多个网络用户（甚至是全球远程的网络用户）之间争用共享资源的分配与管理。

网络操作系统，用于对多台计算机的软件和硬件资源进行管理和控制，提供网络通信和网络资源共享功能。它要保证网络中信息传输的准确性、安全性和保密性，提高系统资源的利用率和可靠性。

网络操作系统允许用户通过系统提供的操作命令与多台计算机软件和硬件资源打交道。常用的网络操作系统有：Windows NT Server、Netware 等，这类操作系统通常用在计算机网络系统的服务器上。

（6）分布式操作系统

与网络操作系统类似，但分布式系统要求一个统一的操作系统，实现系统操作的统一性。分布式操作系统管理系统中所有资源，它负责全系统的资源分配和调度，任务划分，信息传输控制协调工作，并为用户提供一个统一的界面。具有统一界面资源、对用户透明等特点。

(7) 嵌入式操作系统

嵌入式操作系统（embedded operating system）是运行在嵌入式系统环境中，对整个嵌入式系统以及它所操作、控制的各种部件装置等资源进行统一协调、调度、指挥和控制的系统软件，具有实时高效性、硬件的相关依赖性、软件固态化及应用的专用性等特点。比较典型的嵌入式操作系统有 Palm OS，WinCE，Linux 等。

3. 典型的操作系统

在计算机的发展过程中，出现过许多不同的操作系统，其中最为常用的有 DOS、Mac OS、Windows、Linux、UNIX/Xenix、OS/2 等，下面介绍几种典型的微机操作系统的发展过程和功能特点。

(1) DOS

DOS 是磁盘操作系统（disk operating system）的英文缩写，它是一个单用户、单任务的操作系统，是曾经最为流行的个人计算机的操作系统。DOS 的主要功能是进行文件管理和设备管理，比较典型的 DOS 操作系统是微软公司 MS-DOS。

自 1981 年问世以来，DOS 版本就不断更新，从最初的 DOS 1.0 升级到了最新的 DOS 8.0（Windows ME 系统），纯 DOS 的最高版本为 DOS 6.22，这以后的新版本 DOS 都是由 Windows 系统所提供的，并不单独存在。DOS 的优点是快捷，熟练的用户可以通过创建 BAT 或 CMD 批处理文件完成一些烦琐的任务。因此，即使在 Windows XP 操作系统下，CMD 也是高手的最爱。

(2) UNIX/Xenix

UNIX 是一个强大的多用户、多任务操作系统，支持多种处理器架构，按照操作系统的分类，属于分时操作系统。最早由 Ken Thompson、Dennis Ritchie 和 Douglas McIlroy 于 1969 年在 AT&T 的贝尔实验室开发。由于 UNIX 具有技术成熟、结构简练、可靠性高、可移植性好、可操作性强、网络和数据库功能强、伸缩性突出和开放性好等特色，可满足各行各业的实际需要，特别能满足企业重要业务的需要，已经成为主要的工作站平台和重要的企业操作平台。它主要安装在巨型计算机、大型机上作为网络操作系统使用，也可用于个人计算机和嵌入式系统。曾经是服务器操作系统的首选，占据最大市场份额，但最近在跟 Windows Server 以及 Linux 的竞争中有所失利。

Xenix 是 Microsoft 公司与 SCO 公司联合开发的基于 INTEL 80x86 系列芯片系统的微机 UNIX 版本。由于开始没有得到 AT&T 的授权，所以另外起名叫 Xenix，采用的标准是 AT&T 的 UNIX SVR3（System V Release 3）。

(3) Linux

Linux 是一类 UNIX 计算机操作系统的统称，Linux 操作系统也是自由软件和开放源代码发展中最著名的例子。过去，Linux 主要被用作服务器的操作系统，但因它的廉价、灵活性及 UNIX 背景使得它很合适作更广泛的应用。传统上有以 Linux 为基础的“LAMP（Linux，Apache，MySQL，Perl/PHP/Python 的组合）”经典技术组合，提供了包括操作系统、数据库、网站服务器、动态网页的一整套网站架设支持。而面向更大规模级别的领域中，如数据库中的 Oracle、DB2、PostgreSQL，以及用于 Apache 的 Tomcat JSP 等都已经在 Linux 上有了很好的应用样本。

Linux与其他操作系统相比是个后来者，但Linux具有两个其他操作系统无法比拟的优势。其一，Linux 具有开放的源代码，能够大大降低成本；其二，既满足了手机制造商根据实际情况有针对性地开发自己的 Linux 手机操作系统的要求，又吸引了众多软件开发商对内容应用软件的开发，丰富了第三方应用。

（4）OS/2

OS/2 是“operating system/2”的英文缩写，该系统是作为 IBM 第二代个人计算机 PS/2 系统产品线的理想操作系统引入的。在 DOS 于个人计算机上的巨大成功后，以及 GUI 图形化界面的潮流影响下，IBM 和 Microsoft 共同研制和推出了 OS/2 这一当时先进的个人计算机上的新一代操作系统。最初它主要是由 Microsoft 开发的，由于在很多方面的差别，微软最终放弃了 OS/2 而转向开发 Windows 系统。

（5）Mac OS

Mac OS 是一套运行于苹果 Macintosh 系列计算机上的操作系统，是首个在商用领域成功的图形用户界面。MAC OSX 操作系统是基于 UNIX 的核心系统，增强了系统的稳定性、性能以及响应能力。它能通过对称多处理技术充分发挥双处理器的优势，提供无与伦比的 2D、3D 和多媒体图形性能，以及广泛的字体支持和集成的 PDA 功能。

（6）Windows

Windows 是微软公司推出的视窗计算机操作系统，随着计算机硬件和软件系统的不断升级，Windows 操作系统也在不断升级，从 16 位、32 位到 64 位操作系统，从最初的 Windows 1.0 到大家熟知的 Windows 95/NT/97/98/2000/Me/XP/Server/Vista/7/8 及 Windows 10 各种版本的持续更新，微软一直在尽力于 Windows 操作的开发和完善。

Microsoft Windows 是彩色界面的操作系统，支持键鼠功能，默认的平台是由任务栏和桌面图标组成的。运行 Windows 的程序主要操作由鼠标和键盘控制，鼠标左键单击默认是选定命令，鼠标左键双击是运行命令，鼠标右键单击是弹出快捷菜单。

Windows 8 是由微软公司于 2012 年 10 月 26 日正式推出的具有革命性变化的操作系统。Windows 8 分为 Windows 传统界面和 Metro（新 Windows UI）界面，两个界面可以由用户的喜好自由切换。系统独特的 Metro 开始界面和触控式交互系统，旨在让日常计算机的操作更加简单和快捷，为人们提供高效易行的工作环境。Windows 10 沿用了该特点。

（7）安卓系统

Android（安卓）一词本义指“机器人”。它是一种基于 Linux 的自由及开放源代码的操作系统，主要使用于移动设备，如智能手机和平板计算机，由 Google 公司和开放手机联盟联合开发。2008 年发布了第一部 Android 智能手机，以后 Android 逐渐扩展到平板计算机、电视、数码相机、游戏机等领域。

1.2.5 组装计算机

问题：假如你需要购买一台计算机，你知道怎样选购计算机吗？你又知道购买的计算机都包含哪些设备呢？它们又有什么样的功能呢？

1. 准备工作

常用工具准备：

① 螺丝刀工具。在装机时，要用两种螺丝刀工具，一种是“十”字形的，通常称之为“梅花改锥”；另一种是“一”字形的，通常称之为“平口改锥”。尽量选用带磁性的螺丝刀，这样可以降低安装的难度，因为机箱内空间狭小，用手扶螺丝很不方便。

② 尖嘴钳。尖嘴钳可以夹一些小的螺丝或钉子。

③ 镊子。在设置主机板、硬盘等跳线时，由于机箱空间小的原因，无法直接用手设置跳线，就需要借助镊子设置跳线。

室内环境要求：

① 准备好电源插头。计算机的插座必须是独立的，不要与其他电器设备共用一个插座，以防止这些设备干扰计算机。

② 如果有条件的话，先用万能表测量电源的电压，要求大约在 220～240 V 之间。若电源波动范围较大，应使用 UPS 电源或稳压器。

③ 保持室内整洁，防止灰尘进入机箱内部。

④ 在干燥季节要防止静电，可以在地面上洒一些水，保持室内有相对的温度。

⑤ 在接触计算机的元件时，应先用手摸一下其他金属物品或先洗手，以放掉身上的静电。

2．安装 CPU

在主板上找到 CPU 插座，推荐新装机用户选择 64 位的 LGA775 平台，32 位的 478 针脚已不再是主流，不值得购买。LGA775 接口的 Intel 处理器全部采用了触点式设计，与 478 针管式设计相比，最大的优势是不用再去担心针脚折断的问题，但对处理器的插座要求则更高。在安装 CPU 之前，要先打开插座，方法是：用适当的力向下微压固定 CPU 的压杆，同时用力往外推压杆，使其脱离固定卡扣。压杆脱离卡扣后，便可以顺利地将压杆拉起，如图 1-18 所示。

图 1-18 LGA775 插座与 CPU

在安装时，处理器上印有三角标识的那个角要与主板上印有三角标识的那个角对齐，如图 1-19 所示，然后慢慢地将处理器轻压到位。这不仅适用于 Intel 处理器，而且适用于目前所有的处理器，特别是对于采用针脚设计的处理器而言，如果方向不对则无法将 CPU 安装到全部位，大家在安装时要特别的注意。

将 CPU 安放到位以后，盖好扣盖，并反方向微用力扣下处理器的压杆。至此 CPU 便被稳稳地安装到主板上，安装过程结束（见图 1-20）。

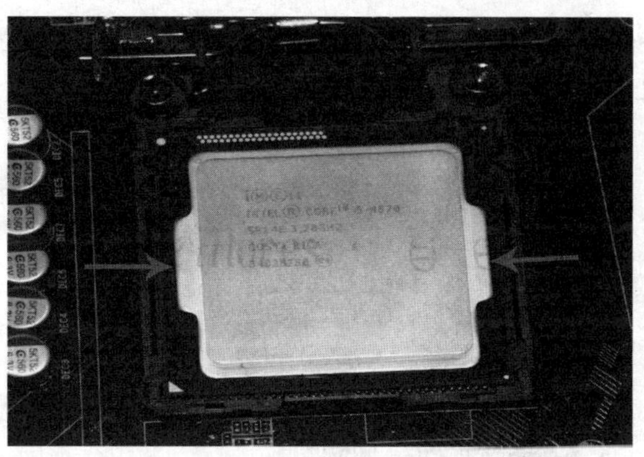

图 1-19　打到三角标识

图 1-20　把 CPU 插座侧面的手柄压下

3．安装散热器

由于 CPU 发热量较大，选择一款散热性能出色的散热器特别关键，但如果散热器安装不当，对散热的效果也会大打折扣。安装散热前，先要在 CPU 表面均匀地涂上一层导热硅脂（很多散热器在购买时已经在底部与 CPU 接触的部分涂上了导致硅脂，这时就没有必要再在处理器上涂一层了），如图 1-21 所示。

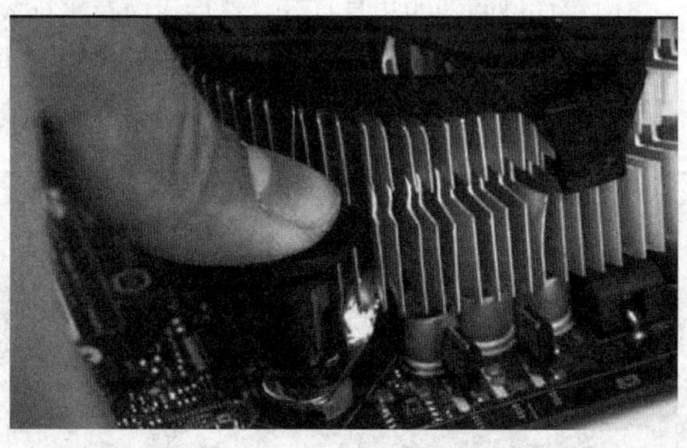

图 1-21　把散热器安装在 CPU 上面

固定好散热器后，还要将散热风扇接到主板的供电接口上。找到主板上安装风扇的接口

（主板上的标识字符为 CPU_FAN），将风扇插头插放即可（注意：目前有四针与三针等几种不同的风扇接口，大家在安装时注意一下即可）。由于主板的风扇电源插头都采用了防呆式的设计，反方向无法插入，因此安装起来相当方便，如图 1-22 所示。

图 1-22 连接 CPU 风扇电源

4．安装内存条

主板上的内存插槽一般都采用两种不同的颜色来区分双通道与单通道。如图 1-23 所示，将两条规格相同的内存条插入到相同颜色的插槽中，即打开了双通道功能。建议大家在选购内存时尽量选择两根同规格的内存来搭建双通道。

图 1-23 内存插槽

安装内存时，先用手将内存插槽两端的扣具打开，然后将内存平行放入内存插槽中（内存插槽也使用了防呆式设计，反方向无法插入，在安装时可以对应一下内存与插槽上的缺口），用拇指按住内存两端轻微向下压，听到“啪”的一声响后，即说明内存安装到位，如图 1-24 所示。

图 1-24 安装内存条

5. 安装主板

将主板安装固定到机箱中，目前大部分主板板型为 ATX 或 MATX 结构，因此机箱的设计一般都符合这种标准。在安装主板之前，先将机箱提供的主板垫脚螺母安放到机箱主板托架的对应位置（有些机箱购买时就已经安装），双手平行托住主板，将主板放入机箱中，如图 1–25 所示。

图 1–25　把主板安装到机箱底板上

拧紧螺丝，固定好主板（见图 1–26)。(在装螺丝时，注意每颗螺丝不要一次性拧紧，等全部螺丝安装到位后，再将每粒螺丝拧紧，这样做的好处是随时可以对主板的位置进行调整。)

图 1–26　拧紧主板螺丝

6. 安装硬盘

固定好主板之后，需要将硬盘固定在机箱的 3.5 寸硬盘托架上。对于普通的机箱，只需要将硬盘放入机箱的硬盘托架上，拧紧螺丝使其固定即可。很多用户使用了可折卸的 3.5 寸机箱托架，这样安装起硬盘来就更加简单。将硬盘装入托架中，并拧紧螺丝。将托架重新装入机箱，并将固定扳手拉回原位固定好硬盘托架，简单的几步便将硬盘稳稳地装入机箱中。还有几种固定硬盘的方式，视机箱的不同大家可以参考一下说明，方法也比较简单，如图 1–27 所示。

7. 安装光驱、电源

安装光驱的方法与安装硬盘的方法大致相同，对于普通的机箱，只需要将机箱 4.25 寸的托架前的面板拆除，并将光驱将入对应的位置，拧紧螺丝即可。机箱电源的安装，方法比较简单，放入到位后，拧紧螺丝即可，如图 1–28 所示。

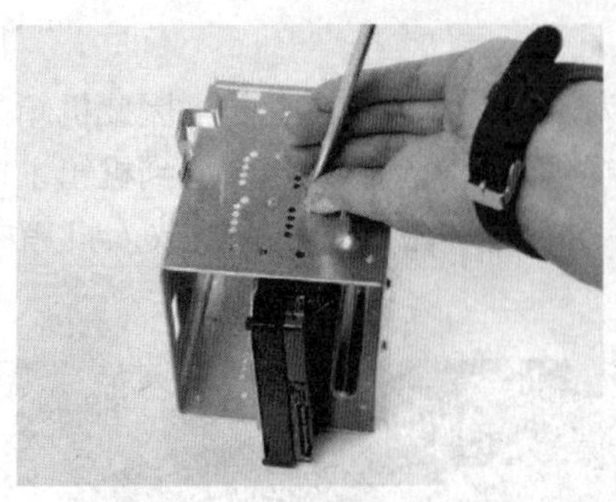

图 1-27 固定硬盘

图 1-28 安装光驱与机箱电源

8．安装显卡

在主板上找到PCI-E插槽，老式主板一般是AGP插槽，现在主流的都是PCI-E插槽。PCI-E接口，这也是目前使用最广泛的通用接口，带宽分为 1X/2X/4X/8X/16X，目前主板上已经很少见其他接口，主要就是PCI-E扩展接口，2X的插槽也比较少见。

显卡的安装原理与CPU安装相似，先用食指按下扣具，如图 1-29 所示。扣具初始是卡在PCI显卡接口上的，第一步是讲其脱离卡扣状态。在卡扣降下打开后，将显卡垂直自上而下插到PCI显卡卡槽上。注意一定要养成双手上显卡的好习惯，越是游戏卡越容易受力不均，所以安装显卡时一定要双手同步稍微用力将显卡插入显卡插槽中，同时需要注意显卡的防呆设计，如图 1-29 所示。

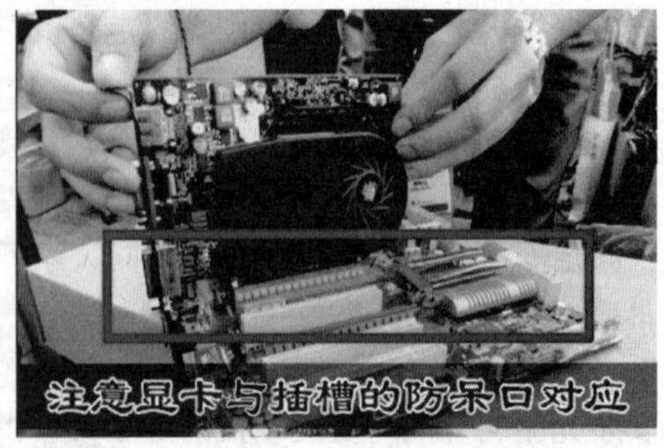

图 1-29 显卡安装方法

9．接好各种线缆

（1）安装硬盘电源与数据线接口，这是一块 SATA 硬盘，右边红色的为数据线，黑黄红交叉的是电源线，安装时将其按入即可。接口全部采用防呆式设计，反方向无法插入。

（2）光驱数据线安装，均采用防呆式设计，安装数据线时可以看到 IDE 数据线的一侧有一条蓝或红色的线，这条线位于电源接口一侧，如图 1-30 所示。

图 1-30　硬盘数据线与电源线、光驱数据线与电源线（右）

（3）硬盘数据线与光驱数据线分别连接到主板对应的接口。光驱数据线连接到主板上的 IDE 接口，SATA 硬盘数据线连接到主板上的 SATA 接口，如图 1-31 所示。

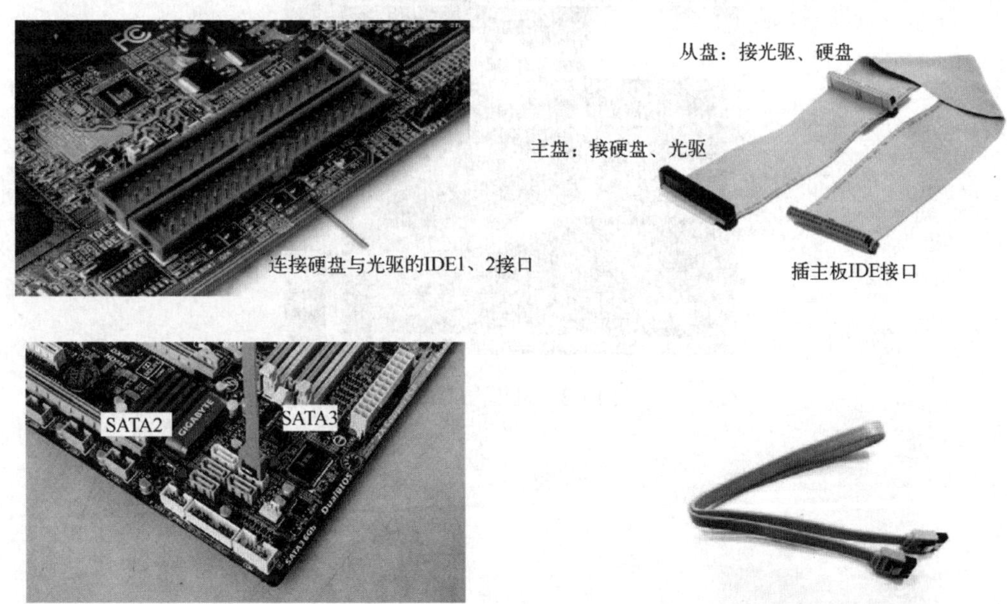

图 1-31　数据线对应主板接口

（4）主板供电电源接口，这里需要说明一下，目前大部分主板采用了 24 PIN 的供电电源设计，但仍有些主板为 20 PIN，在购买主板时要重点看一下，以便购买适合的电源。CPU 供电接口，在部分采用四针的加强供电接口设计，这里高端的使用了 8 PIN 设计，以提供 CPU 稳定的电压供应。如图 1-32 所示。

图 1-32 CPU 电源接口（小）与主板供电电源接口（大）

10．安装完毕

机箱内部的硬件都安装好后，就可以盖上机箱盖了，但是在盖上机箱盖之前，可以看一下已经安装好的主机内部情况。因为机箱内部的空间不宽敞，加之设备发热量都比较大，如果机箱内部没有一个宽敞空间，会影响空气流动与散热，同时容易发生连线松脱、接触不良或信号紊乱的现象，所以应先整理一下机箱内部的连线，然后再把机箱盖合上，如图 1-33 所示。

图 1-33 机箱内部情况

学习资料二

华为发展史

1987年，在深圳南油集团一个简陋的居民楼里，任正非带着三名员工和2.1万元人民币，创立华为技术有限公司，华为就此诞生了！

但这个时候的华为，还上不了台面的，以倒卖交换机为生。43岁的任正非，不甘心于只做这个买卖呢，倒卖交换机挣了些钱以后，任正非召集了一些和他一样有野心和抱负的年轻人，开始自主研发技术。说来也是很心酸，这么一个公司，当时基本上招不到名牌大学通信专业的学生。但是这难不倒任正非，不会？咱就学！现学现做！

于是一群年轻人，每天十几个小时都抱着书狂啃，一年多以后，各个都摸得透透的。郭平和郑宝用就是这个时候来到华为的，他们之所以愿意来到这么小的华为，其中一方面就是因为任正非的远大梦想打动了他们。

当时任老板已经会给年轻人鼓劲了，用中国的民族通信产业这个远大的愿景来让年轻人振奋，所以大家也就都憋足了劲研发自己的交换机。另一方面，任正非敢于给他们比在学校高得多的薪水、开发设备的投入支持及充分的信任，所谓的"士为知己者死"就是这个道理，所以才有了后来的自主研发用户机的成功。另外还有一个原因就是任正非善于号召和鼓励大家，给予大家充分的条件和环境去全身心投入到研发中。

试想，有一个这样的老板，既有精神上的振奋剂，又有丰厚的物质保障，谁不愿意做个拼命三郎呢？直至今天，华为员工待遇好在业界依然是出了名的。华为员工年收入平均之和，包括工资、奖金、福利，是股东分红的3倍。

1992年，华为自主研发的用户交换机已经销售额过亿，华为走在了一个转折口：是就这样把钱分了回家做投资好好享受，还是继续往前走做难度更大的事？在20几年前，上亿元可不是个小数目，能拿到400块钱月薪的人就算是高薪阶层了。思忖过后，他毅然决定继续把钱投入到了难度更大的局用交换机设备这个领域。

但此次的转型又谈何容易？从用户交换机到局用交换机是个全面的跨界，面临更加复杂的技术和更加残酷的竞争。其他做这个的都是国外的巨头，要钱有钱，要技术有技术，要人才有人才。"三无"华为拿什么和别人竞争呢？

因为资金短缺，四处借债，能想到的搞钱的工作都做了。因为同时开发JK2000模拟局用交换机、CC08 2000门和CC08万门局用数字程控交换机，华为几乎掏空了所有家底。雪上加霜的是，JK2000刚刚开发出来就遇到了因技术落后而被市场淘汰的境界，任正非自己说：如果数字机开发不出来，自己就只能先从5楼跳下去了。背水一战，1993年是华为最为困难的时期。但也就是在这个时候，造就了华为人的企业信仰，吃苦耐劳，加班加点，永不放弃。

华为的内部股份制度也是这个时候逐步诞生的，当时华为资金紧张，员工们虽然说薪水不低，但每月只能领一半工资，剩下一半拿白条，后来白条全部转换成了华为的内部股份。这个方式既吸引了人才，把大家绑在一起，也在一定程度上缓解了资金压力。1994年8月，华为 CC08 万门机首次在江苏邳州成功开局，标志着华为完成从农村包围城市并进入城市的历史性突破。

从此，华为一路高歌猛进，进入发展的快车道，把当年与其同时走进通信行业的对手远远地抛在后面。也就是在这个局点，任正非提出了他著名的伟大梦想：“通信天下三分，华为居其一”。

有言道，百家齐放，百家争鸣。这句话放在商场上，也是同样的道理。

几年前，爱立信总裁说，“假使爱立信这一盏灯塔熄灭了，华为将看不到未来”。

任正非的回答是，“我们一定要在彼岸竖立起华为的信号塔，但我们也不能让爱立信、诺基亚这样的值得尊敬的伟大公司跨掉，我们乐于看到多个信号塔共存，大家一起面对不确定性的未来。”

2014 年，欧盟曾经发起过对华为的反倾销调查，结果爱立信和诺基亚站出来反对，为华为背书：华为不是低价倾销。但即使如此，任正非还是说，我举双手投降，我天生就是投降主义者，我们要把欧洲的价格再提高一些。所以我们在中国买的华为手机价格比欧洲要低 15%～20%，高价在欧洲销售高质量的产品，当然也就给竞争对手留下了发展的空间，共同成长的空间。

企业与企业之间的竞争固然重要，但不是最重要的。

假使华为把与竞争对手之间的关系定位为你死我活、有你没我，不仅是价值追求的变异和扭曲，而且也会使华为步入危险之地。那就会像任正非在 2009 年讲的，假使华为成了希特勒、成吉思汗，那就是死路一条。

早在 2009 年，华为推出第一枚自研手机芯片：海思 K3V1，没几个人记得，因为就连华为自己的手机，也没有大规模使用该芯片，仅仅在华为 C8300 身上昙花一现。

在 2012 年推出继任产品——K3V2，开始大规模的使用，甚至用在自家的旗舰机上；不幸的是，被媒体一边倒的吐槽，同一时间其他厂商用的是 A15 架构+28 nm 工艺，而 K3V2 用的是 A9 架构+40 nm 工艺；甚至华为自己也承认，K3V2 确实不太行。

2014 年，麒麟 910 面世，华为 P6s、mate2 都是用的这款芯片。自此华为自研芯片熬出头了，随后发展出各种系列，覆盖到入门机到旗舰机，并最终在 5G 处于领先地位。

华为手机崛起是从 mate7 开始的，是安卓手机中第一个把指纹识别做到好用的。

华为手机和徕卡首次合作是 2016 年初的 P9，诞生了 P9 系列、Mate 9 系列、P10 系列、Mate 10 系列、P20 系列五代产品，每一代都有惊人的飞跃。并且跟索尼定制 imax600 传感器，一举将手机拍照推向新的高度，遥遥领先其他厂商手机；同时依靠这个优势，顺理成章地将 mate 系列和 P 系列手机的价格推向 5000 元甚至更高，这里值得注意的是，这些价格用户也愿意接受。至此，华为从性价比厂商一跃成为高端手机厂商，跻身世界一流手机品牌行列。

评价单

项目名称			完成日期	
班级		小组	姓名	
学号			组长签字	

评价项点	分值	学生评价	教师评价
计算机系统基本组成	10		
认识 CPU	10		
认识内存	10		
认识外存	10		
认识主板	10		
认识输入输出设备	10		
熟悉装机步骤	20		
华为公司世界瞩目，中国加油，中国自豪！	10		
态度是否认真	5		
与小组成员的合作情况	5		
总分	100		

学生得分	
自我总结	
教师评语	

知识点强化与巩固

一、填空题

1．到目前为止，电子计算机的基本结构基于存储程序思想，这个思想最早是由（　　　　）提出的。

2．在计算机中存储数据的最小单位是（　　　　）。

3．计算机的硬件系统核心是（　　　　），它是由运算器和（　　　　）两个部分组成的。

4．可以将数据转换成为计算机内部形式并输送到计算机中去的设备统称为（　　　　）。

5．鼠标是一种（　　　　）设备。

6．微机开机顺序应遵循先（　　　　）后主机的次序。

7．计算机总线是连接计算机中各部件的一簇公共信号线，由（　　　　）总线。数据总线及控制总线所组成。

8．微机上使用的操作系统主要有单用户单任务操作系统。单用户多任务操作系统和多用户多任务操作系统，Windows 是属于（　　　　）操作系统。

二、选择题

1．CPU 的主要功能是进行（　　）。

A．算术运算　　B．逻辑运算
C．算术逻辑运算　　D．算术逻辑运算与全机的控制

2．下面对计算机硬件系统组成的描述，不正确的一项是（　　）。

A．构成计算机硬件系统的都是一些看得见，摸得着的物理设备
B．计算机硬件系统是由运算器、控制器、存储器、输入设备和输出设备组成
C．软盘属于计算机硬件系统中的存储设备
D．操作系统属于计算机的硬件系统

3．ROM 是指（　　）。

A．存储器规范　　B．随机存储器　　C．只读存储器　　D．存储器内存

4．下列不能用作存储容量单位的是（　　）。

A．Byte　　B．MIPS　　C．KB　　D．GB

5．计算机的软件系统分为（　　）。

A．程序和数据　　B．工具软件和测试软件
C．系统软件和应用软件　　D．系统软件和测试软件

6．操作系统的主要功能是（　　）。

A．实现软件和硬件之间的转换　　B．管理系统所有的软件和硬件资源
C．把源程序转换为目标程序　　D．进行数据处理和分析

7．计算机系统是由（　　）组成的。

A．主机及外部设备　　B．主机键盘显示器和打印机
C．系统软件和应用软件　　D．硬件系统和软件系统

8．一个完整的微型计算机系统应包括（　　）。

A．计算机及外部设备　　B．主机箱、键盘、显示器和打印机
C．硬件系统和软件系统　　D．系统软件和系统硬件

9．微型计算机的微处理器包括（　　）。
A．CPU 和存储器　　B．CPU 和控制器
C．运算器和累加器　　D．运算器和控制器

10．使用 Cache 可以提高计算机运行速度，这是因为（　　）。
A．Cache 增大了内存的容量　　B．Cache 扩大了硬盘的容量
C．Cache 缩短了 CPU 的等待时间　　D．Cache 可以存放程序和数据

11．不是计算机的输出设备的是（　　）。
A．显示器　　B．绘图仪　　C．打印机　　D．扫描仪

12．不是计算机输入设备的是（　　）。
A．键盘　　B．绘图仪　　C．鼠标　　D．扫描仪

13．不是计算机存储设备的是（　　）。
A．软盘　　B．硬盘　　C．光盘　　D．CPU

14．扫描仪是属于（　　）。
A．CPU　　B．存储器　　C．输入设备　　D．输出设备

15．输入设备是（　　）。
A．从磁盘上读取信息的电子线路　　B．磁盘文件等
C．键盘、鼠标器和打印机等　　D．从计算机外部获取信息的设备

16．中央处理器的英文缩写是（　　）。
A．CAD　　B．CAI　　C．CAM　　D．CPU

17．存储器的容量一般分为 KB、MB、GB 和（　　）来表示。
A．FB　　B．TB　　C．YB　　D．XB

18．存储容量是按（　　）为基本单位计算。
A．位　　B．字节　　C．字符　　D．数

19．当关掉电源后，对半导体存储器而言，下列叙述正确的是（　　）。
A．RAM 的数据不会丢失　　B．ROM 的数据不会丢失
C．CPU 中数据不会丢失　　D．ALU 中数据不会丢失

20．断电会使存储数据丢失的存储器是（　　）。
A．RAM　　B．硬盘　　C．软盘　　D．ROM

21．内存的大部分由 RAM 组成，其中存储的数据在断电后（　　）丢失。
A．不会　　B．部分　　C．完全　　D．不一定

22．能直接让计算机识别的语言是（　　）。
A．C　　B．BASIC　　C．汇编语言　　D．机器语言

23．使用高级语言编写的未经过编译的程序为（　　）。
A．应用程序　　B．源程序　　C．目标程序　　D．系统程序

24．通常将运算器和（　　）合称为中央处理器，即 CPU。
A．存储器　　B．输入设备　　C．输出设备　　D．控制器

25．下列软件中不是操作系统的是（　　）。

A．WPS　　B．Windows　　C．DOS　　D．UNIX

三、判断题

1．微机的硬件系统与一般计算机硬件组成一样，由运算器、控制器、存储器、输入和输出设备组成。（　　）

2．一台没有软件的计算机，我们称之为“裸机”。“裸机”在没有软件的支持下，不能产生任何动作，不能完成任何功能。（　　）

3．当内存储器容量不够时，可通过增大软盘或硬盘的容量来解决。（　　）

4．计算机高级语言是与计算机型号无关的计算机语言。（　　）

第 2 章
Windows 10 操作系统

操作系统（operating system，OS）是管理和控制计算机硬件与软件资源的计算机程序，是直接运行在“裸机”上的最基本的系统软件，任何其他软件都必须在操作系统的支持下才能运行。

操作系统是用户和计算机的接口，同时也是计算机硬件和其他软件的接口。操作系统的功能包括管理计算机系统的硬件、软件及数据资源，控制程序运行，改善人机界面，为其他应用软件提供支持，让计算机系统所有资源最大限度地发挥作用，提供各种形式的用户界面，使用户有一个好的工作环境，为其他软件的开发提供必要的服务和相应的接口等。Windows 10 操作系统具有功能强大，防护安全周到，屏幕更华丽、新颖，操作更简单，界面清新等特点。

项目一　Windows 10 的启动和使用

知识点提要

1. Windows 10 相对于以往系统的优缺点
2. Windows 10 的版本介绍
3. 启动 Windows 10 系统并认识桌面
4. 认识 Windows 10 窗口基本组成部分
5. Windows 10 窗口的基本操作
6. Windows 10 菜单与对话框
7. 启动和退出应用程序
8. 退出 Windows 10 系统

任务单

任 务 名 称	Windows 10 的启动和使用	学　　时	2 学时
知 识 目 标	1．了解 Windows 10 系统版本及新增功能。 2．掌握 Windows 10 的启动、退出等基本操作。 3．了解 Windows 10 界面各部分的功能。 4．掌握窗口的关闭、打开、调整大小、移动等基本操作。 5．掌握 Windows 10 菜单及对话框的使用。 6．掌握启动和退出应用程序的操作。		
能 力 目 标	1．能够对 Windows 10 操作系统有系统认识。 2．能够对窗口的基本操作有全面的认识。 3．能正确说出菜单项中各项标识的意义。 4．通过任务培养学生沟通协作能力。		
素 质 目 标	1．激发学生对该课程的学习兴趣。 2．培养学生的能力和观察能力、动手能力。 3．学会运用相关知识到实际的工作、生活中，不忘初心，牢记使命，做一个爱国、爱党、爱家的社会主义接班人。		
任 务 描 述	做为一名铁路专业毕业的学生，当你到工作单位后，领导与你谈话时，问问你计算机掌握情况，给你出了如下几道题，你将如何做答或操作？ 1．简单说明 Windows 10 相对于 Windows XP 的优势和劣势。 2．启动 Windows 10 系统，进入 Windows 10 工作界面。 3．打开计算机窗口，并将该窗口停靠在屏幕左侧。 4．将微信固定到“开始”屏幕。 5．打开多个窗口，实现不同窗口之间的切换。 6．隐藏窗口中的菜单栏、导航窗格、预览窗格。 7．说出下列符号在菜单中出现所表示的意义。 ✓标识、●标识、▾标识、…标识、灰色菜单项标识。 8．完成窗口最大化、最小化、还原操作。 9．打开 Word 应用程序，输入“我爱我的祖国”，保存并关闭。 10．简述注销及切换用户的区别。		
任 务 要 求	1．仔细阅读任务描述中的操作要求，认真完成任务。 2．小组间互相共享有效资源。		

资料卡

2.1 Windows 10 概述

Windows 10 是由美国微软公司开发的应用于计算机和平板电脑的操作系统，于 2015 年 7 月 29 日发布正式版。

Windows 10 操作系统在易用性和安全性方面有了极大的提升，除了针对云服务、智能移动设备、自然人机交互等新技术进行融合外，还对固态硬盘、生物识别、高分辨率屏幕等硬件进行了优化完善与支持。

2.1.1 Windows 10 相对于以往系统的优缺点

Windows 10 是现在一般计算机的最新系统，下面具体介绍一下 Windows 10 系统的优缺点。

1．优点

（1）开始菜单改进很大，也做得比较好，应用采用了 Windows Phone 的 A～Z 排列方式，简洁明了。

（2）支持平板模式，可以无缝切换到传统和 metro 两种风格的开始屏幕，解决了 Windows 8 使用逻辑混乱的问题。

（3）Windows 10 的应用支持全平台通用，兼容性很好，兼容 ARM、x86、x64，这个功能非常赞，可以从桌面更快、更容易打开安装的应用程序。大大减轻了开发者的负担，解决了软件匮乏问题。

（4）支持 metro 应用窗口化，可以全屏，也可以任意拉大缩小，甚至可以缩小至手机模式。对桌面用户来说这说，窗口化实在太有必要了。

（5）Windows 10 自带全新的视觉效果，打开、关闭、最小化和最大化窗口都与 Windows 8.1 明显不同。

（6）视觉效果更好、流畅度大幅度提升。

2．缺点

（1）微软加入了 Cortana 语音助理（小娜），但识别准确度较差。

（2）使用应用商店和 Cortana 等都需要登陆微软的账户，增加了使用的门槛；本地账户和微软账户只能切换，无法进行关联。

（3）新的视觉效果还不够成熟，Windows 8.1 的响应速度和加载速度比 Windows10 更快。

2.1.2 Windows 10 版本介绍

和以往一样，微软为多样化设备的家庭和用户提供量身定制的不同 Windows 版本。这些不同的版本满足了不同客户的具体需求，包括消费者、中小企业、大型企业等。Windows 10 共有家庭版、移动版、专业版、企业版、教育版、移动企业版和物联网核心版七个版本。

Windows 10 家庭版：以消费者为中心的桌面版本，可为个人计算机、平板电脑和二合一的设备提供一个熟悉的和个人体验的系统。Windows 10 主要的创新有 Cortana 语音助手、新的网页浏览器 Microsoft Edge、面向触摸屏设备的 Continuum 平板电脑模式、Windows Hello（即人脸识别、虹膜、指纹登录）、串流 Xbox One 游戏的能力，以及广泛通过的 Windows 应用 Photos、Maps、Mail、Calendar、Music 和 Video。

Windows 10 移动版：面向的更小尺寸、移动的、触摸为中心的设备（像智能手机和小平板电脑）提供最佳的用户体验。它依然拥有 Windows 10 家庭版一样的体验：新的通用 Windows 应用、针对 Office 提供新的触摸优化。Windows 10 移动版还为那些在工作中使用自己个人设备的用户提供了强大了的生产力、安全性、管理能力。此外，Windows 10 移动版将启用一些新的设备，利用手机 Continuum 功能，所以人们能够连接智能手机至一个更大的屏幕，手机也就成为了一台个人计算机。

Windows 10 专业版：面向个人计算机、平板电脑和二合一设备的桌面版系统，构建于 Windows 10 家庭版之上，另有一些额外的功能，以满足小企业的多样化需求。Windows 10 专业版可以帮助他们管理设备和应用、保护业务数据中的敏感数据、支持员工远程和移动办公等，并采用了云计算技术。搭载 Windows 10 专业版的设备也支持 CYOD（choose your own device）程序和 Prosumer 客户。Windows 10 专业版还为客户带来了新功能 Windows Update for Business，该功能可降低管理成本、提供控制更新部署、提供更快的安全更新、提供最快的微软新功能更新和相关创新应用。

Windows 10 企业版：建立在 Windows 10 专业版之上，先进的功能旨在满足中型和大型企业的需求。该版本的操作系统提供了先进的功能来帮助他们防范针对设备、身份、应用和敏感企业信息等的现代安全威胁。Windows 10 企业版提供最广泛的选项，面向操作系统部署和全部设备，以及应用程序管理。它还将提供给批量许可（volume licensing）客户使用，保障用户在现有的基础上获取最新的创新和安全更新。与此同时，其中也包括使用 Windows Update for Business 的选项。Windows 10 企业版客户将有机会获得长期服务分支（long term servicing branch），提供关键任务设备和环境部署的选项。并且，先前的 Windows 版本，也就是批量许可的 Active Software Assurance 客户可以升级至 Windows 10 企业版，这是他们现有软件保障权益的一部分。

Windows 10 教育版：建立在 Windows 10 企业版之上，面向学校职员、管理人员、教师和学生。此版操作系统将通过教育机构的批量许可来获得，以及学校和学生能够直接升级 Windows 10 家庭版和 Windows 10 专业版至 Windows 10 教育版。

Windows 10 移动企业版：面向企业用户，在智能手机和小尺寸平板电脑上提供最佳的客户体验。这也将提供给批量许可的客户使用。它提供了强大的生产力、安全、移动设备管理能力，为企业管理新增了一种灵活的方式。此外，Windows 10 移动企业版将提供最新的安全更新和创新功能。

Windows 10 物联网核心版：面向小型低价设备，主要针对物联网设备。目前已支持树莓派 2 代/3 代，Dragonboard 410c（基于骁龙 410 处理器的开发板）,MinnowBoard MAX 及 Intel Joule。

2.1.3　Windows 10 新增功能

1. 生物识别技术

Windows 10 所新增的 Windows Hello 功能将带来一系列对于生物识别技术的支持。除了常见的指纹扫描之外，系统还能通过面部或虹膜扫描来让用户进行登入。当然，用户需要使用新的 3D 红外摄像头来获取到这些新功能。

2．Cortana 搜索功能

可以用 Cortana 来搜索硬盘内的文件、系统设置、安装的应用，甚至是互联网中的其他信息。作为一款私人助手服务，Cortana 还能像在移动平台那样帮用户设置基于时间和地点的备忘。

3．平板模式

微软在照顾老用户的同时，也没有忘记随着触控屏幕成长的新一代用户。Windows 10 提供了针对触控屏设备优化的功能，同时还提供了专门的平板电脑模式，开始菜单和应用都将以全屏模式运行。如果设置得当，系统会自动在平板电脑与桌面模式间切换。

4．桌面应用

微软放弃激进的 Metro 风格，回归传统风格，用户可以调整应用窗口大小了，久违的标题栏重回窗口上方，最大化与最小化按钮也给了用户更多的选择和自由度。

5．多桌面

如果用户没有多显示器配置，但依然需要对大量的窗口进行重新排列，那么 Windows 10 的虚拟桌面应该可以帮到用户。在该功能的帮助下，用户可以将窗口放进不同的虚拟桌面当中，并在其中进行轻松切换。使原本杂乱无章的桌面也就变得整洁起来。

6．开始菜单进化

微软在 Windows 10 当中带回了用户期盼已久的开始菜单功能，并将其与 Windows 8 开始屏幕的特色相结合。

单击屏幕左下角的开始按钮，或者按键盘上的 Win 键都可以打开【开始】菜单，打开之后，不仅会在左侧看到包含系统关键设置和应用列表，标志性的动态磁贴也会出现在右侧，如图 2-1 所示。

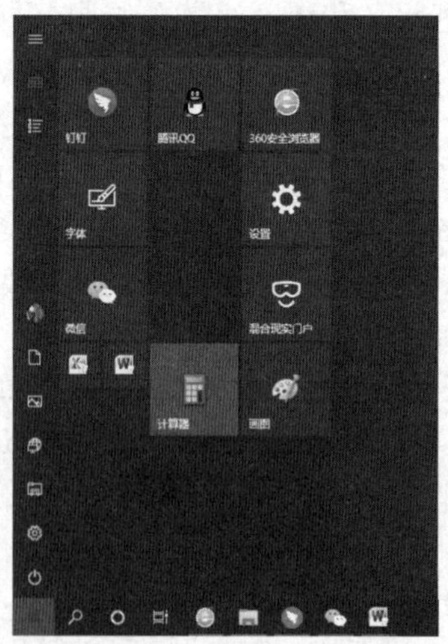

图 2-1　Windows 10　开始菜单

7．任务切换器

Windows 10 的任务切换器不再仅显示应用图标，而是通过大尺寸缩略图的方式内容进行预览。

8．任务栏的微调

在 Windows 10 的任务栏当中，新增了 Cortana 和任务视图按钮，与此同时，系统托盘内的标准工具也匹配上了 Windows 10 的设计风格。可以查看到可用的 WiFi 网络，或是对系统音量和显示器亮度进行调节。

9．贴靠辅助

Windows 10 不仅可以让窗口占据屏幕左右两侧的区域，还能将窗口拖拽到屏幕的四个角落使其自动拓展并填充 1/4 的屏幕空间。在贴靠一个窗口时，屏幕的剩余空间内还会显示出其他开启应用的缩略图，单击之后可将其快速填充到这块剩余的空间当中。

10．通知中心

Windows Phone 8.1 的通知中心功能也被加入到了 Windows 10 当中，让用户可以方便地查看来自不同应用的通知，此外，通知中心底部还提供了一些系统功能的快捷开关，比如平板模式、便签和定位，等等。

11．新的 Edge 浏览器

为了追赶 Chrome 和 Firefox 等热门浏览器，微软淘汰掉了老旧的 IE，带来了 Edge 浏览器。Edge 浏览器虽然尚未发展成熟，但它的确带来了诸多的便捷功能，比如和 Cortana 的整合以及快速分享功能。Windows 10 Edge 浏览器如图 2-2 所示。

图 2-2　Windows 10　Edge 浏览器

12．命提示符窗口升级

在 Windows 10 中，用户不仅可以对 CMD 窗口的大小进行调整，还能使用辅助粘贴等熟悉的快捷键。

13．文件资源管理器升级

Windows 10 的文件资源管理器会在主页面上显示出用户常用的文件和文件夹，让用户可以快速获取到自己需要的内容。

14．计划重新启动

在 Windows 10 会询问用户希望在多长时间之后进行重启。

15．设置和控制面板

Windows 8 的设置应用同样被沿用到了 Windows 10 当中，该应用会提供系统的一些关键设置选项，用户界面如图 2-3 所示，也和传统的控制面板相似。而从前的控制面板也依然会存在于系统当中，因为它依然提供着一些设置应用所没有的选项。

图 2-3 【设置】窗口

16．兼容性增强

只要能运行 Windows 7 操作系统，就能更加流畅地运行 Windows 10 操作系统。针对对固态硬盘、生物识别、高分辨率屏幕等硬件都进行了优化支持与完善。

17．安全性增强

除了继承旧版 Windows 操作系统的安全功能之外，还引入了 Windows Hello，Microsoft Passport、Device Guard 等安全功能。

18．新技术融合

在易用性、安全性等方面进行了深入的改进与优化。针对云服务、智能移动设备、自然人机交互等新技术进行融合。

2.2 Windows 10 的使用

2.2.1 认识 Windows 10 系统桌面

登录 Windows 10 操作系统后，首先展现的就是桌面。本节介绍有关 Windows 10 桌面的相关知识。用户完成的各种操作都是从桌面开始的，桌面包括桌面背景、桌面图标、【开始】按钮和任务栏等 4 部分，如图 2-4 所示。

1．桌面背景

桌面背景是指 Windows 桌面的背景图案，又称为桌布或者墙纸，用户可以根据自己的喜好更改桌面的背景图案。其作用是让操作系统的外观变得更加美观。具体操作将在 2.4 节中介绍。

2．桌面图标

桌面图标是由一个形象的小图片和说明文字组成，图片是它的标识，文字则表示它的名称或功能。在 Windows 10 中，所有的文件、文件夹及应用程序都用图标来形象地表示，双击这些图标就可以快速地打开文件、文件夹或启动某一应用程序等。不同的桌面可以有不同的图标，用户可以自行设置。

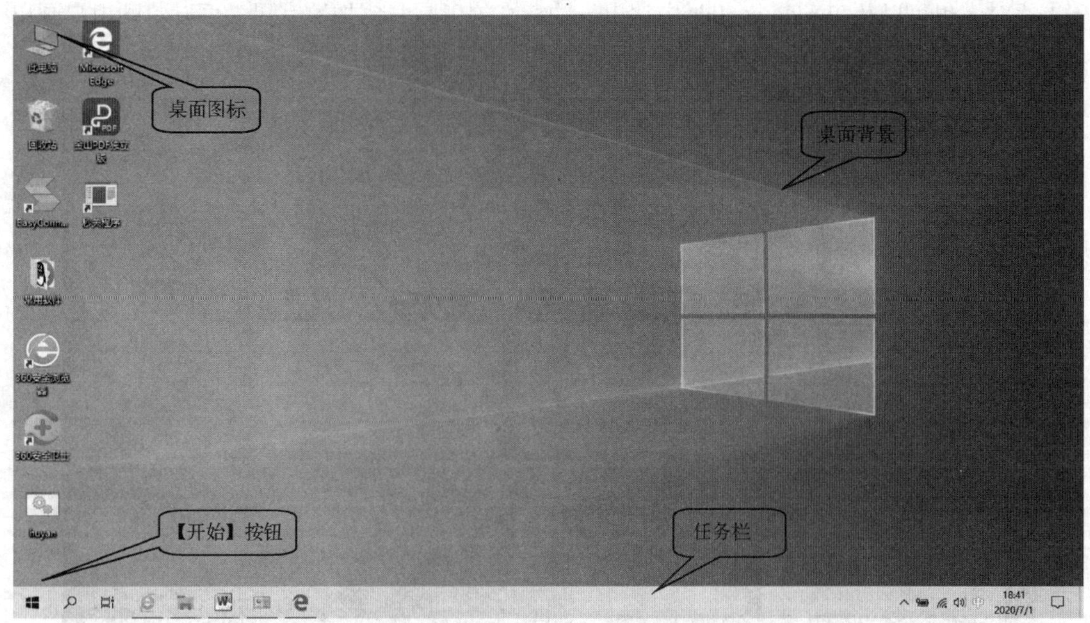

图 2-4 Windows 10 系统桌面

3. 【任务栏】

在 Windows 10 系统的默认状态下，任务栏是位于屏幕底部的水平长条。它主要由程序按钮区、通知区域、显示桌面按钮 3 部分组成，如图 2-5 所示。

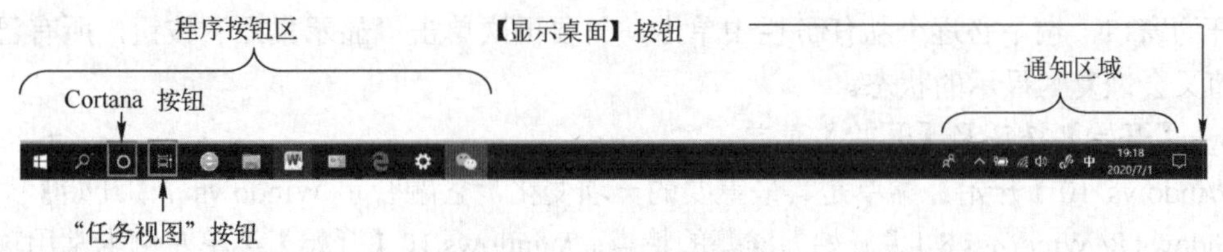

图 2-5 Windows 10 任务栏

Windows 10 中，任务栏已经是全新的设计，它拥有了新外观，除了依旧能在不同的窗口之间进行切换外，新增了 Cortana 按钮和任务视图按钮，Windows 10 的任务栏看起来更加方便，功能更加强大和灵活。

程序按钮区主要放置的是已打开窗口的最小化按钮，单击这些按钮就可以在窗口间切换。在任意一个程序按钮上单击鼠标右键，则会弹出跳转列表。用户可以将常用程序“锁定”到任务栏上，以方便访问，还可以根据需要通过单击和拖拽操作重新排列任务栏上的图标。

Windows 10 任务栏还增加了“任务视图”按钮，用鼠标指向“任务视图”按钮，可显示如图 2-6 所示的界面，选择所需窗口进行编辑。

通知区域位于任务栏的右侧，除包括系统时钟、音量、网络和操作中心等一组系统图标及一些正在运行的程序图标之外，还新增了人脉、Windows Ink 工作区。可以在人脉添加固定联系人或者某些应便于后期工作及生活的联系。Windows Ink 是一个工作区，其将所有支持手写和绘图的应用集中到一起，从而更好地让用户使用其手写笔。除此之外，当在 Ink 模式下书写时，也可以从 Windows Ink 中调出一些特别的工具，例如数字尺，可以帮助用户画出直线。可以说 Windows Ink 这个功能对于从事绘图的工作者是一个很棒的功能。

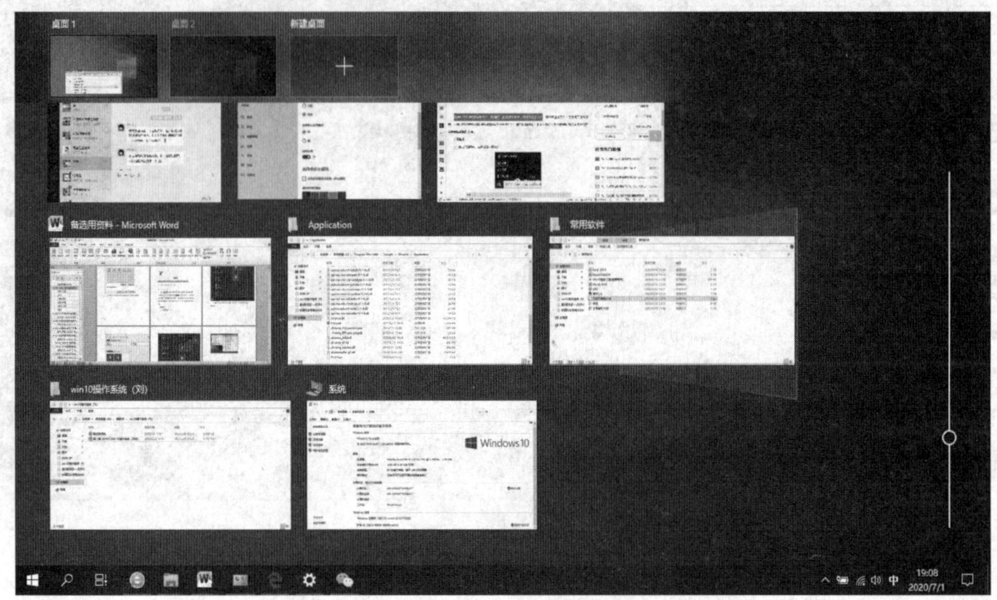

图 2-6　单击“任务视图”按钮后的界面

在 Windows 10 系统任务栏的最右侧是“显示桌面”按钮，作用是快速地将所有已打开的窗口最小化，返回桌面。单击该按钮则可将所有打开的窗口最小化。如果希望恢复显示这些已打开的窗口，也不必逐个从任务栏中单击，只要再次单击“显示桌面”按钮，所有已打开的窗口又会恢复为显示的状态。

4. 【开始】按钮及【开始】菜单

Windows 10【开始】菜单是其最重要的一项变化，它融合了 Windows 7【开始】菜单以及 Windows 8/ Windows 8.1【开始】屏幕的特点。Windows 10【开始】菜单左侧为常用项目和最近添加项目显示区域，另外还用于显示所有应用列表；右侧是用来固定应用磁贴或图标的区域，方便快速打开应用。与 Windows 8/Windows 8.1 相同，Windows 10 中同样引入了新类型 Modern 应用，对于此类应用，如果应用本身支持的话还能够在动态磁贴中显示一些信息，不必打开应用即可查看一些简单信息。

（1）设置 Windows 10【开始】菜单的方法如下。

① 单击任务栏左侧的【开始】按钮或者按键盘上的 Win 键均可弹出【开始】菜单，是用户使用和管理计算机的起点。

② 在弹出的页面中找到【设置】按钮并单击。

③ 进入“设置”页面后，如图 2-7 所示，找到“个性化”单击。

④ 在“个性化”左边的菜单栏中单击【开始】，如图 2-8 中①所示；

⑤ 单击设置【使用全屏幕开始菜单】下面的开关按钮。如 2-8 中②所示，设置开关为“开”

时，【开始】菜单是 Windows 8 样式；设置开关为“关”时【开始】菜单是 Windows 7 样式。

（2）认识熟悉 Windows 10【开始】菜单。

图 2-7　设置中的“个性化”界面

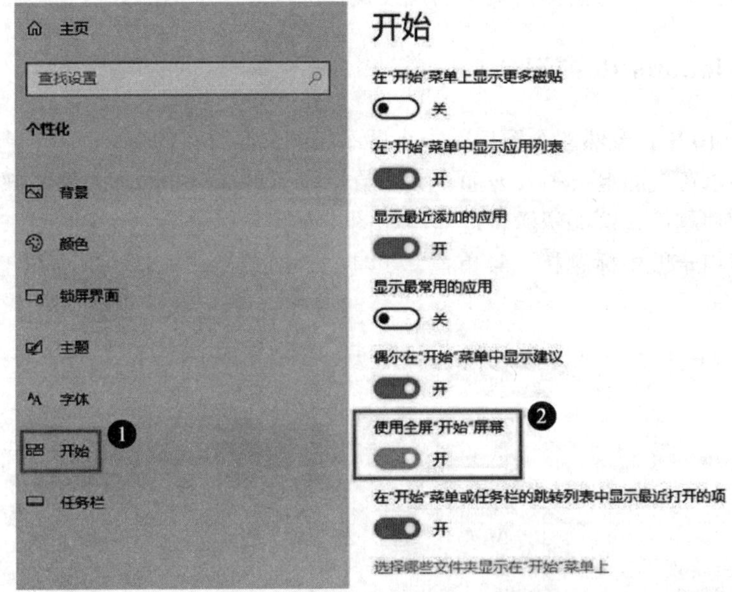

图 2-8　设置中的【开始】界面

单击【开始】按钮或是按键盘上的 Win 键，【开始】菜单就会弹出来。

① 在 Windows 10【开始】菜单的最酷的功能之一是，它可以很容易地调整。如果觉得默认视图是过于高而窄，只要用鼠标指针从【开始】菜单中的任何边缘拖动时，它就会实时调整。

② 一览实时速信息。就像全屏的 Windows 8，应用程序可以直接在 Windows 10【开始】菜单上显示的一览信息的图标，诸如天气、新闻和股票价格信息的实时性。

③ 图标可以重新排列，调整大小和删除。如果对【开始】菜单的默认布局不满意，可以用鼠标单击并按住任意图标，然后将其拖到合适的地方。

④ 想调整【开始】菜单中的任一图标，只需右键单击它，然后将鼠标悬停在快捷菜单的【调整大小】选项上，选择小，中，宽，或大。同样的，右键快捷菜单可以用来关闭动态磁贴功能的任何应用程序。

⑤ 访问所有应用。就像以前的 Windows 版本一样，可以通过【开始】菜单访问所有安装的应用程序。只需打开【开始】菜单，然后单击左下角的【所有应用】按钮。

⑥ 在应用列表中可以看到应用是按字母排序的。单击每一个标题字符，就会进入快速定位选择菜单，然后单击一次启动任何应用程序。

⑦ 将项目添加到主菜单栏。如果某些特定的应用程序要经常使用，只需右键单击应用程序，然后在快捷菜单中选择【固定到“开始”屏幕】，这个程序会固定在【开始】菜单中，以后可便捷地访问。

⑧ 应用程序不是唯一可以放到Windows 10【开始】菜单中的项目。使用Windows资源管理器，只需右键单击一个符合条件的项目，然后选择【固定到“开始”屏幕】，便可以将其固定到【开始】菜单，便于快速访问。

⑨ 自定义颜色和其他的开始菜单选项设置。更改Windows 10【开始】菜单的整体外观，通过单击【开始】菜单中的左侧窗格中的【设置】选项开始。这部分内容将在后面介绍。

2.2.2 认识Windows 10窗口

在Windows 10中，虽然各个窗口的内容各不相同，但所有的窗口都有一些共同点。一方面，窗口始终显示在桌面上；另一方面，大多数窗口都具有相同的基本组成部分。

运行一个窗口程序，例如资源管理器，如图2-9所示，会有一个程序主窗口呈现在最前面。可以看到窗口一般由标题栏、菜单栏、工具栏、地址栏、搜索栏、窗口工作区和状态栏等多部分组成。

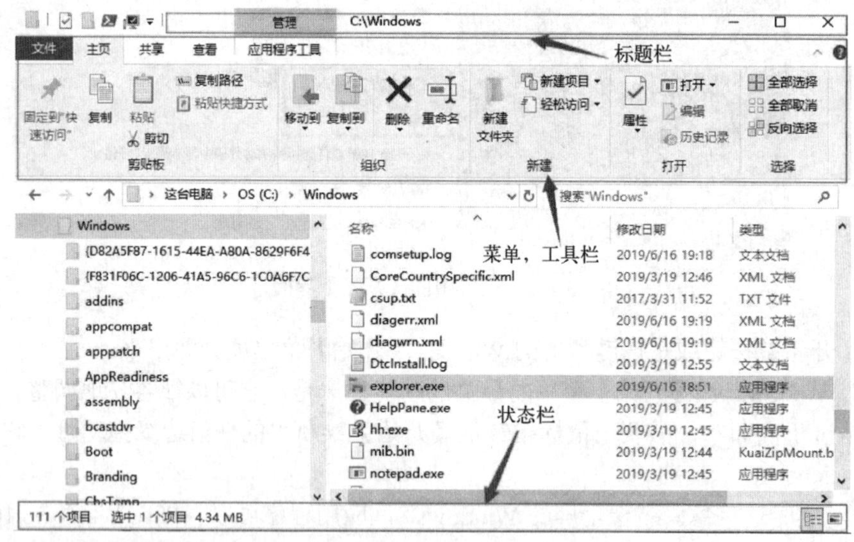

图2-9 Windows10的资源管理器窗口

主窗口除了四周边框和工作区外，主要包含以下几个组成部分。

1. 标题栏

标题栏位于窗口顶部，用于显示程序名称或用户提示信息，例如在资源管理器窗口中显示的是当前选中文件所在的文件夹路径。最右侧有控制按钮区，显示了窗口的【最小化】按钮、【最大化/还原】按钮和【关闭】按钮，单击这些按钮可对窗口执行相应操作。鼠标左键在标题栏按下不动，移动鼠标，可以移动窗口。

2．菜单栏、工具栏

Ribbon 风格的菜单工具栏。通过鼠标左键单击，选择执行对应的操作（动作）。通过鼠标右键单击，可以将功能按钮，添加到标题栏左侧的“快速访问工具栏”。工具栏位于菜单栏的下方，存放着常用的工具命令按钮，让用户能更加方便地使用这些形象化的工具。

3．地址栏、搜索栏

在菜单工具栏下面是地址栏和搜索栏。地址栏是将当前的位置显示为以箭头分隔的一系列链接。也可以在 ← → ⌄ ↑ 的工具栏中单击相应的按钮导航至需要的位置。地址栏右侧是搜索栏。单击【搜索栏】文本框，可以直接输入要搜索内容，也可以在【搜索】菜单工具栏中进行设置，如图 2-10 所示。然后按 Enter 键或者单击搜索按钮即可。窗口【搜索栏】的功能和【开始】菜单中【搜索】框的功能相似。

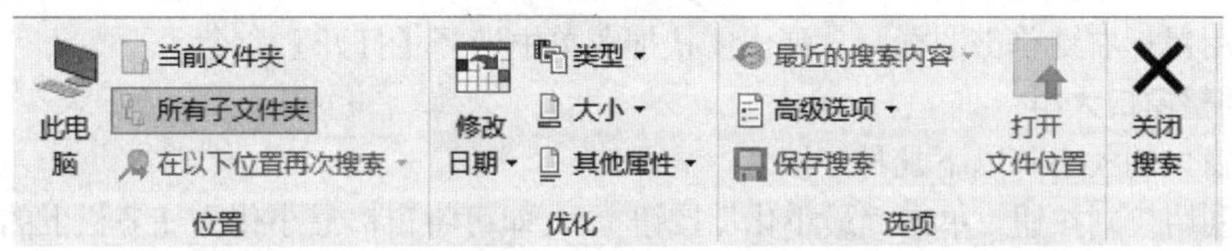

图 2-10　Windows 10 的【搜索】菜单工具栏

4．窗格

在 Windows 10 的窗口有多个窗格类型，其中包括导航窗格、预览窗格和详细信息窗格，在【查看】菜单工具栏中可以看到，如图 2-11 所示。

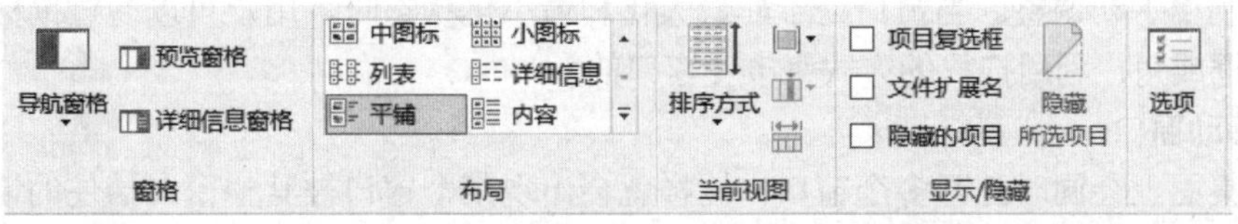

图 2-11　Windows 10 的【查看】菜单工具栏

（1）导航窗格：用于查找文件或文件夹，还可以在导航窗格中将项目直接移动或复制到目标位置。导航区一般包括“快速访问”“此电脑”“网络”等部分。单击前面的箭头按钮 › 可以打开相应的列表，选择该项既可以打开列表，又可以打开相应的窗口，方便用户随时准确地查找相应的内容。

（2）预览窗格：用于显示当前选择的文件内容，从而可预览文件的大致效果。

（3）详细信息窗格：用来显示选中对象的详细信息。例如要显示【本地磁盘（C:)】的详细信息，只需单击一下【本地磁盘（C:)】，就会在窗口右方显示它的详细信息。

5．窗口工作区

窗口工作区用于显示当前窗口的内容或执行某项操作后显示的内容。当窗口中显示的内容太多而无法在一个屏幕内显示出来时，将在其右侧和下方出现滚动条，通过拖动滚动条可查看其他未显示的内容。

6．状态栏

状态栏位于窗口的最下方，显示一些状态、统计等提示信息，例如资源管理器窗口，选中一个文件后，状态栏显示文件所在文件夹包含的文件总数，当前选中的文件大小等信息。由于有的程序可能有一些功能按钮，例如资源管理器窗口，状态栏右侧两个功能按钮，用来改变文件夹列表视图（窗口）的显示方式。

2.2.3 Windows 10 窗口的基本操作

窗口的操作是系统中最常用的，其操作主要包括打开、缩放、移动、排列、切换、关闭等。

1. 打开窗口

打开窗口有以下几种方法。

（1）双击桌面上的快捷图标；

（2）从【开始】菜单中单击相应的选项；

（3）用鼠标右键单击图标，从弹出的快捷菜单中选择【打开】命令。

2. 调整窗口大小

调整窗口的大小有以下几种方法。

（1）利用控制按钮。单击“最小化”按钮，即可将窗口最小化到任务栏上的程序按钮区中；单击任务栏上的程序按钮，窗口恢复到原始大小；单击“最大化”按钮，即可将窗口放大到整个屏幕，显示所有的窗口内容。此时“最大化”按钮会变成“还原”按钮，单击该按钮可以将窗口恢复到原始大小。

（2）利用标题栏调整。将鼠标移动到标题栏，单击鼠标右键，在弹出的快捷菜单中选择【大小】命令，拖动窗口到希望的大小释放鼠标或使用键盘方向键调整窗口大小即可。

（3）利用手动调整。当窗口处于非最大化和最小化状态时，用户可以通过鼠标指向窗口的任意边框或角，利用拖拽的方式来改变窗口的大小。

3. 移动窗口

有时桌面上会同时打开多个窗口，这样就会出现某个窗口被其他窗口挡住的情况，对此用户可以将需要的窗口移动到合适的位置。具体的操作步骤如下。

（1）将鼠标指针移动到其中一个窗口的标题栏上，此时鼠标指针变成形状。

（2）按住鼠标左键不放，将其拖动到合适的位置后释放即可。

4. 排列窗口

当桌面上打开的窗口过多时，就会显得杂乱无章，这时用户可以通过设置窗口的显示形式对窗口进行排列。

在【任务栏】的空白处单击鼠标右键，弹出的快捷菜单中包含了显示窗口的 3 种形式，即【层叠窗口】【堆叠显示窗口】【并排显示窗口】，用户可以根据需要选择一种窗口的排列形式，对桌面上的窗口进行排列。

5. 切换窗口

在 Windows 10 系统环境下可以同时打开多个窗口，但是当前活动窗口只能有一个。因此用户在操作的过程中经常需要在不同的窗口间切换。切换窗口的方法有以下几种。

（1）单击任务栏上窗口对应的按钮，该窗口将成为活动窗口。

（2）按 Alt+Tab 键。若要在多个程序窗口中快速地切换到需要的窗口，可以通过按 Alt+Tab 键实现。在 Windows 10 中利用该方法切换窗口时，会在桌面中间显示预览小窗口，桌面也会即时切换显示窗口。

（3）按 Alt+Esc 键。用户也可以通过按 Alt+Esc 键在窗口之间切换。使用这种方法可以直接在各个窗口之间切换，而不会出现窗口图标方块。

（4）利用程序按钮区。将鼠标停留在【任务栏】中某个程序图标按钮上，【任务栏】上方就会显示该程序打开的所有内容的小预览窗口。例如将鼠标移动到 Internet Explorer 浏览器上，就会在【任务栏】上方弹出打开的网页，然后将鼠标移动到需要的预览窗口上，就会在桌面上显示该内容的界面，单击该预览窗口即可快速打开该内容窗口。

（5）多桌面切换窗口：按住⊞+Tab 键或者单击【任务视图】按钮都可以打开多桌面，实现窗口切换，如图 2-12 所示。

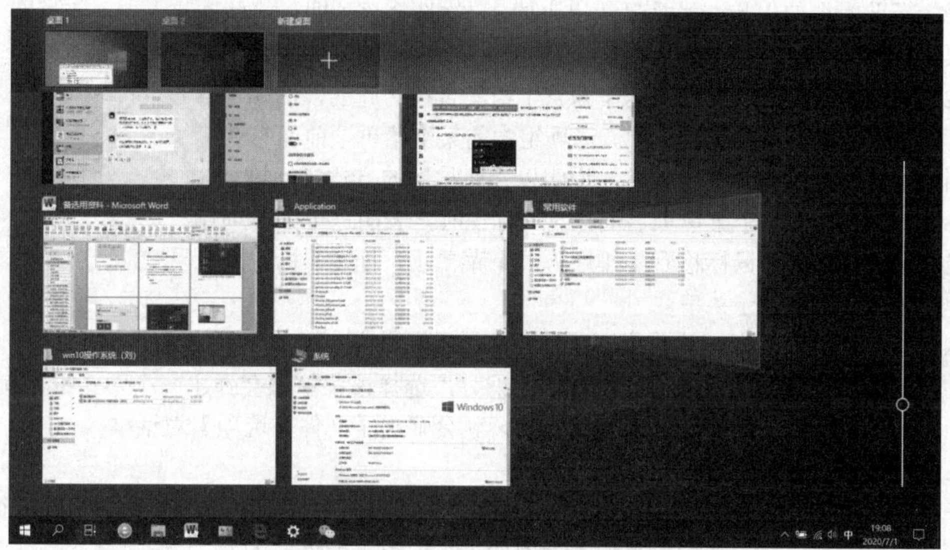

图 2-12　Windows10 多桌面

6．关闭窗口

当某个窗口不再使用时，需要将其关闭以节省系统资源。

（1）单击窗口右上角“关闭”按钮✕；

（2）在窗口的菜单栏上选择【文件】→【关闭】菜单项；

（3）在窗口的标题栏上单击鼠标右键，从弹出的快捷菜单中选择【关闭】菜单项；

（4）单击窗口标题栏的最左侧，从弹出的菜单中选择【关闭】菜单项即可；

（5）在当前窗口下，按 Alt+F4 键；

（6）在【任务栏】的图标上单击鼠标右键，从弹出的 Jump List 列表中选择【关闭窗口】选项，即可将其关闭。

2.2.4　Windows 10 菜单和对话框

除了窗口以外，在 Windows 10 中还有两个比较重要的组件：菜单和对话框。

1．Windows 10 菜单

Windows 10 操作系统中，菜单分成两类，即右键快捷菜单和下拉菜单。

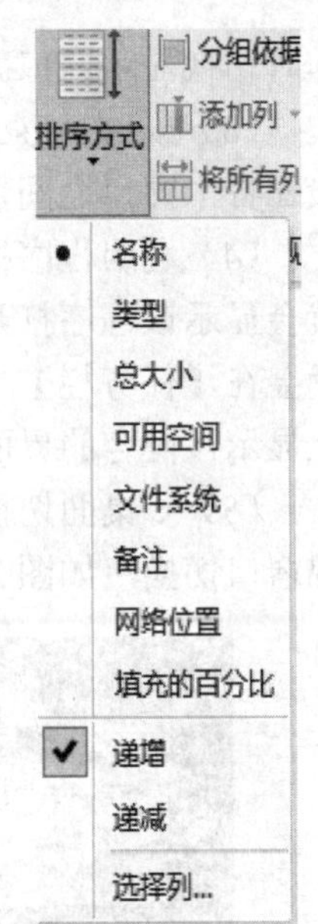

图 2-13 下拉菜单

用户可以在文件、桌面空内处、窗口空白处、盘符等区域上右击，即可弹出相应的快捷菜单，其中包含对选择对象的操作命令。除了下拉菜单，用户只需单击不同的菜单，即可弹出下拉菜单。例如在【此电脑】窗口中【查看】菜单中的【排序方式】，即可弹出一个下拉菜单。如图 2-13 所示。

在 Windows 菜单上有一些特殊的标志符号，代表了不同的意义。当菜单进行一些改动时，这些符号会相应地出现变化，下面介绍各个符号所表示的含义。

（1）✓标识。当某个菜单项前面标有✓标识时，说明该菜单项正在被应用，再次选择该菜单项，标识就会消失。例如【状态栏】菜单项前面的✓表示此时窗口中状态栏是显示出来的，再次选择该项即可将状态栏隐藏起来。

（2）•标识。菜单中某些项是作为一个组集合在一起的，例如【查看】菜单中的几个查看方式菜单项。选项组中的某个菜单项前面有•标识，例如【排序方式】菜单项名称，说明以“名称”的方式进行排列。

（3）▾标识。当某个菜单项后面出现▾标识时，表明这个菜单项还具有级联菜单。例如将鼠标移到【排序方式】菜单项下面的▾标识上，就会弹出【排序方式】子菜单。

（4）灰色菜单项标识。某个菜单项呈灰色显示，说明此菜单项目前无法使用。

（5）…标识。某个菜单项后面出现…标识时，选择该菜单项会弹出一个对话框。例如选择【工具】菜单中的【文件夹选项】菜单项，就会弹出【文件夹选项】对话框。

2. Windows 10 对话框

在 Windows 10 操作系统中，对话框是用户和计算机进行交流的中间桥梁。与窗口很像，但区别在于只能在屏幕上移动位置，不能改变大小，也不能缩成图标。

一般情况下，对话框中包含各种各样的选项，具体有以下几类。

（1）选项卡，用于对一些比较复杂的对话框分为多页，实现页面的切换操作。

（2）文本框，可以让用户输入和修改文本信息。

（3）按钮，在对话框中用于执行某项命令，单击按钮可实现某项功能。

2.2.5 启动和退出应用程序

1. 启动应用程序

（1）双击桌面相应程序的图标；

（2）在【开始】菜单中的程序中找到程序并单击；

（3）在【开始】菜单的【固定磁贴】中找到程序并单击；

（4）单击快速启动栏中的程序小图标；

（5）选择【运行】→【浏览】后，找到对应程序的位置，并双击，再单击【确定】；

（6）在程序安装目录中找到主程序，双击打开；

所有的双击，都可以换成单击选择后，按 Entre 键。

2. 退出应用程序

（1）单击程序窗口的【关闭】按钮；

（2）双击程序窗口中标题栏最左边的【程序图标】;

（3）单击程序窗口中标题栏最左边的【程序图标】，选择【关闭】按钮;

（4）单击菜单栏下的【文件】，在下拉菜单中选择【退出】;

（5）在当前窗口下按 Alt+F4 键;

（6）右击任务栏中的运行程序，在弹出的快捷菜单中选择【关闭】按钮;

（7）按 Ctrl+Alt+Delete 键或者 Ctrl+Shift+Esc 键调出任务管理器，在进程中或者在应用程序中结束它。

2.2.6　退出 Windows 10 系统

Windows 10 将关机、休眠、锁定、注销和切换用户等操作进行了重新的整合，放置在不同的菜单中，都可以退出 Windows 10 操作系统。

1．关机

计算机的关机与平常使用的家用电器不同，不是简单地关闭电源就可以，而是需要在系统中进行关机操作。正常关机步骤如下：单击【开始】按钮，弹出【开始】菜单，将鼠标移到“电源”按钮处单击，系统即可自动地保存相关的信息。关于关机还有一种特殊情况，称为“非正常关机”。就是当用户在使用计算机的过程中突然出现了“死机”“花屏”“黑屏”等情况，不能通过【开始】菜单关闭计算机，此时用户只能持续地按主机机箱上的电源开关按钮几秒钟，片刻后主机会关闭，然后关闭显示器的电源开关即可。

2．休眠

休眠目前在【电源】菜单中不显示。可以在【控制面板】的【电源选项】中进行设置显示出来，是退出 Windows 10 操作系统的另一种方法，选择休眠会保存会话并关闭计算机，打开计算机时会还原会话。此时计算机并没有真正的关闭，而是进入了一种低耗能状态。

3．锁定

【锁定】显示在用户头像菜单中，当用户有事情需要暂时离开，但是计算机还在运行，某些操作不方便停止，也不希望其他人查看自己计算机里的信息时，就可以通过这一功能来使计算机锁定，恢复到“用户登录界面”，再次使用时只有输入用户密码才能开启计算机进行操作。

4．注销

【注销】显示在用户头像菜单中，Windows 10 与之前的操作系统一样，允许多用户共同使用一台计算机上的操作系统，每个用户都可以拥有自己的工作环境并对其进行相应的设置。当需要退出当前的用户环境时，可以通过【注销】的方式来实现。【注销】功能和【重新启动】相似，在进行该动作前要关闭当前运行的程序，保存打开的文档，否则会造成数据的丢失。进行此操作后，系统会自动将个人信息保存到硬盘，并快速地切换到“用户登录界面”。

5．切换用户

通过【切换用户】也能快速地退出当前的用户，并回到“用户登录界面”。

提示：注销和切换用户的区别在于，虽然二者都可以快速地回到“用户登录界面”，但是注销要求结束程序的操作，关闭当前用户；而切换用户则允许当前用户的操作程序继续运行，不会受到影响。

评价单

<table>
<tr><td>项目名称</td><td colspan="3">Windows 10 的启动和使用</td><td>完成日期</td><td></td></tr>
<tr><td>班级</td><td></td><td>小组</td><td></td><td>姓名</td><td></td></tr>
<tr><td>学号</td><td colspan="2"></td><td colspan="2">组长签字</td><td></td></tr>
<tr><td colspan="2">评价项点</td><td colspan="2">分值</td><td>学生评价</td><td>教师评价</td></tr>
<tr><td colspan="2">Windows 10 新增功能的使用</td><td colspan="2">10</td><td></td><td></td></tr>
<tr><td colspan="2">对 Windows 10 桌面的了解程度</td><td colspan="2">10</td><td></td><td></td></tr>
<tr><td colspan="2">Windows 10 系统的启动和退出</td><td colspan="2">10</td><td></td><td></td></tr>
<tr><td colspan="2">Windows 基本操作熟练程度</td><td colspan="2">10</td><td></td><td></td></tr>
<tr><td colspan="2">Windows 10 菜单及对话框的使用</td><td colspan="2">10</td><td></td><td></td></tr>
<tr><td colspan="2">启动和退出应用程序</td><td colspan="2">10</td><td></td><td></td></tr>
<tr><td colspan="2">是否具备认真、和谐、敬业的工作态度</td><td colspan="2">20</td><td></td><td></td></tr>
<tr><td colspan="2">民主、平等、公正、诚信、友善的品质的展现</td><td colspan="2">20</td><td></td><td></td></tr>
<tr><td colspan="2">总分</td><td colspan="2">100</td><td></td><td></td></tr>
<tr><td>学生得分</td><td colspan="5"></td></tr>
<tr><td>自我总结</td><td colspan="5"></td></tr>
<tr><td>教师评语</td><td colspan="5"></td></tr>
</table>

项目二　对 Windows 10 进行个性化设置

知识点提要

1. 新建用户账户
2. 管理用户账户
3. 桌面个性化设置
4. 屏保设置
5. 桌面小工具使用
6. 【开始】菜单的个性化设置
7. 任务栏设置
8. 鼠标和键盘的设置
9. 输入法的设置

任务单

任务名称	对 Windows 10 进行个性化设置	学　时	4 学时
知识目标	1. 了解用户账户的创建并对自己创建的账户进行管理。 2. 掌握 Windows 10 桌面、开始菜单、任务栏的设置。 3. 掌握鼠标、键盘、输入法的设置方法。		
能力目标	1. 会创建用户账户并管理。 2. 会设置 Windows 的个性化外观。 3. 培养学生沟通协作能力。		
素质目标	1. 激发学生对该课程的学习兴趣。 2. 培养学生的能力和观察能力、动手能力。 3. 学会运用相关知识到实际的工作、生活中，为将来成为一个爱岗敬业的好员工打好基础。		
任务描述	假如你毕业了，到铁路工作了，单位给你和另一位同事分配了一台计算机，请你按如下要求创建自己的账户并对其进行个性化设置： 1. 创建一个以自己名字命名的账户，设置账户类型为标准用户，设置账户密码并更改账户显示图片。 2. 桌面主题设置：设置适合工作性质的桌面主题。 3. 桌面背景个性化设置：将单位的口号设置为本机桌面背景，显示方式选择为【居中】。 4. 图标个性化设置：将桌面上【此电脑】图标更改成，并重新命名为“计算机”；将【回收站】图标更改为✕样式，并重新命名为“垃圾箱”。 5. 屏幕保护设置：设置本机屏幕保护程序为【变幻线】，等待 5 分钟启用屏保，在恢复时需显示登录屏幕。 6. 添加小工具：将【时钟】添加到桌面，选择菊花样式，并设置时钟名称为【光阴】，时区为【当前计算机时间】，并显示秒针。 7. 任务栏基本操作：锁定任务栏；屏幕上的任务栏位置设置为“右侧”。 8. 鼠标个性化设置：设置主要按钮为“右键”，设置鼠标键双击速度为“快”；设置垂直滚动时滚动滑轮一个齿格滚动行数为“5”行。 9. 键盘个性化设置：设置光标闪烁速度为“中”，字符重复速度为“快”。 10. 开启 CAPS LOCK 键使用 Shift 键，输入语言之间切换使用 Shift+Ctrl 组合键，中/英标点符号切换使用 Ctrl+Space 组合键。		
任务要求	1. 仔细阅读任务描述中的设计要求，认真完成任务。 2. 提交电子作品，并认真填写评价表。 3. 小组间互相共享有效资源。		

资料卡及实例

2.3　账户设置

在 Windows 10 操作系统中，可以设置多个用户账户，不同的账户类型拥有不同的权限，它们之间相互独立，从而实现多人使用同一台计算机而又互不影响的目的。

只有具有管理员权限的用户才能创建和删除用户账户。

1．添加新的用户账户

在 Windows 10 的安装过程中，最后一个步骤是要求用户登录 Microsoft 账户（微软在线账号），但是在页面上，却并没有提供明显的切换到本地账户的链接。下面介绍 Windows10 创建本地账户的步骤。

（1）在登录“你的 Microsoft 账户”界面，单击【创建一个新账户】；

（2）在“注册 Outlook 邮箱”界面，单击下方的【不使用 Microsoft 账户登录】；

（3）然后就会跳到本地账户创建界面，在“你的账户”界面输入用户名和密码（可选）；单击【完成】即可使用本地账户登录完成 Windows 10 的安装；

（4）输入用户名和密码，如果是本机创建账户建议把密码设置为永不过期；

（5）新建成功；

（6）注销一下就可以看到刚刚新建的那个用户。单击用户登录的就是新的账户了。

2．设置用户账户图片

用户可以为创建的用户账户更改图片。用户可以选择自己喜欢的图片，把它设置为账户的头像。具体的操作步骤如下：

（1）单击【开始】菜单，单击顶部的用户头像，然后单击【更改账户设置】；

（2）在弹出的【账户】界面右侧，单击【通过浏览方式查找一个】；

（3）选择好需要更换的图片，单击【选择图片】即可。

3．为用户账户设置、更改和删除密码

密码是一道保护屏障，Windows 10 系统的用户密码也是，能保护用户的个人设置和信息。定期修改密码时密码更不容易被破解。下面介绍设置方法：

（1）右键单击【此电脑】，选择【管理】；

（2）然后选择【用户和组】，再展开【用户】；

（3）右键单击需要修改密码的用户，选择【设置密码】；

（4）再单击继续，一般要改密码必须要选择这一步；

（5）输入新密码两遍，再单击【确定】，设置成功。

在桌面上打开控制面板，或者右键单击【开始】菜单选择【控制面板】，在用户账户和家庭安全，单击【更改用户类型】，单击要修改密码的用户，然后单击修改密码，输入两遍新密码后，同样单击【确定】生效。

Windows 10 修改用户密码，可以从【此电脑】的【管理】→【用户和组】入手，也可以从【控制面板】的【用户账户和家庭安全】入手。定期修改密码，可以防止密码泄露和被破解，保护用户信息的安全。

Windows 10 系统重置本地账户密码

有些使用 Windows 10 系统的用户存在这样的情况：设置了本地账户的密码，但平时都使用 Microsoft 账户登录系统，时间长了忘了本地账户的密码。这时候还想用本地账户的话就只能重置本地账户密码了。

1．按 Win+R 组合键，在出现的运行命令中，输入“lusrmgr.msc”后回车。

2．在弹出的【本地用户和组（本地）\用户】界面，单击选中左侧面板【用户】，在右侧面板中，右键单击自己的本地账户，选择【设置密码】，会弹出提示界面，单击【继续】。

3．在随后弹出的【为 XXX 设置密码】界面，输入两次新密码后确定，出现的本地用户和组界面会提示“密码已设置”，单击【确定】就可以了！

4．更改用户账户的类型

与 Windows 7 和 Windows 8 不同，Windows 10 系统已删除了 Guest 账户。Windows 10 系统用户账户可以分为两种类型，即管理员账户和标准用户账户。只要第一次安装并登录到 Windows 10 系统，就会形成管理员账户。标准用户账户通常在 Windows 10 系统上拥有相当有限权限的儿童使用。从另一个角度来看，它可以分为 Microsoft 账户和本地用户账户。Microsoft 账户允许使用相同的账户登录许多应用程序，例如 Xbox 和 Hotmail。

具体的操作步骤如下：

（1）用前面介绍的方法打开【设置】窗口；

（2）选择【其他用户】；

（3）选中需要修改类型的账户，然后单击【更改账户类型】按钮，即可把用户账户类型更改为管理员或者标准账户。

5．更改用户账户名称

更改用户账户名称的具体操作步骤如下：

（1）在 Windows 10 系统中单击【开始】菜单，选择进入【控制面板】；

（2）然后单击【用户账户和家庭安全】选项；

（3）接着在【用户账户和家庭安全】中单击【用户账户】选项；

（4）在用户账户中，单击【更改账户名称】的选项；

（5）输入一个新账户名，然后单击【更改名称】按钮，最后重启 Windows 10 系统，更改账户名称的工作就完成了。

6．删除用户账户

具体的操作步骤如下：

（1）打开【设置】，进入【控制面板】后再单击【更改用户类型】；

（2）在这里选择微软 Microsoft 的账户；

（3）然后再单击【删除账户】；

（4）是否保存这个微软 Microsoft 账户在本机上的相关资料，是删除还是保存，看自己的实际情况而定；

（5）确认删除这个账户，如果用户的配置文件比较多，则单击【删除】后需要等持的时候比较长；

（6）删除成功，在账户列表里没有刚刚那个用户了。

2.4　桌面个性化设置

作为新一代的操作系统，Windows 10 进行了重大的变革。它不仅延续了 Windows 家族的传统，而且带来了更多的全新体验。Windows 10 新颖的个性化设置，在视觉上带来了不一样的感受。本节将介绍 Windows 10 操作系统的个性化设置。

2.4.1　设置 Windows 10 桌面主题

桌面上的所有可视元素和声音统称为 Windows 10 桌面主题，用户可以根据自己的喜好和需要，对 Windows 10 的桌面主题进行相应的设置。设置 Windows 10 桌面主题的具体步骤如下。

（1）在桌面空白处单击鼠标右键，弹出如图 2-14 所示的快捷菜单，选择【个性化菜单项，弹出如图 2-15 所示【个性化】窗口，可以更改计算机上的视觉效果和声音。

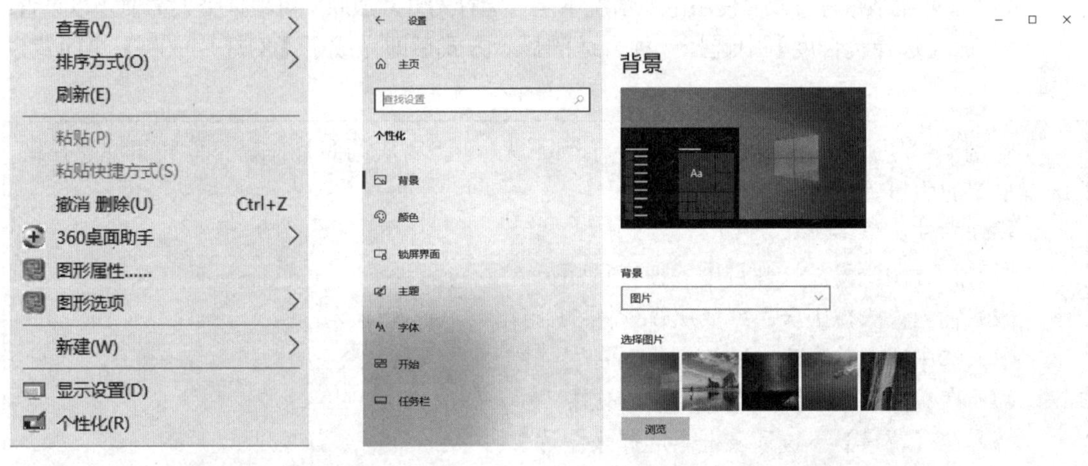

图 2-14　桌面快捷菜单　　　　图 2-15　【个性化】窗口

（2）此时可以看到 Windows 10 提供了包括【背景】和【颜色】等多种个性化主题供用户选择。只要在选择相应的菜单项，就可进行相关设置。

2.4.2　桌面背景个性化设置

Windows 10 系统提供了很多个性化的桌面背景，包括图片、纯色或幻灯片放映三种方式供选择。用户可以根据自己的需要收集一些电子图片作为桌面背景，还可以将多张图片作为幻灯片显示。

1．将图片设置为桌面背景

Windows 10 操作系统中自带了四种供选择的背景图片，用户可以选用，也可以自行挑选喜欢的图片作为桌面背景。具体的操作步骤如下。

（1）在桌面空白处单击鼠标右键，从弹出的快捷菜单中选择【个性化】菜单项，弹出如

图 2-15 所示【个性化】窗口。

（2）选择【背景】选项，右侧显示背景相关操作内容。在【背景】下拉列表中选择【图片】就可以选择系统自带的图片，也可以单击【浏览】按钮，在本地硬盘中选择喜欢的图片作为背景。

（3）在 Windows 10 操作系统中，桌面背景有六种显示方式。在【选择契合度】下拉列表中将呈现填充、适应、拉伸、平铺、居中和跨区。可以根据自己的需要选择合适的显示方式。

2．用纯色设置桌面背景

某些用户不喜欢选择图片作为背景颜色，可以在【背景】下面选择【纯色】，从 24 种颜色中选择一种做为背景，也可以单击【自定义颜色】按钮，添加某一个颜色作为背景。

3．使用幻灯片放映设置为桌面背景

（1）在【背景】下面选择【幻灯片放映】；

（2）单击【浏览】按钮选择某一包含图片的文件夹；

（3）在图片切换频率下拉列表中可以选择 1 分钟、10 分钟、30 分钟、1 小时、6 小时、1 天任何一种变化频率；

（4）“图片播放顺序”及“使用电池情况下是否运行幻灯片放映”可根据个人需要予以设置；

（5）在【选择契合度】中选择一种合适的显示方式后即完成了【幻灯片放映】桌面背景设置。

实例 1： 为了庆祝国庆节的到来，请上网搜索一张喜庆的照片作为桌面背景完整显现庆祝祖国的生日。

操作方法：

（1）打开浏览器，打开百度等搜索页面；

（2）输入“庆祝国庆”或“庆祝建国 71 周年”等关键词；

（3）选中适合并喜欢的图片另存为备用；

（4）在桌面单击右键，选择【个性化】；

（5）在【背景】下拉列表框中选择【图片】；

（6）单击【浏览】，找到存储下载图片的地方，选择备用的图片；

（7）在【选择契合度】下拉列表中选择“填充”。

2.4.3 桌面图标个性化设置

在 Windows 10 操作系统中，所有的文件、文件夹及应用程序都可以用形象化的图标表示，将这些图标放置在桌面上就称为“桌面图标”，双击任意一个图标都可以快速地打开相应的文件、文件夹或者应用程序。

1．添加桌面图标

为了方便应用，用户可以手动在桌面上添加一些桌面图标。

1）添加系统图标

进入刚装好的 Windows 10 操作系统时，桌面上只有【此电脑】【回收站】。想要添加其他系统图标，具体的操作步骤如下。

（1）在桌面空白处单击右键，从弹出的快捷菜单中选择【个性化】菜单项，弹出【设置-

个性化】窗口。

（2）在窗口的左边窗格中选择【主题】选项，在右侧选择【桌面图标设置】，弹出【桌面图标设置】对话框，如图 2-16 所示。

（3）用户可根据自己的需要在【桌面图标】选项中选择需要添加到桌面上显示的系统图标，依次单击【应用】和【确定】按钮，返回【个性化】窗口，然后关闭该窗口即可完成桌面图标的添加。

2）添加快捷方式

用户还可以将常用的应用程序、文件或文件夹的快捷方式放置在桌面上形成桌面图标。具体的操作步骤如下。

（1）在桌面空白位置单击右键，在弹出的快捷菜单中选择【新建】；

（2）然后选择【快捷方式】选项，弹出如图 2-17 所示的【创建快捷方式】对话框，单击【浏览】按钮选择要创建的文件夹快捷方式，选择【F:盘】中【备份】文件夹下【疫情相关表格】文件夹。

图 2-16 【桌面图标设置】对话框

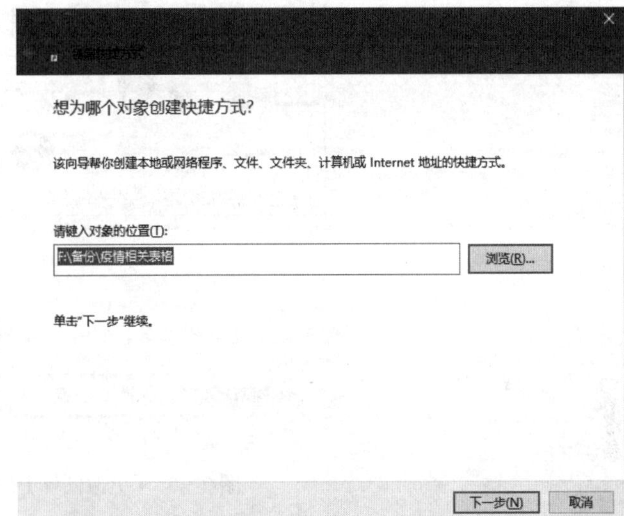

图 2-17 【创建快捷方式】对话框

（3）单击【下一步】按钮，可以修改名字，最后单击【完成】按钮即可。

通过添加快捷方式这种方法，既可以快捷地打开常用文件，又不用担心重做系统时不小心删除桌面文件。

2. 排列桌面图标

在日常应用中，用户不断地添加桌面图标就会使桌面变的很乱，这时可以通过排列桌面图标整理桌面。在桌面空白处单击鼠标右键，在弹出的快捷菜单中选择【排序方式】菜单项，在其级联菜单中可以看到 4 种排列方式，可以按照名称、大小、项目类型和修改日期 4 种方式排列桌面图标。

3. 更改桌面图标

用户还可以根据自己的实际需要修改桌面图标的标识和名称。

1）利用系统自带的图标

Windows 10 操作系统中自带了很多图标，用户可以从中选择自己喜欢的。下面以桌面上【常用软件】文件夹为例介绍具体的操作步骤。

（1）在【常用软件】文件夹图标上单击右键，在弹出的快捷菜单中选择【属性】，弹出【常用软件 属性】对话框；

（2）在【自定义】选项卡中单击【更改图标】按钮，弹出【更改图标】对话框，如图 2-18 所示。

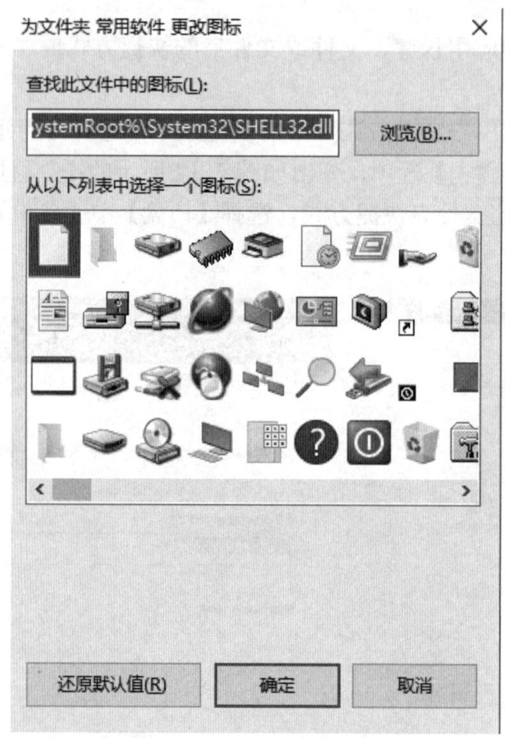

图 2-18 【更改图标】对话框

（3）从【从以下列表选择一个图标】列表框中选择一个自己喜欢的图标，然后单击【确定】按钮，返回【桌面图标设置】对话框，可以看到选择的图标标识。

（4）然后依次单击【应用】和【确定】按钮返回桌面，可以看到新图标的标识已经更改。

提示：如果用户希望把更改过的图标还原为系统默认的图标，在【桌面图标设置】对话框中单击【还原默认值】按钮即可。

2）利用自己喜欢的图标

如果系统自带的图标不能满足需求，用户可以将自己喜欢的图标设置为桌面图标的标识。具体的操作如下：

（1）在网上下载图标文件，后缀为.ico；

（2）选中所需要的图标，单击鼠标右键，选择【复制】，或者按快捷键 Ctrl + C；

（3）返回桌面，单击要修改的文件夹，然后单击鼠标右键，选择【属性】；

（4）单击【自定义】，然后单击【更改图标】；

（5）单击【浏览】，到达系统文件夹下。将图标文件粘贴过来，具体操作步骤为：在空白处单击鼠标右键，选择【粘贴】；或者直接按快捷键 Ctrl + V；

（6）找到刚才粘贴过来的图标（为了方便，可以在搜索栏上写上.ico），单击要使用的图标，单击【打开】；

（7）然后单击【确定】，再单击【应用】，最后单击【确定】；

（8）这时如果还看不出来效果，刷新桌面，或者按快捷键 F5，就会看到自己的文件夹图标变成了个性化的图标；

4．更改桌面图标名称

有的时候用户安装完应用程序会在桌面创建一个快捷方式图标，但有些图标显示的却是英文名称，不方便使用，可以更改桌面图标名称。操作步骤如下。

（1）在要修改的桌面图标上单击鼠标右键，从弹出的快捷菜单中选择【重命名】菜单项。

（2）此时该图标的名称处于可编辑状态，在此处输入新的名称，然后按 Enter 键或者在桌面空白处单击鼠标即可。

提示：用户还可以通过 F2 键来快速地完成重命名操作。首先选中要更改名称的图标，然后按 F2 键，此时图标名称就会变为可编辑状态，然后输入新的名称即可。

5．删除桌面图标

为了使桌面看起来整洁美观，用户可以将不常用的图标删除，以便于管理。

1）删除到【回收站】

（1）通过右键快捷菜单删除：在要删除的快捷方式图标上单击鼠标右键，从弹出的快捷菜单中选择【删除】菜单项，可直接删除该图标。双击桌面上的【回收站】图标，打开【回收站】窗口，可以看到删除的快捷方式图标已经在窗口中。

（2）通过 Delete 键删除：选中要删除到【回收站】的桌面图标，按 Delete 键，即可将图标删除。

2）彻底删除

彻底删除桌面图标的方法与删除到【回收站】的方法类似，在选择【删除】菜单项或者按下 Delete 键的同时需要按下 Shift 键，此时会弹出【删除快捷方式】对话框，提示“您确定要永久删除此快捷方式吗？”，然后单击【是(Y)】按钮即可。

2.4.4　更改屏幕保护程序

当在指定的一段时间内没有使用鼠标或键盘进行操作，系统就会自动地进入账户锁定状态，此时屏幕会显示漂亮的图片或是动画，这就是屏幕保护程序的效果。

设置屏幕保护程序有三方面的作用：可以减少电能消耗；可以起到保护计算机屏幕的作用；可以保护个人的隐私，增强计算机的安全性。

1．使用系统自带的屏幕保护程序

Windows 10 自带了一些屏幕保护程序，用户可以根据自己的喜好选择。操作步骤如下。

（1）右击桌面空白处，在弹出的快捷菜单中单击【个性化】，打开【个性化】窗口。

（2）选择左侧的【锁屏界面】，在右侧下方找到屏幕保护程序设置，单击后弹出如图 2-19 所示【屏幕保护程序设置】对话框；

（3）在【屏幕保护程序】下拉列表中列出了很多系统自带的屏幕保护程序，可以根据自己的需求选择。例如选择【3D 文字】选项，单击【设置(T)】按钮，弹出如图 2-20 所示【三维文字设置】对话框，可以对文字、动态等进行设置。

图 2-19 【屏幕保护程序设置】对话框

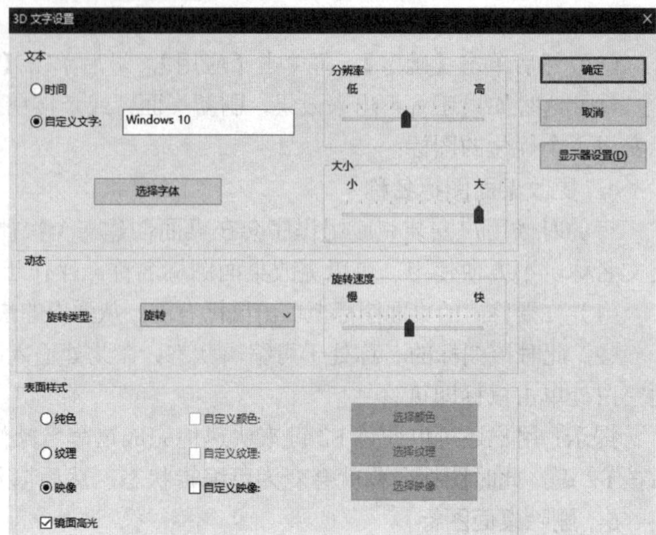

图 2-20 【3D 文字设置】对话框

（4）在【等待】微调框中设置等待的时间，例如设置为 10 分钟，用户也可以选中【在恢复时显示登录屏幕】复选框，然后依次单击【应用】和【确定】按钮。

如果在 10 分钟内没有对计算机进行任何操作，系统就会自动地启动屏幕保护程序。

2．使用个人图片作为屏幕保护程序

可以使用保存在计算机中的个人图片来创建自己的屏幕保护程序，也可以从网站下载屏幕保护程序，具体步骤如下。

（1）打开【屏幕保护程序设置】对话框，在【屏幕保护程序】组合框中的下拉列表中选择【照片】选项。

（2）单击【设置(T)】按钮，弹出如图 2-21 所示【照片屏幕保护程序设置】对话框。

（3）单击【浏览】按钮，弹出【浏览文件夹】对话框。

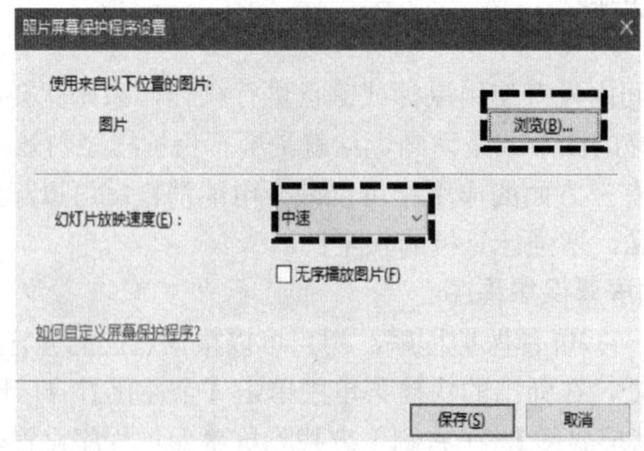

图 2-21 【照片屏幕保护程序设置】对话框

（4）选择要设置为屏幕保护程序的图片文件夹，然后单击【确定】按钮，返回【照片屏幕保护程序设置】对话框。

（5）在【幻灯片放映速度】下拉列表中，用户可以根据自己的需要设置幻灯片的放映速度，例如选择【中速】选项。

（6）设置完毕单击【保存】按钮，返回【屏幕保护程序设置】对话框，然后按照设置系统自带的屏幕保护程序的方法设置【等待】时间并选中【在恢复时显示登录屏幕】复选框，即可将个人图片设置为屏幕保护程序。

实例 1：新冠肺炎来势汹汹，在这次抗疫中涌现出很多让我们敬佩的逆行者，请上网搜索逆行者的照片做成屏保，让他们不但捍卫我们的健康，还保护我们的计算机。

操作方法：

（1）打开浏览器，打开百度等搜索页面；

（2）输入"抗疫逆行者"等关键词；

（3）选择令人尊敬的各位逆行者的图片另存为备用；

（4）在桌面单击右键，在弹出的快捷菜单中选择【个性化】；

（5）在【个性化】窗口中选择【锁屏界面】，再选择【屏幕保护程序设置】；

（6）在弹出的对话框中选择【屏幕保护程序】下的照片，单击后面的【设置】按钮，在弹出的对话框中单击【浏览】，选择逆行者照片所在的文件夹；

（7）幻灯片放映速度设置为【中速】，勾选【无序播放图片】，单击【保存】按钮。

2.4.5　桌面小工具

桌面小工具是 Windows 7 系统的一个小特性，能够方便用户快速地打开常用的一些小软件，刚更新了 Windows10 后，大家会发现系统内并没有这个功能。

1．设置桌面小工具

设置桌面小工具的操作步骤如下。

（1）从 GadgetsRevived 网站上，下载桌面小工具的安装程序【Desktop Gadgets Installer】；

（2）然后，双击安装【Desktop Gadgets Installer】；

（3）在桌面空白处，单击鼠标右键。

这里由于 Windows 10 系统 DWM（桌面窗口管理器）以及 Aero 主题的改变，原来毛玻璃透明效果的小工具窗口显示或有错误，比如像上图这样左右不同色。不过，这并不影响这些小工具的使用。

2．解决桌面小工具的显示问题

如果调整了显示器 DPI 缩放级别，那么在 Windows 10 下，可能会遇到小工具显示错误问题，解决方法如下。

（1）关闭所有桌面小工具，然后在任务管理器（可通过在底部任务栏上，单击鼠标右键打开）中终止"Windows Desktop Gadgets"进程；

（2）进入以下位置："C：\Program Files\Windows Sidebar\Gadgets"，然后再找到具体出问题的小工具所对应的文件夹，例如"CPU.Gadget"。之后会在"zh-CN"这个文件夹中发现一个名为 gadget.xml 的文件。

（3）使用记事本来打开这个 gadget.xml 文件，将《autoscaleDPI》《！--_locComment_text=

“{Locked}”--》true《/autoscaleDPI》这一行中的 ture 改为 false，然后保存修改，并选择将该文件保存到桌面。然后在从桌面上拷贝到文件夹中替换掉原来的文件。现在就可以正常显示小工具了。

3. 设置桌面小工具的效果

选择小工具后，如果对显示的效果不满意，可以通过手动方式设置小工具的显示效果。下面以添加小工具【时钟】为例，操作步骤如下。

（1）将鼠标移到小工具上，单击鼠标右键，从弹出的快捷菜单中选择【选项】菜单项，或者直接单击【选项】按钮。

（2）在【时钟】对话框中可以设置时钟样式，系统提供了 8 种样式供用户选择，用户可以单击【前进】按钮或【后退】按钮选择。

（3）选定某一种样式，然后单击【确定】按钮即可。同时用户还可以设置【时钟名称】【时区】【显示秒针】等。

2.5 【开始】菜单设置

Windows 10 作为新一代的操作系统，最直观的变化就是开始菜单了，融合 Windows 8 和传统开始菜单的样式，给人一种既亲切又美观的视觉体验。为了使【开始】菜单更加符合自己的使用习惯，用户可以对其进行相应的设置。

Windows 10 开始菜单整体可以分成两个部分，其中，左侧为常用项目和最近添加使用过的项目的显示区域，还能显示所有应用列表等；右侧则是用来固定图标的区域。

1. 将应用、程序固定到【开始】菜单

在左侧右键单击某一个应用项目或者程序文件，以 Excel 为例，选择【固定到“开始”屏幕】，之后应用图标就会出现在右侧的区域中。

应用如上操作，就能把经常用到的应用项目固定到【开始菜单】，方便快速查找和使用。

2. 将应用、程序固定到任务栏

在左侧右键单击某一个应用项目或者程序文件，选择【固定到任务栏】，之后应用图标就会出现在任务栏中。

应用如上操作，就能把经常用到的应用项目固定到任务栏中，方便快速查找和使用。

3. 快速查找应用程序

单击【开始】→【所有程序】，单击字母，例如 A，便能弹出快速查找的界面。这就是 Windows 10 提供的首字母索引功能，应用起来非常方便，利于快速查找应用。当然，这需要事先对应用程序的名称和它所属文件夹比较了解。

通过右键单击右边应用程序图标，可以取消其在开始屏幕的显示，也能改变其大小，甚至可以卸载该应用程序都只需要右键单击。

4. 调整【开始】菜单的位置（或者 Windows 10【开始】菜单的高度和宽度设置）

【开始】菜单的位置可以跟着任务栏的位置变动。在任务栏单击右键，取消【锁定任务栏】，然后将鼠标移动到任务栏，按下鼠标左键不放并拖动任务栏至屏幕的四端，可使任务栏菜单依次改变出现的样式。

5. 设置【开始】菜单及瓷砖的颜色

输入快捷键“Win+I”启动设置，单击【个性化】，在界面的左侧找到【颜色】，单击【选择你的主题颜色】，并选择自己喜欢的颜色，即可生效。如需还原默认颜色，可单击第一排第三个蓝色即为默认颜色。设置好后，可看到【开始】菜单中瓷砖的颜色也随着改变。

更多的颜色设置，可按照个人喜好选择调整。将【开始菜单、任务栏和操作中心透明】选项勾选上，这样看起来更美观。

6．调整【开始】菜单的排版

打开【开始】菜单之后，将鼠标移动到【开始】菜单的边缘，按下鼠标左键不放并拖动。可将分组的砖块并列显示。可拖动上边和右边进行改变菜单大小。单击分组的标题栏不动，移动鼠标并拖动，可以移动分组的位置。

7．全屏显示【开始】菜单

同样通过快捷键“Win+I”启动设置，单击【个性化】之后，在左侧找到【开始】，将【使用全屏开始菜单】设置为开。再次单击【开始】菜单，即可看到菜单栏全屏显示了。其余的【显示最常用应用】【显示最近添加的应用】启用之后，将在【开始】菜单左边多出相应的程序。

8．添加、删除瓷砖

Windows 10 上添加瓷砖的另外一个说法是“将其固定到开始屏幕”。所以想要添加一个瓷砖，可以找到要添加的程序或文件夹，单击右键，选择【将其固定到开始屏幕】即可。

9．将瓷砖添加为分组

瓷砖添加后就可在【开始】菜单显示了。但是如果想将新增加的瓷砖分组，怎么办呢。这里我们还是单击选择要分组的瓷砖不放，拖动到【开始】菜单的空白区域（没有瓷砖的位置），可看到瓷砖旁出现了，然后放开鼠标，即可添加新分组。每个分组都是可以重命名的。

2.6　任务栏的设置

在 Windows 10 中，任务栏完全经过了重新设计，任务栏图标不但拥有了新外观，而且除了为用户显示正在运行的程序外，还新增了一些功能。用户可以根据自己的需要，对任务栏进行个性化设置。

2.6.1　程序按钮区个性化设置

任务栏的中间部分是程序按钮区，显示用户当前已经打开的程序和文件，可以在它们之间进行快速切换。在 Windows 10 中新增加了“与 Cortana 交流”、任务视图、程序锁定和相关项目合并等功能，用户可以更轻松地访问程序和文件。

1．更改任务栏上程序图标的显示方式

用户可以自定义任务栏按钮区显示的方式，具体的操作步骤如下。

（1）在【开始】上单击鼠标右键，从弹出的快捷菜单中选择【设置】菜单项，弹出【个性化】对话框，单击【任务栏】菜单项，如图 2-22 所示。

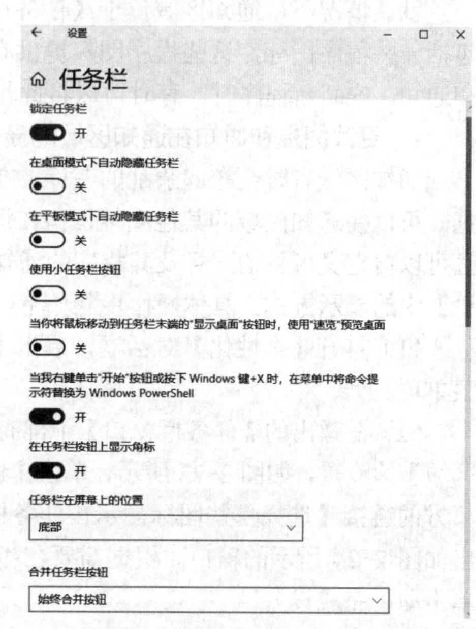

图 2-22　【任务栏】窗口

（2）在【合并任务栏按钮】下拉列表中列出了按钮显示的 3 种方式，分别是【始终合并按钮】【任务栏已满时】【从不】，用户可以选择其中的一种方式。

（3）选择【始终合并按钮】选项，这是系统的默认设置。此时每个程序显示为一个无标签的图标，即使打开某个程序的多个项目时也是一样。

（4）选择【任务栏已满时】选项，该设置将每个程序显示为一个有标签的图标。当【任务栏】变得很拥挤时，具有多个打开项目的程序会重叠为一个程序图标，单击图标可显示打开的项目列表。

（5）选择【从不】选项，该设置的图标则从不会重叠为一个图标，无论打开多少个窗口都是一样。随着打开的程序和窗口越来越多，图标会缩小，并且最终在任务栏中滚动。

提示：用户可能看到，无论是否选择显示展开的图标标签，在任务栏上表示同一程序的多个图标仍然组合在一起。在以前版本的 Windows 中，程序会按照打开它们的顺序出现在任务栏上，但在 Windows 10 中，相关的项目会始终彼此靠近。

还可以在任务栏上重新排列和组织程序图标，使其按照用户喜欢的顺序显示。要重新排列任务栏上程序图标的顺序，只需按住鼠标并拖动图标，将其从当前位置拖到任务栏上的其他位置即可。

2．使用任务栏上的“任务视图”

“跳转列表”即最近使用的项目列表，在任务栏上，对于已固定到任务栏的程序和当前正在运行的程序，会出现“跳转列表”。使用任务栏上的“跳转列表”可以快速地访问最常用的程序。用户可以将程序锁定在任务栏上，也可以清除“跳转列表”中显示的项目。

2.6.2 自定义通知区域

默认情况下，通知区域位于【任务栏】的右侧，它除了包含时钟、音量等标识之外，还包括一些程序图标，这些程序图标提供有关传入的电子邮件、更新、网络连接等事项的状态和通知。安装新程序时，有时可以将此程序的图标添加到通知区域中。

1．更改图标和通知在通知区域的显示方式

通知区域有时会布满杂乱的图标，在 Windows 10 中可以选择将某些图标始终保持为可见。可以使通知区域的其他图标保留在溢出区，只需单击鼠标就能够访问这些隐藏图标。而且可以自定义可见的图标及其相应的通知在【任务栏】中的显示方式。具体操作步骤如下。

（1）打开【个性化】对话框，单击【任务栏】菜单项。

（2）在弹出的【任务栏窗口】中部有对【通知区域】的设置，如图 2-23 所示，单击【通知区域】下方的链接【选择哪些图标显示在任务栏上】，弹出如图 2-24 所示的窗口。根据需要在相应开关上单击即可完成设置。

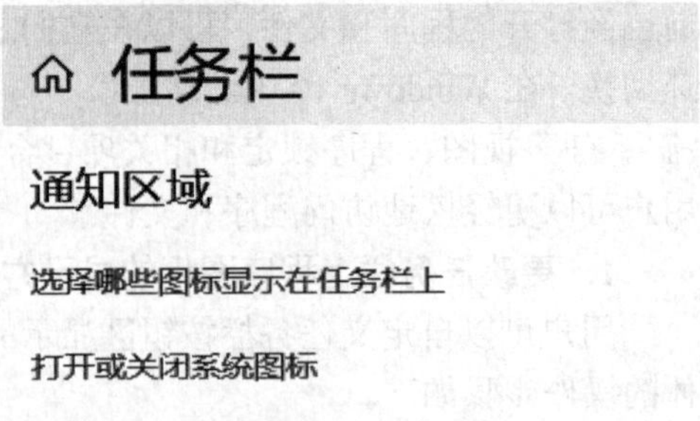

图 2-23 【任务栏】窗口通知区域部分

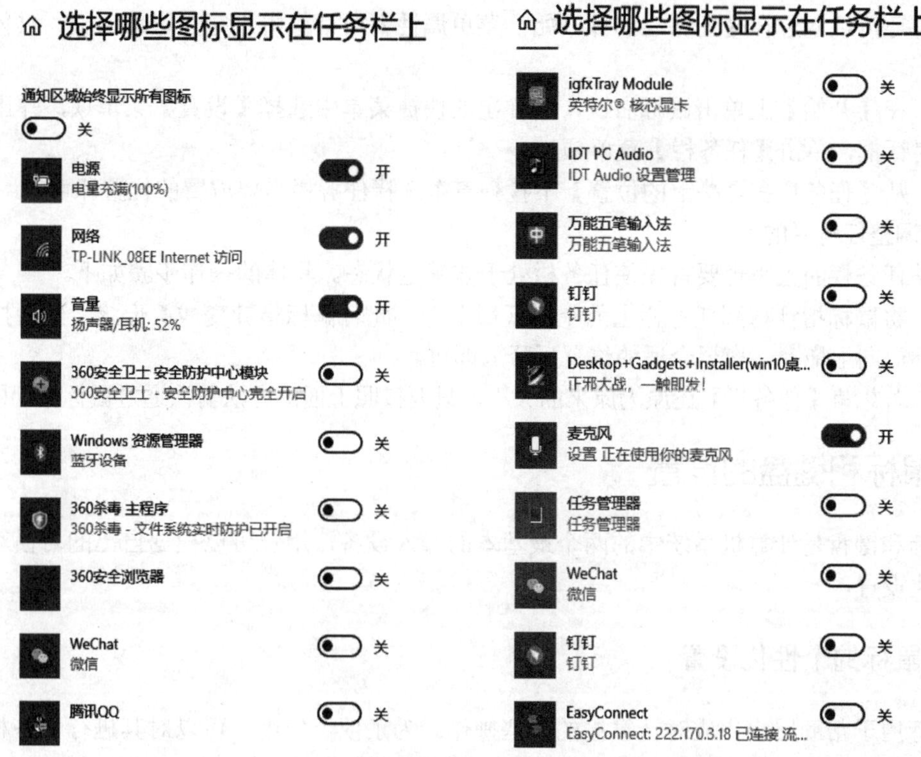

图 2-24 【选择哪些图标显示在任务栏上】窗口

2. 打开和关闭系统图标

Windows 10 有【时钟】【音量】【网络】【电源】【输入指示】【定位】【操作中心】【触摸键盘】【Windows lnk 工作区】【触摸板】【麦克风】多个系统图标，用户可以根据需要将其打开或者关闭。具体的操作步骤如下。

(1) 按照前面介绍的方法打开【任务栏】窗口，单击【打开或关闭系统图标】链接。

(2) 弹出【打开或关闭系统图标】窗口，根据需要在相应开关上单击即可完成设置。

2.6.3 调整任务栏位置和大小

用户可以通过手动的方式调整任务栏的位置和大小，以便为程序按钮和工具栏创建更多的空间。本小节介绍调整任务栏位置和大小的方法。

1. 调整任务栏的位置

通过鼠标拖动的方法调整任务栏位置的具体步骤如下。

(1) 在任务栏的空白处单击鼠标右键，从弹出的快捷菜单中选择【锁定任务栏】菜单项。

提示：调整任务栏位置的前提是，任务栏必须处于非锁定状态。当【锁定任务栏】选项前面有一个√标识时，说明此时任务栏处于锁定状态。

(2) 将鼠标指针移动到任务栏中的空白区域，然后按住鼠标左键不放拖动任务栏。

(3) 将其拖至合适的位置后释放即可。

此外还可以通过在【任务栏和「开始」菜单属性】对话框中进行设置来调整，具体操作步骤如下。

（1）在【开始】上单击鼠标右键，从弹出的快捷菜单中选择【设置】菜单项，弹出【个性化】对话框，单击【任务栏】菜单项。

（2）从【任务栏在屏幕上的位置】下拉列表中选择任务栏需要放置的位置即可。

2．调整任务栏的大小

调整任务栏的大小也要首先使任务栏处于非锁定状态。具体的操作步骤如下。

（1）将鼠标指针移到任务栏上的空白区域上方，此时鼠标指针变成⇕形状，然后按住鼠标左键不放向上拖动，拖至合适的位置后释放即可。

（2）若想将【任务栏】还原为原来的大小，只要按照上面的方法再次通过鼠标拖动即可。

2.7 鼠标和键盘的设置

鼠标和键盘是计算机系统中的两个最基本的输入设备，用户可以根据自己的习惯对其进行个性化设置。

2.7.1 鼠标的个性化设置

鼠标用于帮助用户完成对计算机的一些操作。为了便于使用，可以对其进行一些相应的设置。进行鼠标个性化设置的具体步骤如下。

（1）选择【开始】→【设置】→【设备】菜单项，弹出【设备】窗口。

（2）单击【鼠标】菜单项，打开如图 2-25 所示的窗口。

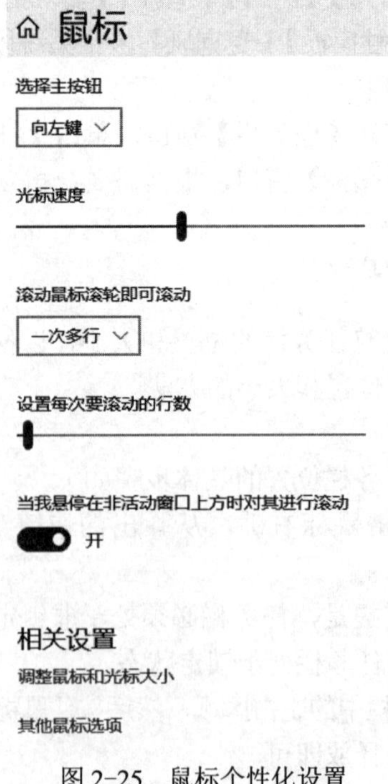

图 2-25　鼠标个性化设置

（3）【选择主按钮】下面的下拉列表可设置目前起作用的鼠标键，默认为【向左键】，此时起主要作用的是左键，若选择【向右键】，起主要作用的就变成了右键。

（4）拖动【光标速度】区域中的滑块，调整指针的移动速度。

（5）在【滚动鼠标滚轮即可滚动】下拉列表中可以选择【一次多行】或【一次一个屏幕】选择【一次多行】后，调整下面滑块可以选择行数，选择【一次一个屏幕】后，下面滑块呈现灰色。

（6）单击【调整鼠标和光标大小】链接，可以打开【鼠标指针】窗口，如图 2-26 所示，可以对指针大小、颜色进行调整。

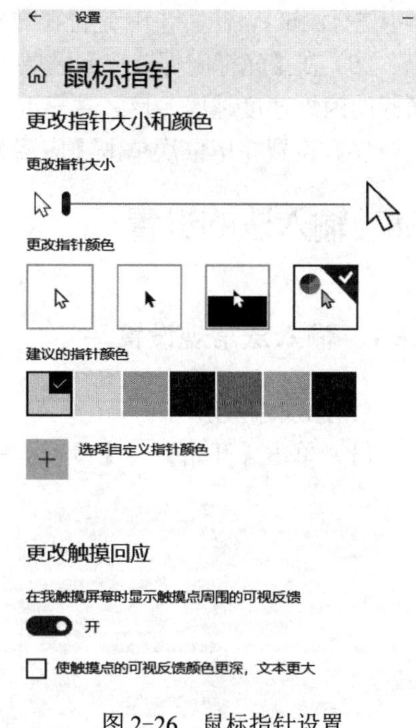

图 2-26　鼠标指针设置

2.7.2　键盘的个性化设置

同鼠标的个性化设置一样，对键盘也可以进行个性化设置。具体步骤如下。

（1）打开【控制面板】窗口。

（2）在【查看方式】下拉列表中选择【小图标】选项。

（3）单击【键盘】图标，弹出【键盘 属性】对话框，如图 2-27 所示。

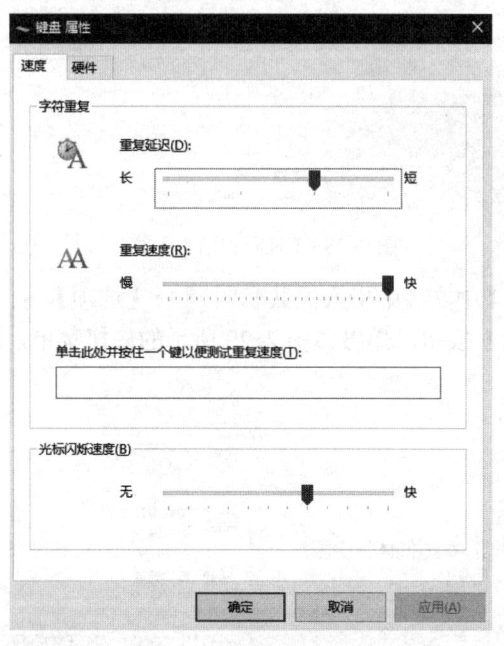

图 2-27　设置键盘属性对话框

（4）切换到【速度】选项卡，在【字符重复】区域中通过拖动滑块设置字符的【重复延迟】和【重复速度】。在调整的过程中，用户可以在【单击此处并按住一个键以便测试重复速度】文本框中进行测试。将鼠标指针定位在文本框中，然后连续按下同一个键可以测试按键的重复速度。

（5）在【光标闪烁速度】区域中可以拖动滑块来设置光标的闪烁速度，滑块越靠近左侧，光标的闪烁速度越慢，反之越靠近右侧则越快。

（6）设置完毕依次单击【应用】和【确定】按钮，即可完成对键盘的个性化设置。

2.8 输入法的设置

2.8.1 输入法常规设置

1. 添加输入法

（1）单击【开始】→【设置】→【时间和语言】，打开如图 2-28 所示的窗口。

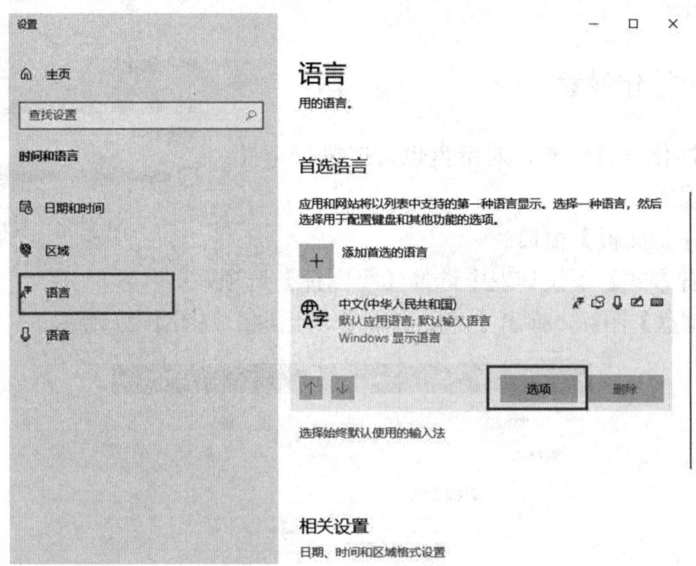

图 2-28 【时间和语言】窗口

（2）单击【语言】→【中文（中华人民共和国）】→【选项】，打开如图 2-29 所示的窗口；

（3）单击【添加键盘】按钮，弹出如图 2-29 所示的快捷菜单，选择需要的输入法，完成输入法的添加。

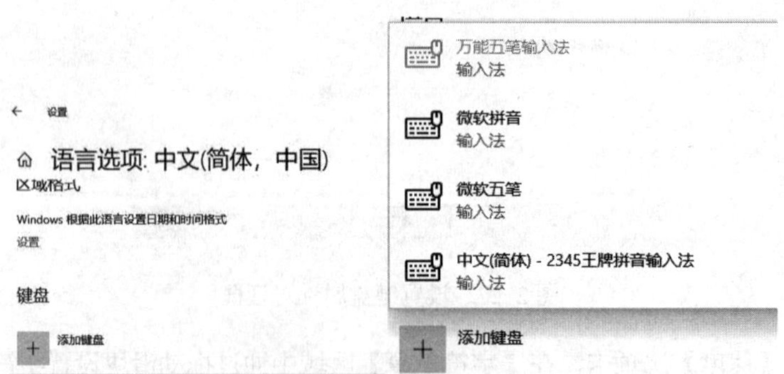

图 2-29 添加输入法

2．删除输入法

Windows 10 系统通常会默认安装微软拼音输入法，方便用户日常使用，但是相较于其他输入法而言，使用并不习惯，这样就会去安装第三方输入法。下面就介绍一下 Windows 10 系统禁用微软拼音输入法的方法步骤。

（1）单击【开始】→【设置】→【时间和语言】，打开如图 2-29 所示的窗口；

（2）单击【语言】→【中文（中华人民共和国）】→【选项】，打开如图 2-30 所示的窗口；

（3）找到【键盘】，选择【微软拼音】后单击【删除】，即可删除该输入法。

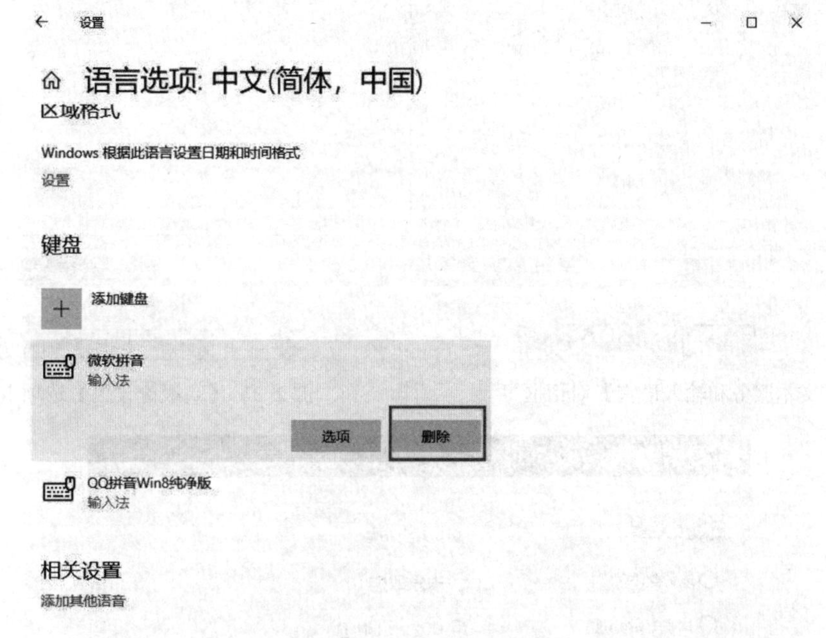

图 2-30　删除输入法

2.8.2　输入法语言栏及高级键设置

1．语言栏位置及属性设置

（1）单击【开始】→【设置】→【时间和语言】→【语言】；

（2）单击【拼写、键入和键盘设置】，选择【高级键盘设置】→【语言栏选项】，可以看到如图 2-31 所示的【文本服务和输入语言】对话框，可以对语言栏的位置及属性进行设置。

2．高级键设置

选择【文本服务和输入语言】对话框的【高级键设置】选项卡，如图 2-32 所示，可以完成如下两种设置：调整关闭 CAPS LOCK 的热键；输入法切换的设置。

方法是：选中【输入语言的热键】后，单击【更改按键顺序】，弹出【更改按键顺序】对话框，如图 2-33 所示。

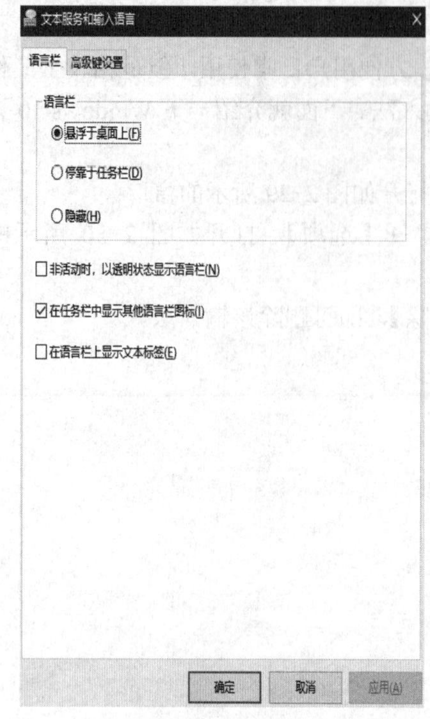

图 2-31 【文本服务和输入语言】对话框

图 2-32 【高级键设置】选项卡

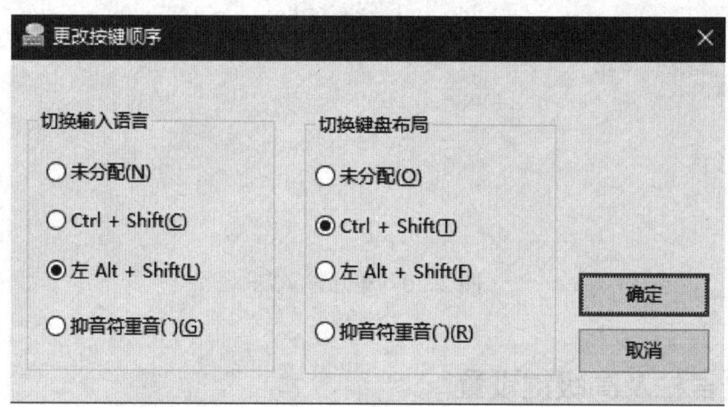

图 2-33 【更改按键顺序】对话框

评价单

<table>
<tr><td>项目名称</td><td colspan="3">对 Windows 10 进行个性化设置</td><td>完成日期</td><td></td></tr>
<tr><td>班级</td><td></td><td>小组</td><td></td><td>姓名</td><td></td></tr>
<tr><td>学号</td><td colspan="2"></td><td colspan="2">组长签字</td><td></td></tr>
<tr><td colspan="2">评价项点</td><td>分值</td><td colspan="2">学生评价</td><td>教师评价</td></tr>
<tr><td colspan="2">账户创建及管理</td><td>10</td><td colspan="2"></td><td></td></tr>
<tr><td colspan="2">桌面个性化、图标个性化设置</td><td>10</td><td colspan="2"></td><td></td></tr>
<tr><td colspan="2">屏幕保护设置</td><td>10</td><td colspan="2"></td><td></td></tr>
<tr><td colspan="2">任务栏基本操作</td><td>10</td><td colspan="2"></td><td></td></tr>
<tr><td colspan="2">鼠标键盘设置、输入法设置</td><td>10</td><td colspan="2"></td><td></td></tr>
<tr><td colspan="2">设计过程中是否具备家国情怀</td><td>10</td><td colspan="2"></td><td></td></tr>
<tr><td colspan="2">是否具备脚踏实地，不畏艰难险阻，勇担时代使命的工作态度</td><td>20</td><td colspan="2"></td><td></td></tr>
<tr><td colspan="2">民主、平等、公正、诚信、友善的品质的展现</td><td>20</td><td colspan="2"></td><td></td></tr>
<tr><td colspan="2">总分</td><td>100</td><td colspan="2"></td><td></td></tr>
<tr><td>学生得分</td><td colspan="5"></td></tr>
<tr><td>自我总结</td><td colspan="5"></td></tr>
<tr><td>教师评语</td><td colspan="5"></td></tr>
</table>

项目三 Windows 10 常用操作及应用

知识点提要

1. 文件、文件名、文件类型
2. 文件的存储原则、文件的分类
3. 文件和文件夹的显示与查看
4. 新建、重命名、复制、移动文件和文件夹，创建快捷方式
5. 删除、恢复、查找、隐藏、显示文件和文件夹
6. 系统工具
7. 画图程序
8. 记事本
9. 计算器
10. 截图工具

任务单

任务名称	Windows 10 常用操作及应用	学　时	4 学时
知识目标	1．掌握文件和文件夹基本操作。 2．掌握添加打印机驱动的操作。 3．掌握画图和计算器程序的应用。 4．掌握记事本的基本操作。 5．掌握截图工具的使用。		
能力目标	1．培养学生能熟练使用 Windows 10 的能力。 2．培养学生能熟练使用 Windows 10 常用附件的能力。		
素质目标	1．培养学生平等、公正，爱国、敬业，诚信、友善的品质。 2．培养学生细心踏实、思维敏锐、勇于探索的职业精神。 3．自主学习团结协作的能力。		
任务描述	一、文件处理 你现在是新入学的一名学员，导员要求每个人上交一份关于自己的简介，上交格式如下： 1．在计算机桌面上创建一个文件夹，利用自己的学号和姓名重新命名该文件夹，样式为“学号”+“姓名”，例如“19210723 钟欣”。 2．在文件夹内新建一个文件夹，命名为“证书扫描”，在“证书扫描”内创建名为“目录.txt”的文本文档。 3．在“证书扫描”文件夹内，新建一个名为“简历.docx”的 Word 文档。 4．在计算机桌面上创建一个文件夹，以你的行政班号命名，例如“高铁维修 2005”，并把以你的“学号”+“姓名”命名的文件夹移动到此文件夹内。 二、画图程序应用 钟欣正在进行毕业论文设计，文中需要插入一个有人看守铁道口的标识，钟欣确认好设计要求后，使用 Windows 2010 附件中的画图工具顺利地完成了这项工作，完成后的参考效果图如下图所示。相关设计要求如下： 1．绘制一个黑色等边三角形； 2．三角形内部填充为黄色； 3．再用黑色直线绘制线条栅栏； 4．标识上方输入文字“有人看守铁路道口”； 5．文字格式为“华文彩云”，黑色，字号 35 磅，字形加粗； 6．保存在桌面“学号”+“姓名”的文件夹内，文件名称为“Logo.jpg”。 有人看守铁路道口 		
任务描述	三、记事本应用 1．利用“记事本”新建一个文本文档，保存在桌面“学号”+“姓名”的文件夹内，文件名为“共同抗疫.txt”； 2．在文档内输入“加强防控，一起加油。众志成城，抗击疫情。”； 3．设置字体为“华文楷体”，字形加粗，字号 48 磅； 4．下一行输入文本“——哈尔滨铁路局宣”，并启用“自动换行”功能。 四、计算器应用 钟欣在工作中遇到了一些数字计算，并涉及数据的转换问题，具体要求如下，请用计算器帮她完成。 1．创建文本文件“cal.txt”，保存到桌面“学号”+“姓名”的文件夹内； 2．用计算器计算：37 mod 21 后乘以 16； 3．将结果转换成八进制； 4．将计算结果写入“cal.txt”文件中。		

续表

任务名称	Windows 10常用操作及应用	学　时	4学时
任务描述	五、截图工具 1．打开中国国家铁路集团有限公司网站，截取首页的【中国铁路总公司】LOGO。 2．保存在桌面“工号”+“姓名”的文件夹内，命名为“截图.PNG”，保存类型设置为“可移植网络图形文件PNG”。样例如下图所示。 		
任务要求	1．仔细阅读任务描述中的设计要求，认真完成任务。 2．提交电子作品，并认真填写评价表。 3．小组间互相共享有效资源。		

资料卡及实例

文件和文件夹是 Windows 系统的重要组成部分，清楚地了解文件和文件夹的各种操作才能准确高效地使用和维护好计算机。

2.9　认识文件和文件夹

文件是软件在计算机内的存储形式，程序、文档以及其他各种软件资源都是以文件的形式存储、管理和使用的。文件管理对于任何操作系统来说都是极为重要的，清楚地了解文件的各种操作才能准确高效地使用和维护好计算机。

2.9.1　文件

文件是存储在磁盘上的程序或文档，是磁盘中最基本的存储单位。用户的存储、删除和复制等操作都是以文件为单位来进行的。

1．文件名和扩展名

在操作系统中，每个文件都有一个名字，叫作文件名，以便和其他文件区分开来。文件名的格式为：主文件名[.扩展名]。

文件名的命名规则如下。

（1）文件或文件夹的名称最多可用 255 个字符；

（2）可使用多个间隔“.”，如“ABC.jpg.txt”作为文件名；

（3）文件名中可以使用汉字的中文名字，或者混合使用字符、数字甚至空格来命名，但文件名中不能有“\”“/”“:”“<”“>”“*”“?”“"”和“|”这些西文字符。

（4）文件名可大写、小写，但在操作系统中不区分文件名中字符的大小写，只是在显示时保留大小写格式。

（5）在文件名和扩展名中可以使用通配符“*”或“？”对文件进行快速查找，“*”可以表示任意多个字符，“？”可以表示任意一个字符，但不能以此给一个文件命名。

主文件名用来表示文件的名称，扩展名主要说明文件的类型。例如名为“校训.txt”的文件，“校训”为主文件名，“txt”为扩展名，表示该文件为文本文档类型。

2．文件类型

操作系统是通过扩展名来识别文件类型的，因此了解一些常见的文件扩展名对于管理和操作文件将有很大的帮助。通常可以将文件分为程序文件、文本文件、图像文件及多媒体文件等。

表 2-1 列出了一些常见文件的扩展名及其对应的文件类型。

表 2-1　常见文件的扩展名及其文件类型

文件扩展名	文 件 类 型	文件扩展名	文 件 类 型
avi	视频文件	bmp	位图文件（一种图像文件）
wav	音频文件	mid	音频压缩文件
rar	WinRAR 压缩文件	mp3	采用 MPEG-1 layout 3 标准压缩的音频文件

续表

文件扩展名	文 件 类 型	文件扩展名	文 件 类 型
exe	可执行文件	pdf	图文多媒体文件
docx	Microsoft Word 文件	zip	压缩文件
html	超文本（网页）文件	txt	文本文件
jpg	图像压缩文件	exe	可执行应用程序

文件的种类很多，运行方式各不相同。不同类型文件的图标也不一样，只有安装了相关的软件才会显示正确的图标。

默认环境下，用户只能看到文件的主文件名，而扩展名是隐藏的，如果用户想查看隐藏的扩展名，可以通过如下操作实现：

（1）双击桌面上的【此电脑】，打开【资源管理器】窗口；

（2）在【资源管理器】窗口中单击【查看】按钮，打开如图 2-34 所示的【查看】选项卡，勾选【显示/隐藏】分组中的【文件扩展名】选项；

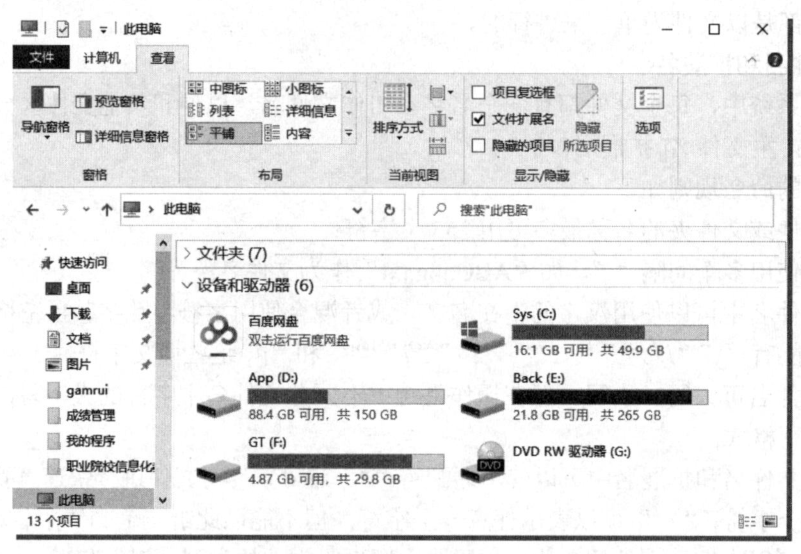

图 2-34 【查看】选项卡

（3）或在【资源管理器】的【查看】选项卡中单击【选项】按钮，在打开的【文件夹选项】对话框中，单击【查看】选项卡，在【高级设置】列表框中去掉已勾选的【隐藏已知文件类型的扩展名】，如图 2-35 所示，单击【确定】按钮，也可查看到隐藏的文件扩展名。

2.9.2 文件夹

操作系统中用于存放文件的容器就是文件夹，在 Windows 10 操作系统中文件夹的图标是 。

可以将程序、文件及快捷方式等各种文件存放到文件夹中，文件夹中还可以包括文件夹。为了能对各个文件进行有效的管理，方便文件的查找和统计，可以将一类文件集中地放置在一个文件夹内，这样就可以按照类别存储文件了。但是同一个文件夹中不能存放相同名称的文件或文件夹（不区分字母大小写）。例如，文件夹中不能同时出现两个名称为“a.doc”的文件，也不能同时出现两个名称为“a”的文件夹。

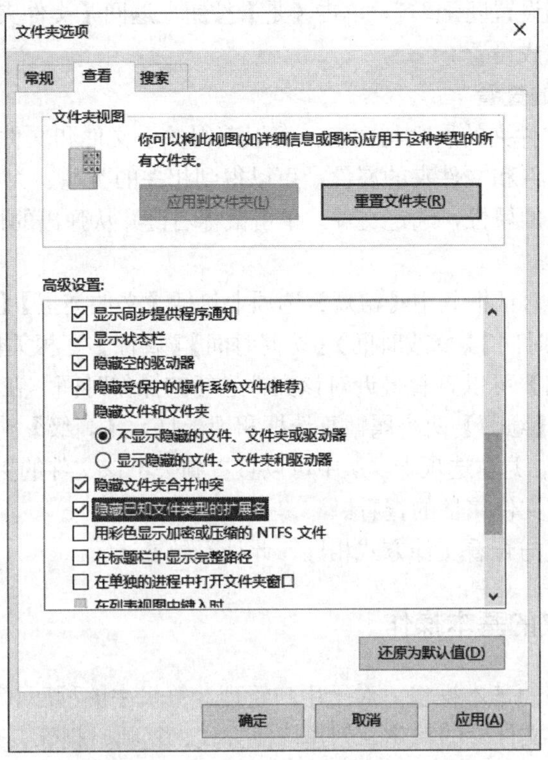

图 2-35 【文件夹选项】对话框

2.9.3 文件和文件夹的显示与查看

通过显示文件和文件夹，可以查看系统中所有的隐藏文件，而通过查看文件和文件夹，则可了解指定文件和文件夹的内容与属性。

1. 文件和文件夹的显示方式

设置单个文件夹的显示方式。这里以设置“system32”文件夹的显示方式为例，介绍文件夹显示的具体步骤。

（1）找到“system32”文件夹，双击该文件夹，在弹出的【system32】窗口中选择【查看】选项卡，在【布局】分组中根据自己的需要选择一种显示方式。

（2）在【布局】分组中下拉列表中会列出 8 个视图选项，分别为【超大图标】【大图标】【中图标】【小图标】【列表】【详细信息】【平铺】【内容】。

若要将所有的文件和文件夹的显示方式都设置为指定的视图样式，需要在【文件夹选项】对话框中进行设置。具体的操作步骤如下。

（1）在【system32】窗口的【查看】选项卡中单击【选项】按钮，打开【文件夹选项】对话框。

（2）在【文件夹选项】对话框中，切换到【查看】选项卡，单击【应用到文件夹】按钮，即可将“system32”文件夹使用的视图显示方式应用到所有的这种类型的文件夹中。

（3）单击【确定】按钮，弹出【文件夹视图】对话框，询问“是否让这种类型的所有文件夹与此文件夹的视图设置匹配？”。单击【是】按钮，返回【文件夹选项】对话框，然后单击【确定】按钮即可完成设置。

2．文件和文件夹的查看

通过查看文件和文件夹的属性与内容，可以获得关于文件和文件夹的相关信息，对其进行操作和设置。了解文件和文件夹的属性，可以得到相关的类型、大小和创建时间等信息。

（1）若要查看文件的属性，选定文件，单击鼠标右键，从弹出的快捷菜单中选择【属性】菜单项。

（2）弹出【属性】对话框其中【常规】选项卡包括【文件类型】【打开方式】【位置】【大小】【占用空间】【创建时间】【修改时间】【访问时间】【属性】等相关信息。通过【创建时间】【修改时间】【访问时间】可以查看最近对该文件进行的操作时间。在【属性】组合框的右边列出了文件的【只读】【隐藏】两个属性复选框和用于打开【高级】对话框的按钮。

（3）切换到【详细信息】选项卡，从中可以查看到关于该文件的更详细的信息。单击【关闭】按钮，即可完成对文件属性的查看。

查看文件夹的方式与查看文件方式相同，此处不做赘述。

2.9.4　文件和文件夹的基本操作

熟悉文件和文件夹的基本操作，对于用户管理计算机中的程序和数据是非常重要的。基本操作通常包括文件和文件夹的新建、创建快捷方式、复制、删除、查找和压缩等。

1．新建文件

在要创建文件的位置单击鼠标右键，在弹出的快捷菜单中选择【新建】选项，在弹出的级联菜单中选择要创建的文件类型，如【文本文档】等。

2．新建文件夹

文件夹的新建方法有两种，一种也是通过右键快捷菜单新建文件夹，另一种是通过窗口【主页】上的【新建文件夹】按钮新建文件夹。

3．创建文件和文件夹快捷方式

快捷方式可以看作一个镜像，用于呈现用户计算机或者网络上任何一个程序（文件、文件夹、程序、磁盘驱动器、网页、打印机或另一台计算机等）。因此用户可以为常用的文件和文件夹建立快捷方式，将它们放在桌面或是能够快速访问的位置，便于日常操作，而快捷方式被破坏不会影响原程序本身。

具体操作步骤是：选定某文件或文件夹，右击鼠标，从弹出的快捷菜单中选择【创建快捷方式】菜单项。此时就会在窗口中创建一个名为“……快捷方式”的快捷方式。

另外，还可以快速地在桌面上创建一个快捷方式。具体操作步骤是：右击文件或者文件夹，在弹出的快捷菜单中选择【发送到】→【桌面快捷方式】菜单项，就可以将其创建到桌面上。

4．文件或文件夹的选择

对文件或文件夹编辑之前，首先第一步是要选中某一个或多个文件（或文件夹），那么如何选中一个或多少文件（或文件夹）呢？

① 选中单个文件或文件夹：单击鼠标。若撤销选择，单击窗口空白处。

② 选中一组连续排列的文件或文件夹：首先单击要选择的第一个文件或文件夹，然后按住 Shift 键，继续单击要选择的最后一个文件或文件夹，这一组连续排列的文件或文件夹将都被选中；若想取消其中某个文件或文件夹的选择，需按住 Ctrl 键的同时，单击想要取消选择的文件或文件夹；如全部取消，单击窗口空白处即可。

③ 选中多个不连续的文件或文件夹：按住 Ctrl 键，然后依次单击要选择的其他文件或文件夹即可。若要取消选择，方法同②。

④ 选择全部文件或文件夹：使用快捷键 Ctrl+A 或上面的方法均可。

5. 重命名文件和文件夹

对新建的文件和文件夹，系统默认的名称是“新建……”，用户可以根据需要对其重新命名，以方便查看和管理。

（1）重命名单个文件或文件夹

可以通过以下 4 种常用方法对文件或文件夹重命名。

① 通过右键菜单：选定某文件或文件夹，右击鼠标，从弹出的快捷菜单中选择【重命名】菜单项，此时文件名称处于可编辑状态，直接输入新的文件名称，输入完毕后在窗口空白区域单击或按下 Enter 键即可。

② 通过鼠标单击：首先选中需要重命名的文件或文件夹，然后再次单击所选文件或文件夹的名称使其处于可编辑状态，直接输入新的文件或文件夹的名称即可。

③ 通过功能键：首先选中需要重命名的文件或者文件夹，然后按下功能键区的 F2 键，即可使所选文件或文件夹的名称处于可编辑状态，直接输入新的文件或文件夹的名称即可。

④ 通过【资源管理器】：选择需要重命名的文件或文件夹，然后在【资源管理器】的【主页】选项卡的【组织】分组中，单击【重命名】按钮，此时，所选的文件或文件夹的名称处于可编辑状态，直接输入新文件或文件夹的名称，然后在窗口的空白处单击或按 Enter 键即可。

（2）批量重命名文件或文件夹

有时需要重命名多个相似的文件或文件夹，这时用户就可以使用批量重命名文件或文件夹的方法，方便快捷地完成操作。具体的操作步骤如下：

① 在磁盘分区或文件夹窗口中选中需要重命名的多个文件或文件夹。

② 在【资源管理器】的【主页】选项卡的【组织】分组中单击【重命名】按钮，此时，所选中的文件夹中的第 1 个文件夹的名称处于可编辑状态。

③ 直接输入新的文件夹名称，例如输入“文档”。

④ 在窗口的空白区域单击或者按 Enter 键，可以看到所选的其他文件夹都已经重新命名。

6. 复制和移动文件和文件夹

在日常操作中，经常需要对一些重要的文件或文件夹进行备份，即在不删除原文件或文件夹的情况下，创建与原文件或文件夹相同的副本，这就是文件或文件夹的复制。而移动文件或文件夹则是将文件或文件夹从一个位置移动到另一个位置，原文件或文件夹被删除。

（1）复制文件或文件夹

① 通过右键菜单：选中要复制的文件或文件夹，右击鼠标，从弹出的快捷菜单中选择【复制】菜单项。打开要存放副本的磁盘或文件夹窗口，然后右击鼠标，从弹出的快捷菜单中选择【粘贴】菜单项，即可将文件或文件夹复制到此文件夹窗口中。

② 通过【资源管理器】：选中要复制的文件或文件夹，在【资源管理器】的【主页】选项卡的【组织】分组中单击【复制到】按钮，单击下方的【选择位置】选项，打开【复制项目】对话框，从列表中选择或指定要复制到的目标位置，单击【复制】即可实现文件或文件夹的复制。

③ 通过鼠标拖动：选中要复制的文件或文件夹，在按住 Ctrl 键的同时（非同一磁盘分区之间进行复制可省略此步），按住鼠标不放将其拖到目标位置。释放鼠标和 Ctrl 键，即完成复制。

④ 通过快捷键：按 Ctrl+C 键可以复制文件，按 Ctrl+V 键可以粘贴文件。

（2）移动文件或文件夹

① 通过右键菜单中的【剪切】和【粘贴】菜单项：选中要移动的文件或文件夹，右击鼠标，从弹出的快捷菜单中选择【剪切】菜单项。打开存放该文件或文件夹的目标位置，然后右击鼠标，从弹出的快捷菜单中选择【粘贴】菜单项，即可实现文件或文件夹的移动。

② 通过【资源管理器】：选中要移动的文件或文件夹，在【资源管理器】的【主页】选项卡的【组织】分组中单击【移动到】按钮，单击下方的【选择位置】选项，打开【移动项目】对话框，从列表中选择或指定要移动到的目标位置，单击【移动】按钮即可实现文件或文件夹的移动。

③ 通过鼠标拖动：选中要移动的文件或文件夹，在按住 Shift 键的同时（同一磁盘分区内进行移动可省略此步），按住鼠标不放将其拖动到目标文件夹中，然后释放即可实现移动操作。

④ 通过快捷键：按 Ctrl+X 键可以剪切文件，按 Ctrl+V 键可以粘贴文件。

剪贴板：在进行复制或移动操作时，系统实际是通过内存中的一块临时存储区域完成文件或文件夹的复本转移工作，这个区域叫作剪贴板。

7. 删除和恢复文件和文件夹

为了节省磁盘空间，可以将一些无用的文件或文件夹删除。有时删除后发现有些文件或文件夹中还有一些有用的信息，这时就要对其进行恢复操作。

（1）删除文件或文件夹

文件或文件夹的删除可以分为暂时删除（暂存到回收站里）和彻底删除（不放回收站）两种。暂时删除文件或文件夹方法有以下 4 种。

① 通过右键快捷菜单：在需要删除的文件或文件夹上单击鼠标右键，从弹出的快捷菜单中选择【删除】菜单项。

② 通过【资源管理器】：选中要删除的文件或文件夹，然后在【资源管理器】的【主页】选项卡的【组织】分组中单击的【删除】选项即可。

③ 通过 Delete 键：选中要删除的文件或文件夹，然后按 Delete 键，随即弹出【删除文件】对话框，单击【是】按钮。

④ 通过鼠标拖动：选中要删除的文件或文件夹，按住鼠标左键不放将其拖到桌面上的回收站图标上，然后释放鼠标即可。

回收站是在硬盘中开辟的一块存储区域，所以暂时删除到回收站里的文件还占用硬盘的存储空间，所以如果想对文件或文件夹彻底删除，不在回收站中存放，可以对文件或文件夹进行永久的删除。可以通过下面 4 种方法彻底删除。

① Shift 键+右键菜单：选中要删除的文件或文件夹，按住 Shift 键的同时在该文件或文件夹上单击鼠标右键，从弹出的快捷菜单中选择【删除】菜单项，在弹出的对话框中单击【是】按钮即可。

② 通过【资源管理器】：选中要删除的文件或文件夹，按住 Shift 键然后在【资源管理器】的【主页】选项卡的【组织】分组中单击【删除】选项即可。

③ Shift+Delete 键：选中要删除的文件或文件夹，然后按 Shift+Delete 键，在弹出的对话框中单击【是】按钮即可。

④ Shift 键+鼠标拖动：按住 Shift 键的同时，按住鼠标将要删除的文件或文件夹拖到桌面上的回收站图标上，也可以将其彻底删除。

（2）恢复文件或文件夹

用户将一些文件或文件夹删除后，若发现又需要用到该文件，只要没有将其彻底删除，就可以从回收站中将其恢复。具体的操作步骤为：双击桌面上的【回收站】图标，弹出【回收站】窗口，窗口中列出了被删除的所有文件或文件夹；选中要恢复的文件或文件夹，然后单击鼠标右键，从弹出的快捷菜单中选择【还原】菜单项，或者在【管理】选项卡的【还原】分组中单击【还原此项目】按钮，此时被还原的文件就会重新回到原来存放的位置。

提示：在桌面上的【回收站】图标上单击鼠标右键，从弹出的快捷菜单中选择【清空回收站】菜单项，然后在弹出的对话框中单击【是】按钮，可以将所有的项目彻底删除。

如果文件已经从回收站里清空，那么文件或文件夹则不能通过正常手段恢复，只能通过一些技术手段对其进行恢复，这里不再详述。

8．查找文件和文件夹

计算机中的文件和文件夹会随着时间的推移而日益增多，想从众多文件中找到所需的文件是一件非常麻烦的事情。为了省时省力，可以使用搜索功能查找文件。Windows 10 操作系统提供了查找文件和文件夹的多种方法，在不同的情况下可以使用不同的方法。

（1）使用【开始】菜单上的搜索框

可以使用【开始】菜单上的搜索框来查找存储在计算机上的文件、文件夹、程序和电子邮件等。右键单击【开始】按钮，在弹出的快捷菜单中选择【搜索】命令，如图 2-36 所示，切换到要查找文件的类型和信息，例如想要查找计算机中文件名带 logo 的图像的信息，只需先切换到【文档】选项卡，并在文本框中输入“logo”，与所输入文本相匹配的项都会显示在【开始】菜单上。

图 2-36　【搜索】对话框

（2）使用文件夹或库中的搜索框

通常用户可能知道所要查找的文件或文件夹位于某个特定的文件夹或库中，此时即可使用此文件夹或库的窗口上【搜索】文本框进行搜索。具体的操作步骤为下：打开【文档库】窗口，在【搜索】文本框中输入要查找的内容，输入完毕将自动对文件进行筛选，可以看到在窗口下方列出了所有相关信息的文件。

如果用户想要基于一个或多个属性来搜索文件，则可在搜索时使用搜索筛选器指定属性，在文件夹或库中的【搜索】框中，用户可以添加搜索筛选器来更加快速地查找指定的文件或文件夹。

在文件查找时，可以使用通配符对文件或文件夹进行模糊搜索。

9. 隐藏与显示文件和文件夹

有一些重要的文件或文件夹，为了避免让其他人误操作，可以将其设置为隐藏属性。当用户想要查看这些文件或文件夹时，只要设置相应的文件选项即可看到文件内容。

（1）隐藏文件和文件夹

用户如果若要隐藏文件和文件夹，首先将想要隐藏的文件和文件夹设置为隐藏属性，然后再对文件夹选项进行相应的设置。

① 设置文件和文件夹的隐藏属性：在需要隐藏的文件或文件夹上单击鼠标右键，从弹出的快捷菜单中选择【属性】菜单项，在打开的【属性】对话框中选择【隐藏】复选框；单击【确定】按钮，弹出【确认属性更改】对话框，选中【将更改应用于此文件夹、子文件夹和文件】单选按钮，然后单击【确定】按钮，即可完成对所选文件夹的隐藏属性设置。

② 在文件夹选项中设置不显示隐藏文件：在文件夹窗口中将【查看】选项卡【显示/隐藏】分组中的【隐藏的项目】复选框前面的对号去掉；或单击【选项】命令，打开【文件夹选项】对话框，切换到【查看】选项卡，然后在【高级设置】列表框中选中【不显示隐藏的文件、文件夹和驱动器】单选按钮，单击【确定】按钮，即可隐藏所有设置为隐藏属性的文件、文件夹以及驱动器。

如果在文件夹选项中设置了显示隐藏文件，那么隐藏的文件或文件夹将会以半透明状态显示。此时还是可以看到文件和文件夹，不能起到保护的作用，所以要在文件夹选项中设置不显示隐藏的文件。

（2）显示所有隐藏的文件和文件夹

默认情况下，为了保护系统文件，系统会将一些重要的文件设置为隐藏，有些病毒就是利用了这一功能，将自己的名称变成与系统文件相似的类型而隐藏起来，用户如果不显示这些隐藏的系统文件，就不会发现这些隐藏的病毒。

下面介绍如何显示隐藏的所有文件及文件夹：打开【文件夹选项】对话框，切换到【查看】选项卡，如图 2-37 所示，在【高级设置】列表框中取消【隐藏受保护的操作系统文件（推荐）】复选框的选择，并选中【显示隐藏的文件、文件夹和驱动器】单选按钮；设置完毕，单击【确定】按钮，即可显示所有隐藏的系统文件、文件夹和驱动器，这样用户就可以查看系统中是否隐藏了病毒文件。

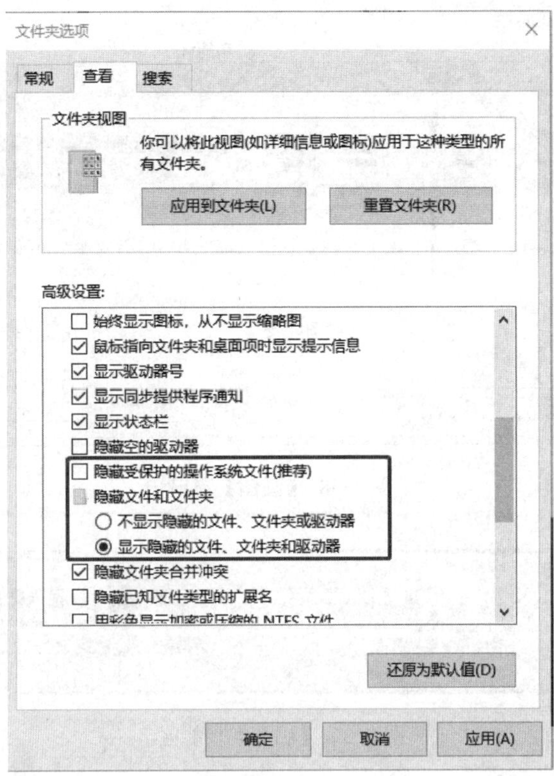

图 2-37

2.10　常用附件

Windows 10 操作系统中自带了很多实用的应用程序来满足不同用户的需求，例如，画图程序、截图工具、计算器、Tablet PC 及文档编辑工具等。

2.10.1　画图程序

画图程序是 Windows 10 系统自带的附件程序。使用该程序除了可以绘制、编辑图片，以及为图片着色外，还可以将文件和设计图案添加到其他图片中，对图片进行简单的编辑。

1. 启动画图程序

单击【开始】按钮，从弹出的【开始】菜单中选择【所有程序】→【Windows 附件】→【画图】菜单项，即可启动画图程序。

2. 认识【画图】窗口

【画图】窗口主要由 4 部分组成，分别是快速访问工具栏、【画图】按钮、功能区和绘图区域。如图 2-38 所示。

3. 绘制基本图形

画图程序是一款比较简单的图形编辑工具，使用它可以绘制简单的几何图形，例如直线、曲线、矩形、圆形及多边形等。具体【画图】功能区如图 2-39 所示。

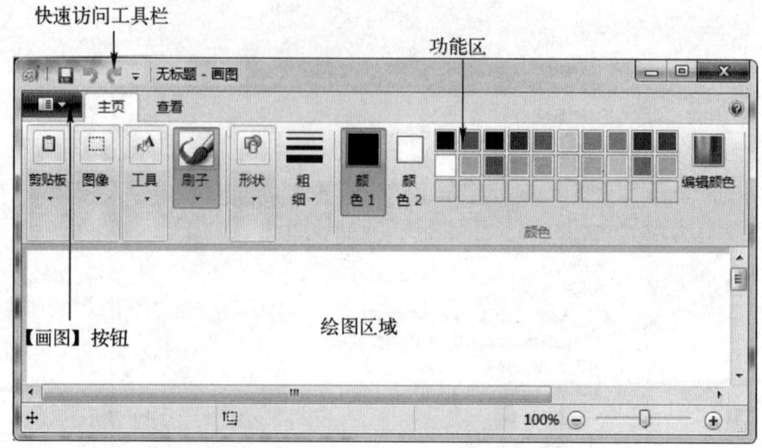

图 2-38 【画图】窗口

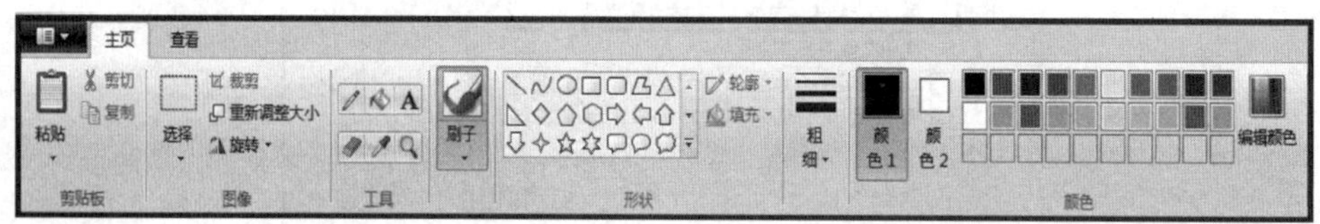

图 2-39 【画图】功能区

（1）绘制线条

使用画图工具可以绘制直线和曲线等多种线条。绘制直线的方法如下。

① 单击【形状】组中的“直线”按钮。

② 在【形状】组，单击【轮廓】按钮，然后从弹出的下拉列表中设置直线的轮廓，这里选择某个选项，如图 2-40 所示。

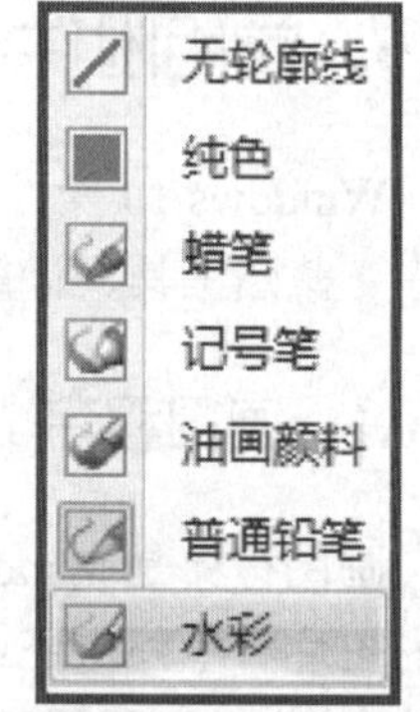

图 2-40 【轮廓】下拉列表

③ 单击【粗细】按钮，从弹出的下拉列表中设置直线的粗细。

④ 在【颜色】组中设置直线的颜色。

⑤ 将鼠标指针移动到绘图区域，此时指针变成形状，按住鼠标拖曳即可绘制直线。

⑥ 若要绘制竖线、横线及与水平成 45° 角的直线，则需在绘制的同时按下 Shift 键。

提示：绘制图形时使用的颜色都是【颜色 1】选项中的颜色，若想使绘制的图形与【颜色 2】选项中的颜色相同，需要按下鼠标右键进行绘制。设置【颜色 2】选项的颜色的方法比较简单，只需选择【颜色 2】选项，然后在颜色框中选择要设置的颜色即可。

绘制曲线的方法与绘制直线大致相同，只是使用的工具（“曲线”按钮）不同，这里不做赘述。

（2）绘制多边形

使用画图程序中的多边形工具可以绘制多边形，具体的操作步骤如下。

① 单击【形状】按钮，在展开的组中单击“多边形”按钮。

② 在【形状】组，单击【轮廓】按钮，然后从弹出的下拉列表中设置线条的轮廓。

③ 在【形状】组中单击【填充】按钮，从弹出的下拉列表中选择某一选项。

④ 单击【粗细】按钮，从弹出的下拉列表中设置多边形轮廓的粗细。

⑤ 单击【颜色 1】按钮，在【颜色】组中选择多边形轮廓的颜色，然后单击【颜色 2】按钮，在【颜色】组中选择填充多边形的颜色。

⑥ 将鼠标指针移动到绘图区域，然后按住鼠标绘制多条直线，并将它们首尾相连，组合成一个封闭的多边形区域。

（3）绘制其他形状图形

使用画图程序还可以绘制矩形、圆角矩形、圆和椭圆等各种形状，它们的绘制方法大致相同。

单击【形状】组中“矩形”按钮，依次选择轮廓、填充、粗细以及颜色，在绘制区域按下鼠标左键绘制矩形。若想绘制正方形，则需在按住鼠标左键绘制的同时按下 Shift 键。

若想绘制圆，则在【形状】组中“椭圆形”按钮。依次选择轮廓、填充、粗细及颜色，在绘制区域按下鼠标左键绘制椭圆。若想绘制正圆，则需在按住鼠标左键绘制的同时按下 Shift 键。

（4）添加和编辑文字

为了增加图形的效果，用户可以在所绘制的图形或添加的图片中添加文字。具体的操作步骤如下。

① 打开要添加文字的图片文件。

② 单击【工具】按钮，在展开的组中单击“文本”按钮。

③ 将鼠标指针移至绘图区域，然后在要输入文字的位置单击，此时将自动切换到【文本】选项卡中，并进入文字输入状态；单击【字体】按钮，在展开的组中设置字体格式，例如在【字体】下拉列表中选择【方正舒体】选项，在【字号】下拉列表中选择【72】选项。

④ 单击【透明】按钮，将文字的背景颜色设置为透明，然后在【颜色】组中设置字体颜色，设置完成后，输入要添加的文字内容。

⑤ 输入完成将鼠标移至文字输入框的边缘位置，当鼠标指针变成时拖动即可调整文字的位置。

⑥ 在文字输入框之外的任意位置单击即可完成文字的输入。

（5）保存【画图】文件

① 选择【文件】→【另存为】菜单项，或者按 Ctrl+S 键。

② 弹出【另存为】对话框，在左侧列表框中设置图像的存放路径，在【文件名】文本框中输入文件名，在【保存类型】下拉列表中选择保存文件的类型。

③ 单击【保存】按钮即可。

2.10.2　记事本

记事本是 Windows 自带的一个用来创建简单文档的基本文本编辑器。记事本常用来查看或编辑纯文本（.txt）文件，是创建 Web 页的简单工具。因为记事本仅支持基本的格式，所以不能在纯文本的文档中设置特殊的格式。启动附件中的记事本程序，窗口如图 2-41 所示。

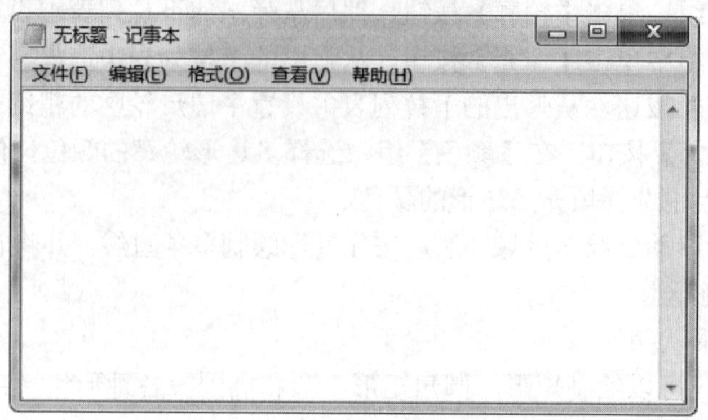

图 2-41 【记事本】窗口

2.10.3 计算器

Windows 10 自带的计算器程序不仅具有标准计算器功能，而且集成了编程计算器、科学型计算器和统计信息计算器的高级功能。另外还附带了单位转换、日期计算和工作表等功能，使计算器变得更加人性化。

1. 打开计算器

单击【开始】按钮，在弹出的【开始】菜单的程序列表【C】分组中选择【Calculator】菜单项，即可弹出【Calculator】窗口，如图 2-42 所示。

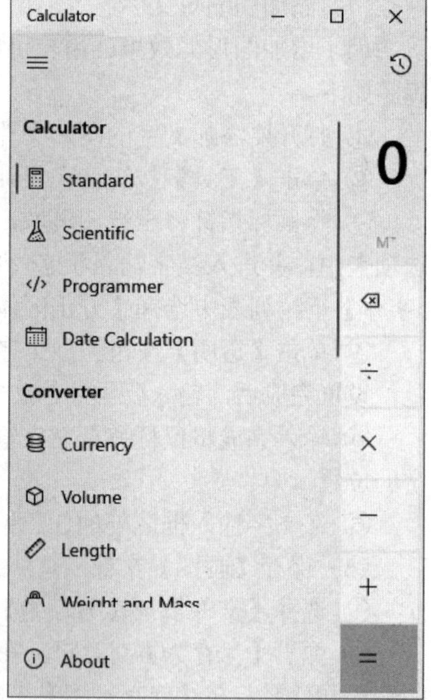

图 2-42 Calculator 窗口

2. 切换模式

打开后，默认显示的为标准模式。单击左侧三个横线的打开导航图标可进行模式的切换。在【打开导航】菜单中，分为【Calculator】和【Converter】两个组别。有适用于基本数学的“标准型”模式、适用于高级计算的“科学型”模式、适用于二进制代码的“程序员”模式，另外还有适用于转换测量单位的各种“转换器”模式。

标准型：计算器工具的默认界面为标准型界面，使用标准型计算器可以进行加、减、乘、除等简单的四则混合运算。

科学型：选择【打开导航】→【科学型】菜单项，即可打开科学型计算器。使用科学型计算器可以进行比较复杂的运算，例如三角函数运算、平方和立方运算等，运算结果可精确到 32 位。

程序员型：选择【打开导航】→【程序员型】菜单项，即可打开程序员型计算器。使用程序员型计算器可以进行十六（ HEX）、十（DEC）、二进制（BIN）的数值转换，而且可以进行与、或、非等逻辑运算。

统计信息型：选择【查看】→【统计信息】菜单项，即可打开统计信息型计算器。使用统计信息型计算器可以进行平均值、平均平方值、求和、平方值总和、标准偏差及总体标准偏差等统计运算。

日期计算型：切换到“日期计算”以计算两个日期之间的差值，或增加或减去到某个日期的天数。

货币换算型：切换到“货币”换算器，以在世界上 100 多种不同货币之间进行换算。也可离线换算，此模式在跨国漫游时非常有用，且无需数据连接。

除此之外，还有体积转换、长度转换、重量转换、温度转换、面积转换、速度转换、时间转换、功率转换等等，以充分满足用户对计算和数据转换的需要。

3．计算器的使用实例

实例：

1．求（17+98）×100÷19 的值。

操作步骤：首先计算器类型切换到科学型，单击按钮的顺序如下：(→ 1 → 7 → + → 9 → 8 →) → * → 1 → 0 → 0 → / → 1 → 9 → =。

2．求 9^4（9 的 4 次幂）。

操作步骤：首先计算器类型切换到科学型，单击按钮的顺序如下：9 → x^y → 4 → =，其中按钮 x^y 表示 X 的 Y 次幂。

3．将十进制数 1798 转换为十六进制数。

操作步骤：首先计算器类型切换到程序员型，单击按钮的顺序如下：◉十进制 → 1 → 7 → 9 → 8，在十六进制后面显示的就是对应的数值。

4．计算 11、13、15、17 和 19 这几个数值的总和、平均值和总体标准偏差。

操作步骤：打开统计信息型计算器，输入“11”，然后单击“添加”按钮 Add，将输入的数字添加到统计框中，依次将数字 13、15、17 和 19 添加到统计框中，单击“求和”按钮 Σx,即可计算出这 5 个数总和；单击“求平均值”按钮 $\bar{x}$，即可计算出这 5 个数的平均值；单击“求总体标准偏差”按钮 σ_{n-1}，即可计算出这 5 个数的总体标准偏差。

2.10.4　截图工具

截图工具，最为简单的就是键盘上的 Print Screen 键或 Alt+Print Screen 键，按一次键就能完成屏幕的抓图，但是这两个组合键前者是抓取整个屏幕，后者是抓取当前活动窗口的，都不能实现任意局部的截图。很多人都想到了第三方软件，其实 Windows 10 系统就自带了一款截图工具，便捷、简单、截图清晰、多种形状的截图、可全屏也能局部截图，并且可以对截取的图像进行编辑。

1．新建截图

新建截图的具体步骤如下。

（1）单击【开始】按钮，从弹出的【开始】菜单的程序列表中选择【Windows 附件】→【截图工具】选项。也可以通过【运行】中输入命令 Snipping Tool，启动截图工具。弹出的【截图工具】窗口如图 2-43 所示。

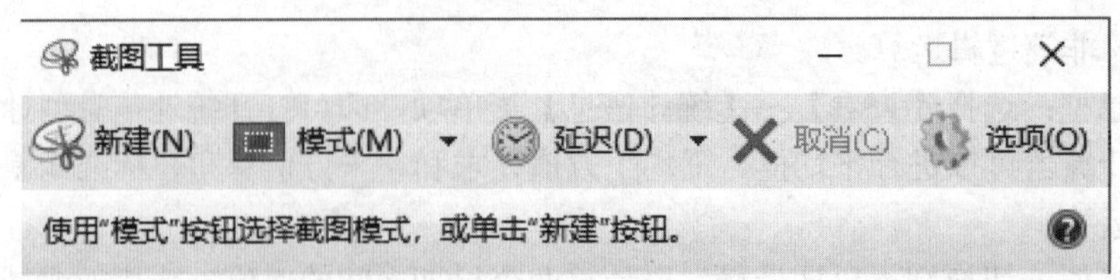

图 2-43 【截图工具】窗口

（2）先单击模式(M)按钮，从列表中选择【任意格式截图】【矩形截图】【窗口截图】【全屏幕截图】中的一项，然后再单击按钮【新建】，此时鼠标指针变成“十”字形状，单击要截取图片的起始位置，然后按住鼠标不放，拖动选择要截取的图像区域。

（3）释放鼠标即可完成截图，此时在【截图工具】窗口中会显示截取的图像，如图 2-44 所示。

图 2-44 【截图工具】编辑界面

2．编辑截图

截图工具带有简单的图像编辑功能，例如单击【复制】按钮可以复制图像，单击“笔”按钮可以使用画笔功能绘制图形或者书写文字，单击【荧光笔】按钮可以绘制和书写具有荧光效果的图形和文字，单击【橡皮擦】按钮可以擦除用笔和荧光笔绘制的图形。

3．保存截图

截取的图像可以保存到计算机中，方便以后查看和编辑。保存截图的具体步骤：选择【文件】→【另存为】菜单项，或者按下 Ctrl+S 键，可以将截图保存为 HTML、PNG、GIF 或 JPEG 文件。

评价单

<table>
<tr><td>项目名称</td><td colspan="4"></td><td>完成日期</td><td></td></tr>
<tr><td>班级</td><td></td><td>小组</td><td colspan="2"></td><td>姓名</td><td></td></tr>
<tr><td>学号</td><td colspan="3"></td><td colspan="2">组长签字</td><td></td></tr>
<tr><td colspan="3">评价项点</td><td>分值</td><td colspan="2">学生评价</td><td>教师评价</td></tr>
<tr><td colspan="3">文件处理完成并上传</td><td>10</td><td colspan="2"></td><td></td></tr>
<tr><td colspan="3">完成铁道口标识的绘制</td><td>20</td><td colspan="2"></td><td></td></tr>
<tr><td colspan="3">创建记事本文件并正确录入文字</td><td>10</td><td colspan="2"></td><td></td></tr>
<tr><td colspan="3">正确完成数数据计算和转换</td><td>20</td><td colspan="2"></td><td></td></tr>
<tr><td colspan="3">成功截取网站 LOGO 并保存指定类型</td><td>20</td><td colspan="2"></td><td></td></tr>
<tr><td colspan="3">诚信、敬业情况</td><td>10</td><td colspan="2"></td><td></td></tr>
<tr><td colspan="3">与团队成员团结和谐情况</td><td>10</td><td colspan="2"></td><td></td></tr>
<tr><td colspan="3">总分</td><td>100</td><td colspan="2"></td><td></td></tr>
<tr><td>学生得分</td><td colspan="6"></td></tr>
<tr><td>自我总结</td><td colspan="6"></td></tr>
<tr><td>教师评语</td><td colspan="6"></td></tr>
</table>

知识点强化与巩固

一、填空题

1．Windows 10 是由（　　　　）公司开发，具有革命性变化的操作系统。

2．Windows 10 有四个默认库，分别是视频、图片、（　　　　）和音乐。

3．Windows 10 从软件归类来看是属于（　　　　）软件。

4．Windows 10 提供了长文件名命名方法，一个文件名的长度最多可达到（　　　　）个字符。

5．Windows 10 中，被删除的文件或文件夹将存放在（　　　　）中。

6．Windows 10 中，当屏幕上有多个窗口时，标题栏的颜色与众不同的窗口是（　　　　）窗口。

7．Windows 10 中菜单有 3 类，它们是下拉式菜单、控制菜单和（　　　　）。

8．在 Windows 10 的【资源管理器】窗口中，通过选择（　　　　）菜单可以改变文件或文件夹的显示方式。

9．在 Windows 10 操作系统中，Ctrl+C 是（　　　　）命令的快捷键。

10．在 Windows 10 操作系统中，Ctrl+V 是（　　　　）命令的快捷键。

11．在 Windows 10 操作系统中，Ctrl+X 是（　　　　）命令的快捷键。

12．在 Windows 10 的窗口中，为了使具有系统和隐藏属性的文件或文件夹不显示出来，首先应进行的操作是选择（　　　　）菜单中的“文件夹选项”。

13．在 Windows 10 系统中，为了在系统启动成功后自动执行某个程序，应该将该程序文件添加到（　　　　）文件夹中。

14．在 Windows 10 中，回收站是（　　　　）中的一块区域。

15．在 Windows 10 中，如果要把整幅屏内容复制到剪贴板中，可按（　　　　）键。

16．在 Windows 10 中，通过【开始】菜单中的【程序】进入 MS-DOS 方式，欲重新返回 Windows 窗口，可使用（　　　　）命令。

17．在中文 Windows 10 中，默认的中文和英文输入方式的切换是（　　　　）。

二、选择题

1．Windows 10 操作系统桌面上任务栏的作用是（　　）。

A．记录已经执行完毕的任务，并报给用户，已经准备好执行新的任务

B．记录正在运行的应用软件并可控制多个任务、多个窗口之间的切换

C．列出用户计划执行的任务，供计算机执行

D．列出计算机可以执行的任务，供用户选择，以方便在不同任务之间的切换

2．Windows 10 操作系统的文件夹组织结构是一种（　　）。

A．表格结构　　B．树状结构　　C．网状结构　　D. 线性结构

3．Windows 10 操作系统是一个（　　）操作系统。

A．多任务　　B．单任务　　C．实时　　D．批处理

4．Windows 10 操作系统中文件的扩展名的长度为（　　）字符。

A．1 个　　B．2 个　　C．3 个　　D．4 个

5．Windows 10 操作系统自带的网络浏览器是（　　）。

A．NETSCAPE　　B．HOT-MAIL

C．CUTFTP　　D．Microsoft Edge

6．在 Windows 10 的中文输入法选择操作中，以下（　　）说法是不正确的。

A．按 Ctrl+Space 键可以切换中/英文输入法

B．按 Shift+Space 键可以切换全/半角输入状态

C．按 Ctrl+Shift 键可以切换其他已安装的输入法

D．按 Shift 可以关闭汉字输入法

7．在 Windows 10 中，能弹出对话框的操作是（　　）。

A．选择了带省略号的菜单项　　B．选择了带向右三角形箭头的菜单项

C．选择了颜色变灰的菜单项　　D．运行了与对话框对应的应用程序

8．在 Windows 10 操作系统中，不同文档之间互相复制信息需要借助于（　　）。

A．剪贴板　　B．记事本　　C．写字板　　D．磁盘缓冲器

9．在 Windows 10 操作中，若鼠标指针变成了“I”形状，则表示（　　）。

A．当前系统正在访问磁盘　　B．可以改变窗口大小

C．可以改变窗口位置　　D. 鼠标光标所在位置可以从键盘输入文本

10．在 Windows 10 中，当程序因某种原因陷入死循环，下列方法中，（　　）能较好地结束该程序。

A．按 Ctrl+Alt+Del 键，然后选择【结束任务】结束该程序的运行

B．按 Ctrl+Del 键，然后选择【结束任务】结束该程序的运行

C．按 Alt+Del 键，然后选择【结束任务】结束该程序的运行

D．直接 Reset 键计算机结束该程序的运行

11．在 Windows 10 中，文件名 MM.txt 和 mm.txt（　　）。

A．是同一个文件　　B．不是同一个文件

C．有时候是同一个文件　　D．是两个文件

12．在 Windows 10 中，允许用户同时打开（　　）个窗口。

A．8　　B．16　　C．32　　D．多

13．在 Windows 10 中，允许用户同时打开多个窗口,但只有一个窗口处于激活状态，其特征是标题栏高亮显示，该窗口称为（　　）窗口。

A．主　　B．运行　　C．活动　　D．前端

14．在 Windows 10 中可按（　　）键得到帮助信息。

A．F1　　B．F2　　C．F3　　D．F10

15．在 Windows 10 中可按 Alt+（　　）键在多个已打开的程序窗口中进行切换。

A．Enter　　B．空格键　　C．Insert　　D．Tab

16．在 Windows 10 中在实施打印前（　　）。

A．需要安装打印应用程序

B．用户需要根据打印机的型号，安装相应的打印机驱动程序

C．不需要安装打印机驱动程序

D．系统将自动安装打印机驱动程序

17．在 Windows 10 中，当应用程序窗口最大化后，该应用程序窗口将（　　）。

A．扩大到整个屏幕，程序照常运行

B．不能用鼠标拉动改变大小，系统暂时挂起

C．扩大到整个屏幕，程序运行速度加快

D．可以用鼠标拉动改变大小，程序照常运行

18．在 Windows 10 中，为保护文件不被修改，可将它的属性设置为（　　）。

A．只读　B．存档　C．隐藏　D．系统

19．操作系统是（　　）。

A．用户与软件的接口　B．系统软件与应用软件的接口

C．主机与外设的接口　D．用户和计算机的接口

20．以下四项不属于 Windows 10 操作系统特点的是（　　）。

A．图形界面　B．多任务

C．即插即用　D．不会受到黑客攻击

21．下列不是汉字输入法的是（　　）。

A．全拼　B．五笔字型　C．ASCII 码　D．双拼

22．不可能在任务栏上的内容为（　　）。

A．对话框窗口的图标　B．正在执行的应用程序窗口图标

C．已打开文档窗口的图标　D．语言栏对应图标

23．在 Windows 10 中下面的叙述正确的是（　　）。

A．【写字板】是字处理软件，不能进行图文处理

B．【画图】是绘图工具，不能输入文字

C．【写字板】和【画图】均可以进行文字和图形处理

D．【记事本】文件可以插入自选图形

24．关于 Windows 10 窗口的概念，以下叙述正确的是（　　）。

A．屏幕上只能出现一个窗口，这就是活动窗口

B．屏幕上可以出现多个窗口，但只有一个是活动窗口

C．屏幕上可以出现多个窗口，但不止一个活动窗口

D．当屏幕上出现多个窗口，就没有了活动窗口

25．在 Windows 10 中，剪贴板是用来在程序和文件间传递信息的临时存储区，此存储区是（　　）。

A．回收站的一部分　B．硬盘的一部分

C．内存的一部分　D．软盘的一部分

三、判断题

1．Windows 10 家庭普通版支持的功能最少。（　　）

2．Windows 10 旗舰版支持的功能最多。（　　）

3．Windows 10 操作系统中，必须先选择操作对象，再选择操作项。（　　）

4．Windows 10 操作系统的桌面是不可以调整的。（　　）

5．Windows 10 操作系统的【资源管理器】窗口可分为两部分。（　　）

6．Windows 10 操作系统的剪贴板是内存中的一块区域。（　　）

7．Windows 10 操作系统的任务栏中，不能修改文件属性。　（　）

8．Windows 10 操作系统环境中，可以同时运行多个应用程序。　（　）

9．Windows 10 操作系统是一种多用户、多任务的操作系统。　（　）

10．Windows 10 操作系统中，窗口大小的改变可通过对窗口的边框操作来实现。　（　）

11．在 Windows 操作系统的各个版本中，支持的功能都一样。　（　）

12．在 Windows 10 操作系统中，默认库被删除后可以通过恢复默认库进行恢复。　（　）

13．在 Windows 10 操作系统中，默认库被删除了就无法恢复。　（　）

14．在 Windows 10 操作系统中，任何一个打开的窗口都有滚动条。　（　）

15．Windows 10 操作系统中，若菜单项前面带有“√”符号，则表示该菜单所代表的状态已经呈现。　（　）

16．Windows 10 操作系统中，如果要把整幅屏幕内容复制到剪贴板中，可按 PrintScreen+Ctrl 键。　（　）

17．在 Windows 10 操作系统中，若要将当前窗口存入剪贴板中，可以按 Alt+PrintScreen 键。　（　）

第3章 计算机网络与 Internet 应用

计算机网络是计算机应用的一个重要领域，计算机网络技术是现代通信技术与计算机技术结合的产物，是社会信息化的基础技术。特别是 Internet 的出现，使网络的服务功能越来越完善，Internet 正在改变着人们的生活、学习和工作方式，推动社会文明的进步，让人们真正地走进信息时代，其应用领域已经渗透到社会的各个方面，对人类生活产生深远的影响。所以，掌握计算机网络知识是学习计算机应用基础课中十分重要的一部分。

项目一　计算机网络概述

知识点提要

1. 计算机网络的概述
2. 计算机网络的发展
3. 计算机网络的分类
4. 计算机网络性能指标
5. 计算机网络系统组成
6. 家庭网络连接
7. 小型办公网络连接建立

任务单

任务名称	认识计算机网络	学 时	2学时
知识目标	1. 掌握计算机网络的概念。 2. 掌握计算机网络的分类。 3. 掌握计算机网络性能指标。 4. 熟悉常用的计算机网络硬件和软件。		
能力目标	1. 理解计算机网络相关理论知识。 2. 具有计算机网络理论知识应用于实践中的能力。 3. 具有能够独立完成小型局域网络搭建的能力。		
素质目标	1. 培养学生平等、公正，爱国、敬业，诚信、友善的品质。 2. 培养学生细心踏实、思维敏锐、勇于探索的职业精神。 3. 自主学习团结协作的能力。		
任务描述	钟欣同学今年刚刚毕业，单位给她分配了一台计算机，她想用这台计算机通过接入单位的网络访问互联网，并能够与同办公室的其他人员共用一台打印机。根据如下提示，请帮她分析一下，都需要准备什么。 1. 单位是通过什么方式接入互联网的？ 2. 在工作中，经常访问哪些网址？ 3. 网络传输介质有哪些？她的办公室是采用什么样的传输介质？ 4. 根据需要，她还需要哪些网络设备？		
任务要求	1. 仔细阅读任务描述中的要求，认真完成任务。 2. 小组间可以讨论交流各自掌握的网络知识。		

资料卡及实例

3.1　计算机网络

计算机网络是计算机技术和通信技术相结合的产物，它是随着社会对信息共享、信息传递的要求而发展起来的。计算机软硬件及通信技术的快速发展使计算机网络迅速渗透到包括金融、教育、运输等各个行业，而且随着计算机网络的优势逐渐被人们所熟悉和接受，网络将越来越快地融入社会生活的方方面面，可以说，未来是一个充满网络的世界。

3.1.1　计算机网络概述

计算机网络，是指将地理位置不同的、具有独立功能的多台计算机系统，通过通信设备和通信线路连接起来，在网络操作系统、网络管理软件及网络通信协议的管理和协调下，实现网络中资源共享和信息传递的系统。简单地说，计算机网络就是通过传输介质将两台及以上的计算机互联起来的集合。

计算机网络组成：通常由三部分组成，即资源子网、通信子网和通信协议。

资源子网是计算机网络中面向用户的部分，负责全网络面向应用的数据处理工作，其主体是连入计算机网络内的所有主计算机，以及这些计算机所拥有的面向用户端的外部设备、软件和可供共享的数据等。

通信子网是计算机网络中负责数据通信的部分，通信传输介质可以是双绞线、同轴电缆、光纤、无线电、微波等。

通信协议是指为了使网内各计算机之间的通信可靠有效，通信双方必须共同遵守的规则和约定。

网络概念的要点部分有下面几项。

① 具有独立功能的多个计算机系统，即各种类型计算机、工作站、服务器、数据处理终端设备。

② 通信线路和通信设备。通信线路是指网络连接介质，如同轴电缆、双绞线、光缆、铜缆、卫星等；通信设备是指网络连接设备，如网关、网桥、集线器、交换机、路由器、调制解调器等。

③ 网络软件指各类网络系统软件和各类网络应用软件。

3.1.2　计算机网络的发展

计算机网络的发展可大致分为四个阶段。

1．第一阶段：面向终端的计算机网络

1946 年世界上第一台电子计算机 ENIAC 在美国诞生时，计算机技术与通信技术并没有直接的联系。到 20 世纪 60 年代初，出现了以单个计算机为中心的面向终端的远程联机系统。其终端往往只具备基本的输入及输出功能（显示系统及键盘），该系统是计算机技术与通信技术相结合而形成的计算机网络的雏形，因此也称为面向终端的计算机通信网络，如图 3-1 所示。

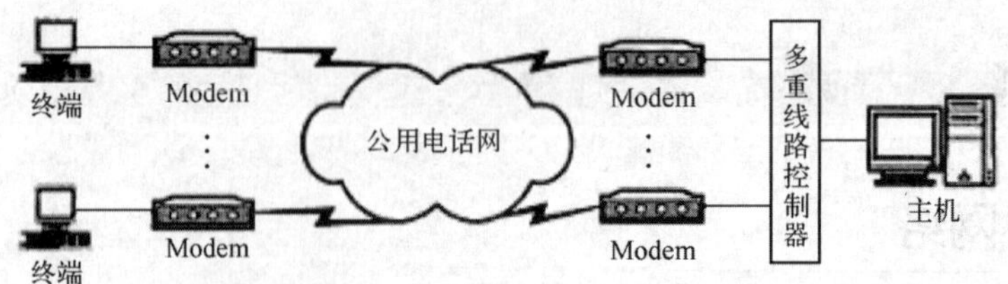

图 3-1 面向终端的计算机网络

2．第二阶段：计算机通信网络

面向终端的计算机网络只能在终端与主机之间进行通信，子网之间无法通信。因此，20世纪60年代中期开始，出现了多个主机互联的系统，可以实现计算机与计算机之间的通信。它由通信子网和用户资源子网构成，是网络的初级阶段，因此，称其为计算机通信网络。如图3-2所示，网络中的通信双方都是具有自主处理能力的计算机，功能以资源共享为主。

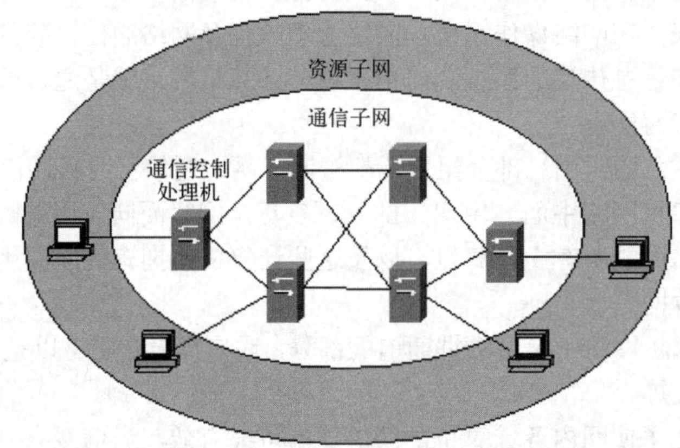

图 3-2 以通信子网为中心的计算机网络

1969年，仅有4个结点的分组交换网ARPANet（美国国防部高级计划研究属网络）的研制成功，标制着计算机通信网络的诞生。1983年，此网络发展到200个结点，连接了数百台计算机。

3．第二阶段：计算机互联网络（Internet）

20世纪70年代中期，局域网诞生并推广使用，为了使不同体系的网络也能相互交换信息，国际标准化组织（ISO）于1977年成立专门机构，并在1984年颁布了世界范围内网络互联的标准，称为开放系统互联基本参考模型OSI/RM（open systems interconnection/reference model），简称OSI。从此，计算机网络进入了互联发展的时代，如图3-3所示。

4．第四阶段：互联、高速、智能化的计算机网络

从20世纪80年代末开始，计算机网络技术进入新的发展阶段，其特点是：互联、高速和智能化。表现在：

（1）发展了以Internet为代表的互联网。

（2）发展高速网络。

1993年美国政府公布了“国家信息基础设施”（national information infrastructure，NII）行动计划，即信息高速公路计划。这里的“信息高速公路”是指数字化大容量光纤通信网络，用以把政府机构、企业、大学、科研机构和家庭的计算机联网。美国政府又分别于 1996 年和 1997 年开始研究发展更加快速可靠的互联网 2（Internet 2）和下一代互联网（next generation internet）。可以说，网络互联和高速计算机网络正成为最新一代计算机网络的发展方向。

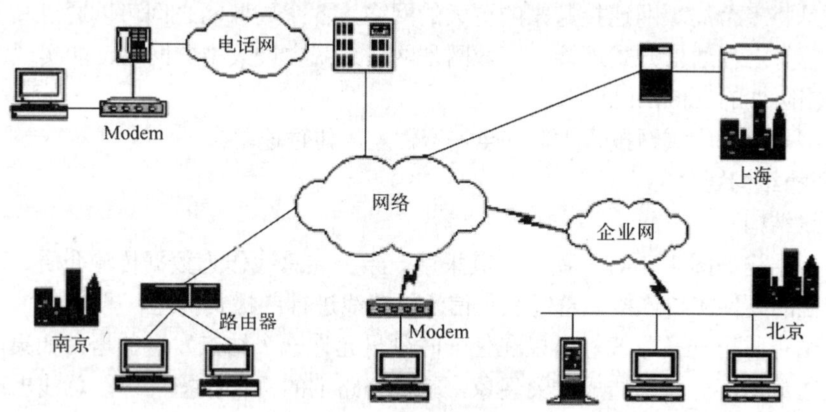

图 3-3　网络互连阶段

（3）研究智能网络

现在的计算机网络得到了广泛的应用，向着全球化、高速、智能化的方向发展。现在的人们生活方式和行为习惯都受到了计算机网络的影响，从购物、出行到社交都依靠着互联网，计算机网络在我国的普及速度很快，现在几乎渗透到生活的方方面面。

在过去的五年，随着云计算、物联网、人工智能和华为 5G 网络的发展，特别是国家级的“互联网+”计划，使我国也逐渐从网络大国向着网络强国演变，不断增强国际网络的话语权。

3.1.3　计算机网络分类

计算机网络的分类方式有很多种，如按地理覆盖范围、拓扑结构、传输介质和使用范围等分类。

1．按地理覆盖范围划分

（1）局域网

局域网地理范围一般为几百米到 10 km 之内，属于小范围内的连网，如一间办公室、一个部门、一个单位（学校）等。

局域网一般不对外提供公共服务，管理方便，安全保密性高。

组建简单、灵活，投资少，使用方便。

随着计算机应用的普及，局域网的地位和作用越来越重要，通过局域网可以实现文件管理、应用软件共享、打印机共享、工作组的日程安排等。

（2）城域网

城域网地理范围可从几十千米到上百千米，可覆盖一个城市或地区，是一种中等形式的网络。城域网使用的技术与局域网相同，但分布范围要更广一些，它可以支持数据和语音及有线电视网络等，为我们的生活带来了许多便利，如高速上网、视频点播、视频通话、网络电视、远程教育、远程会议等。

(3) 广域网

广域网也称为远程网络，指作用范围小到一个地区，一个城市，大到一个国家，几个国家乃至全世界。

广域网是将多个局域网连接起来的更大的网络，各个局域网之间可以通过高速电缆、光缆、微波卫星等远程通信方式连接。广域网是网络系统中最大型的网络，能实现大范围的资源共享，如国际性的 Internet 网络。

与局域网相比，广域网投资大，安全保密性差，传输速率慢。

2．按拓扑结构划分

(1) 总线结构

总线拓扑结构如图 3-4（a）所示，其采用一条公共总线作为数据传输介质，所有网络上设备通过相应的硬件接口连接在总线上，信号沿总线进行广播式传送。

由于各结点共用一条总线，所以在任一时刻只允许一个结点发送数据，如果两个以上的结点同时发送数据，可能会造成冲突现象，就像公路上的两车相撞一样，总线出现故障，将影响整个网络的运行。

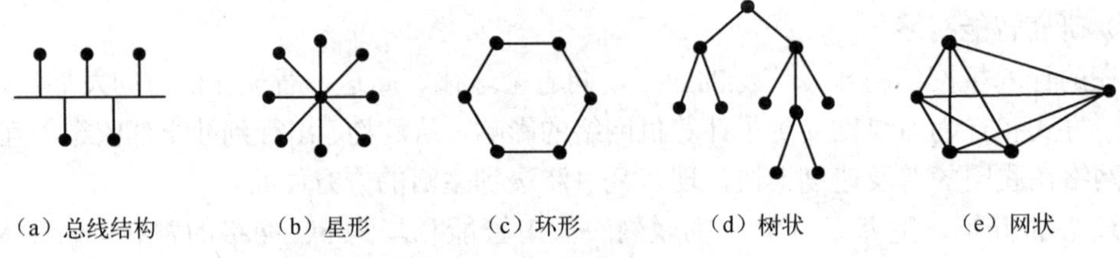

图 3-4　网络拓扑结构示意图

优点：布线容易，结构简单，易于扩展，建网成本低等。

缺点：

- 任何两个站点之间传送信息都要经过总线，总线称为传输瓶颈；当计算机站点多时，容易造成信息阻塞，传递不畅。
- 一台计算机接入总线的接口发生故障，会造成整个网络瘫痪。
- 当网络发生故障时，故障诊断和隔离困难。

(2) 星形结构

星形结构如图 3-4（b）所示，网络上每个结点都由一条点到点的链路与中心结点相连，中心结点充当整个网络控制的主控计算机。

优点：

- 可靠性高。任意一台计算机及其接口的故障不会影响其他计算机，不会影响整个网络，也不会造成网络瘫痪。
- 故障诊断和隔离容易，网络容易管理和维护。
- 可扩性好，配置灵活。增删改一个站点容易实现，和其他计算机没有关系。
- 传输速率高。每个结点独占一条线路，消除了信息阻塞的情况。而总线和环形网络的瓶颈都在线路上。

缺点：

- 线缆使用量大。

- 布线、安装工作量大。
- 网络可靠性依赖于中央结点。若交换机或集线器选择不当，发生故障会造成全网瘫痪。

（3）环形结构

环形结构如图 3-4（c）所示，网络上各结点都连接在一个闭合环形通信链路上，信息的传输沿环的单方向传递，两结点之间仅有唯一的通道。

优点：

- 各结点之间没有主次关系，各结点负担均衡。
- 传输距离远，适合做主干网。
- 故障诊断容易定位。
- 初始安装容易，线缆用量少。环形线路也是一条总线，只是首尾封闭。

缺点：

- 网络扩充及维护不太方便。
- 网络上有一个结点或者是环路出现故障，将可能引起整个网络故障。

（4）树状结构

树状（是星形结构的发展）结构如图 3-4（d）所示，在网络中各结点按一定的层次连接起来，形状像一棵倒置的树，所以称为树状结构。在树状结构中，顶端的结点称为根结点，它带有若干个分支结点，每个结点再带若干个子分支结点，信息的传输可以在每个分支链路上双向传递。

优点：网络扩充、故障隔离比较方便，适用于分级管理和控制系统。

缺点：如果根结点出现故障，将影响整个网络运行。

（5）网状结构

网状结构如图 3-4（e）所示，其网络上的结点连接是不规则的，每个结点都可以与任何结点相连，且每个结点可以有多个分支，信息可以在任何分支上进行传输，这样可以减少网络阻塞的现象，可靠性高、灵活性好、结点的独立处理能力强、信息传输容量大，但结构复杂，不易管理和维护、成本高。

以上介绍的是几种网络基本拓扑结构，但在实际组建网络时，可根据具体情况，选择某种拓扑结构或选择几种基本拓扑结构的组合方式来完成网络拓扑结构的设计。

3．按传输介质划分

（1）有线网络

同轴电缆：成本低，安装方便，但传输率低，抗干扰能力一般，传输距离短；

双绞线：组建局域网时常用，优缺点类似于同轴电缆；

光纤：主要用于网络的主干部分，其特点是成本高，安装技术要求高，传输距离长，传输率高，抗干扰能力强，且不会受到电子监听设备的监听等，是组建高安全性网络的理想选择。

（2）无线网络

红外线，微波，无线电等。

4．按使用范围划分

（1）公用网络

面向公众开放的网络，如 ChinaNet。

（2）专用网络

面向部分用户开放的网络，如 CERNET。

3.1.4 计算机网络性能指标

计算机网络性能指标从不同的方面来度量计算机网络的性能。

1. 速率

计算机发送出的信号都是数字形式的。比特（bit）是计算机中数据量的单位，也是信息论中使用的信息量的单位。bit 来源于 binary digit，意思是一个“二进制数字”，因此一个比特就是二进制数字中的一个 1 或 0。网络技术中的速率指的是连接在计算机网络上的主机在数字信道上传送数据的速率，它也称为数据率（data rate）或比特率（bit rate）。速率是计算机网络中最重要的一个性能指标。速率的单位是 bps（比特每秒）（即 bit per second）。

2. 带宽

“带宽”有以下两种不同的意义。

① 带宽本来是指某个信号具有的频带宽度。信号的带宽是指该信号所包含的各种不同频率成分所占据的频率范围。例如，在传统的通信线路上传送的电话信号的标准带宽是 3.1 kHz（从 300 Hz～3.4 kHz，即话音主要成分的频率范围）。这种意义的带宽的单位是赫（或千赫，兆赫，吉赫等）。

② 而在计算机网络中，带宽用来表示网络的通信线路所能传送数据的能力，因此网络带宽表示在单位时间内从网络中的某一点到另一点所能通过的“最高数据率”。这里一般说到的“带宽”就是指这个意思，这种意义的带宽的单位是“比特每秒”（bps）。

3. 吞吐量

吞吐量表示在单位时间内通过某个网络（或信道、接口）的数据量。吞吐量更经常地用于对现实世界中网络的一种测量，以便知道实际上到底有多少数据量能够通过网络。显然，吞吐量受网络的带宽或网络的额定速率的限制。例如，对于一个 100 Mbps 的以太网，其额定速率是 100 Mbps，那么这个数值也是该以太网的吞吐量的绝对上限值。因此，对 100 Mbps 的以太网，其典型的吞吐量可能也只有 70 Mbps。有时吞吐量还可用每秒传送的字节数或帧数来表示。

4. 时延

时延是指数据（一个报文或分组，甚至比特）从网络（或链路）的一端传送到另一端所需的时间。时延是个很重要的性能指标，它有时也称为延迟或迟延。网络中的时延是由以下几个不同的部分组成的。

（1）发送时延

发送时延是主机或路由器发送数据帧所需要的时间，也就是从发送数据帧的第一个比特算起，到该帧的最后一个比特发送完毕所需的时间。

因此发送时延也叫作传输时延。发送时延的计算公式是：

发送时延=数据帧长度（bit）/信道带宽（bps）

由此可见，对于一定的网络，发送时延并非固定不变，而是与发送的帧长（单位是比特）成正比，与信道带宽成反比。

（2）传播时延

传播时延是电磁波在信道中传播一定的距离需要花费的时间。传播时延的计算公式是：

传播时延=信道长度（m）/电磁波在信道上的传播速率（m/s）

电磁波在自由空间的传播速率是光速，即 300 000 km/s。电磁波在网络传输媒体中的传播速率比在自由空间要略低一些。

（3）处理时延

主机或路由器在收到分组时要花费一定的时间进行处理，例如分析分组的首部，从分组中提取数据部分，进行差错检验或查找适当的路由等，这就产生了处理时延。

（4）排队时延

分组在经过网络传输时，要经过许多的路由器。但分组在进入路由器后要先在输入队列中排队等待处理。在路由器确定了转发接口后，还要在输出队列中排队等待转发。这就产生了排队时延。

这样，数据在网络中经历的总时延就是以上四种时延之和：

总时延=发送时延+传播时延+处理时延+排队时延

（5）时延带宽积

把以上讨论的网络性能的两个度量——传播时延和带宽相乘，就得到另一个很有用的度量：传播时延带宽积，即时延带宽积=传播时延×带宽。

（6）往返时间（RTT）

在计算机网络中，往返时间也是一个重要的性能指标，它表示从发送方发送数据开始，到发送方收到来自接收方的确认（接收方收到数据后便立即发送确认）总共经历的时间。

当使用卫星通信时，往返时间相对较长。

（7）利用率

利用率分为信道利用率和网络利用率两种。信道利用率指某信道有百分之几的时间是被利用的（有数据通过），完全空闲的信道的利用率是零。网络利用率是全网络的信道利用率的加权平均值。

3.1.5　计算机网络系统组成

计算机网络系统是一个复杂的系统，它包括网络硬件和网络软件两大部分。

1．计算机网络硬件系统

计算机网络硬件系统是计算机网络系统的物理组成，它主要包括通信设备，如传输设备、交换及互联设备；用户端设备，如服务器、客户机等。

1）计算机网络传输介质

（1）双绞线

双绞线是由两两相互绝缘的导线按照一定的规格互相缠绕在一起而制成的一种通用配线，属于信息通信网络传输介质。双绞线过去主要是用来传输模拟信号的，但现在同样适用于数字信号的传输。双绞线采用了一对互相绝缘的金属导线互相绞合的方式来抵御一部分外界电磁波干扰，更主要的是降低自身信号的对外干扰。把两根绝缘的铜导线按一定密度互相绞在一起，可以降低信号干扰的程度，每一根导线在传输中辐射的电波会被另一根线上发出的电波抵消。具体如图 3-5 所示。

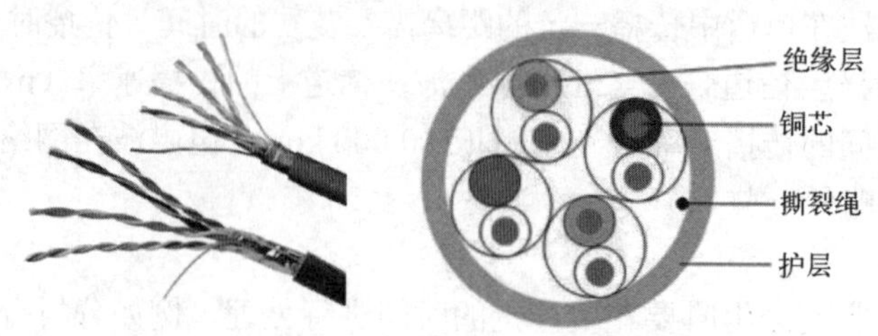

图 3-5 双绞线及超 5 类 4 对双绞线剖面图

双绞线在外界的干扰磁通中，每根导线均被感应出干扰电流，同一根导线在相邻两个环的两段上流过的感应电流大小相等，方向相反，因而被抵消，所以在导线中并没有被感应干扰电流。因此，双绞线对外界磁场干扰有很好的屏蔽作用。双绞线外加屏蔽可以克服双绞线易受静电感应的缺点，使信号线有很好的电磁屏蔽效果。双绞线分为屏蔽双绞线（shielded twisted pair，STP）与非屏蔽双绞线（unshielded twisted pair，UTP）。屏蔽双绞线在双绞线与外层绝缘封套之间有一个金属屏蔽层。屏蔽层可减少辐射，防止信息被窃听，也可阻止外部电磁干扰的进入，使屏蔽双绞线比同类的非屏蔽双绞线具有更高的传输速率。非屏蔽双绞线是一种数据传输线，由四对不同颜色的传输线所组成，广泛用于以太网络和电话线中。

双绞线常见的有 3 类线、5 类线和超 5 类线，以及最新的 6 类线。RJ-45 接头是每条双绞线两头通过安装 RJ-45 连接器（水晶头）与网卡和集线器（或交换机）相连。

双绞线制作标准有以下两种。

EIA/TIA 568A 标准：白绿 / 绿 / 白橙 / 蓝 / 白蓝 / 橙 / 白棕 / 棕（从左起）。

EIA/TIA 568B 标准：白橙 / 橙 / 白绿 / 蓝 / 白蓝 / 绿 / 白棕 / 棕（从左起）。

连接方法有以下两种。

直通线：双绞线两边都按照 EIA/TIA 568B 标准连接。

交叉线：双绞线一边是按照 EIA/TIA 568A 标准连接，另一边按照 EIT/TIA 568B 标准连接。如图 3-6 所示，双绞线的直通线用测线仪测试网线和水晶头连接正常。

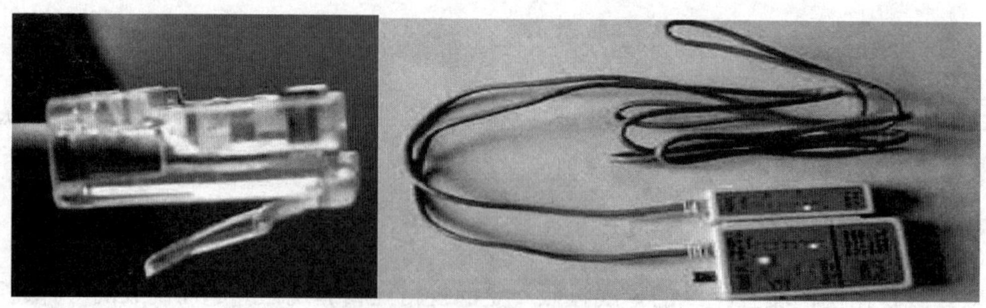

图 3-6 双绞线两头的 RJ-45 接头连接

（2）同轴电缆

同轴电缆是指有两个同心导体，而导体和屏蔽层又共用同一轴心的电缆。它也是局域网中最常见的传输介质之一。外层导体和中心轴铜线的圆心在同一个轴心上，所以叫作同轴电缆，如图 3-7 所示。同轴电缆之所以设计成这样，也是为了防止外部电磁波干扰信号的传递。

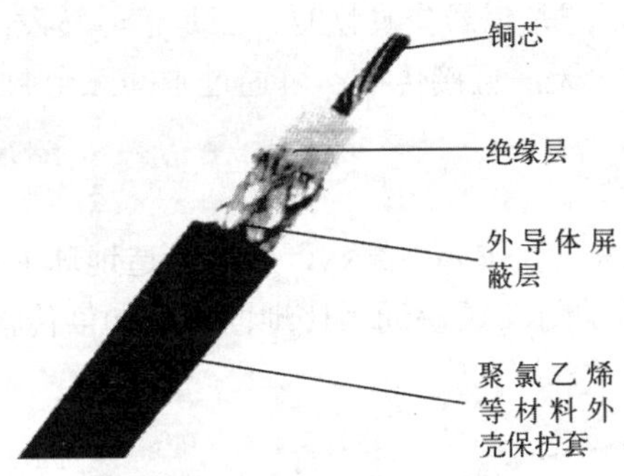

图 3-7　同轴电缆截面图

同轴电缆在用途上可分为基带同轴电缆和宽带同轴电缆（即网络同轴电缆和视频同轴电缆）。目前，同轴电缆大量被光纤取代，但仍广泛应用于有线电视和某些局域网。

由于同轴电缆中铜导线的外面具有多层保护层，所以同轴电缆具有很好的抗干扰性、传输距离比双绞线远，但同轴电缆的安装比较复杂，维护也不方便。

（3）光纤

光纤是光导纤维的简称，光纤是一种细小、柔韧并能传输光信号的介质，它利用光在玻璃或塑料制成的纤维中的全反射原理而达到传输信号的目的。通常光纤与光缆两个名词会被混淆。多数光纤在使用前必须由几层保护结构包覆，包覆后的缆线即被称为光缆，即一根光缆中包含有多条光纤，如图 3-8 所示。光纤外层的保护结构可防止周围环境对光纤的伤害，如水、火、电击等。光纤具有频带宽、损耗低、重量轻、抗干扰能力强、保真度高、工作性能可靠等优点。

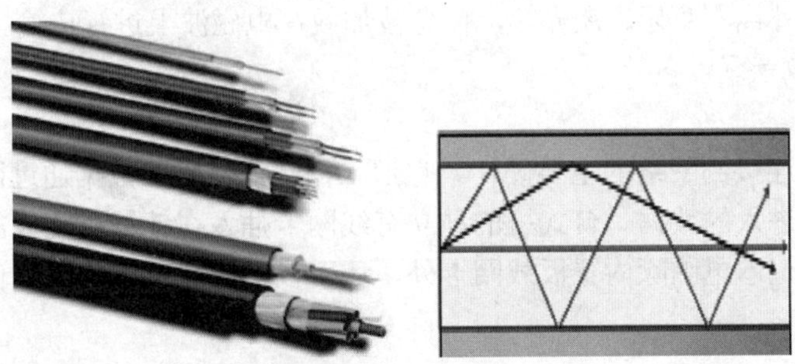

图 3-8　光纤和光纤原理

光缆传输时是利用发光二极管或激光二极管在通电后产生的光脉冲信号传输数据信息的，光缆分多模和单模两种。

多模光缆是由发光二极管 LED 驱动，由于 LED 不能紧密地集中光速，所以其发光是散的，在传输时需要较宽的传输路径，频率较低，传输距离也会受到限制。

单模光缆使用注入型激光二极管 ILD，由于 ILD 激光发光，光的发散特性很弱，即不会发散，所以传输距离比较远。

（4）地面微波通信

由于微波是以直线方式在大气中传播的，而地表面是曲面的，所以微波在地面上直接传输的距离不会大于 50 km，为了使其传输信号距离更远，需要在通信的两个端点设置中继站，中继站的功能一是信号放大，二是信号失真恢复，三是信号转发。如图 3-9（a）所示，A 传输塔要向 B 传输塔传输信号，无法直接传播，可通过中间三个微波传输塔转播，在这里，中间三个微波传输塔即中继站。

（5）卫星微波通信

卫星通信是利用人造地球卫星作为中继站，通过人造地球卫星转发微波信号，实现地面站之间的通信，如图 3-9（b）所示。卫星通信比地面微波通信传输容量和覆盖范围要广得多。

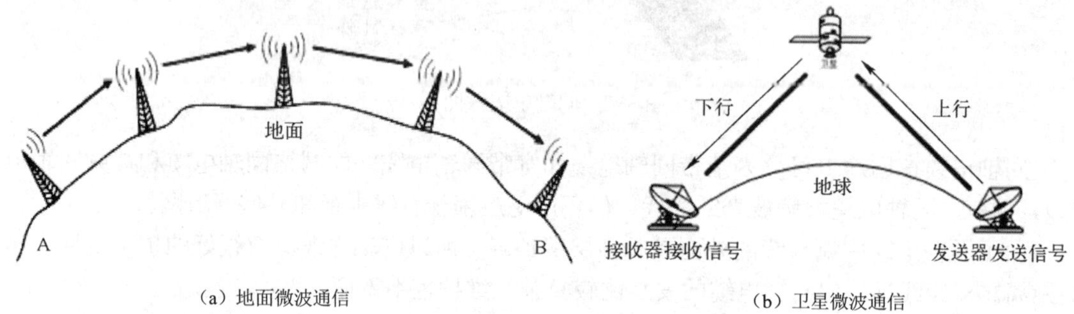

（a）地面微波通信　　（b）卫星微波通信

图 3-9　地面微波和卫星通信图

有线网络因其传输速率高，安全性较高，信号较稳定，辐射较小，广泛用于固定场所且要求网速较高的用户使用。但随着近年来可移动终端的普及，无线网的方便、可移动性、构建简单、有条理、只要能搜到无线信号即可上网的特点，越来越体现出其价值。与有线局域网相比较，无线局域网具有开发运营成本低，时间短，投资回报快，易扩展，受自然环境、地形及灾害影响小，组网灵活快捷等优点。在自由空间传输的电磁波根据频谱可将其分为无线电波、微波、红外线、蓝牙、激光等，信息被加载在电磁波上进行传输。

2）网络交换及互联设备

（1）网卡

网卡是计算机连接到网络的主要硬件。它把工作站计算机的数据通过网络送出，并且为工作站计算机收集进入的数据。台式机的独立有线网卡插入在计算机主板的一个扩展槽中。另外，台式机和笔记本电脑除内置板载网卡外，还可以配置一种接收无线信号的无线网卡，如图 3-10 所示。

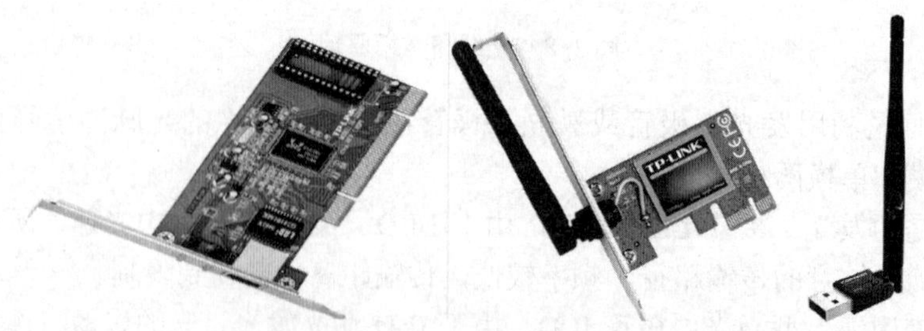

图 3-10　PCI 有线网卡、PCI-E 无线网卡和 USB 无线网卡

（2）中继器与集线器

中继器（repeater，RP）是连接网络线路的一种装置，常用于两个网络结点之间物理信号

的双向转发工作。中继器是最简单的网络互连设备，主要完成物理层的功能，负责在两个结点的物理层上按位传递信息，完成信号的复制、调整和放大功能，以此来延长网络的长度。由于存在损耗，在线路上传输的信号功率会逐渐衰减，衰减到一定程度时将造成信号失真，因此会导致接收错误。中继器就是为解决这一问题而设计的。它完成物理线路的连接，对衰减的信号进行放大，保持与原数据相同。

Hub 是“中心”的意思，集线器（hub）的主要功能是对接收到的信号进行再生整形放大，以扩大网络的传输距离，同时把所有结点集中在以它为中心的结点上。它工作于 OSI 参考模型的第一层，即“物理层”。集线器与网卡、网线等传输介质一样，属于局域网中的基础设备，采用 CSMA/CD 协议访问方式。中继器和集线器图如图 3-11 所示。

图 3-11　有线中继器、无线中继器和集线器

（3）网桥与交换机

网桥将两个相似的网络连接起来，并对网络数据的流通进行管理。它工作于数据链路层，不但能扩展网络的距离或范围，而且可提高网络的性能、可靠性和安全性。网络 1 和网络 2 通过网桥连接后，网桥接收网络 1 发送的数据包，检查数据包中的地址，如果地址属于网络 1，它就将其放弃，相反，如果是网络 2 的地址，它就继续发送给网络 2，这样可利用网桥隔离信息，将网络划分成多个网段，隔离出安全网段，防止其他网段内的用户非法访问。由于网络的分段，各网段相对独立，一个网段的故障不会影响到另一个网段的运行。

交换机是一种用于电信号转发的网络设备。它可以为接入交换机的任意两个网络结点提供独享的电信号通路。最常见的交换机是以太网交换机。其他常见的交换机还有电话语音交换机、光纤交换机等。网桥和交换机图如图 3-12 所示。

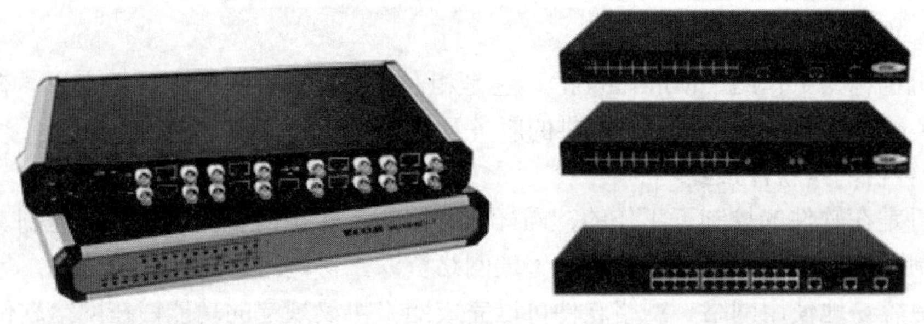

图 3-12　网桥和交换机

（4）路由器和网关

路由器（router）是连接因特网中不同类型网络的设备，它会根据信道的情况自动选择和设定路由，以最佳路径、按前后顺序发送信号的设备。路由器是互联网络的枢纽和“交通警察”。目前路由器已经广泛应用于各行各业，各种不同档次的产品已经成为实现各种骨干网内部连接、骨干网间互联和骨干网与互联网互联互通业务的主力军。

网关（gateway）又称网间连接器、协议转换器。网关在传输层上实现网络互连，是最复杂的网络互连设备，仅用于两个高层协议不同的网络互连。网关既可以用于广域网互连，也可以用于局域网互连。网关是一种充当转换重任的计算机系统或设备。在使用不同的通信协议、数据格式或语言，甚至体系结构完全不同的两种系统之间，网关是一个翻译器。与网桥只是简单地传达信息不同，网关对收到的信息要重新打包，以适应目的系统的需求。同时，网关也可以提供过滤和安全功能。大多数网关运行在 OSI 7 层协议的顶层——应用层。路由器和网关如图 3-13 所示。

（5）调制解调器（Modem）

调制解调器实际是 Modulator（调制器）与 Demodulator（解调器）的英文简称，计算机用户称之为“猫”。所谓调制，就是把数字信号转换成模拟信号；解调，即把模拟信号转换成数字信号，合称调制解调器。调制解调器是模拟信号和数字信号的“翻译员”。如图 3-14 所示。

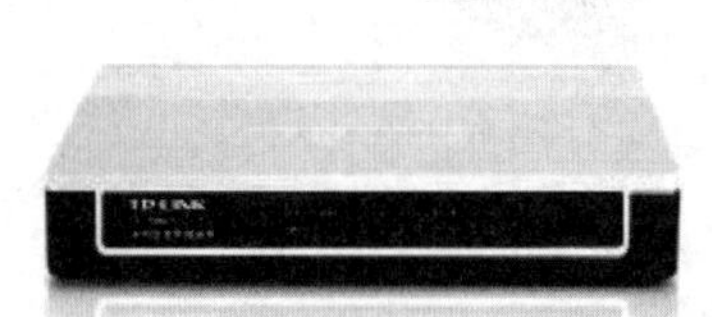

图 3-13 路由器和串口网关

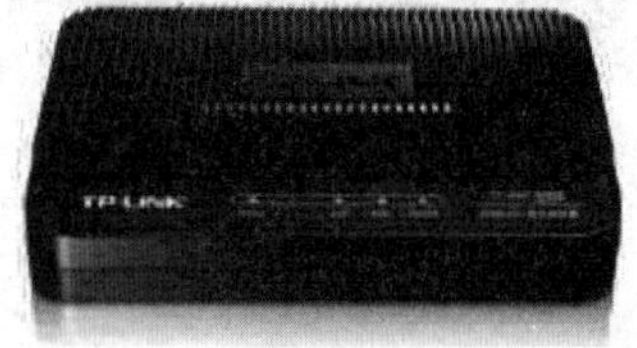

图 3-14 调制解调器

3）服务器与工作站

（1）服务器

服务器（server）通常分为文件服务器、数据库服务器和应用程序服务器。相对于普通 PC 来说，服务器在稳定性、安全性、性能等方面都要求更高，因此 CPU、芯片组、内存、磁盘系统、网络等硬件和普通 PC 有所不同。它是网络上一种为客户端计算机提供各种服务的高可用性计算机，它在网络操作系统的控制下，能够向网络用户提供非常丰富的网络服务，如文件服务、Web 服务、FTP 服务、E-mail 服务等。服务器能够提供的服务取决于其所安装的软件。

（2）客户机

客户机也称为工作站（workstation），它是相对服务器而存在的，一般来说，客户机通过登录到服务器，才能够接受服务器提供的服务及共享资源。

2．计算机网络软件系统

计算机是在软件的控制下工作的，同样，网络的工作也需要网络软件的控制。网络软件一方面控制网络的工作，控制、分配与管理网络资源，协调用户对网络的访问；另一方面则帮助用户更容易地使用网络。网络软件可以完成网络协议规定的功能，在网络软件中最重要的是网络操作系统（NOS），网络的性能和功能往往取决于网络操作系统。

网络操作系统是向网络计算机提供服务的特殊的操作系统，它在计算机操作系统下工作，使计算机操作系统增加了网络操作所需要的能力。

网络操作系统与运行在工作站上的单用户操作系统或多用户操作系统由于提供的服务类型不同而有差别。一般情况下，网络操作系统是以使网络相关特性达到最佳为目的的，如共享数据文件、软件应用，以及共享硬盘、打印机、调制解调器、扫描仪和传真机等。一般计算机的操作系统，如 DOS 和 OS/2 等，其目的是让用户与系统及在此操作系统上运行的各种应用之间的交互作用最佳。

常用网络操作系统有 Windows 操作系统、NetWare 操作系统、UNIX 操作系统、Linux 操作系统等。微软公司的 Windows 操作系统不仅在个人操作系统中占有绝对优势，它在网络操作系统中也具有非常强劲的力量。这类操作系统在整个局域网配置中是最常见的，但由于它对服务器的硬件要求较高，且稳定性能不是很高，所以微软的网络操作系统一般只用在中低档服务器中，高端服务器通常采用 UNIX、Linux 等非 Windows 操作系统。

NetWare 操作系统虽然远不如早几年那么风光，在局域网中失去了当年雄霸一方的气势，但仍以对网络硬件的要求较低（工作站只要是 286 机就可以了）而受到一些设备比较落后的中、小型企业，特别是学校的青睐。

UNIX 操作系统支持网络文件系统服务，提供数据等应用，功能强大。这种网络操作系统稳定，安全性能非常好，但由于它多数是以命令方式来进行操作的，不容易掌握，特别是对初级用户。正因如此，小型局域网基本不使用 UNIX 作为网络操作系统，一般用于大型的网站或大型的企事业单位局域网中。

Linux 操作系统是一种新型的网络操作系统，它最大的特点就是源代码开放，可以免费得到许多应用程序。Linux 操作系统的优势主要体现在它的安全性和稳定性方面，它与 UNIX 有许多类似之处。Linux 操作系统目前主要应用于中、高档服务器中。

网络操作系统使网络上各计算机能方便而有效地共享网络资源，为网络用户提供所需的各种服务的软件和有关规程的集合。网络操作系统与通常的操作系统有所不同，它除了具有通常操作系统应具有的处理机管理、存储器管理、设备管理和文件管理功能外，还具有高效、可靠的网络通信能力及提供多种网络服务的功能，如：远程作业录入并进行处理的服务功能，文件传输服务功能，电子邮件服务功能，远程打印服务功能。

3.1.6　家庭网络连接

家庭上网首先需要选择互联网服务供应商，目前国内选择较多的有中国电信宽带网、中国联通宽带网、中国移动宽带网等。家庭用户在购买宽带后，工作人员会在规定的时间内上门安装。光纤会接入到家庭光调制解调器（俗称光猫）中，通过光猫，用户可以直接连接一台计算机上网，也可以通过连接路由器后连接多台设备上网。下面详细阐述网络连接的过程。

1．硬件准备

安装网卡的计算机，光猫，路由器（无线路由器）和 EIA/TIA 568B 标准双绞线。

2．光猫直接连接计算机上网

（1）光猫接口连接

光猫与计算机连接时，先将光纤与光猫的 PON 口连接，再将双绞线与光猫的 LAN 口连接，光猫接口连接如图 3-15 所示。

图 3-15 光猫接口连接

（2）网卡接口连接

连接好光猫接口后，将双绞线与计算机网卡接口连接，网卡接口连接如图 3-16 所示。

图 3-16 网卡接口连接

（3）建立宽带连接

单击【开始】菜单，选择【控制面板】选项，在弹出的【控制面板】窗口中选择【网络和 Internet】下面的【网络和共享中心】选项，如图 3-17 所示。

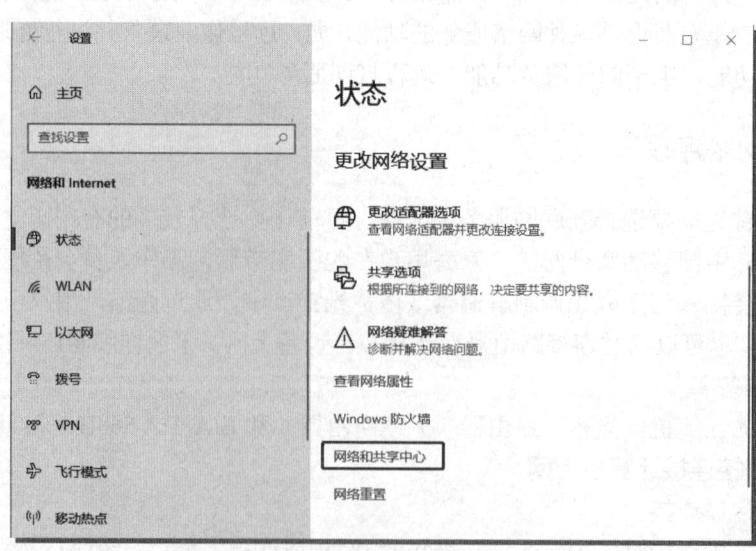

图 3-17 【网络和 Internet】窗口

进入【网络和共享中心】界面，如图 3-18 所示。

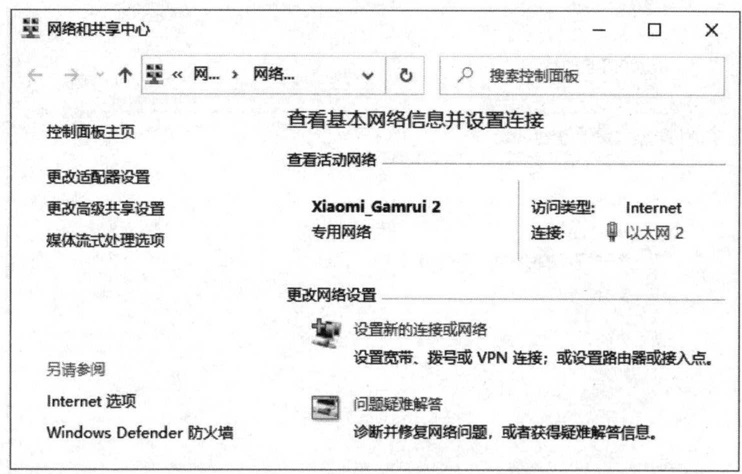

图 3-18 【网络和共享中心】界面

选择【设置新的连接或网络】选项，弹出【设置连接或网络】界面，如图 3-19 所示。

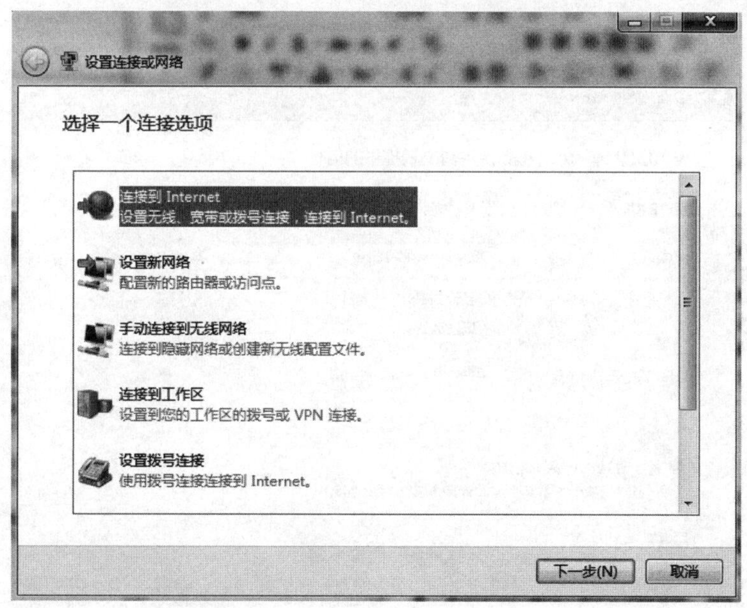

图 3-19 【设置连接或网络】界面

选择【连接到 Internet】选项后，单击【下一步】按钮，进入【连接到 Internet】界面，如图 3-20 所示。

选择【宽带（PPPoE)】选项，进入下一个界面，如图 3-21 所示。

在【用户名】和【密码】中输入运营商提供给的用户名及密码，并勾选【记住此密码】选项，以便下次连接时不用重新输入密码。单击【连接】按钮后稍等片刻，就可以连接到网络了。

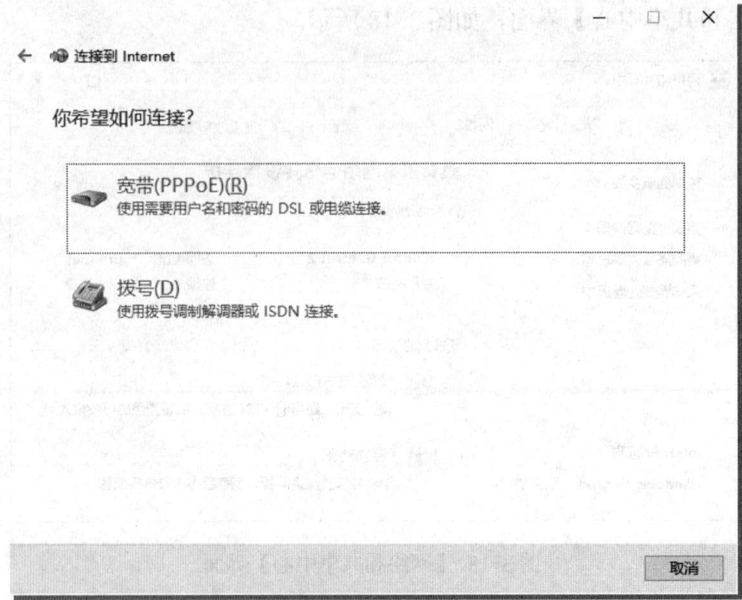

图 3-20 【连接到 Internet】界面 1

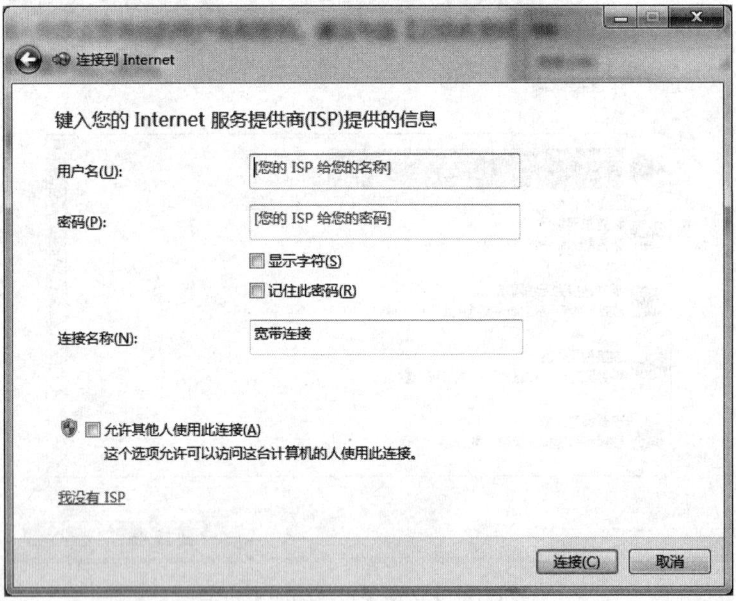

图 3-21 【连接到 Internet】界面 2

注：现在运营商为了简化用户上网操作流程，都会把用户名和密码写到光猫里。这样，如果只有一台计算机需要上网，只需用双绞线连接光猫与计算机，并把 IP 地址设置为自动获取即可上网，无需再建立宽带连接。

3．通过路由器上网

（1）有线连接

将光猫的 LAN 口与路由器的 WAN 口相连，路由器接口连接如图 3-22 所示。

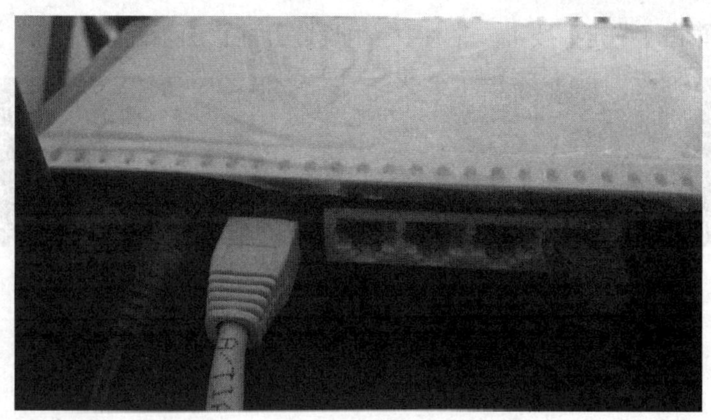

图 3-22　路由器接口连接

用另一根双绞线将路由器的任意 LAN 口与需要上网的计算机网卡接口相连即可上网。

（2）无线连接

无线路由器的配置方法可参照产品说明书，这里以小米路由器为例，介绍无线路由器的配置方法。

首先打开浏览器，输入路由器配置地址（初始地址、账号和密码见路由器背面铭牌），这里输入 192.168.211.211，然后按 Enter 键，显示路由器登录界面，如图 3-23 所示。

图 3-23　路由器登录界面

输入密码，单击【确定】按钮，进入【常用设置】的【上网设置】界面，如图 3-24 所示。

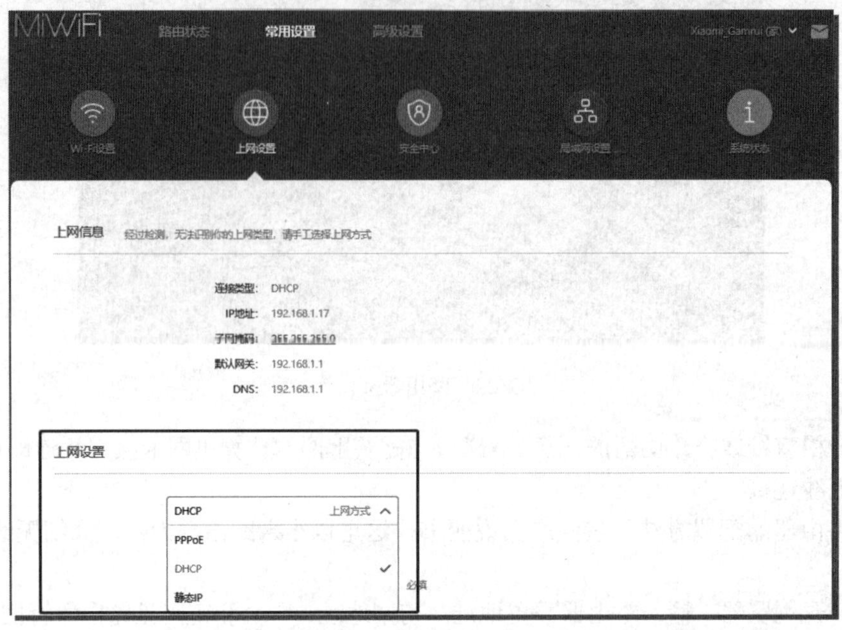

图 3-24 【上网设置】界面

这里选择上网方式为 DHCP，然后切换到【Wi-Fi 设置】界面，设置自己无线上网所需的热点名称和密码，单击【确定】按钮即可，如图 3-25 所示。

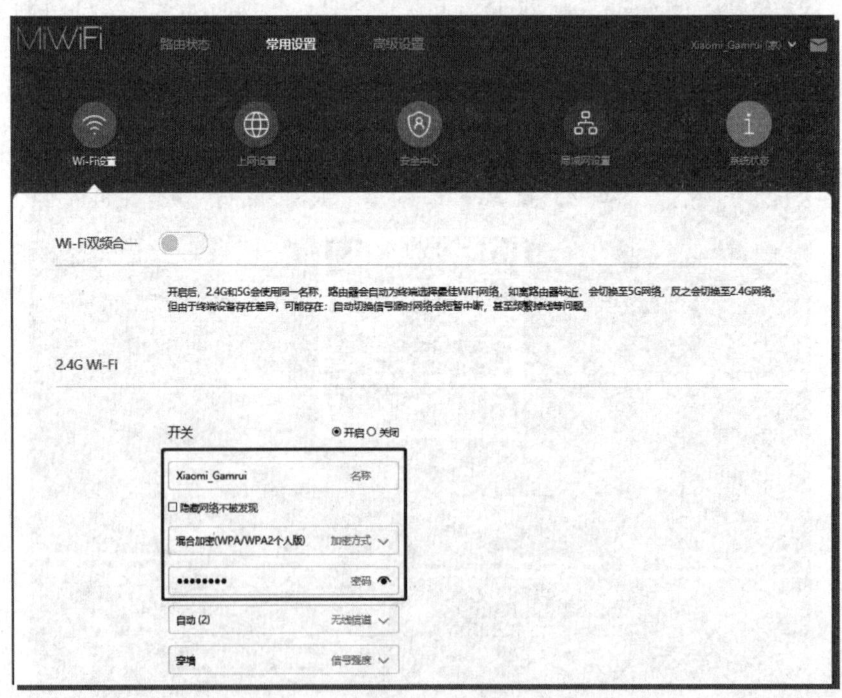

图 3-25 【Wi-Fi 设置】界面

一般在第一次使用时，现在常见的路由器都会自动开启设置向导，按照提示操作，配置好路由器后，有线连接可以直接上网，无线连接在路由器中设置无线密码即可。

3.1.7　小型办公网络的建立

首先我们将硬件设备通过网线或无线方式进行连接。如果采用的网络设备为交换机或集线器，则需要配置 TCP/IP 协议，如果采用的是路由器，IP 地址可以自动分配，则不需配置。

1．配置 TCP/IP 协议

单击【开始】按钮，选择【控制面板】选项，在弹出的【控制面板】窗口中选择【网络和 Internet】下面的【更改适配器设置】选项，进入网络连接界面。在界面中右击【本地连接】图标选择【属性】命令，打开【本地连接属性】对话框，如图 3-26 所示。

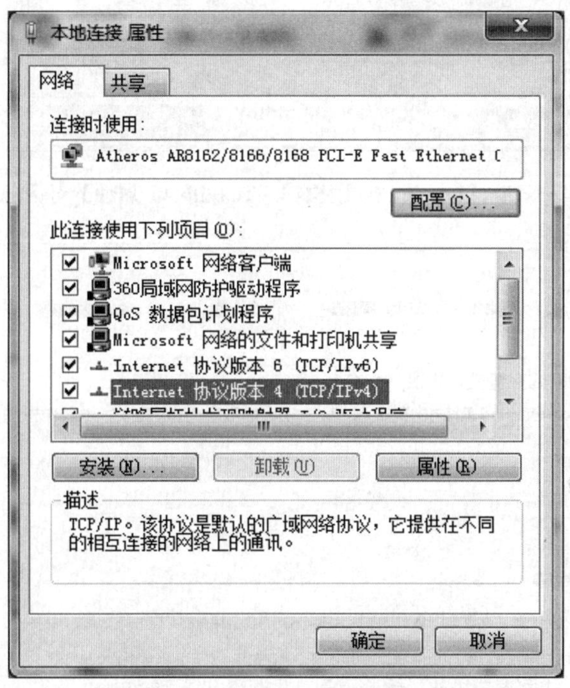

图 3-26　【本地连接属性】对话框

双击【此连接使用下列项目】列表框中【Internet 协议版本 4（TCP/IPv4）】选项，弹出【Internet 协议版本 4（TCP/IPv4）属性】对话框，如图 3-27 所示。选中【使用下面的 IP 地址】单选按钮，输入 IP 地址、子网掩码、默认网关等信息，如需上网，则选中【使用下面的 DNS 服务器地址】单选按钮，输入运营商提供的首选 DNS 服务器及备用 DNS 服务器地址，单击【确定】按钮即可。注意：在一个网络中，IP 地址不允许重复。

2．局域网文件夹共享

单击【开始】菜单，选择【控制面板】选项，在弹出的【控制面板】窗口中选择【网络和 Internet】下面的【网络和共享中心】，单击【更改高级共享设置】选项，进入【高级共享设置】界面，如图 3-28 所示。

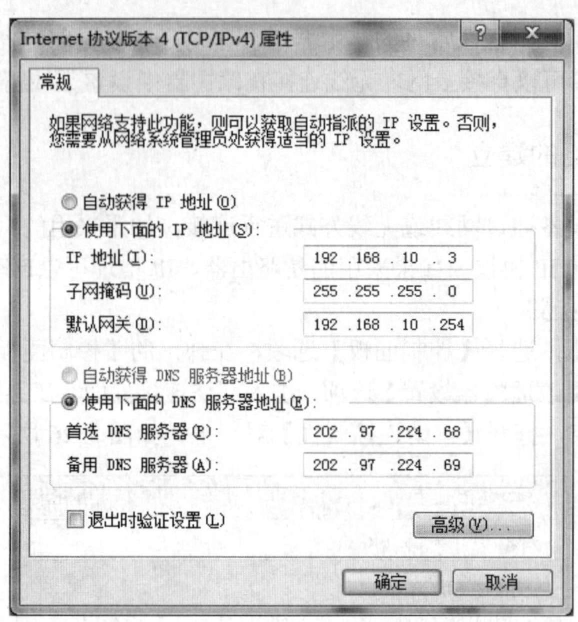

图 3-27 【Internet 协议版本 4（TCP/IPv4）属性】对话框

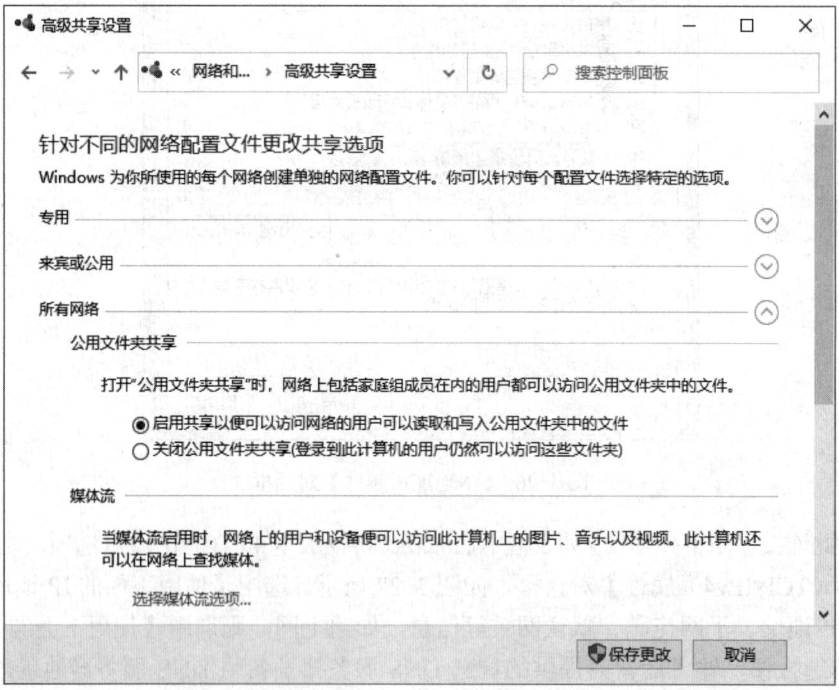

图 3-28 【高级共享设置】界面

按需求配置好后，单击【保存更改】按钮即可。

选择需要共享的文件夹，单击右键，选择【属性】命令，弹出【常用软件备份属性】对话框，如图 3-29 所示。选择【共享】选项卡。

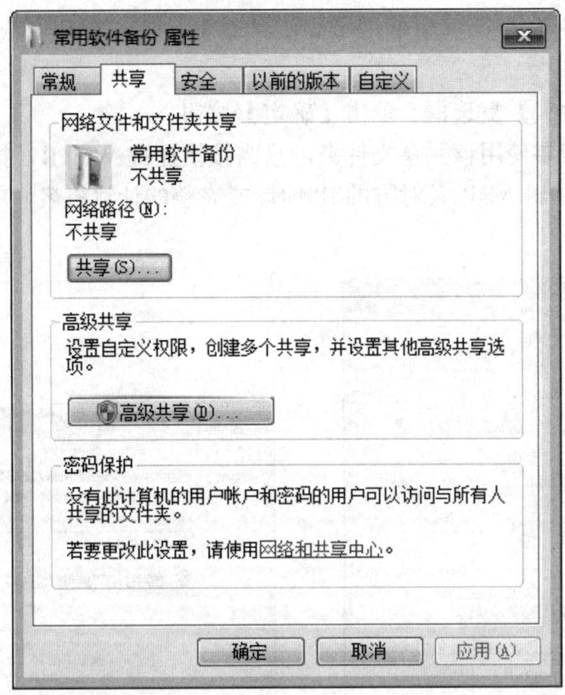

图 3-29　【常用软件备份属性】对话框

单击【共享】按钮，弹出【网络访问】对话框，如图 3-30 所示。

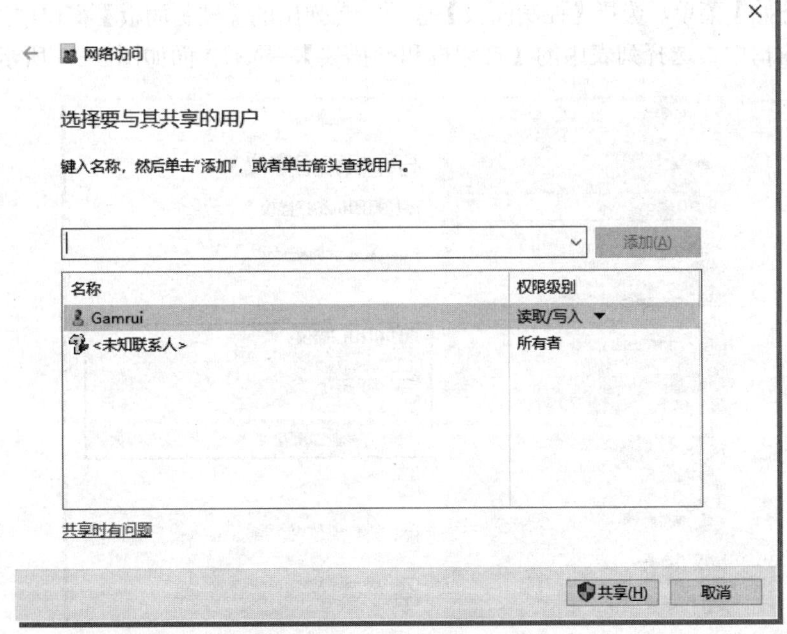

图 3-30　【网络访问】对话框

为了降低权限，便于用户访问，这里从【选择要与其共享的用户】下拉列表中选择【Guest】，单击【添加】按钮，添加到下面的列表框中。单击【共享】按钮，配置后，单击【完成】按钮。

在【常用软件备份】对话框中单击【高级共享】按钮，弹出【高级共享】对话框，如图 3-31 所示。

选中【共享此文件夹】复选框，单击【确定】按钮。

其他计算机用户若要使用该共享文件夹，只需按快捷键 Win+R，打开【运行】对话框，如图 3-32 所示。在其中输入\\以及对方的 IP 地址或完整的计算机名，单击【确定】按钮，即可看到共享的文件夹。

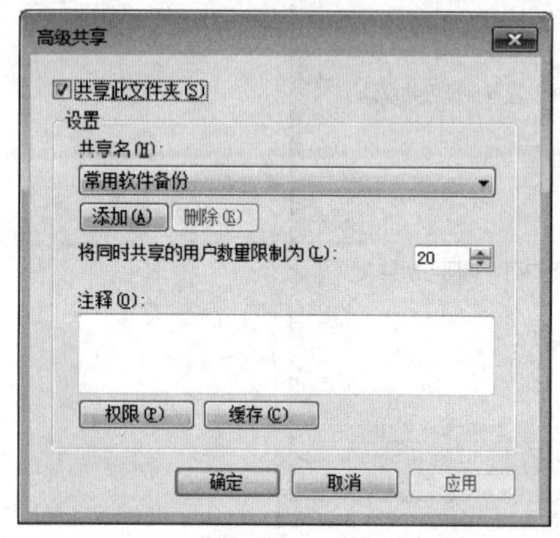

图 3-31 【高级共享】对话框

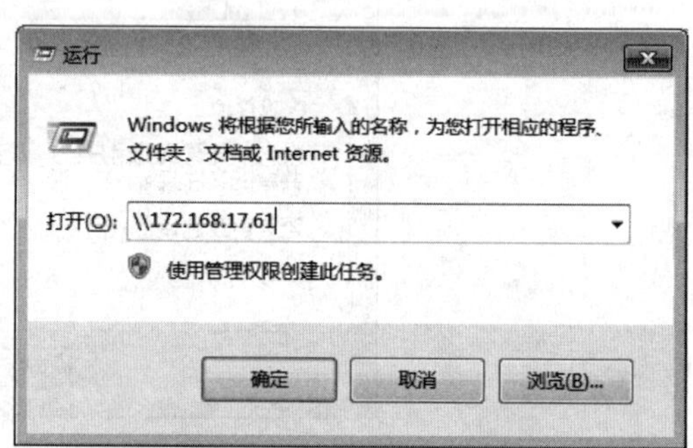

图 3-32 【运行】对话框

3. 局域网打印机共享

单击【开始】菜单，选择【控制面板】选项，在弹出的【控制面板】窗口中选择【设备】，在【设置】窗口中，选择列表中的【打印机和扫描仪】，显示界面如图 3-33 所示。

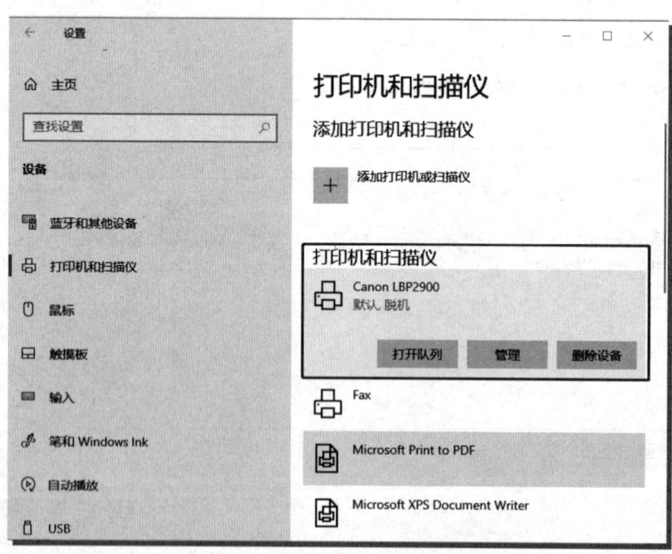

图 3-33 【打印机和扫描仪】窗口

单击所用打印机选项下方的【管理】按钮，启动打印机【设置】界面，如图 3-34 所示。

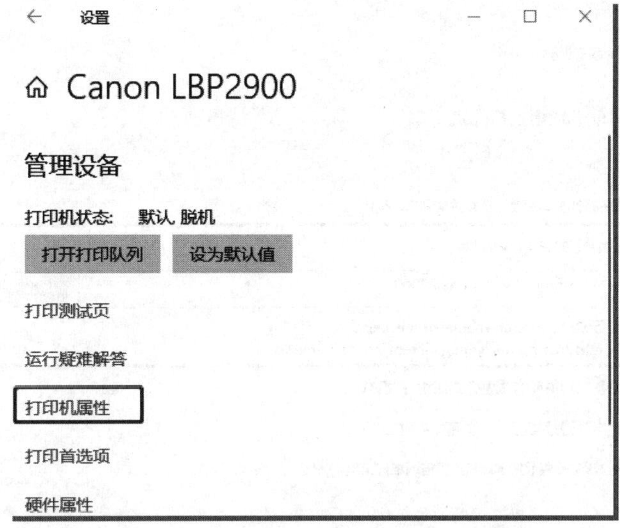

图 3-34　打印机【设置】界面

单击【打印机属性】，打开对应打印机的属性对话框，如图 3-35 所示，并选中【共享这台打印机】复选框。

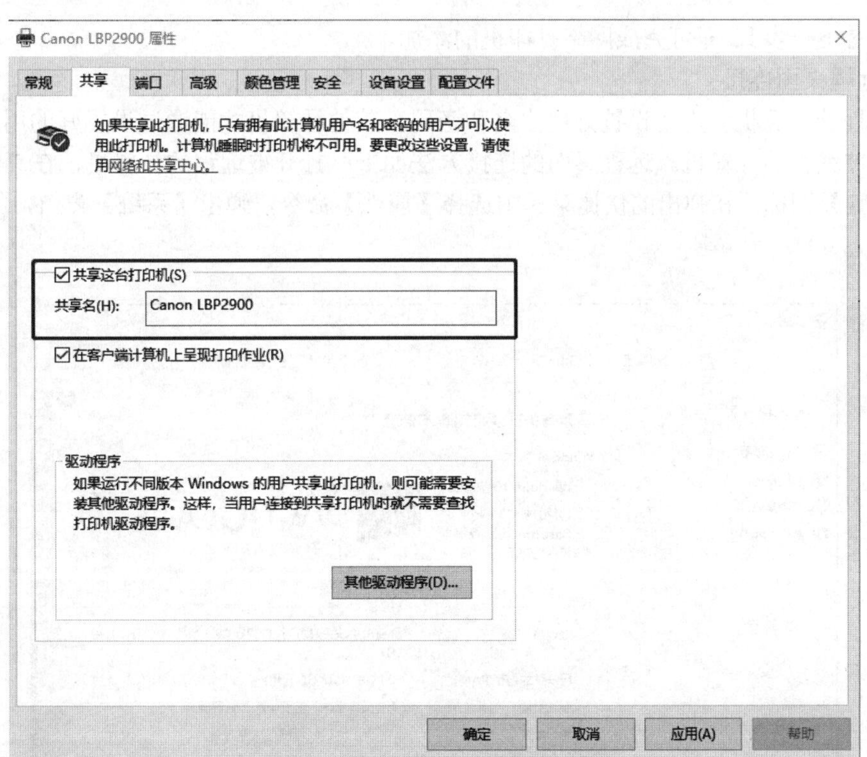

图 3-35　【打印机属性】对话框

在需要添加网络打印机的计算机上打开【打印机和扫描仪】窗口，单击【添加打印机或扫描仪】打开【添加打印机】对话框，并输入或选择已经开启共享的打印机，如图 3-36 所示。

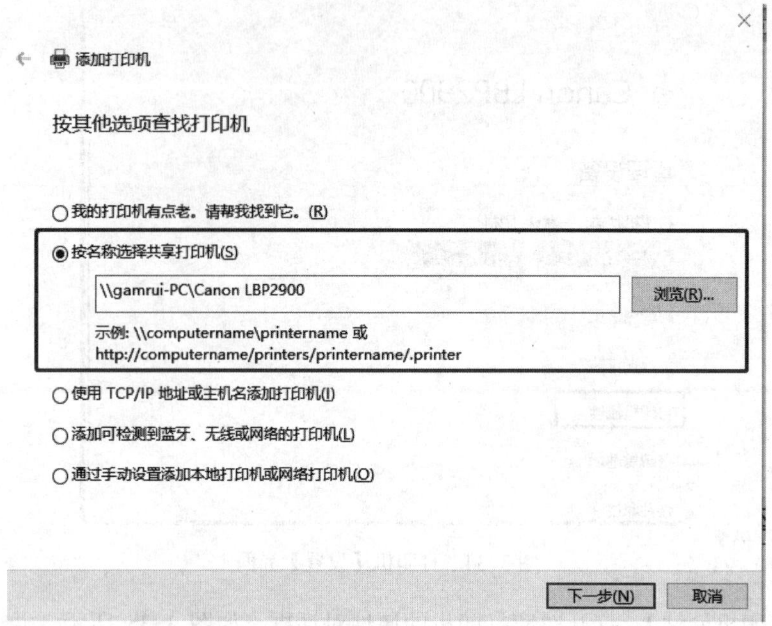

图 3-36 【添加打印机】对话框

单击【下一步】，即可完成网络打印机的添加。

4．远程桌面连接

被远程的计算机首先要设置好用户名和密码，其他计算机才能通过设置好的用户名和密码登录到被远程的计算机。远程桌面的连接方法如下：打开被远程的计算机，在桌面上，右键【此电脑】图标，在弹出的快捷菜单中选择【属性】命令，弹出【系统】窗口，如图 3-37 所示。

图 3-37 【系统】窗口

单击【远程设置】选项，弹出【系统属性】对话框，如图 3-38 所示。

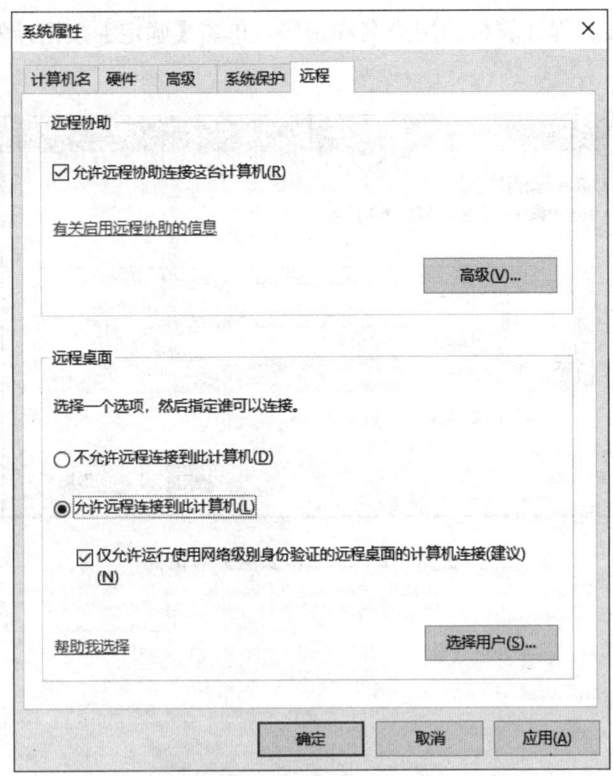

图 3-38 【系统属性】对话框

在【远程桌面】分组中选择【允许远程连接到此计算机】选项，也可以单击【选择用户】按钮选择可以远程访问的用户并添加，如果不选择用户，则只有本计算机的管理员有权利远程访问这台计算机。

打开远程控制计算机，单击【开始】→【所有程序】→【Windows 附件】→【远程桌面连接】命令，弹出【远程桌面连接】对话框，如图 3-39 所示。

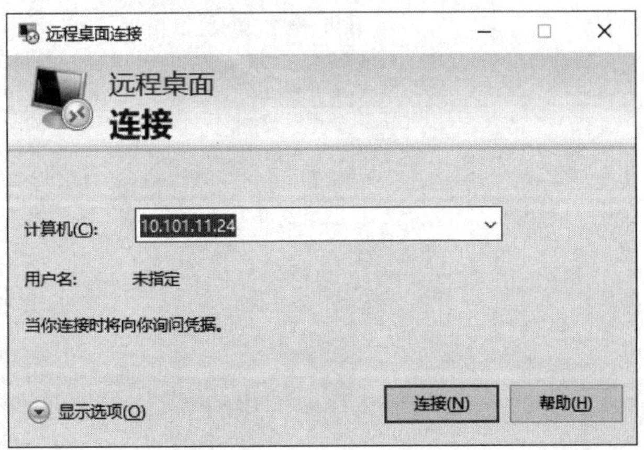

图 3-39 【远程桌面连接】对话框

输入被远程的计算机的 IP 地址，单击【连接】按钮。弹出【Windows 安全】对话框，如

图 3-40 所示，输入被远程计算机的用户名和密码，单击【确定】按钮，就可以连接到对方的桌面了。

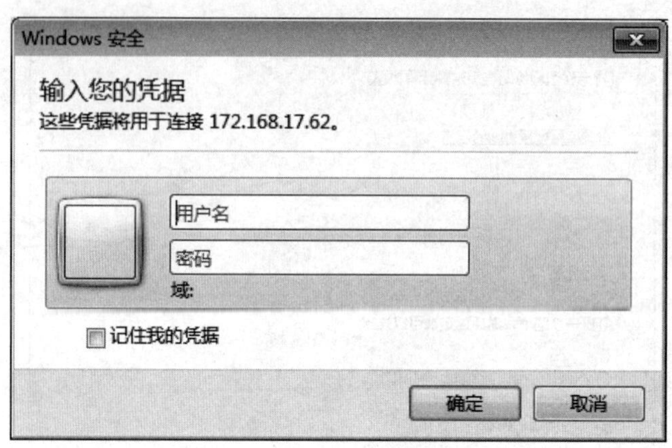

图 3-40 【Windows 安全】对话框

评价单

<table>
<tr><td>项目名称</td><td colspan="3"></td><td>完成日期</td><td></td></tr>
<tr><td>班级</td><td></td><td>小组</td><td></td><td>姓名</td><td></td></tr>
<tr><td>学号</td><td colspan="3"></td><td>组长签字</td><td></td></tr>
<tr><td colspan="2">评价项点</td><td colspan="2">分值</td><td>学生评价</td><td>教师评价</td></tr>
<tr><td colspan="2">写出常见的网络接入方式</td><td colspan="2">10</td><td></td><td></td></tr>
<tr><td colspan="2">写出办公和学习中常用的网址</td><td colspan="2">10</td><td></td><td></td></tr>
<tr><td colspan="2">正确写出所有传输介质名称</td><td colspan="2">15</td><td></td><td></td></tr>
<tr><td colspan="2">正确写出所用到的传输介质</td><td colspan="2">15</td><td></td><td></td></tr>
<tr><td colspan="2">正确写出所用的拓扑结构类型</td><td colspan="2">15</td><td></td><td></td></tr>
<tr><td colspan="2">正确写出所用到的网络设备</td><td colspan="2">15</td><td></td><td></td></tr>
<tr><td colspan="2">诚信、敬业情况</td><td colspan="2">10</td><td></td><td></td></tr>
<tr><td colspan="2">与团队成员团结和谐情况</td><td colspan="2">10</td><td></td><td></td></tr>
<tr><td colspan="2">总分</td><td colspan="2">100</td><td></td><td></td></tr>
<tr><td>学生得分</td><td colspan="5"></td></tr>
<tr><td>自我总结</td><td colspan="5"></td></tr>
<tr><td>教师评语</td><td colspan="5"></td></tr>
</table>

知识点强化与巩固

一、填空题

1．路由器的作用是实现 OSI 参考模型中（　　　）层的数据交换。

2．从用户角度或者逻辑功能上可把计算机网络划分为通信子网和（　　　）。

3．计算机网络最主要的功能是（　　　）。

二、选择题

1．计算机网络的功能主要体现在信息交换、资源共享和（　　）三个方面。

A．网络硬件　B．网络软件　C．分布式处理　D．网络操作系统

2．计算机网络是按照（　　）相互通信的。

A．信息交换方式　B．传输装置　C．网络协议　D．分类标准

3．计算机网络最突出的优点是（　　）。

A．精度高　B．内存容量大　C．运算速度快　D．共享资源

4．目前网络传输介质中传输速率最高的是（　　）。

A．双绞线　B．同轴电缆　C．光纤　D．电话线

5．为了能在网络上正确地传送信息，制定了一整套关于传输顺序、格式、内容和方式的约定，称之为（　　）。

A．OSI 参数模型　B．网络操作系统　C．通信协议　D．网络通信软件

6．调制解调器（Modem）的作用是（　　）。

A．将计算机的数字信号转换成模拟信号，以便发送

B．将计算机的模拟信号转换成数字信号，以便接收

C．将计算机的数字信号与模拟信号互相转换，以便传输

D．为了上网与接电话两不误

7．根据计算机网络覆盖地理范围的大小，网络可分为局域网和（　　）。

A．WAN　B．NOVELL　C．互联网　D．INTERNET

8．拨号上网的硬件中除了计算机和电话线外还必须有（　　）。

A．鼠标　B．键盘　C．调制解调器　D．拨号连接

9．有线传输介质中传输速率最快的是（　　）。

A．双绞线　B．同轴电缆　C．光纤　D．卫星

10．在计算机网络术语中，LAN 的中文含义是（　　）。

A．以太网　B．互联网　C．局域网　D．广域网

11．网络中各结点的互联方式叫作网络的（　　）。

A．拓扑结构　B．协议　C．分层结构　D．分组结构

12．Internet 是全球性的、最具有影响的计算机互联网络，它的前身就是（　　）。

A．Ethernet　B．Novell　C．ISDN　D．ARPANET

13．计算机网络按地址范围可划分为局域网和广域网，下列选项中（　　）属于局域网。

A．PSDN　B．Ethernet　C．China DDN　D．China PAC

14．Internet 实现了分布在世界各地的各类网络的互联，其最基础和核心的协议是（　　）。

A．TCP/IP　　B．FTP　　C．HTML　　D．HTTP

15．网卡是构成网络的基本部件，网卡一方面连接局域网中的计算机，另一方面连接局域网中的（　　）。

A．服务器　　B．工作站　　C．传输介质　　D．主机板

16．在 OSI 的 7 层参考模型中，主要功能是在通信子网中进行路由选择的层次是（　　）。

A．数据链路层　　B．网络层　　C．传输层　　D．表示层

17．在网络数据通信中，实现数字信号与模拟信号转换的网络设备被称为（　　）。

A．网桥　　B．路由器　　C．调制解调器　　D．编码解码器

三、判断题

1．计算机网络按通信距离分局域网和广域网两种，Internet 是一种局域网。（　　）

2．计算机网络能够实现资源共享。（　　）

3．通常所说的 OSI 模型分为 6 层。（　　）

4．在计算机网络中，通常把提供并管理共享资源的计算机称为网关。（　　）

5．局域网常用传输媒体有双绞线、同轴电缆、光纤三种，其中传输速率最快的是光纤。（　　）

项目二 浏览器及电子邮件

知识点提要

1. 浏览器的使用
2. 浏览器的设置
3. 网络邮箱的申请
4. 收发电子邮件

任务单

任 务 名 称	企业日常网络信息处理	学　　时	4 学时
知 识 目 标	1．掌握 IE 浏览器的使用及设置。 2．掌握申请邮箱及收发电子邮件的方法。		
能 力 目 标	1．能够结合工作需求，按照要求完成网页的浏览、浏览器的配置、收发电子邮件，培养学生动手及操作能力。 2．引导学生总结归纳整理网页、搜索、整理邮件，培养学生分析问题及总结归纳的能力。		
素 质 目 标	1．培养学生志存高远、脚踏实地，不畏艰难险阻，勇担时代使命的精神。 2．培养学生社会责任感，学习先进人物爱岗敬业、无私奉献的精神。 3．通过对学生分组教学及训练，让学生能够做到相互合作、互相尊重、有效沟通、公正评价、学习有序、物品整洁、垃圾分类，培养学生文明、平等、公正、诚信、友善的品质。		
任 务 描 述	作为一名车辆段员工，进行相应的网络办公，任务如下。 您接到工作要求，搜索最美铁路人的相关事迹，下载相关人物的照片，在相关网页中添加笔记，截图保存，并将相关网址收藏在最美铁路人文件夹中。申请一个免费邮箱，将您收集到的素材及您的感想以邮件的形式发送给工会指定邮箱 tlgh@163.com。 思考及讨论的问题： 1．如何使用搜索引擎搜索？ 2．如何下载素材？如何整理素材？如何使素材效果美观？ 3．如何整理收藏夹？ 4．邮件如何命名？如何发送邮件？		
任 务 要 求	1．仔细阅读任务描述中的要求，认真完成任务。 2．小组间可以讨论交流操作方法。		

资料卡及实例

3.2 浏览器

浏览器是用来检索、展示及传递 Web 信息资源的应用程序。目前主流的浏览器很多，包括微软的 IE 浏览器、Google 的 Chrome 浏览器、Apple 的 Safari 浏览器及 Firefox 浏览器等。其中，Edge 浏览器是微软官方旗下的 Web 浏览器，于 2015 年宣布其应用于最新操作系统 Windows 10 中。Edge 浏览器的一些功能细节包括：支持内置Cortana（微软小娜）语音功能；内置了阅读器、笔记和分享功能；设计注重实用和极简主义。无论是搜索信息还是浏览喜爱的网站，Microsoft Edge 浏览器都将能帮助用户从万维网上轻松获取丰富的信息。

3.2.1 打开 Microsoft Edge 浏览器

在【开始】菜单的右侧单击【Microsoft Edge】。

打开 Microsoft Edge 浏览器，如图 3-41 所示。

图 3-41 【Microsoft Edge 浏览器】窗口

3.2.2 使用地址栏访问网址

图 3-41 中显示百度网址的地方就是地址栏，可以在地址栏输入网址后回车，就可以链接到需要的网址了。地址栏前面有四个按钮，前进与后退按钮适用于在同一网页窗口中浏览网页情况，单击地址栏前面的后退按钮←可返回到前一个访问的网址，单击前进按钮→可以查看已经后退的前面一个页面，如果网页长时间无响应，可以单击刷新按钮↻，若要回到主页单击主页按钮⌂。

3.2.3 阅读视图

单击地址栏后的【阅读视图】按钮📖，会把页面变成简单的仅有文字和图片的适合阅读的界面。在阅读视图中单击会出现对应的设置工具栏如图 3-42 所示。

图 3-42 【阅读视图工具栏】

单击【文本选择】按钮，弹出如图 3-43 所示的列表，在其中可以设置文本大小及页面主题。

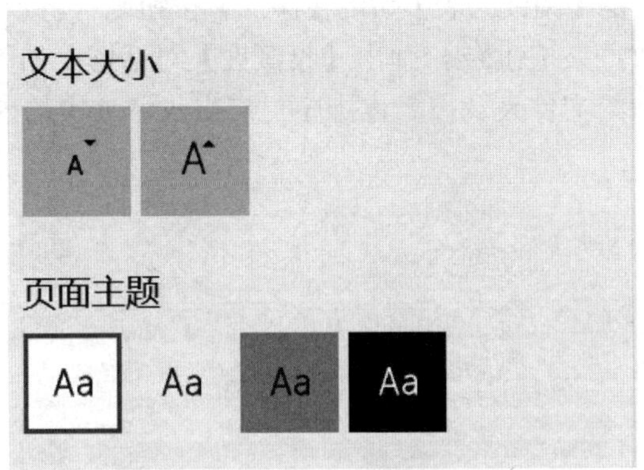

图 3-43　文本选择列表

单击【朗读此页内容】按钮，可以朗读当前页内容，同时弹出如图 3-44 所示的工具栏，单击暂停按钮 ⏸ 会暂停语音，同时按钮变成播放按钮 ▷，单击上一段落按钮 ⏮，可跳转到上一段朗读，单击下一段落按钮 ⏭，可跳转到下一段朗读。单击语音设置按钮，弹出如图 3-45 所示的语音设置列表，可以设置播放的速度，选择语音。

图 3-44　朗读此页内容工具栏

图 3-45 【语音设置】列表

单击【学习工具】按钮，可以设置【文本选择】【语法工具】【阅读偏好】。

单击【打印】按钮，弹出【打印】对话框，进行打印选项的设置。

单击【全屏】按钮，实现全屏阅读。

3.2.4 收藏夹或阅读列表

若想把当前网页添加到收藏夹或阅读列表，可以单击地址栏中网址后的“添加到收藏夹或阅读列表”按钮，在弹出的列表中选择【收藏夹】后单击【添加】按钮可将当前网页添加到收藏夹，如果选择的是【阅读列表】后的【添加】按钮则可将当前网页添加到阅读列表。

单击地址栏后面的收藏夹按钮，弹出【收藏夹】对话框，如图 3-46 所示。在对话框空白处右键，可以创建新的文件夹及按名称排序，右击收藏夹中的内容，可以进行在新标签页打开、重命名的操作。

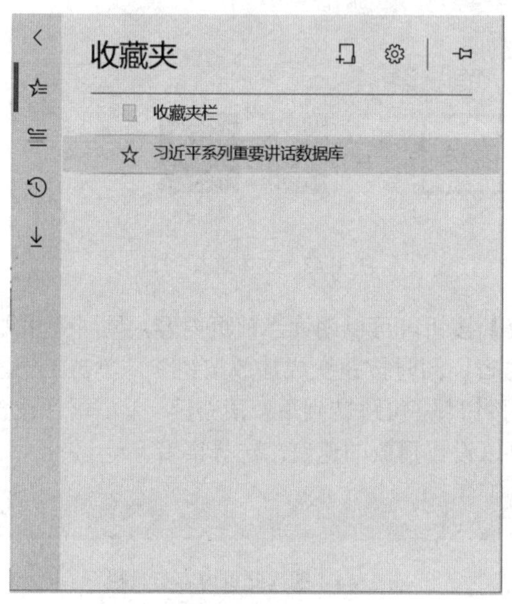

图 3-46 【收藏夹】对话框

单击阅读列表按钮可以完成在新标签页中打开及删除操作。

单击历史记录按钮可以完成清除历史记录、在新标签页中打开、删除等操作。

单击下载按钮可以打开下载文件所在的文件夹、查看下载内容。

3.2.5 添加备注

单击地址栏后面的添加备注按钮，会弹出图 3-47 所示的工具栏。

图 3-47 添加备注工具栏

单击圆珠笔按钮，可以选择笔的颜色、大小，并在网页中书写。单击荧光笔按钮，可以选择笔的颜色、大小，并在网页中进行标注。单击橡皮擦按钮，可在网页中单击擦除用圆珠笔或荧光笔所作的墨迹，也可从下拉列表中选择【擦除所有墨迹】命令。单击“添加笔记”按钮，在网页中单击会弹出带有序号的文本框直接输入文本，单击右下角的删除按钮，可以删除该文本框。单击剪辑按钮，选择一个要截图的区域后，将其粘贴到画图等应用程序中进行使用。单击触摸写入按钮可以利用触摸屏输入内容。单击保存 Web 笔记按钮，可将其保存到 OneNote、收藏夹、阅读列表中。单击共享 Web 笔记按钮可以共享给联系人或其他应用中。

3.2.6　设置

单击地址栏后面的“设置及其他”按钮 …，在下拉列表中选择【设置】命令，弹出【设置】对话框，如图 3-48 所示。

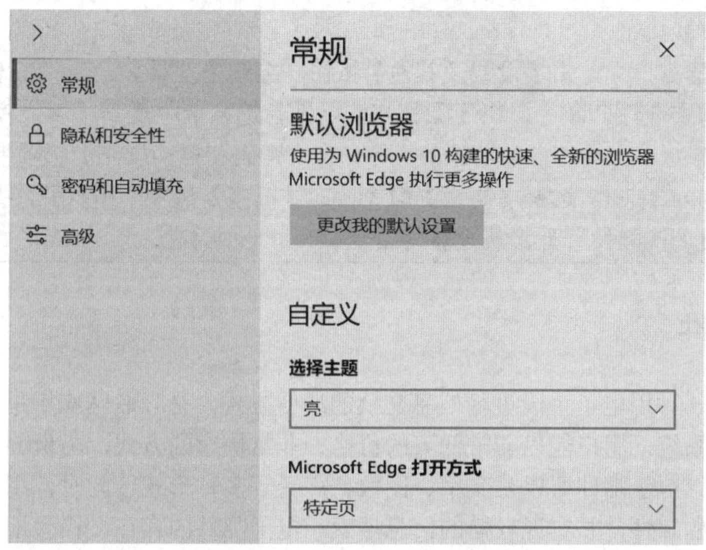

图 3-48　【设置】对话框

选择【常规】命令，在【常规】选项卡中可以更改我的默认设置、选择主题、选择 Microsoft Edge 打开方式、是否显示收藏夹栏、是否显示主页按钮等设置。选择【隐私和安全性】命令，在【隐私和安全性】选项卡中可以清除浏览数据、是否阻止 Cookie、是否开启媒体许可、发送“禁止跟踪”请求、显示搜索和站点建议、显示搜索历史记录、阻止弹出窗口等设置。选择【密码和自动填充】命令，在【密码和自动填充】选项卡中可以进行是否保存密码、保存表单数据、保存卡片的设置。选择【高级】命令，在【高级】选项卡中可以进行是否使用 Adobe Flash Player、是否允许媒体自动播放、网址权限管理、代理、应用程序是否打开站点等设置。

实例 1：按下列要求完成网页操作及设置。

1. 在“收藏夹”中新建一个文件夹“邮箱”，并将“网易免费邮箱”网页添加到该文件夹中，名称为“网易邮箱”。

2. 将人民网添加到阅读列表中，搜索“习近平回信寄语广大高校毕业生”内容，并选择阅读视图进行阅读，阅读后添加笔记写出自己的感想，之后截图保存。

3. 将阻止弹出窗口打开，保存密码关闭，自动检测代理服务器的设置。

操作方法：

1．打开网易免费邮箱网页，单击浏览器窗口中的【收藏夹】按钮，在【收藏夹】选项卡中右击选择【创建新的文件夹】命令，输入文件夹名为“邮箱”。单击【添加到收藏夹或阅读列表】按钮，选择【收藏夹】选项卡，在【保存位置】下拉列表中选择【邮箱】，单击【添加】按钮。

2．打开人民网，选择【习近平系列重要讲话数据库】，在【标题】后输入“习近平回信寄语广大高校毕业生”单击【搜索】按钮，在搜索结果处选择“习近平回信寄语广大高校毕业生”，在浏览器窗口中单击【阅读视图】按钮，进行阅读，单击【添加备注】按钮，选择【添加笔记】命令，输入自己的感想，单击【剪辑】按钮，选择要复制的区域，之后粘贴到画图中，在画图中选择【文件】下的【另存为】命令，选择保存的位置，输入文件名，单击【保存】按钮。

3．在浏览器窗口中单击【设置及其他】按钮，选择【设置】命令，在【设置】对话框中选择【隐私和安全性】命令，在【隐私和安全性】选项卡中找到【阻止弹出窗口】将其设置为【开】，选择【密码和自动填充】命令，在【密码和自动填充】选项卡中找到【保存密码】将其设置为【关】，选择【高级】命令，在【高级】选项卡中找到【打开代理设置】命令，找到【自动检测设置】将其设置为【开】。

3.3 电子邮件

电子邮件是一种用电子手段进行信息交换的通信方式，是互联网应用最广的服务。通过网络的电子邮件系统，用户能以非常低廉的价格、非常快速的方式，与世界上任何一个角落的网络用户联系。电子邮件可以是文字、图像、声音等多种形式。同时，用户可以得到大量免费的新闻、专题邮件，并实现轻松的信息搜索。电子邮件的存在，极大地方便了人与人之间的沟通与交流，促进了社会的发展。

3.3.1 电子邮件的发送和接收原理

SMTP 是维护传输秩序、规定邮件服务器之间可以进行哪些工作的协议，它的目标是可靠、高效地传送电子邮件。SMTP 独立于传送子系统，并且能够接力传送邮件。

SMTP 基于以下的通信模型：根据用户的邮件请求，发送方 SMTP 建立与接收方 SMTP 之间的双向通道。接收方 SMTP 可以是最终接收者，也可以是中间传送者。发送方 SMTP 产生并发送 SMTP 命令，接收方 SMTP 向发送方 SMTP 返回响应信息。电子邮件的工作过程遵循客户-服务器模式。每份电子邮件的发送都要涉及发送方与接收方，发送方构成客户端，而接收方构成服务器，服务器含有众多用户的电子信箱。发送方通过邮件客户程序，将编辑好的电子邮件向邮局服务器（SMTP 服务器）发送。邮局服务器识别接收者的地址，并向管理该地址的邮件服务器（POP3 服务器）发送消息。邮件服务器识别并将消息存放在接收者的电子信箱内，并告知接收者有新邮件到来。接收者通过邮件客户程序连接到服务器后，就会看到服务器的通知，进而打开自己的电子信箱来查收邮件。

通常 Internet 上的个人用户不能直接接收电子邮件，而是通过申请 ISP 主机的一个电子信箱，由 ISP 主机负责电子邮件的接收。一旦有用户的电子邮件到来，ISP 主机就将邮件移到用户的电子信箱内，并通知用户有新邮件。因此，当发送一条电子邮件给一另一个客户时，电子邮件首先从用户计算机发送到 ISP 主机，再到 Internet，再到收件人的 ISP 主机，最后到收件人的个人计算机。

ISP 主机起着“邮局”的作用，管理着众多用户的电子信箱。每个用户的电子信箱实际上就是用户所申请的账号名。每个用户的电子邮件信箱都要占用 ISP 主机一定容量的硬盘空间，由于这一空间是有限的，因此用户要定期查收和阅读电子信箱中的邮件，以便腾出空间来接收新的邮件。

电子邮件在发送与接收过程中都要遵循 SMTP、POP3 等协议，这些协议确保了电子邮件在各种不同系统之间的传输。其中，SMTP 负责电子邮件的发送，而 POP3 则用于接收 Internet 上的电子邮件。

3.3.2　电子邮件地址的构成

电子邮件的地址由三部分组成。第一部分“USER”代表用户信箱的账号，对于同一个邮件接收服务器来说，这个账号必须是唯一的；第二部分“@”是分隔符；第三部分是用户信箱的邮件接收服务器域名，用以标志其所在的位置。即电邮件的地址是“用户标识符@域名”。域名是由一串用点分隔的名字组成的 Internet 上某一台计算机或计算机组的名称，用于在数据传输时标识计算机的电子方位（有时也指地理位置，地理上的域名，指代有行政自主权的一个地方区域）。域名是便于记忆和沟通的一组服务器的地址（网站，电子邮件，FTP 等）。世界上第一个注册的域名是在 1985 年 1 月注册的。

假定用户“xxx”所注册的电子邮件服务器名为“xjbz.gov.cn”，则其电子邮件（E-mail）地址为：xxx@xjbz.gov.cn

在输入电子邮件地址时，在电子邮件地址中不要输入任何空格。无论是在用户名、服务器名还是在@两侧都不要含有空格。

3.3.3　申请免费邮箱

随着计算机网络的发展，电子邮箱方便快捷的特点日趋明显。而能够申请一个自己的免费电子邮箱，会为以后的信息交流带来很大的便捷。

目前互联网上提供免费电子邮箱的网站有很多，如：263、网易、新浪等，它们一般都在首页明显的位置注明“免费邮箱”或“邮箱”字样。并且在这些位置一般都注明有“新用户注册”“用户注册”或“注册”“申请”等的字样。如果想申请该网站的邮箱，可以单击它们，然后按提示进行申请。

下面以申请网易“163 邮箱”为例讲解如何申请电子邮箱（其他网站邮箱的申请方法类似）。

（1）在浏览器的地址栏输入 163 网易的网址 www.163.com，然后按 Enter 键。打开如图 3-49 所示的页面。

图 3-49 163 网易页面

（2）在页面右上角找到并单击【注册免费邮箱】按钮，进入【欢迎注册网易邮箱】页面，如图 3-50 所示。

图 3-50 【注册网易免费邮箱】页面

【欢迎注册网易邮箱】页面中，有进行注册免费邮箱的两种方式：一是免费邮箱，二是 VIP 邮箱，普通用户一般申请免费邮箱，如果想得到无限邮箱容量、20 GB 超大附件、邮件误删恢复、单次群发 400 封等服务可以付费使用 VIP 邮箱，下面以注册免费邮箱为例进行阐述。

（3）输入邮箱地址，邮箱地址的输入规则一般为“输入 6～18 个字符，可使用字母、数字、下划线，需要以字母开头。”在填写下一项的同时，会检测是否存在相同的用户名，用户名不能重名。

（4）输入密码，为了保护密码不被外人看到，页面中密码显示用“●”代替，密码必须记住，否则就要用注册的手机号找回。注：密码由 6～16 个字符，区分大小写。

（5）输入手机号码，可以在忘记密码时，通过该手机号码快速找回密码。输入手机号后，会提示“手机扫描二维码，快速发送短信进行验证”，用手机扫描二维码后自动跳转到手机短信的新信息处，发送对象为“106981630163222”，发送内容为“222”。单击手机【发送】按钮。

（6）选择同意《服务条款》《隐私政策》《儿童隐私政策》后，单击【立即注册】按钮，弹出注册成功界面，如图 3-51 所示。之后单击【进入邮箱】按钮就可使用邮箱了。

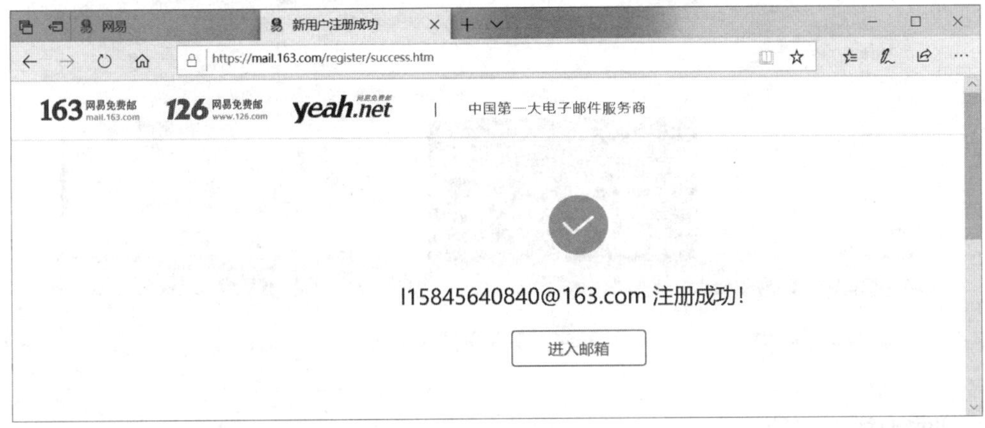

图 3-51　【注册成功】页面

3.3.4　进入免费邮箱

在网易首页中，单击【登录】按钮，弹出登录界面，如图 3-52 所示。在该页面中输入邮箱地址和密码后单击【登录】按钮，即可登录到网易，在账号名下拉列表中选择【我的邮箱】后即可进入网易邮箱。也可在首页中单击邮箱按钮，选择【免费邮箱】命令，弹出邮箱账号登录页面，如图 3-53 所示，在邮箱账号登录页面中输入邮箱账号或手机号、密码后单击【登录】按钮，进入邮箱。

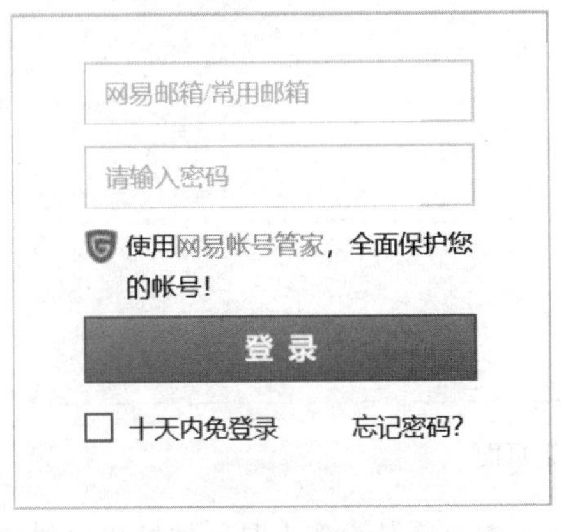

图 3-52　网易账号登录页面

图 3-53　邮箱账号登录页面

进入邮箱的界面，如图 3-54 所示。

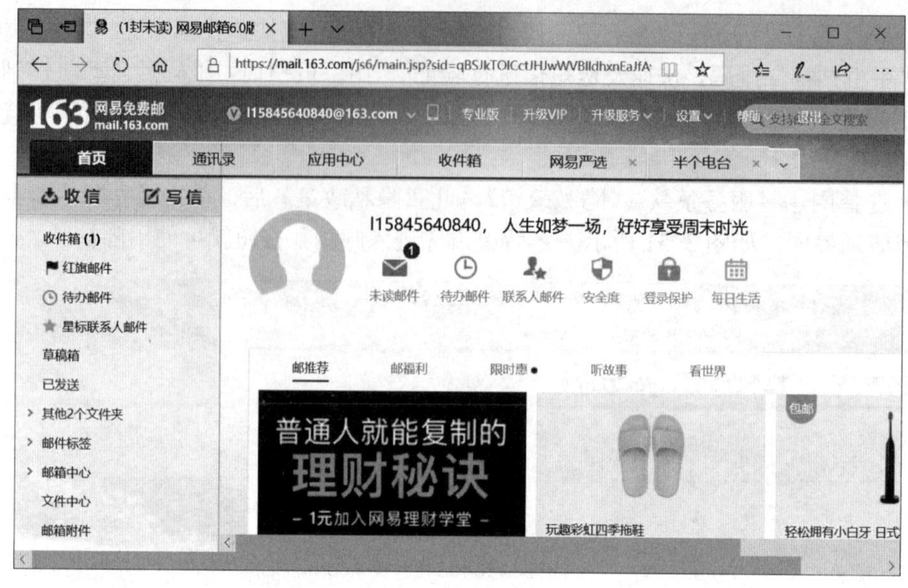

图 3-54 易免费邮箱页面

3.3.5 收发电子邮件

新邮箱申请注册成功后，可进入邮箱进行发送和接收邮件等操作。

1. 发送邮件

登录邮箱后，单击页面左侧【写信】按钮即可进入写信页面，如图 3-55 所示。

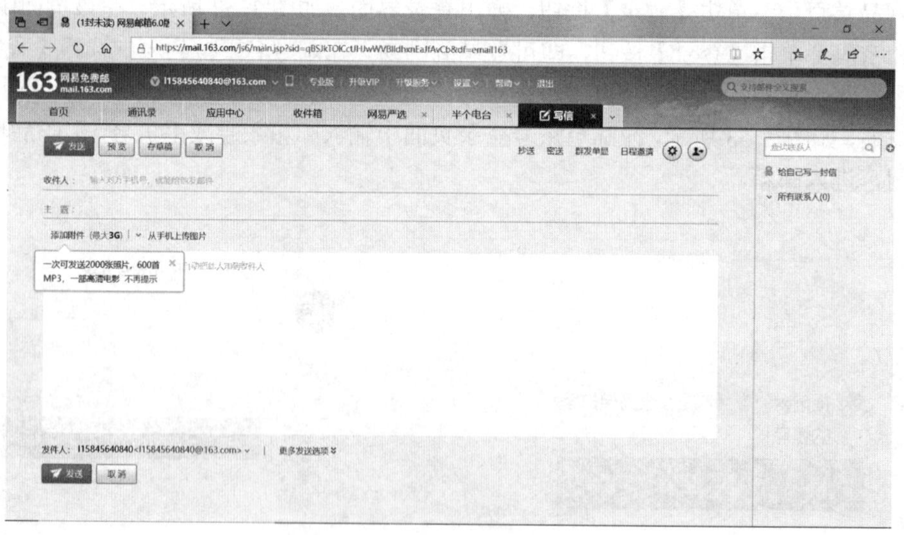

图 3-55 【写信】页面

在【收件人】一栏中填入收信人的 E-mail 地址，如果要发给多人时，地址以分号隔开。现在支持直接输入对方手机号，就能给以他手机号命名的 163 邮箱发邮件。或者单击右边【通讯录】，选择一位或多位联系人，选中的联系人地址将会自动填写在【收件人】一栏中（例如：

abc@163.com），如果为联系人添加了组，单击添加该组，该组内的所有联系人地址都会自动填写在【收件人】栏。

若想抄送信件，单击【抄送】按钮，将会出现【抄送人】，抄送就是将信同时也发给收信人以外的其他人，把抄送地址写在这一栏中。

若想密送信件，单击【密送】按钮，将会出现【密送人】地址栏，再填写密送人的 E-mail 地址。密送就是将信密秘发送给收件人以外的其他人，如果用户将信发送给 abc@163.com 并密送给 123@163.com，则收件人 abc@163.com 并不知道用户同时也将信发送给了 123@163.com。

【主题】一栏中可填入邮件的主题。

如果需要随信附上文件或者图片，可单击【添加附件】，在弹出的对话框中，选择所要添加的附件后单击【打开】按钮即可；对已添加的附件，也可通过单击【删除】按钮，删掉不要的附件。若要添加多个附件，可以再次添加附件或者在【打开】对话框中选择多个文件。如果选择了附件，在发送的同时，上传的附件也跟随信件正文一起发送出去。

在下面的正文框中输入信件正文（也可省略）。输入完成后，单击页面上方或下方任意一个【发送】按钮，如果第一次给收件人发送邮件并且没有在通讯录中设置，会提示设置姓名以便对方确认，如图 3-56 所示。输入收件人的姓名后，单击【保存并发送】按钮完成邮件的发送。

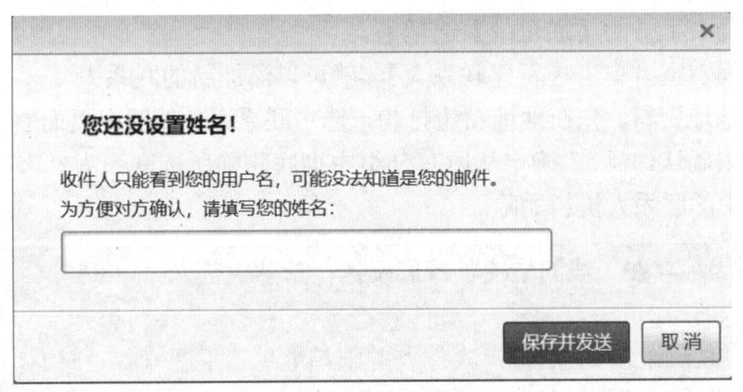

图 3-56　【您还没设置姓名】对话框

2．接收邮件

当登录邮箱后，单击左边主菜单上方的【收信】按钮或【收件箱】按钮，就可以进入收件箱，查看所收到的邮件。

3．删除邮件

删除邮件：选中要删除的邮件（在邮件前面的框中打勾），单击页面左上方的【删除】按钮、后面的【删除邮件】按钮或右键选择【删除邮件】命令，即可将邮件删除到【已删除】文件夹。

彻底删除邮件：若要删除【已删除】文件夹中的邮件，可以打开【已删除】文件夹，选择需要彻底删除的邮件，单击【彻底删除】按钮。

4．举报垃圾邮件

选中要举报垃圾的邮件（在邮件前的框中打勾），单击页面上方的【举报】按钮，将会弹出【举报】对话框，如图 3-57 所示。

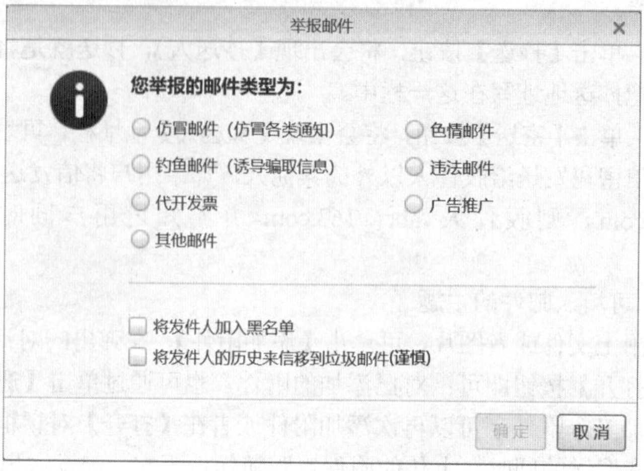

举报邮件

您举报的邮件类型为：

仿冒邮件（仿冒各类通知）　色情邮件

钓鱼邮件（诱导骗取信息）　违法邮件

代开发票　广告推广

其他邮件

将发件人加入黑名单

将发件人的历史来信移到垃圾邮件(谨慎)

确定　取消

图 3-57 【举报邮件】对话框

选择举报的类型后，选择【将发件人加入黑名单】和【将发件人的历史来信移到垃圾邮件】这两种方式中的一种或两种处理方式后单击【确定】按钮。

5. 添加和删除联系人

单击邮箱页面右上方的【通讯录】选项卡。

在通讯录页面右上方单击【新建联系人】，就可以添加新的联系人。

如果要删除地址资料，先在地址左边打勾，选中联系人，然后在页面右上方单击【删除】按钮，系统会弹出确认信息："确定从所有分组中彻底删除所选联系人？"，再单击【确定】按钮，就可将选中的联系人资料删除。

实例 2：请为战斗在一线的抗疫英雄们发送一封感谢信。

操作方法：

进入邮箱，在【收件人】后输入收件人的邮箱地址，主题输入"感谢信"，单击【添加附件】按钮，将感谢信添加到附件中，单击【发送】按钮，完成邮件的发送。

评价单

<table>
<tr><td>项目名称</td><td colspan="3"></td><td>完成日期</td><td></td></tr>
<tr><td>班级</td><td></td><td>小组</td><td></td><td>姓名</td><td></td></tr>
<tr><td>学号</td><td colspan="2"></td><td colspan="2">组长签字</td><td></td></tr>
<tr><td colspan="2">评价项点</td><td>分值</td><td colspan="2">学生评价</td><td>教师评价</td></tr>
<tr><td colspan="2">浏览器的使用</td><td>15</td><td colspan="2"></td><td></td></tr>
<tr><td colspan="2">素材的整理与美化</td><td>15</td><td colspan="2"></td><td></td></tr>
<tr><td colspan="2">申请免费邮箱</td><td>10</td><td colspan="2"></td><td></td></tr>
<tr><td colspan="2">收发电子邮件</td><td>10</td><td colspan="2"></td><td></td></tr>
<tr><td colspan="2">志存高远、脚踏实地，不畏艰难险阻，勇担时代使命情感的表达</td><td>20</td><td colspan="2"></td><td></td></tr>
<tr><td colspan="2">爱岗敬业、无私奉献情感的表达</td><td>15</td><td colspan="2"></td><td></td></tr>
<tr><td colspan="2">文明、平等、公正、诚信、友善的品质的展现</td><td>15</td><td colspan="2"></td><td></td></tr>
<tr><td colspan="2">总分</td><td>100</td><td colspan="2"></td><td></td></tr>
<tr><td>学生得分</td><td colspan="5"></td></tr>
<tr><td>自我总结</td><td colspan="5"></td></tr>
<tr><td>教师评语</td><td colspan="5"></td></tr>
</table>

知识点强化与巩固

一、选择题

1．微软公司的网页浏览器是（　　）。

A．OutlookExpress　　B．Microsoft Edge

C．FrontPage　　D．Office

2．用户想要在网上查询 WWW 信息，必须安装并运行一个被称为（　　）的软件。

A．Office　　B．电子邮件

C．游览器　　D．万维网

3．如果希望收藏某一个网站，则应进行以下（　　）操作。

A．单击工具栏中的搜索图标

B．将该网站的地址添加到“历史记录”

C．单击工具栏中的“主页”图标

D．将该网站的地址“添加到收藏夹”中

4．关于电子邮件下列说法错误的是（　　）。

A．电子邮件是 Internet 提供的一项最基本的服务

B．电子邮件具有快速、高效、方便、价廉等特点

C．通过电子邮件，可向世界上任何一个角落的网上用户发送信息

D．可发送的多媒体信息只有文字和图像

5．下列叙述中，不正确的是（　　）。

A．发送电子邮件时，一次只能发送给一个收件人

B．使用电子邮件的首要条件是必须拥有一个电子信箱

C．向对方发送电子邮件时，并不要求对方一定处于开机状态

D．发送邮件时接收方无须了解对方的电子邮件地址就能够发送电子邮件

二、判断题

1．Microsoft Edge 浏览器具有语音朗诵网页内容的功能。（　　）

2．shi@online@sh.cn 是合法的 E-mail 地址。（　　）

第 4 章
Word 2016 的使用

项目一 文 档 排 版

知识点提要

1. Word 2016 的启动、退出
2. 认识 Word 2016 工作界面
3. Word 2016 文档的基本操作
4. 文本的输入与编辑操作
5. 设置字体格式
6. 设置段落格式
7. 查找与替换
8. 边框和底纹设置
9. 添加项目符号和编号
10. 文档的页面设置及打印

任务单

任务名称	文档排版	学　时	2 学时
知识目标	1．掌握 Word 2016 文件操作及文字的各种编辑操作。 2．掌握 Word 2016 提供的字符格式、段落格式设置功能的使用方法。 3．掌握项目符号、编号的使用方法。 4．熟悉文档的整体排版及打印操作方法。		
能力目标	1．能运用 Word 2016 字符格式和段落格式对文档进行格式设置。 2．能运用查找、替换等功能对文档进行编辑操作。 3．能根据实际需要对文档进行合理的版面设计和打印设置。		
素质目标	1．体会科技给我们的学习、工作和生活带来的巨大便利和帮助。 2．树立终身学习、不断完善自我的理念。 3．具有独立思考、解决问题的能力。		
任务描述	打开“素材：2020 国家大事一览表”按要求排版： 1．页面设置：A4 纸张，上下左右页边距 2.5 厘米。 2．将标题设置为二号、楷体，居中对齐、无缩进、段后 1 行、单倍行距，标题文字设置 2.25 磅的红色阴影边框。 3．正文格式设置为宋体、小四号字、两端对齐、首行缩进 2 字符、1.5 倍行距。 4．将文中的小标题“一、辉煌成就——脱贫攻坚决战决胜之年”文字设置为宋体、四号、加粗、浅蓝色底纹。 5．用格式刷将小标题二——十三设置为与小标题一相同的格式。 6．将正文第一段中的数字位置提升 3 磅。 7．将正文第二段文字设置为字符加宽 1 磅。 8．将正文中小标题一和二之间的段落（不包含小标题）底纹图案样式设置为 20%，图案颜色为“绿色，个性色 6，淡色 40%”。 9．将正文中小标题一后的所有数字位置提升 3 磅，文本设置为紫色、倾斜、加粗效果。 10．设置文档显示比例为 110%。 11．为正文中所有的小标题一、二、三……设置项目编号 1、2、3……，并删除汉字一、二、三……。 12．设置所有的小标题大纲级别为一级。 13．页面边框设置为蓝色、15 磅、雨伞艺术型边框。 14．统计文档正文字数，在文档最后添加一段，输入统计的字数值。并设置该数字为四号字、以青绿色突出显示该文本。 15．为文档填加页眉，位置居中，内容为“2020 年中国大事一览表”，设置页眉下边框线为 1.5 磅的单实线。 16．设置页眉页脚距边界距离分别为 2 厘米和 1.5 厘米。 17．为文档填加页码，位置底端靠右侧。 18．保存文档到桌面，文件名为“学号+姓名”。		
任务要求	1．仔细阅读任务描述中的排版要求，认真完成任务。 2．上交电子作品。		

资料卡及实例

4.1 Microsoft Office 2016 概述

1．Microsoft Office 2016 简介

Office 2016 是微软的一个庞大的办公软件集合，其中包括了 Word、Excel、PowerPoint、OneNote、Outlook、Skype、Project、Visio 及 Publisher 等组件和服务。Office 2016 For Mac 于 2015 年 3 月 18 日发布，Office 2016 For Office 365 订阅升级版于 2015 年 8 月 30 日发布，Office 2016 For Windows 零售版、For iOS 版均于 2015 年 9 月 22 日正式发布。

Office 2016 具有节省时间的功能、全新的现代外观和内置协作工具，可帮助用户更快创建和整理文档。此外，可以将文档保存在 OneDrive 中，并从任何地方访问这些文档。想要成为强大的 Office 用户很简单，只需在功能区上新增的“操作说明搜索”框中键入需要获得帮助的问题即可获得操作方法。

2．Office 2016 特色

（1）多彩的 Office 主题和 Office 背景

Office 2016 的新主题和背景提供丰富多彩的界面设计风格供用户选择，“深灰色”主题提供让双眼感到更加舒适的高对比度，“彩色”主题提供在各设备间保持一致的现代外观。用户可在【文件】→【账户】→【Office】中选择自己偏好的主题风格和 Office 背景。

（2）Insights（见解）引擎

新的 Insights（见解）引擎可为 Office 带来在线资源，让用户可直接在 Word 文档中使用在线图片或文字定义。当在文档中选定某个字词时，单击鼠标右键，在弹出的快捷菜单中选择“智能查找”，窗口右侧将会出现【见解】窗格，显示更多的相关信息。

（3）全新的 Office 助手——Tell Me

Office 助手的升级版——Tell Me，在窗口选项卡的右侧可以看到一个置于文档表面的搜索框，提示“告诉我你想要做什么”，可在用户使用 Office 的过程当中提供帮助，比如将图片添加至文档，或是解决其他故障问题，等等。

（4）PDF 文档编辑功能

PDF 文档在工作中使用有诸多不便，例如想从 PDF 文档中截取一些文本都非常困难。不过在 Office 2016 中，这种问题已经解决了。Office 中的 Word 打开 PDF 文件时会将其转换为 Word 格式，用户能够随心所欲地对其进行编辑，修改后的结果可以保存为 PDF 文件也可以保存为 Word 支持的任何文件类型。

（5）自动创建书签

这是一项新增的功能，对于编辑篇幅较长的文档而言，这无疑会提高工作效率。这项功能让用户可以直接定位到上一次工作或者浏览的页面位置，无需拖动滚动条来定位。

（6）支持第三方应用

通过全新的 Office Graph 社交功能，开发者可将自己的应用直接与 Office 数据建立连接，如此一来，Office 套件将可通过插件接入第三方数据。

（7）协同工作功能

Office 2016 新加入了协同工作的功能，只要通过共享功能选项发出邀请，就可以让其他使用者一同编辑文件，而且每个使用者编辑过的地方，也会出现提示，让所有人可以看到哪些段落被编辑过。对于需要合作编辑的文档，这项功能非常方便。

4.2　Word 2016 基础

4.2.1　Word 2016 的启动和退出

1．启动

启动 Word 2016 可以采用以下方法：

① 单击【开始】按钮，依次单击【所有程序】→【Microsoft Word 2016】选项，即可启动 Word 2016。

② 双击桌面上的 Word 2016 快捷图标。

③ 双击已存在的 Word 2016 文档。

2．退出

退出 Word 2016 可以采用以下方法：

① 单击 Word 2016 窗口的“关闭”按钮。

② 按 Alt+F4 键。

4.2.2　认识 Word 2016 的工作界面

通过 Word 2016 图标启动 word 2016 时，会出现让用户选择打开已有文档还是创建新文档的界面，当选择【空白文档】时，系统自动创建一个名为“文档 1”的文档。Word 2016 的工作界面如图 4-1 所示，主要由标题栏、快速访问工具栏、文件选项卡、选项卡、功能区、帮助搜索栏、标尺、文档编辑区、状态栏和视图区、显示比例区等几个主要部分组成。

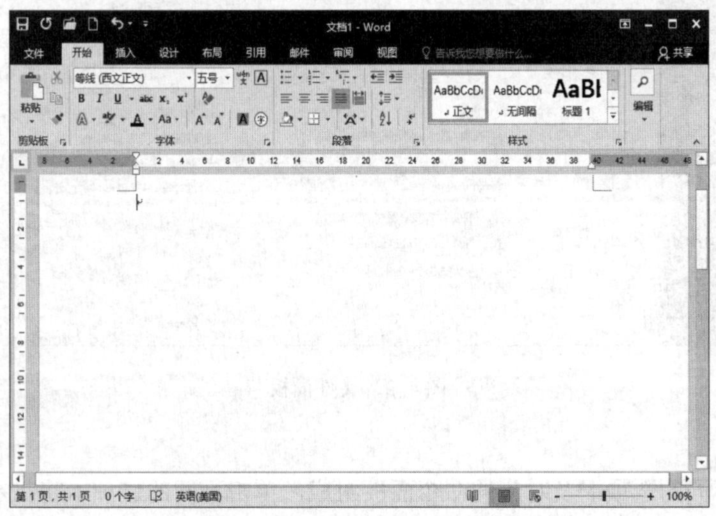

图 4-1　Word 2016 工作界面

1．标题栏

标题栏位于窗口的最上端，在标题栏上显示的是正在编辑的文档的文件名及所使用的软件名、功能区显示选项按钮、最小化按钮、最大化/还原按钮和关闭按钮。

2．快速访问工具栏

快速访问工具栏在标题栏的左侧，该工具栏用于显示常用的工具按钮，例如“保存”“撤销”“打开”“恢复”。单击自定义快速访问工具栏按钮，在出现的下拉菜单里，可以自行设置某个工具按钮的显示或隐藏，如图4-2所示。要显示更多的工具按钮可以选择【其他命令】选项，进行设置。

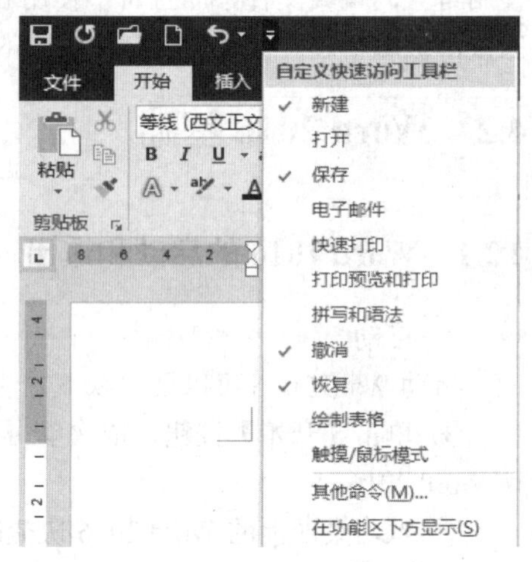

图4-2　快速访问工具栏设置

3．【文件】选项卡

单击【文件】按钮可以打开文件面板，如图4-3所示。该面板界面分为两栏，左侧是功能选项卡或常用命令，选项卡包括【信息】【新建】【打开】【保存】【另存为】【打印】【共享】【导出】【账户】；命令按钮包括【关闭】【选项】。右侧是选项卡包含的可设置的信息项。要返回文档的编辑状态，单击“返回”按钮。

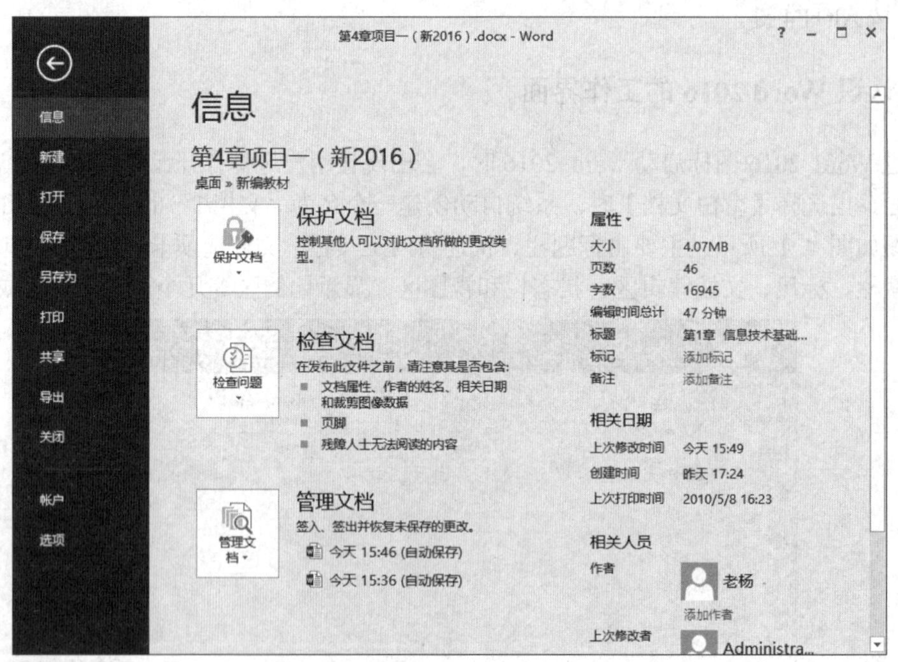

图4-3　文件面板

4．功能区

功能区由不同的选项卡及对应的命令面板组成，单击不同的选项卡将显示不同的命令面板，面板中提供了多组命令按钮。

5. 选项卡

Word 2016 将各种工具按钮进行分类管理，放在不同的选项卡面板中，Word 2016 窗口中有八个选项卡，分别为【开始】【插入】【设计】【布局】【引用】【邮件】【审阅】【视图】选项卡。

6. 帮助搜索栏

帮助搜索栏在选项卡的右侧，默认状态该栏中显示"告诉我您想做什么…"。在该栏中输入需要得到帮助的关键字，例如"字符间距加宽"，会出现下列列表，在列表中选择【获得有关"加宽字符间距"的帮助】选项，即打开【Word 2016 帮助】窗口。

7. 编辑区

编辑区是 Word 输入文本和编辑文档的区域，编辑区中有一个闪烁的竖线光标，表示当前插入点。该区域显示当前正在编辑的文档内容及排版的效果。

8. 状态栏

状态栏在 Word 窗口的下边，用于显示当前编辑的文档的相关信息，包括文档页数、当前页字数、校对按钮、输入法状态信息。

9. 视图栏

视图栏在状态栏的右侧，视图栏中显示了三视图按钮，单击不同的按钮，可以将文档切换到对应的视图方式显示文档内容。

10. 显示比例区

显示比例区在视图栏的右侧，有显示比例滑块和缩放级别按钮，用于更改正在编辑的文档的显示比例。

11. 标尺

利用标尺可以方便快速地设置段落缩进、页边距、添加制表位等，标尺有水平标尺和垂直标尺。可以通过【视图】选项卡【显示】命令组中的【标尺】选项来显示或隐藏标尺。

4.3　Word 2016 文档的基本操作

4.3.1　创建新文档

1. 创建空白文档

创建空白文档有以下几种方法：

① 单击【文件】选项卡，在文件面板中选择【新建】选项卡，将显示如图 4-4 所示的【新建】面板。

单击【空白文档】即可创建空白文档。

② 单击快速访问工具栏中的"新建"按钮创建新空白文档。

③ 使用快捷键 Ctrl+N 创建空白文档。

2. 创建基于模板的文档

除了通用型的空白文档模板之外，Word 2016 中还内置了多种文档模板，如书法字帖模板、各种简历模版、报告模版等。另外，Office.com 网站还提供了证书、奖状、名片、简历等特定功能模板。借助这些模板，用户可以创建比较专业的 Word 2016 文档。在 Word 2016 中使用模板创建文档的步骤如下：

图 4-4 【新建】面板

① 单击【文件】选项卡，选择其中的【新建】选项卡。

② 在打开的【新建】面板中，选择【博客文章】【书法字帖】【中庸简历】等 Word 2016 自带的模板或 Office.com 提供的【名片】【日历】【贺卡】等在线模板，即可创建基于某种模板的文档。

③ 在创建的基于模板的文档中编辑相应的内容。

4.3.2 保存文档

1. 新文档保存

新文档首次保存有以下几种方法:

（1）单击【文件】选项，选择【保存】命令。

（2）单击快速访问工具栏中的“保存”按钮。

（3）按快捷键 Ctrl+S。

2. 将现有文档另存为新文档

若要防止覆盖现有文档，可单击【文件】→【另存为】选项卡，弹出【另存为】面板，如图 4-5 所示。

在【另存为】面板中单击【浏览】按钮，弹出【另存为】对话框，如图 4-6 所示。选择文件的保存位置，在【文件名】中输入新文档的名称，在【保存类型】中选择文件的保存类型，单击【保存】按钮，完成已有文件另存为新文档的操作。

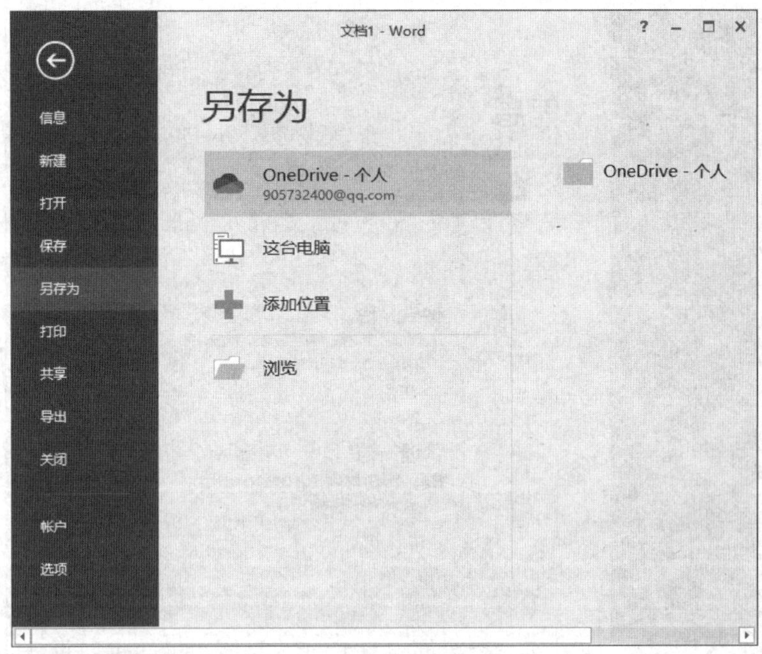

图 4-5 【另存为】面板

图 4-6 【另存为】面板

3. 文档的加密保护

文档加密保存的主要目的是防止其他用户随意打开或修改文档。设置密码保护的方法及步骤如下。

（1）单击【文件】→【信息】选项卡，显示如图 4-7 所示的【信息】面板。

图 4-7 【信息】面板

（2）单击【保护文档】按钮，弹出如图 4-8 所示的下拉菜单。

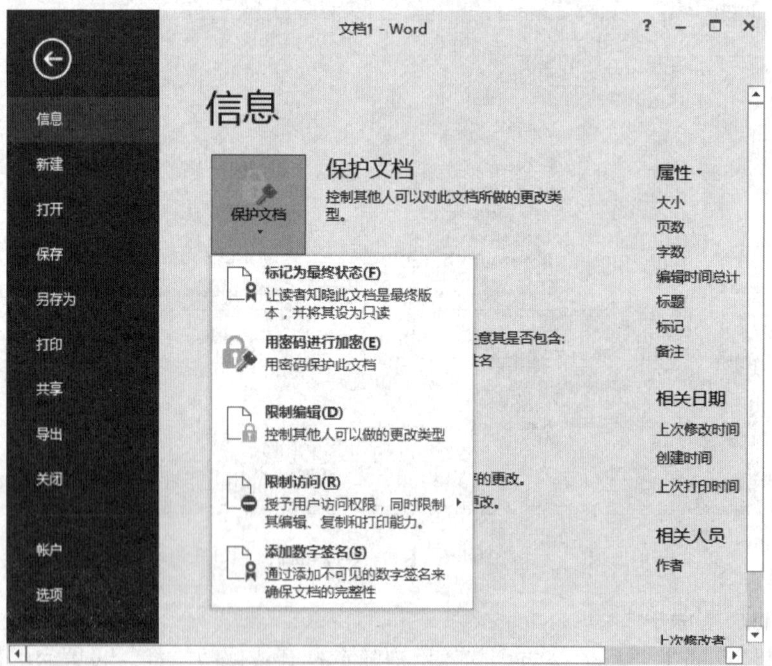

图 4-8 【保护文档】下拉菜单

（3）在下拉菜单中选择【用密码进行加密】选项，弹出图 4-9 所示的【加密文档】对话框。

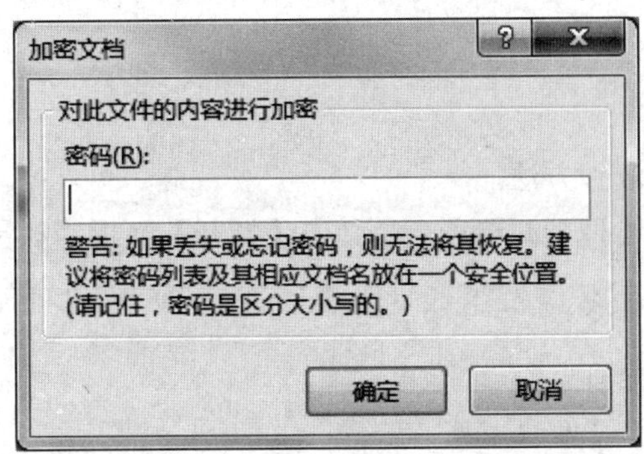

图 4-9 【加密文档】对话框

（4）输入密码，单击【确定】按钮，会要求确认密码，输入相同的密码，单击【确定】按钮即可。

文档设置了密码之后，当文档被关闭之后再次打开时系统会要求输入密码，只有密码输入正确之后文档才可以打开，所以对文档加密可以起到保护文档的作用。

4．设置文档自动保存时间

为了防止停电、死机等意外情况发生而导致正在编辑的文档数据丢失，可以利用 Word 2016 提供的自动保存功能设置每隔一段时间系统自动对文档进行保存。

设置文档自动保存的方法如下。

（1）单击【文件】选项卡，在显示的面板中再单击【选项】按钮，弹出如图 4-10 所示的【Word 选项】对话框。

图 4-10 【Word 选项】对话框

（2）单击对话框左侧的【保存】选项。选中【保存自动恢复信息时间间隔】复选框，在后面的数值框中输入文档自动保存的时间，单击【确定】按钮，完成设置。

4.3.3 打开文档

打开已存在的文档有多种方法。

依次单击【文件】→【打开】选项卡，弹出【打开】面板，如图 4-11 所示。

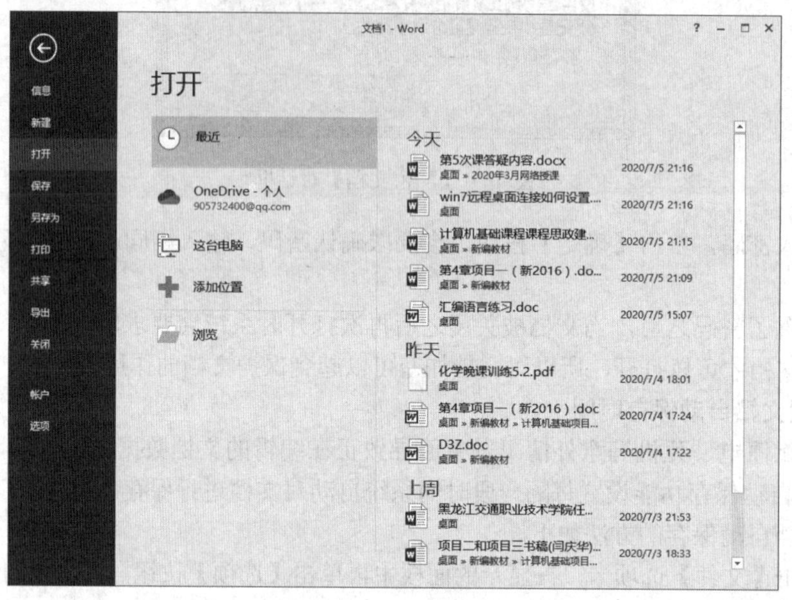

图 4-11 【打开】面板

面板的右侧会显示最近使用过的文档列表，若要打开的文档是最近使用过的文档，单击列表中对应的文件名即可；若要打开的文档没有在列表中显示，则需要单击【浏览】按钮，弹出【打开】对话框，如 4-12 所示，选择要打开的文档所在的位置及文档名称，单击【打开】按钮即可。

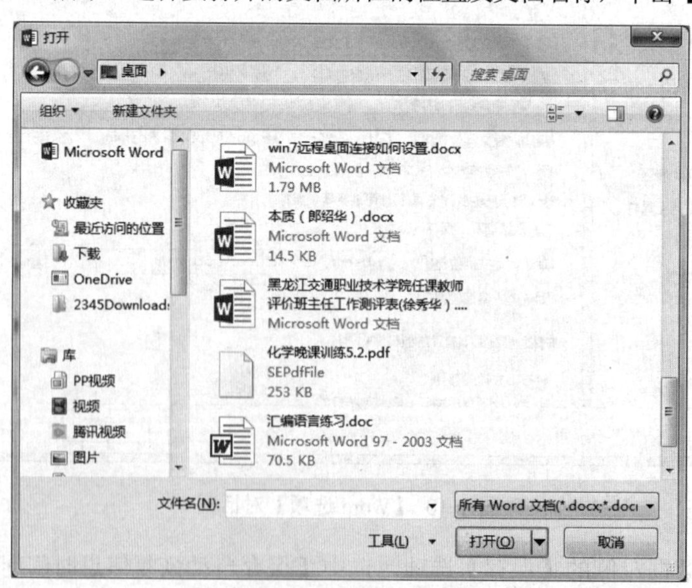

图 4-12 【打开】对话框

打开文档还可以使用下面的方法。

（1）单击快速访问工具栏中的“打开”按钮。

（2）按快捷键 Ctrl+O。

（3）按快捷键 Ctrl+F12。

4.3.4　关闭文档

文档在编辑、排版完成之后要关闭。关闭文档的操作可以采用下列方法之一。

（1）单击【文件】选项卡，在显示的面板中选择【关闭】命令。

（2）单击文档标题栏的“关闭”按钮。

（3）按 Alt+F4 快捷键。

（4）在任务栏上的文档按钮上单击右键，在快捷菜单中选择【关闭】命令。

4.3.5　文档视图

所谓的视图就是文档窗口的显示方式，便于用户根据自己的工作需要选择不同视图来查看编辑文档，Word 2016 提供了五种视图方式。

1．页面视图

页面视图是 Word 2016 默认的视图方式，是使用 Word 编辑文档时最常用的一种视图，每一页如同生活中使用的纸张一样，有明确的纸张边界。它能够直观地显示所编辑的文档信息和排版效果，能显示页码、页眉页脚、插入的图片等信息，几乎与打印的效果相同，如图 4-13 所示。

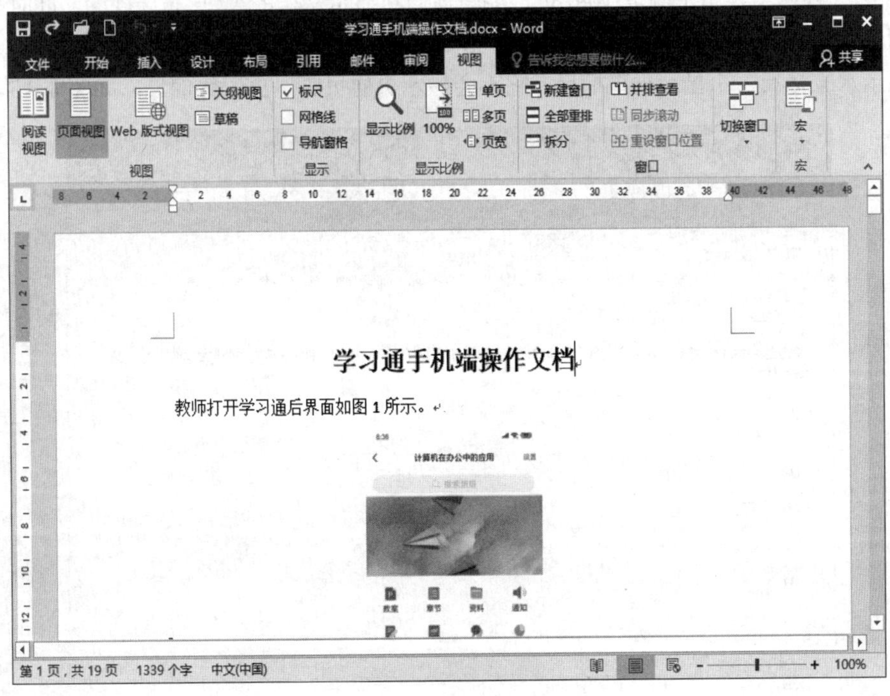

图 4-13　页面视图

2. 阅读版式视图

阅读版式视图最大的特点是便于阅读，它模拟书本阅读的方式，让用户感觉好像在阅读书籍一样，在阅读内容紧凑的文档时，它能把相连的两页显示在同一个版面上，十分方便。这种视图是为浏览文档而准备的，此视图可自由调节页面显示比例，列宽和布局，导航搜索，更改页面颜色，但不允许对文档进行编辑，若要编辑文档，可以单击页面左上角的【视图】按钮，选择“编辑文档”命令，此时会回到页面视图，对文档进行编辑操作。如图 4-14 所示。

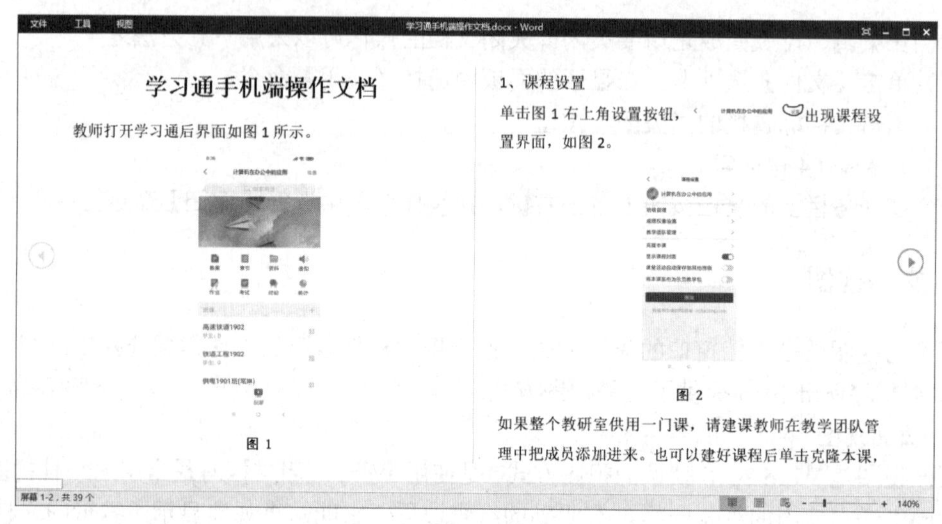

图 4-14　阅读视图

3. Web 版式视图

Web 版式视图主要用于编辑 Web 页，编辑窗口将显示文档的 Web 布局视图，此时显示的内容与使用浏览器打开该文档时的界面一样，Web 版式视图方式文本能自动换行以适应窗口的大小。窗口只显示水平标尺，不显示垂直标尺，它不会显示页眉页脚、页码等信息，如图 4-15 所示。

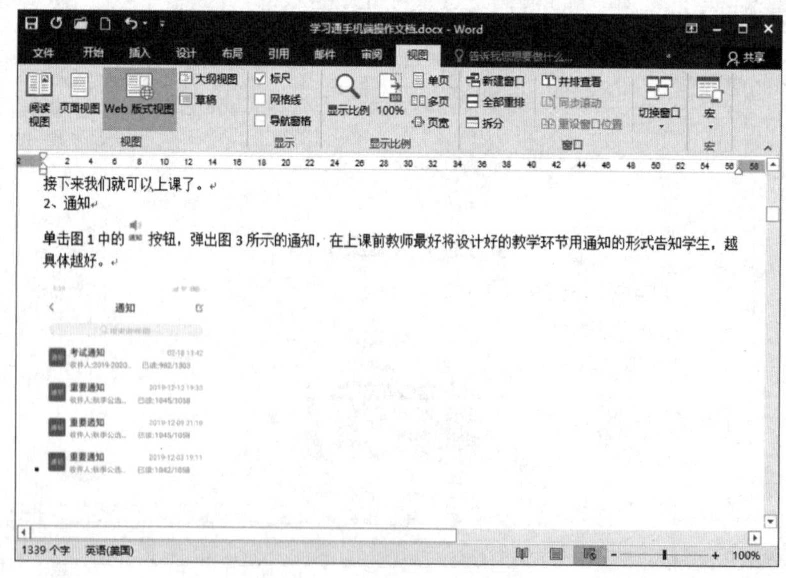

图 4-15　Web 版式视图

4．大纲视图

大纲视图用于显示、修改或创建文档的大纲，文档切换到该视图后功能区会显示【大纲】选项卡面板，在该视图下可以设置文档各个标题的级别，为创建索引和目录做准备，如图 4-16 所示。

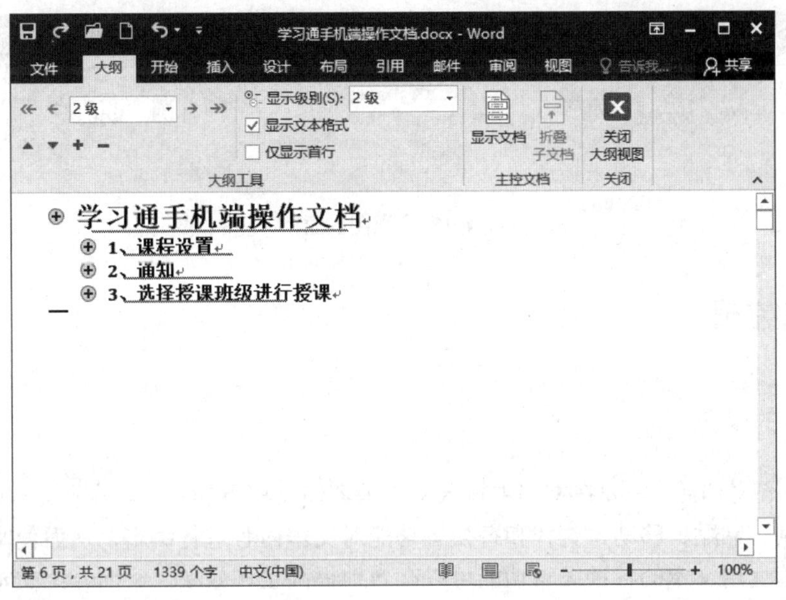

图 4-16　大纲视图

5．草稿视图

草稿视图方式下所有的文档页都连接在一起，没有明确的纸张边界，各页中间用虚线分页符分隔，而且分页符和分节符在该视图下才是可见的。而页码、页眉页脚、图形、图片等信息在该视图下是不可见的，如图 4-17 所示。

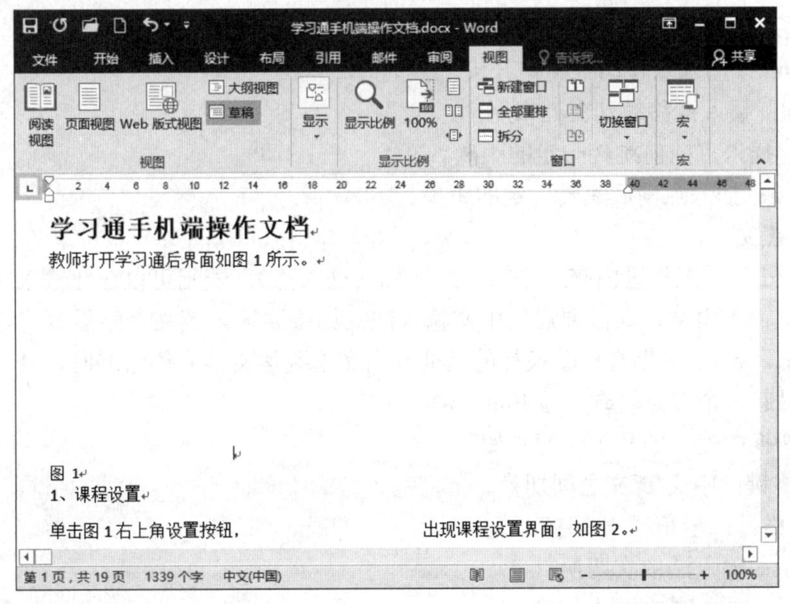

图 4-17　草稿视图

若要切换文档视图，在 Word 窗口下方状态栏的右侧有 3 个视图按钮，可以根据需要单击相应视图按钮切换视图。也可以单击【视图】选项卡，功能区显示与视图相关的信息，如图 4-18 所示。单击【文档视图】组中的视图按钮即可更改视图方式。

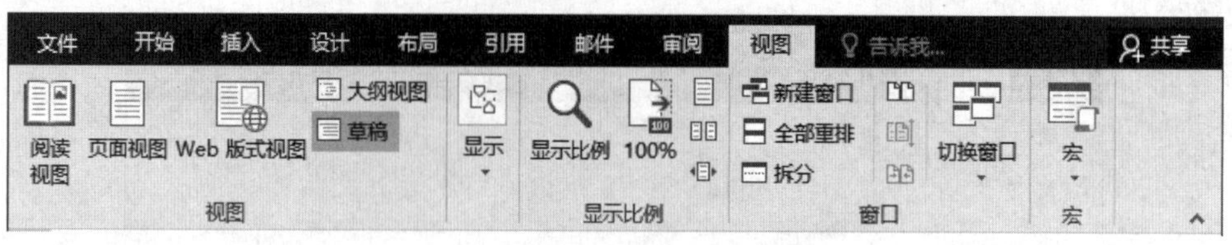

图 4-18 【视图】面板

4.4 文档编辑

4.4.1 文本的输入

新建 Word 文档后，需要在文档中输入文本内容使文档更加完整，输入文本后，还需要运用文本的复制、粘贴、移动、查找和替换等功能对文本内容进行编辑，从而使文本的内容更加完善。熟练运用文本的各种编辑功能可以有效地提高工作效率。下面介绍文本的输入方法及文本的各种编辑方法。

1. 插入点的定位和移动

（1）用鼠标定位：将鼠标移动到要插入内容的位置，单击鼠标，此处便会出现闪动的光标，即为插入点。

（2）用键盘控制键移动或定位：常用的移动光标的按键及功能如下。

Home：插入点移动到当前行行首。

End：插入点移动到当前行行尾。

Ctrl+Home：插入点移动到文档开头。

Ctrl+End：插入点移动到文档末尾。

Pageup：插入点向前跳转一定的距离。

Pagedown：插入点向后跳转一定的距离。

2. 输入正文

启动 Word 后，工作区内有一个闪动的光标（插入点），表示可以在此输入文字。在输入时，如果需要输入中文，则需要启用中文输入法；如果要输入英文，则需要将输入法切换到英文输入状态。Word 文档有自动换行的功能，当文本到达文档右侧边界时，会自动换到下一行。当需要另起一个自然段时，按 Enter 键。

输入法切换中使用的几个快捷键如下。

Ctrl+空格键：中文/英文之间切换。

Shift+空格键：全角/半角切换。

Ctrl+Shift：输入法依次切换。

Ctrl+“.”：中文/英文标点切换。

3．插入一个文件

在文档中插入一个文件是指将另一个文件的全部内容插入到当前文档的插入点处。首先，在文档中设置插入点；然后打开【插入】选项卡，在功能区的【文本】命令组中选择【对象】按钮，单击右侧的下拉按钮，选择【文件中的文字】，选择要插入的文件，单击【插入】按钮即可。

4．统计文档的字数

Word 不但可以统计出用户输入的字数的多少，还可以统计出文档的页数、单词数、段落数、行数等信息。具体的操作如下：选中要统计字数的文字（不选择文字，则统计整篇文档的字数），单击【审阅】选项卡，再单击【校对】命令组中的【字数统计】按钮即可。

4.4.2　文档编辑

文档编辑是指对文档中已有的字符、段落或整个文档进行编辑。例如：复制重复的信息，移动或删除信息，查找和替换等。这些操作都可以使用【开始】选项卡中的命令按钮来完成。

1．选定文本

选定文本是进行编辑的基础，文本的编辑操作大部分是在选定文本的基础上进行的。被选定文本部分将呈现灰色底纹。选定文本可以使用鼠标，也可以使用键盘。

（1）用键盘组合键（快捷键）选定文本

使用组合键（快捷键）选定文本，有时可提高选定文本的速度。常用的快捷键如表 4-1 所示。

表 4-1　使用快捷键选定文本的方法

按　键	功　能
Shift+→或 Shift+←	选择到下一字或上一字
Shift+↑或 Shift+↓	选择到上一行或下一行
Shift+End 或 Shift+Home	选择到行尾或行首
Shift+PgDn 或 Shift+PgUp	选择到本屏末或本屏首部
Ctrl+Shift+End 或 Ctrl+Shift+Home	选择到文件尾或文件头
Ctrl+A	选择整个文档

（2）使用鼠标选定文本

使用鼠标选定文本，常用的操作是将鼠标指针置于选择文本的第一个字前面，按住鼠标左键并拖动到要选择的最后一个文字，释放鼠标左键，则第一个字到最后一个字之间部分将被选中。使用鼠标选择文本常用方法如表 4-2 所示。

表 4-2　使用鼠标选定文本的方法

操 作 方 法	选 择 结 果
选定一个词	双击该词的任意位置
选定一个句子	按住 Ctrl 键，并单击句子上的任意位置
选定一行文本	将鼠标指针移到最左边的选择栏中，（此时鼠标指针变成向右上方的键头），然后单击鼠标左键

续表

操作方法	选择结果
选定多行文本	在选择栏中单击并拖动鼠标至相应位置
选定一个段落	在段落旁边的选择栏中双击鼠标
选定整个文档	按住 Ctrl 键，并在选择栏内任意位置单击，或在选择栏中连击三次鼠标左键

如果需要取消文本的选定状态，在文档的任意位置单击鼠标或者按一下方向键即可。

2．移动文本

移动文本是指将选定的文本从文档中的一个位置移到另一个位置。移动文本有一个简单的方法，即选定文本后，将鼠标置于被选择的文本上并按住左键移动鼠标，此时鼠标箭头旁出现一条竖线和一个虚框；然后拖动鼠标直接到插入点处后放开鼠标按键，选中的文本便移动到新位置处。这种方法适合于少量文本在本页中移动。

还可以使用剪贴板移动文本，操作步骤为：选择要移动的文本，在【开始】选项卡的【剪贴板】组中单击【剪切】按钮，或者按快捷键 Ctrl+X，此时，选择的文本从文档中删除，并被放到剪贴板上。将插入点定位到欲插入的位置，再单击【粘贴】按钮，或按快捷键 Ctrl+V 即可插入文本，完成移动。

3．复制文本

复制文本是指将选中的文本产生副本。如果文档中需要有反复出现的信息，则利用复制功能可以节省文本重复输入的时间。

复制文本的方法有两种：一种是用鼠标拖动的方法，即选中要复制的文本，按住 Ctrl 键，用鼠标拖动选定的文本到目的位置；另一种是使用剪贴板复制，选择要复制的文本，在【开始】选项卡的【剪贴板】组中单击【复制】按钮，或者按快捷键 Ctrl+C，将插入点定位到目的位置，再单击【粘贴】按钮，或者按快捷键 Ctrl+V，完成复制。

4．删除对象

删除对象的方法是选定对象后，单击【剪切】按钮，将其置于剪贴板上，或按 Delete 键删除所选对象。Delete 键与【剪切】按钮的区别是：前者删除后不能再使用，而后者是将删除掉的信息放到剪贴板上，可以再使用。也可以用 BackSpace 键删除光标前的一个字符，用 Delete 键删除光标后的一个字符。

5．查找、定位和替换

查找和替换是 Word 常用功能。查找是指从已有的文档中根据指定的关键字找到相匹配的字符串，进行查看或修改。查找和替换通常分为简单查找与替换和带格式的查找与替换两种情况。

（1）简单查找与替换

简单查找与替换是指按系统默认值进行操作，对要查找和替换的文字不限定格式。系统默认的查找范围为主文档区并且区分全/半角。

简单查找文档中的内容或定位到某个位置，可以利用 Word 2016 提供的导航功能。

在【开始】选项卡的【编辑】组中单击【查找】命令，或在【视图】选项卡中【显示】组中选中【导航窗格】项，都可以打开导航窗格，也可以将导航窗格用鼠标拖出，成为一个独立的窗口，如图 4-19 所示。

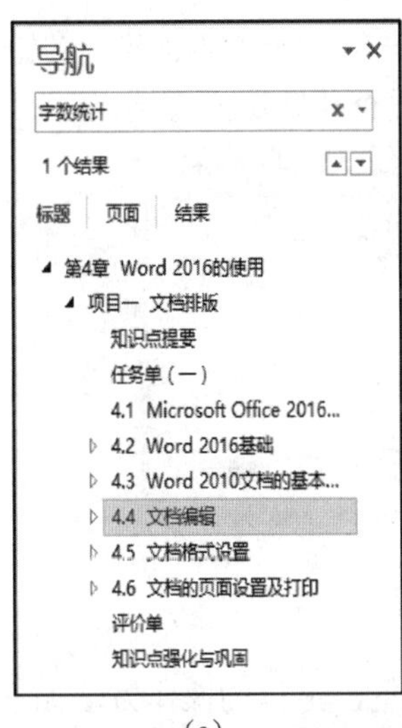

（a）

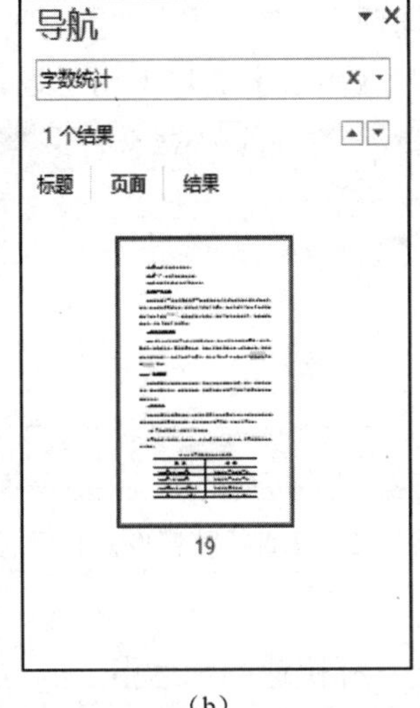

（b）

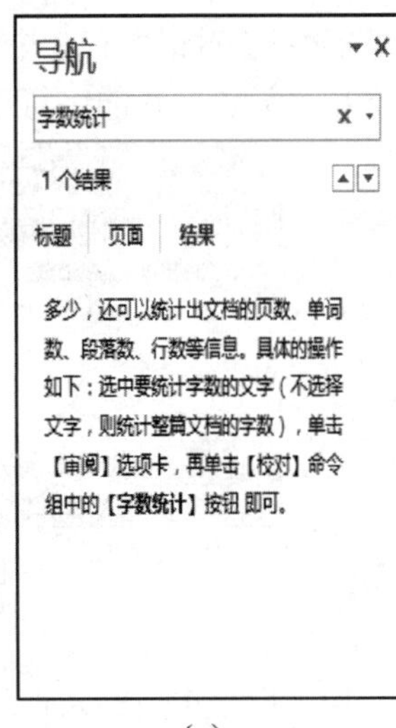

（c）

图 4-19 【导航】窗口

通过 Word 2016 的文档导航功能可以轻松查找、定位到想查阅的段落或特定的对象。在【导航】窗格的搜索栏中输入要查找的信息，在搜索框下面会显示搜索到的匹配结果的个数。导航方式有四种：标题导航、页面导航、结果导航和特定对象导航。

① 标题导航。

单击【导航】窗格的【标题】选项卡，会显示出搜索的匹配对象是哪个标题下的内容，如图 4-19（a）所示。单击标题，可以快速定位到文档中标题所在的位置。

提示：标题导航的前提条件是打开的文档事先设置有标题。如果没有设置标题，就无法用文档标题进行导航，而如果文档事先设置了多级标题，导航效果会更好，更精确。

② 页面导航。

用 Word 编辑文档会自动分页，页面导航就是根据 Word 文档的默认分页进行导航的，单击【导航】窗格的【页面】选项卡，会在【导航】窗格上以缩略图形式列出搜索结果所在的页面，并显示页数，如图 4-19（b）所示。可单击分页缩略图，就可以定位到相关页面查阅。

③ 结果导航。

在搜索框中输入关键词，单击【导航】窗格上的【结果】选项卡，【导航】窗格上就会列出包含关键词的导航链接，如图 4-19（c）所示。单击这些导航链接，就可以快速定位到文档中相关位置。

④ 特定对象导航。

一篇完整的文档，往往包含有图形、表格、公式、批注等对象，Word 2016 的导航功能可以快速查找文档中的这些特定对象。单击搜索框右侧的下拉按钮，选择“查找”栏中的相关类别选项，就可以快速查找文档中的图形、表格、公式和批注信息。

简单查找和替换还可以使用【查找和替换】对话框来实现。其操作方法如下。

在【开始】选项卡中的【编辑】组中单击【查找】按钮右侧的下拉按钮，选择【高级查找】，弹出【查找和替换】对话框，此对话框在查找过程中始终出现在屏幕上，如图 4-20 所示。

【查找与替换】对话框有 3 个选项卡：其中【查找】选项卡用于设置要查找的关键字；【替换】选项卡用于设置替代的字符串；【定位】选项卡用于设置查找区域的起始点。

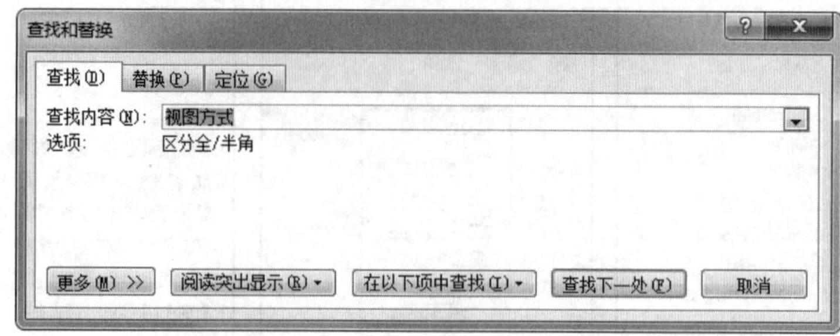

图 4-20 【查找和替换】对话框

⑤ 定位。

定位是根据用户指定的条件使光标快速的到达指定的位置，定位的操作方法如下。

单击【查找与替换】对话框中的【定位】选项卡，弹出【查找与替换】对话框，选中【定位】选项卡，如图 4-21 所示。此时，在【定位目标】列表框中选择查找的起点类型，在【请输入页号】文本框中输入具体内容。随着查找起点定位目标的类型不同，输入框的提示也不同。例如：选择按【节】进行查找，输入框的提示变成“请输入节号”。

确定定位的位置后，【下一处】按钮自动变成【定位】按钮，单击【定位】按钮，光标自动定位在指定的区域。

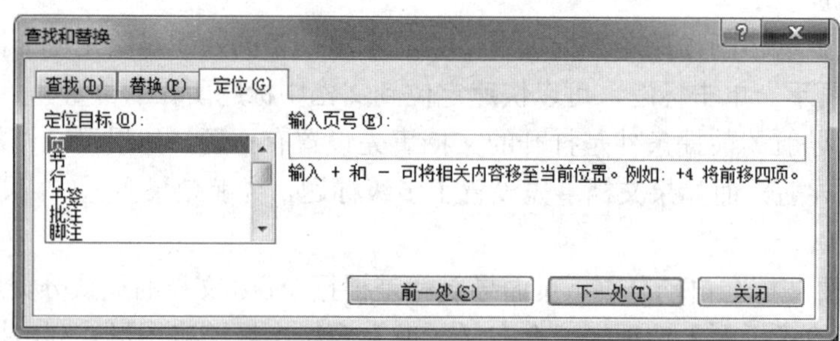

图 4-21 【查找和替换】对话框的【定位】选项卡

⑥ 查找。

查找文本的具体操作方法如下。

在【查找和替换】对话框的【查找内容】文本框中输入要查找的关键字，输入关键字后，系统自动激活【查找下一处】按钮；单击【查找下一处】按钮，插入点即定位在查找区域内的第一个与关键字相匹配的字符串处。再次单击【查找下一处】按钮，将继续进行查找。如果找到目标，以灰色底纹效果显示查找到的字符串。到达文档尾部时，系统给出全部文档搜索完毕提示框，单击【确定】按钮返回到【查找】对话框。

单击【查找】对话框中的【取消】按钮或按 Esc 键可随时结束查找操作。

⑦ 替换。

替换是先查找需要替换的内容，再按照指定的要求替换成新的内容，替换文本的操作方法如下。

在【查找和替换】对话框中选择【替换】选项卡，如图 4-22 所示。

在【查找内容】文本框中输入要查找的关键字，在【替换为】文本框内输入要替换的字符串，单击【查找下一处】按钮，插入点即定位在文档中查找区域内的第一个与关键字相匹配的字符串处。再次单击【查找下一处】按钮，则继续进行查找。对找到的目标，以灰色显示。如果要进行替换，单击【替换】按钮。如果要将所有相匹配的关键字全部进行替换，单击【全部替换】按钮即可。查找到文档尾部后，系统将给出完成消息框。如果单击【确定】按钮返回【查找】对话框，并重新开始继续进行查找；如果单击【取消】按钮，则结束查找和替换操作，同时关闭【查找和替换】对话框，返回到 Word 2016 文档窗口。

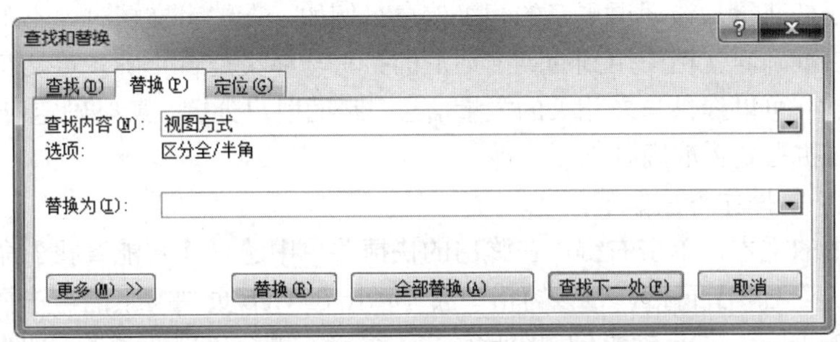

图 4-22　【查找和替换】对话框的【替换】选项卡

（2）带格式的查找与替换

带格式的查找与替换是指查找带有格式设置的文字，或将没有进行格式设置的文字替换成带有格式的文字。这项操作可通过单击【查找和替换】对话框中的【更多】按钮来实现。

在【查找和替换】对话框中，单击【更多】按钮，【查找和替换】对话框的下面会多出【搜索选项】和【替换】两个区域，如图 4-23 所示。此时，可以根据需要对查找的关键字和替换的关键字分别从【格式】或【特殊字符】下拉列表中选择所需格式，进行设置即可。例如，图 4-23 中的设置是将文档中所有的“试验”一词替换成“红色、倾斜、加粗、楷体”的“实验”。

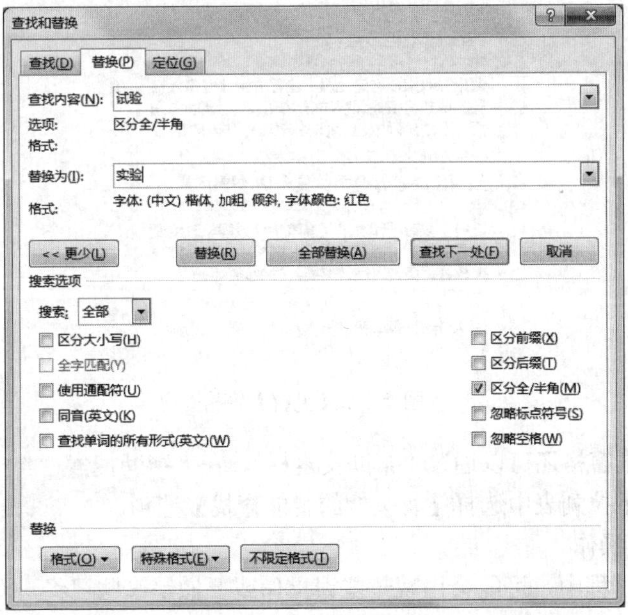

图 4-23　带格式的【查找和替换】对话框

带格式的查找和替换还可以设置搜索范围，有【向上】、【向下】和【全部】三个选项。【向上】是指从光标处开始向文档的首部搜索，【向下】指从光标处开始向文档的尾部搜索，【全部】是指从文档的首部开始向尾部搜索。

若要取消“查找内容”的格式或取消“替换为”文本的格式限制，用鼠标单击要取消格式的位置，然后在对话框的【替换】区域中单击【不限定格式】按钮即可。

6．智能查找

Word 2016 提供的智能查找功能可以为文档写作提供网络上的相关信息，帮助用户更准确地应用某些词语，获得与该词语更多的相关信息。例如，在编辑文档时，不确定某个词语的含义及用法是否准确，文档中用到的英文词汇的拼写与释义是否正确，英文句子运用是否正确等，“智能查找”可以提供与之相关的大量信息，帮助用户分析，最终确定词语、英文词汇、英文句子应用与拼写是否准确。

“智能查找”的操作方法如下。

选中文档中的文本，单击右键，在弹出的快捷菜单中选择【智能查找】命令，在文档窗口的右侧会显示【见解】窗格，在该窗格中会显示出在 Web 页中搜索的与选择的内容相关的信息，如图 4-24 所示。如果搜索的内容比较多，窗格右侧会出现滚动条，如果想了解更多信息，向下拖动滚动条，单击右下角【更多】命令，可显示更多相关信息。

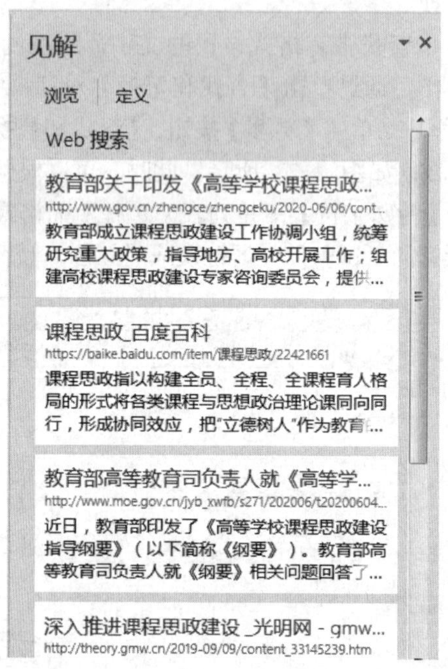

图 4-24 【见解】窗格

要打开【见解】窗格还可以通过“帮助搜索栏”，在“帮助搜索栏”中输入希望获得相关信息的关键字，在下拉列表中选择【有关**的智能查找】选项。

7．撤销与恢复操作

在文档的编辑过程中，可能会出现一些误操作或要撤销某些已经进行了的操作，这时可以使用 Word 中的撤销功能进行撤销操作，如果发现撤销操作步骤过多，可以进行恢复。

（1）撤销操作

撤销操作的方法有两种：一是单击快速访问工具栏中的【撤销键入】按钮，二是使用快捷键 Ctrl+Z 或 Alt+Backspace。

（2）恢复操作

恢复操作是撤销操作的逆过程，它可以使被撤销的操作恢复。恢复操作的方法有两种：一是单击快速访问工具栏中的【恢复】按钮，二是使用快捷键 Ctrl+Y。

8．批注与修订文档

（1）插入批注

“批注”是指审阅者根据自己对文档的理解，给文档添加上的注解和说明文字。文档的作者可以根据审阅者的“批注”对文档进行修改和更正。具体操作方法如下。

① 单击【审阅】选项卡。

② 将插入点置于要插入批注的文档后面，或者选中要插入批注的文档内容。

③ 在【批注】组中单击【新建批注】按钮。

④ 在批注的标记区输入所需注解或说明文字。

⑤ 在文档窗口中的其他区域单击鼠标，即可完成当前“批注”的创建。

（2）删除批注

若要删除部分批注，可以选择要删除的批注，单击【批注】组中的【删除】命令，在弹出的下拉选项中选择【删除】，或单击鼠标右键，选择【删除】命令；若要删除所有批注，可以单击【批注】组中的【删除】命令，在弹出的下拉选项中选择【删除文档中的所有批注】选项。

（3）修订文档

“修订”是指审阅者根据自己对文档的理解，给文档所作的各种修改；它可以把审阅者对文档的各种修改意图以各种不同的标记准确地表现出来，以供文档的作者进行修改和确认。具体操作方法如下。

① 单击【审阅】选项卡。

② 单击【修订】组中的【修订】按钮。此时，对文档的所有修改操作都会以不同的形式在文档窗口或修订标记区显示出来，再次单击【修订】按钮结束修订。单击【更改】组中的【拒绝】按钮可以删除所做的修订，单击【接受】按钮则接受了对文档的修改操作，修订标识取消。

实例 1：根据给定的素材完成如下编辑操作。

（1）创建一个新文档，输入素材中的文字。

（2）将文档中的所有“通讯”替换为“通信”。

（3）将第二段和第三段合并为一段，整体作为第二段。

（4）将两段文字位置互换。

（5）对文档进行修订，将第二段中的“从 1 代到 2 代”改为“从 1G 到 2G”。并接受全部修订。

（6）将文件保存到桌面，文件名为“word 文件编辑”。

操作方法：

（1）启动 Word 2016，在启动界面选择【空白文档】，输入素材中的文字。

（2）在【开始】选项卡的【编辑】组中单击【替换】命令，打开【查找和替换】对话框，在【查找内容】处输入“通讯”，在【替换为】处输入“通信”，单击【全部替换】按钮。

（3）用鼠标双击选中第二段的段落标记，按 Delete 键删除。

（4）选中第二段，剪切，将光标放在第一段前面，粘贴。

（5）在【审阅】选项卡的【修订】组中单击【修订】按钮，将“从 1 代到 2 代”中的 “代”更改为“G”，单击【更改】组中的【接受】按钮，在下拉列表中选择【接受所有修订】。

（6）单击【文件】选项卡，在【保存】或【另存为】选项卡中单击【浏览】命令，在【另存为】对话框中选择保存位置为【桌面】，文件名输入“word 文件编辑”，单击【保存【按钮】。

【素材】

发展 5G 有利于提升产业链水平。与 4G 相比，5G 的高速率、高可靠、大连接、低功耗等性能，对元器件、芯片、终端、系统设备等都提出了更高要求，将直接带动相关技术产业的进步升级。而且，我国具有全球规模最大的移动通讯市场，5G 商用将形成万亿级的产业规模，有利于推动核心技术攻关突破和带动上下游企业发展壮大，促进我国产业迈向全球价值链中高端。

移动通讯技术每十年演进升级、代际跃迁。每一次技术进步，都极大地促进经济社会发展。

从 1 代到 2 代，实现了模拟通讯到数字通讯的过渡，降低了应用成本，使移动通讯走进千家万户。从 2G 到 3G、4G，实现了语音业务到数据业务的转变、窄带通讯到宽带通讯的跃升，促进了移动互联网的全面普及和繁荣发展。5G 具备超高带宽、超低时延、超大规模连接数密度的移动接入能力，其性能远远优于 4G，服务对象从人与人通讯拓展到人与物、物与物通讯，不仅是量的提升，更是质的飞跃，在支撑经济高质量发展中必将发挥更加重要的作用。

4.5 文档格式设置

Word 提供了许多文档排版功能，可以改变字符的字体、字号、颜色、底纹、字符间距，段落的对齐方式、行距、段落缩进等效果，使文档更加美观。

4.5.1 设置字符格式

字符格式包括设置文本的字体、字号、颜色、下划线、字形等效果。设置字符格式的方法有两种，一种是在【字体】对话框中设置，另一种是使用【开始】选项卡【字体】组中的按钮设置。

1.【字体】对话框的使用

打开【字体】对话框的方法有以下 3 种。

① 单击【开始】选项卡【字体】组的右下角的对话框启动器按钮。

② 按 Ctrl+D 快捷键。

③ 在文档中单击右键，在快捷菜单中选择【字体】命令。

打开的【字体】对话框如图 4-25 所示。

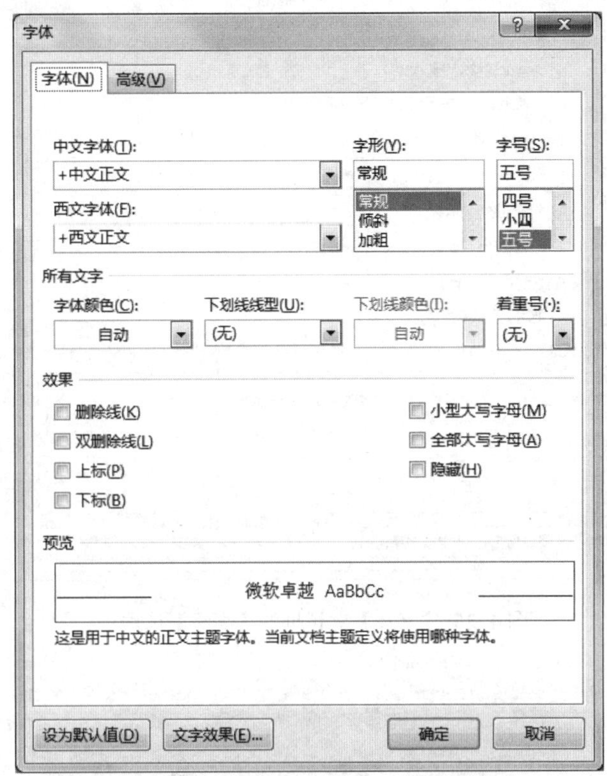

图 4-25 【字体】对话框的【字体】选项卡

选择【字体】选项卡进行字符格式设置，最后单击【确定】按钮完成设置。

【字体】对话框各选项的功能如下。

①【字体】选项卡。

在【中文字体】或【西文字体】列表中可以设置字体类型，字体类型有宋体、楷体、仿宋等多种字体。在【字形】中设置常规、倾斜、加粗等，在【字号】中设置字符大小。在【所有文字】框中，可以设置字符颜色、下划线、着重号等效果。

在选择了使用下划线后，下划线颜色列表成为可用的，打开其下拉列表便可以从中选择下划线颜色。在【效果】框中，可以设置删除线、上标、下标等多种特殊效果。

②【高级】选项卡。

【高级】选项卡用来设置字符的缩放、间距和位置等。单击【字体】对话框中的【高级】选项卡，如图 4-26 所示。这时，可以根据需要选择【缩放】【间距】和【位置】等选项。

2.【字体】组中各个按钮的使用

利用【开始】选项卡【字体】组中命令按钮可以设置字符格式，【字体】组中的按钮如图 4-27 所示。

图 4-26 【字体】对话框的【高级】选项卡

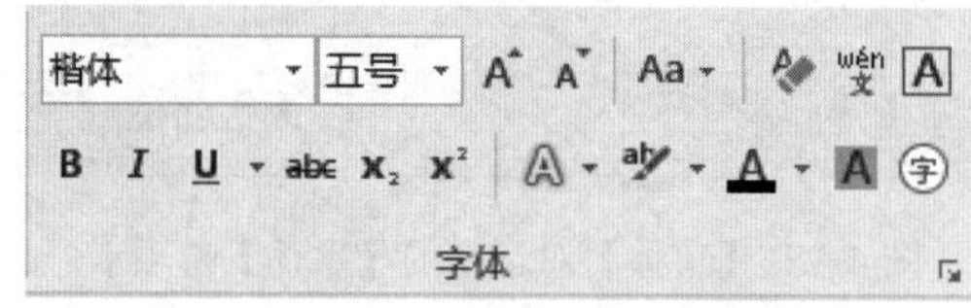

图 4-27 【字体】功能区的按钮

各个按钮的功能如下。

① 楷体 五号 ：文本的字体和字号设置框。

② A A Aa 按钮：增大字号、减小字号、更改字母大小写按钮。

③ 按钮：清除字符所有格式、添加拼音和添加字符边框按钮。

④ B I U abc X_2 X^2 按钮：设置字符的加粗、倾斜、下划线、删除线、下标、上标效果按钮。

⑤ 按钮：设置文本效果、突出显示文本、字体颜色、字符底纹、带圈字符按钮。

4.5.2 设置段落格式

段落是文档的基本单位，每次按下 Enter 键，就会产生一个段落标记，表示一个段落的结束。

段落标记的作用是存放整个段落的格式信息。如果删除一个段落标记，这个段落就会与后一个段落合并，被合并的后一个段落的段落格式消失，取而代之的是前一个段落的段落格式。

段落格式设置包括设置段落缩进、对齐、行间距、段间距等。当需要对某一个段落进行格式设置时，首先要选中该段落，或将插入点放在该段落中，然后进行段落格式设置。

1．段落的对齐

段落的对齐方式包括左对齐、右对齐、居中对齐、两端对齐和分散对齐五种对齐方式。

设置对齐方式可以使用【段落】对话框，也可以使用【开始】选项卡中【段落】组中的对齐按钮。使用【段落】组中的对齐按钮操作很简单，只需在选中段落后，单击相应的按钮，即可改变段落的对齐方式，这些按钮如图 4-28 所示。各个按钮的功能分别为：左对齐、居中对齐、右对齐、两端对齐、分散对齐。

图 4-28　段落对齐按钮

使用【段落】对话框设置对齐方式的操作方法如下。

① 选中需要改变对齐方式的段落。

② 单击【开始】选项卡中【段落】组右下角的对话框启动器按钮，弹出【段落】对话框，选择【缩进和间距】选项卡，如图 4-29 所示。

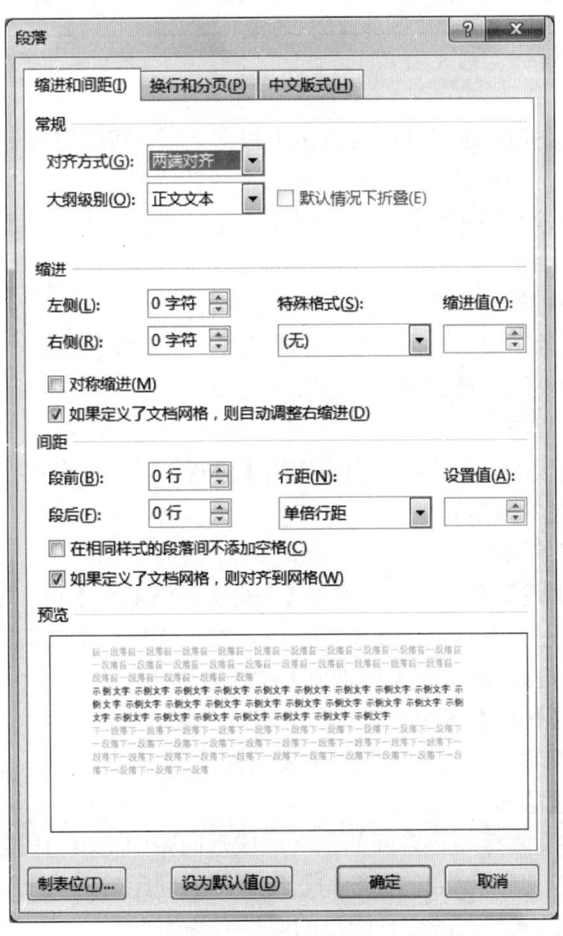

图 4-29　【段落】对话框【缩进和间距】选项卡

③ 在对话框的【常规】区域中的【对齐方式】下拉式列表中，选择一种对齐方式；在对话框中【预览】区中查看设置的效果。

④ 单击【确定】按钮，关闭对话框，完成设置。

2．段落的缩进

缩进是指段落文本与文档边界的相对水平距离。对于一般的文档段落，大都规定首行缩进两个汉字。与页边界不同的是，缩进应用于单行和小段正文。在同一文档中，对各个段落的左、右边界和段落首行可以设置不同的缩进量。

Word 2016 中段落缩进方式有四种：左缩进、右缩进、首行缩进和悬挂缩进，设置段落缩进可以使用【开始】选项卡中【段落】组中的缩进按钮（只有针对左缩进的减少缩进量和增加缩进量两个按钮）、窗口中的水平标尺或【段落】对话框来完成。

（1）使用标尺设置缩进

使用鼠标拖动标尺上的缩进按钮设置缩进是最简单的方法。在文档的水平标尺上标有设置 4 种缩进方式的缩进标记。如图 4-30 所示，标尺上面有 4 个缩进标记，将鼠标放在缩进标记上时，系统会提示标记的功能。

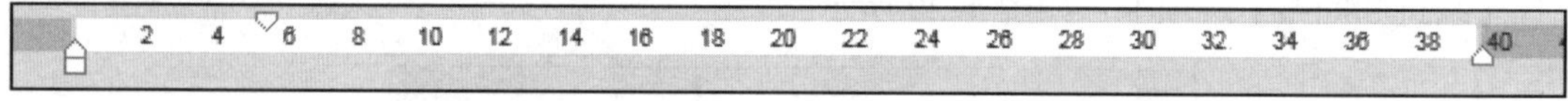

图 4-30　标尺

使用标尺来改变缩进时，选中要改变缩进的段落之后，将缩进标记拖动到合适的位置上。在拖动时，文档中显示一条竖虚线，表明缩进所在的新位置。

如果在视图窗口中没有显示出标尺，可以单击【视图】选项卡，选择【显示】组中的【标尺】选项来显示标尺。

（2）用【段落】组中的按钮设置缩进

单击【段落】组中的【增加缩进量】或【减少缩进量】按钮可以快速地增加或减少当前段落或所选段的左缩进量。

（3）用对话框设置缩进

如果要精确地设置段落的缩进值，则应使用【段落】对话框设置缩进。其操作方法如下。

① 选中要改变缩进的段落。

② 打开【段落】对话框。

③ 在对话框的【缩进】选项区中，单击【左侧】或【右侧】框中的微调按钮，或直接输入数值来设定缩进量；对于首行缩进或悬挂缩进，要在【特殊格式】下拉列表中选择缩进类型（首行缩进或悬挂缩进），然后在【缩进值】中输入缩进量。

④ 在对话框中的【预览】区中可以查看改变的效果。

⑤ 单击【确定】按钮，关闭对话框，完成设置。

3．改变行间距与段落间距

行间距控制段落中文本行与行之间的距离。段落间距则是段与段之间的间距，不同类型的段落之间的距离也应不同。例如，标题与正文之间的间距就应该大一些，而正文各段之间的间距就应该保持正常的水平。改变行间距的操作方法如下。

① 选中要改变行间距的段落。

② 打开【段落】对话框。

③ 在对话框中的【行距】下拉式列表中选择适当的行间距，其中，“单倍行距”指行与行之间保持正常的 1 倍行距；“1.5 倍行距”指行与行之间保持正常的 1.5 倍行距；2 倍行距指行与行之间保持正常的 2 倍行距；“多倍行距”指在【设置值】框中输入具体倍数，可以是小数；“固定值”和“最小值”都可以通过【设置值】框中数据具体的数值来设定行间距，二者的区别在于固定值行间距是固定不变的，不会因字的大小发生变化，最小值行间距是可以变动的，可随字号的变大而自动加大。

④ 单击【确定】按钮，关闭对话框，完成设置。

Word 中段落间距有段前间距和段后间距两种方式，可以在【段落】对话框中进行设置。改变段间距的操作方法如下：选中要改变段间距的段落，在【间距】选项区的【段前】和【段后】数值框中分别输入间距值，单击【确定】按钮，关闭对话框。

4．段落标记的显示与隐藏

显示或隐藏段落标记的方法如下。

单击 Word 2016 窗口中的【文件】选项卡，在弹出的面板中单击左下角的【选项】命令，将弹出如图 4-31 所示的【Word 选项】对话框。单击左侧的【显示】选项，在【始终在屏幕上显示这些格式标记】栏下面选中或取消【段落标记】选项，可以设置段落标记的显示或隐藏状态。

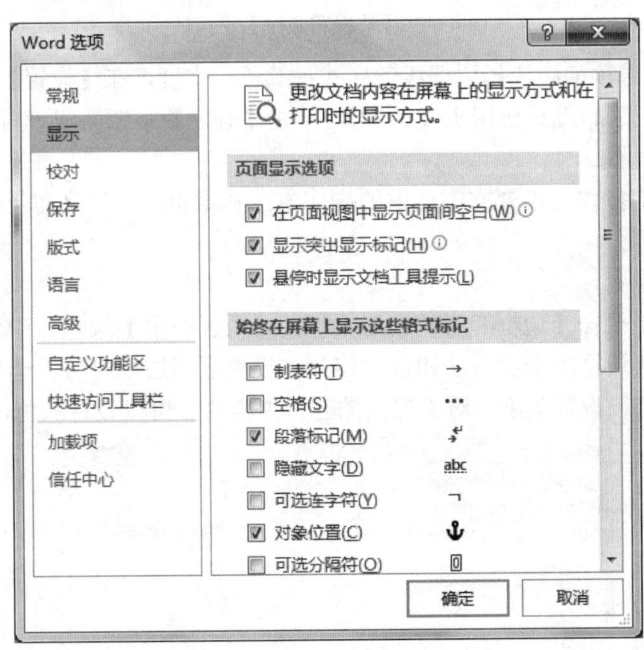

图 4-31 【Word 选项】对话框

4.5.3 边框和底纹设置

1．边框设置

Word 中设置的边框类型有三种，分别是文字边框、段落边框和页面边框。

（1）文字边框设置

设置文字边框的操作方法如下。

① 选择要设置边框的文字，在【开始】选项卡的【段落】组中单击【边框】按钮右侧的下拉按钮，选择【边框和底纹】命令，或者单击【设计】选项卡中【页面背景】组中的【页面边框】命令，都将弹出【边框和底纹】对话框，如图4-32所示。

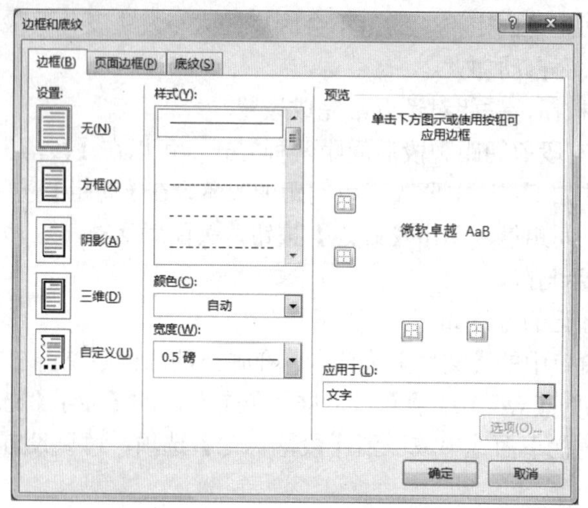

图4-32 【边框和底纹】对话框

② 在【边框】选项卡中选择边框线条样式、颜色、宽度，在【设置】中选择边框选项，在【应用于】下拉列表中选择应用于【文字】，单击【确定】按钮完成设置。

（2）段落边框设置

设置段落边框的操作与设置文字边框的操作方法基本相同，只是在【应用于】下拉列表中选择【段落】即可。

（3）页面边框设置

设置页面边框需要在【边框和底纹】对话框的【页面边框】选项卡中设置。设置页面边框与设置文字或段落边框的操作方法相似，但是在设置页面边框时可以选择【艺术型】页面边框，艺术型边框可以设置宽度，对于黑白的艺术型样式，可以设置颜色，如图4-33所示。

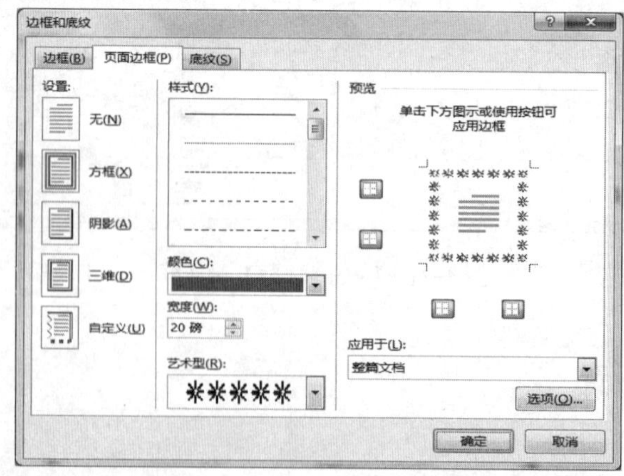

图4-33 【边框和底纹】对话框的【页面边框】选项卡

2．底纹设置

Word 中设置的底纹类型有两种，分别是文字底纹和段落底纹。

（1）文字底纹设置

文字底纹的设置方法如下。

① 选择要设置底纹的文字，打开【边框和底纹】对话框，选择【底纹】选项卡。如图 4-34 所示。

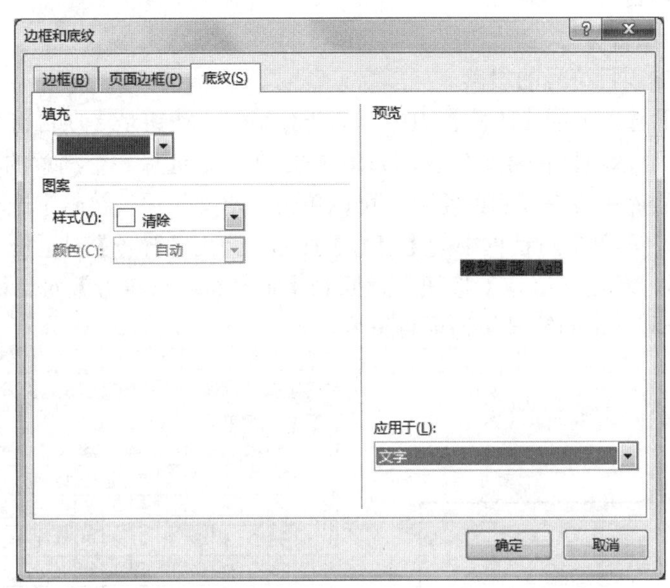

图 4-34 【边框和底纹】对话框的【底纹】选项卡

② 在该选项卡中可以选择底纹填充的颜色或图案样式以及图案的颜色，在【应用于】下拉列表中选择【文字】，单击【确定】按钮。

（2）段落底纹设置

段落底纹的设置方法与文字底纹的设置方法基本相同，区别在于在【应用于】下拉列表中选择的是【段落】。

4.5.4 复制字符格式或段落格式

对于已经设置了字符格式的文本或设置了段落格式的段落，可以将它的格式复制到文档中其他要求格式相同的文本或段落中，而不用对每段文本或段落重复设置。具体操作如下：

（1）选择已设置格式的源文本或段落。

（2）单击【开始】选项卡【剪贴板】组的【格式刷】按钮。

（3）鼠标外观变为一个小刷子后，在需要相同格式的文本或段落处，拖动鼠标选择要设置相同格式的目标文本或段落，目标文本或段落就具有了与源文本或段落相同的格式。或在段落前的选择区上下拖动鼠标，整个段落与源段落具有相同的格式。

注意：单击【格式刷】按钮复制的格式只能应用一次，而双击【格式刷】按钮复制的格式可以应用多次，直到取消格式刷选中状态。取消格式刷选中状态可以再次单击【格式刷】按钮。

4.5.5 添加项目符号和编号

项目符号是放在段落前面的相同的符号，而编号是有顺序的数字、字母等信息。合理使用项目符号和编号，可以使文档的层次结构更清晰、更有条理、突出重点。

添加项目符号和编号的方法有两种：手动添加和自动添加。

1．手动添加项目符号和编号

（1）手动添加项目符号

① 选择要添加项目符号的段落。

② 在【开始】选项卡的【段落】组中，第一行第一个按钮是【项目符号】按钮，单击右侧的下拉按钮，会显示项目符号库列表，如图 4-35 所示，选择一个满意的符号，单击即可。

③ 若项目符号库中没有满意的符号，可以单击【定义新项目符号】选项，弹出【定义新项目符号】对话框，再单击对话框中的【符号】按钮，弹出【符号】对话框，如图 4-36 所示。选择要使用的符号，单击【确定】按钮，返回到【定义新项目符号】对话框，再次单击【确定】按钮即可选择刚选定的符号作为项目符号。

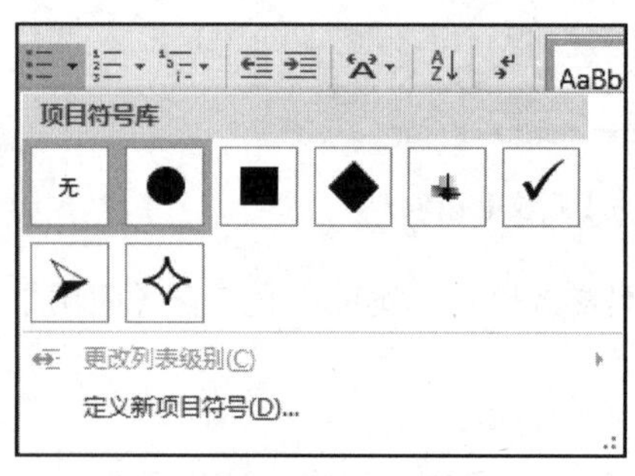

图 4-35 【项目符号库】下拉菜单

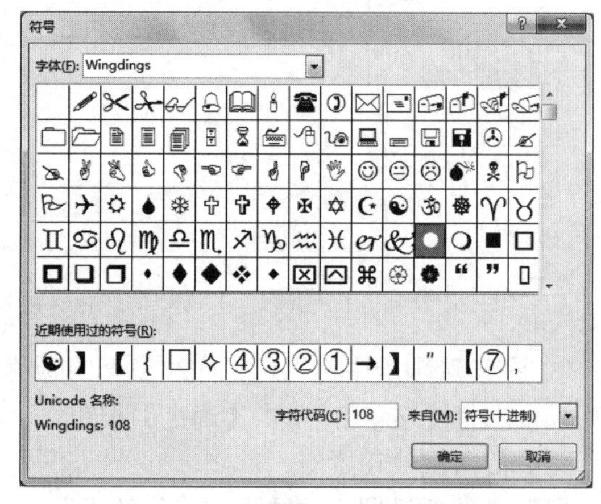

图 4-36 【符号】对话框

（2）手动添加编号

① 选择要添加编号的段落。

② 在【开始】选项卡的【段落】组中，单击第一行第二个【编号】按钮右侧的下拉按钮，会弹出编号库列表，如图 4-37 所示。选择一种满意的编号，单击即可。

③ 若要更改编号的样式，单击【定义新编号格式】选项，弹出【定义新编号格式】对话框，如图 4-38 所示。在【编号样式】下拉框中选择一种编号样式单击【确定】按钮，编号库中会显示该编号，重新在编号库中选择此编号即可。

2．自动添加项目编号和符号

在文档中输入文本前，先输入需要的编号（例如 A、1、（1）等有顺序的可作为编号使用的信息）或项目符号，再输入文本，当按 Ener 键后新段落就会自动按顺序出现编号或出现相同的项目符号。

在输入文本时，若不再需要项目符号和编号，按两次 Enter 键或按 Enter 键后再按

Backspace 键，后面段落的自动编号和符号功能就会取消。

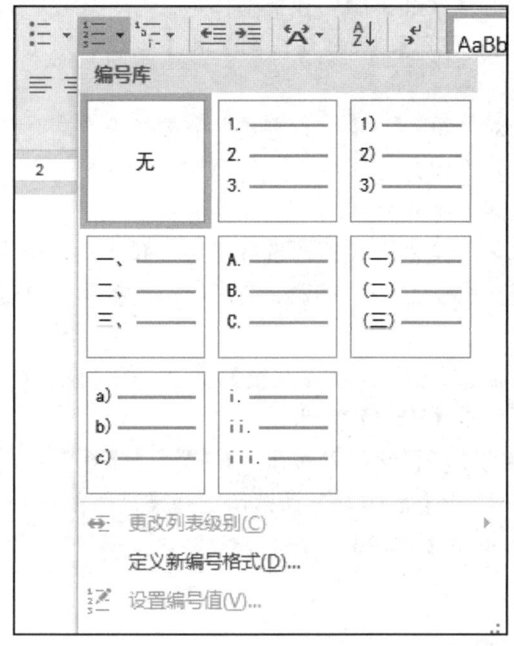

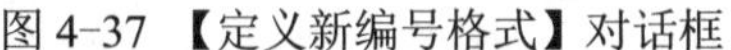

图 4-37 【定义新编号格式】对话框

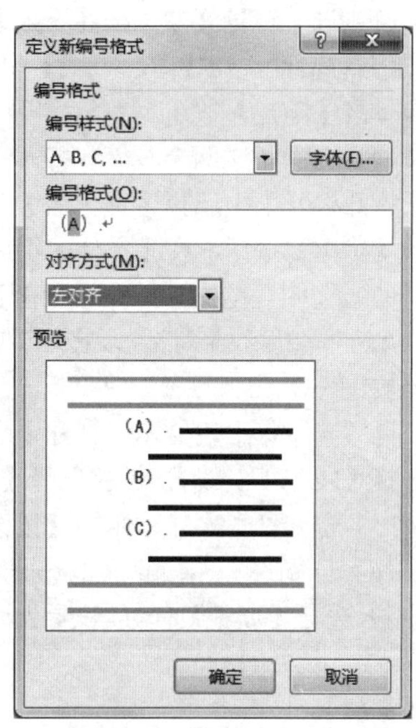

图 4-38 【定义新编号格式】对话框

3．设置连续项目编号或重新编号

若要设置文本的项目编号与文档前面已有的项目编号是连续的，在文本前的项目编号上右击鼠标，在快捷菜单中选择【继续编号】；若要从连续编号中的某一项开始重新从头开始编号，在文本前的编号上右击鼠标，在快捷菜单中选择【重新开始于 1】(1 会随着编号类型的不同而不同)。

4．多级编号级别的降级与升级

在多级编号中，若要使编号降级，将鼠标放在文本前，按 Tab 键，若要使较低级别的编号升级，按 Shift+Tab 键。

5．项目符号与编号的取消

若要取消文本前的项目符号或编号，只要选择文本，然后在【开始】选项卡的【段落】组中单击【项目符号】按钮或【编号】按钮即可。

实例 2：对给定的素材按如下要求完成操作。

（1）将标题“5G 赋能实体经济高质量发展”设置为楷体、二号字、加粗、居中对齐、段前段后间距为 0.5 厘米。

（2）将正文的两个段落设置首行缩进 2 个字符、两端对齐、1.5 倍行距、宋体、小四号字。

（3）标题文字设置蓝色、2.25 磅单实线的阴影边框。

（4）正文第二段设置橙色的“浅色下斜线”底纹图案。

（5）为两段正文添加项目符号“◆”。

（6）将两段正文的第一句设置字符间距加宽 2 磅。

操作方法：

（1）选中标题文本，在【开始】选项卡的【字体】组中设置楷体、二号、加粗，打开【段落】对话框，在【对齐方式】中选择【居中对齐】，设置【段前】和【段后】为 0.5 厘米，单击【确定】按钮。

（2）选中正文两个段落，打开【段落】对话框，在【对齐方式】中选择【两端对齐】，在【特殊格式】中选择【首行缩进】，【磅值】设置为 2 字符，【行距】选择【1.5 倍行距】，单击【确定】按钮，在【字体】组中设置宋体、小四号字。

（3）选中标题文本，在【段落】组中单击【边框】按钮，选择【边框和底纹】选项，打开【边框和底纹】对话框，选择单实线、蓝色、2.25 磅、阴影、应用于"文字"，单击【确定】按钮。

（4）选中第二段文本，打开【边框和底纹】对话框，在【底纹】选项卡的【图案样式】中选择【浅色下斜线】，颜色选择【橙色】，单击【确定】按钮。

（5）选择两段文本，单击【段落】组中的【项目符号】按钮，选择符号【◆】。

（6）分别选择两段正文的第一句文本，打开【字体】对话框，选择【高级】选项卡，【间距】选择【加宽】，磅值设置为"2 磅"，单击【确定】按钮。

【素材】

5G 赋能实体经济高质量发展

加快网络建设，夯实高质量发展新基础。推动基础电信企业加快建设 5G 网络，坚持集约建网、绿色建网的原则，深化电信基础设施共建共享，努力建成覆盖全国、技术先进、品质优良、全球领先的 5G 精品网络，构建新型信息大动脉。加快完善 5G 网络建设保障措施，将站址、机房、管道等信息基础资源纳入城乡规划，推动路灯、信号灯、电线杆等公共基础设施开放共享，推动地铁、机场等公共场所为网络部署预留足够的基础资源，切实降低网络建设成本。

推进技术创新，增强高质量发展新动力。核心技术是国之重器，必须下定决心、加大投入、补齐短板。要把提升原始创新能力摆在更加突出位置，进一步加强 5G 增强技术研发及标准化。聚焦 5G 产业链的突出短板和关键环节，抓好以需求为导向、企业为主体的产学研用一体化创新机制建设，推动更多创新要素投向核心技术攻关。坚持"商用引导、整机带动"原则，以 5G 整机带动核心器件技术进步，加快面向行业应用的 5G 终端、网络、平台、系统集成等领域的研发和产业化，发展壮大 5G 产业集群。

4.6 文档的页面设置及打印

4.6.1 页眉和页脚设置

页眉是文档中每个页面的顶部的区域，页脚是文档中每个页面底部的区域。主要用来放置用来于标识文章标题、单位徽标、发表日期、页码、具有标识作用的信息等。

1．添加页眉或页脚

添加页眉和页脚的操作方法相同，下面以添加页眉为例来说明其操作方法及过程。

① 选择【插入】选项卡【页眉和页脚】组中的【页眉】按钮，弹出【页眉】下拉列表，如图 4-39 所示。

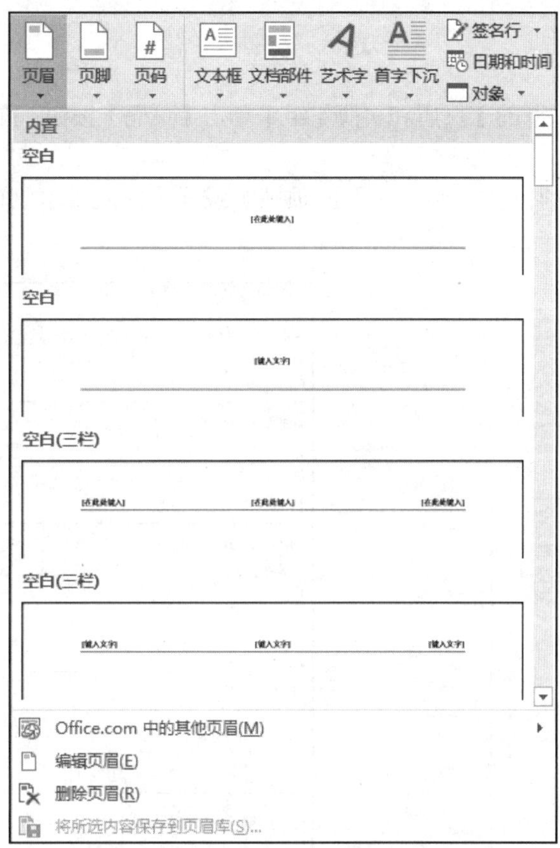

图 4-39　【页眉】下拉列表

② 在【页眉】下拉列表中，可以看到有许多内置的页眉样式，选择其中一项单击，或选择列表下面的【编辑页眉】选项，文档进入页眉编辑状态，鼠标定位于文档上方的页眉处，同时功能区将显示【页眉和页脚工具】面板，如图 4-40 所示。

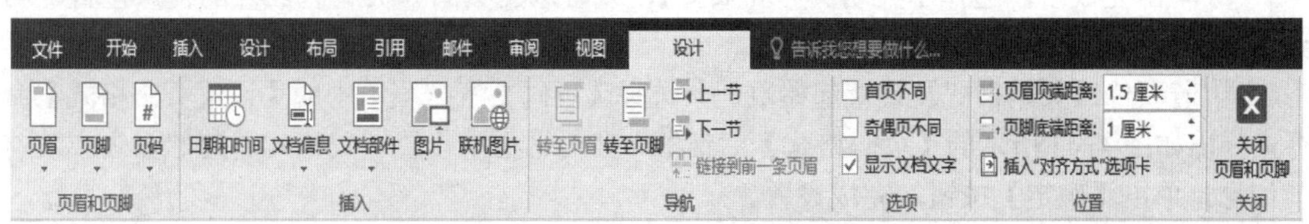

图 4-40　【页眉和页脚工具】的【设计】面板

③ 在页眉处输入所需文本，或者使用【页眉和页脚工具】面板中的按钮添加其他信息。

④ 完成操作后，单击【关闭页眉和页脚】按钮或双击文档正文编辑区，结束页眉编辑状态。

页眉格式的设置与正文中文本格式的设置方法相同。

2．删除页眉或页脚

① 单击【插入】选项卡，根据需要选择【页眉】或【页脚】。

② 在【页眉】下拉列表中，选择【删除页眉】，或用此方法删除页脚。

4.6.2 插入页码

① 在【插入】选项卡的【页眉和页脚】组中单击【页码】按钮，弹出【页码】下拉菜单，如图 4-41 所示。

② 选择插入页码的位置，例如【页面顶端】或【页面底端】，弹出页码样式列表，如图 4-42 所示。

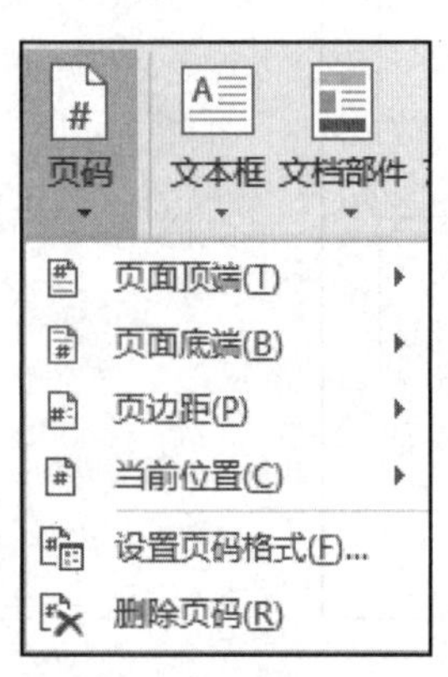

图 4-41 【页码】下拉菜单

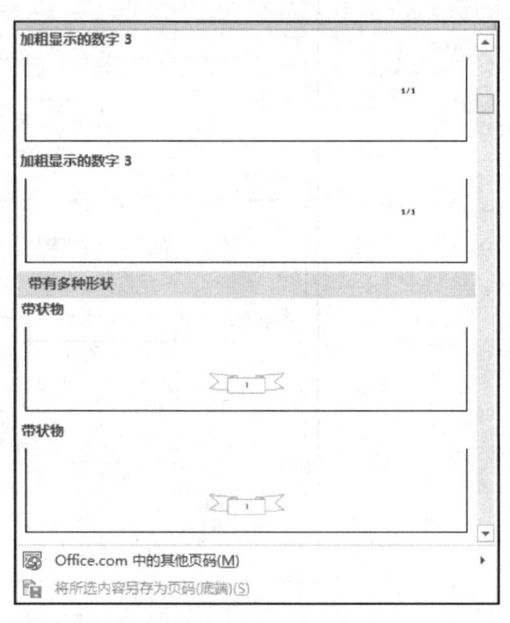

图 4-42 页码样式列表

③ 选择一种页码样式，Word 2016 会对每页进行自动编号，并显示【页眉和页脚工具】面板。

④ 单击完成后，选择【关闭页眉和页脚】，或者双击页眉和页脚区域外的任意位置，回到正文编辑状态。

⑤ 若要修改页码格式及设置起始页码，选择【页码】下拉菜单中的【设置页码格式】命令，弹出如图 4-43 所示的【页码格式】对话框。在对话框中设置编码格式、起始页码或续前节信息，单击【确定】按钮，完成设置。

4.6.3 文档的页面设置

在 Word 文档打印之前，可以利用【设计】选项卡和【布局】选项卡对整个文档的水印、页面颜色、页边距、纸张大小等进行设置，以达到理想的打印效果与需求。

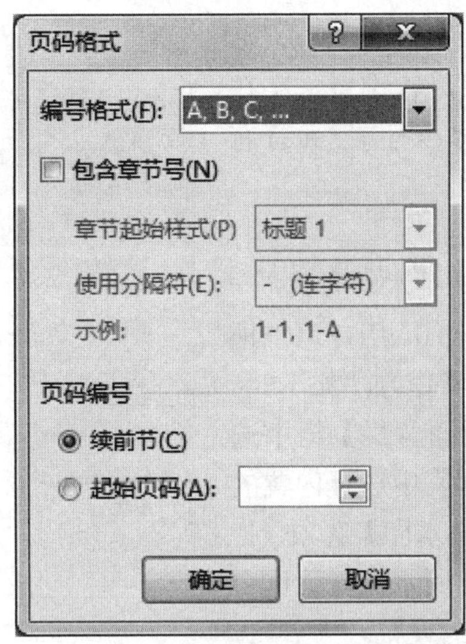

图 4-43 【页码格式】对话框

1．页面设置

单击【布局】选项卡【页面设置】组右下角的对话框启动器，打开【页面设置】对话框，如图 4-44 所示。

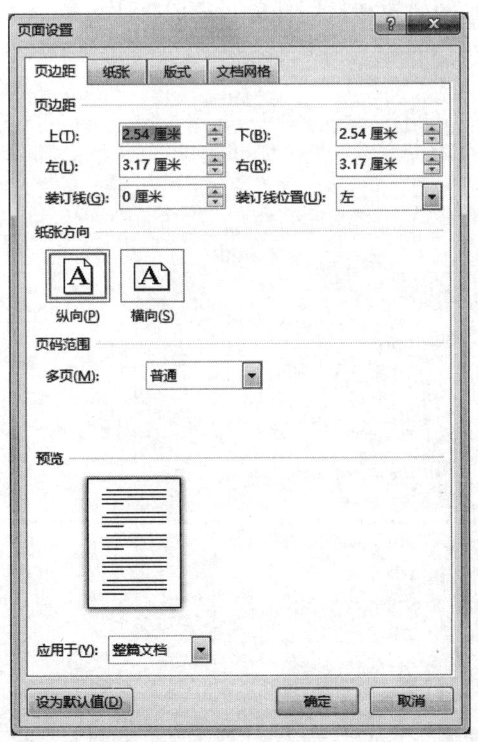

图 4-44 【页面设置】对话框

在【页边距】选项卡中可以设置文档页面上、下、左、右边距、纸张方向、装订线位置等。

在【纸张】选项卡中可以选择纸张的类型或设置纸张大小。

在【布局】选项卡中可以设置页眉、页脚距离页面边界的距离、页面垂直对齐方式。

在【文档网络】选项卡中可以设置文字在页面上的显示方向、每页中有多少行字、每行有多少个字符等。

2．添加水印效果

Word 2016 为用户提供了两种水印方式，一种是文字水印，另一种是图片水印，用户可以根据需要进行选择。添加水印的操作方法如下。

在【设计】选项卡的【页面背景】组中选择【水印】按钮，可以在下拉列表中选择内置的水印效果，也可以选择【自定义水印】选项，打开【水印】对话框，如图 4-45 所示在对话框中完成文字水印或图片水印效果的设置。

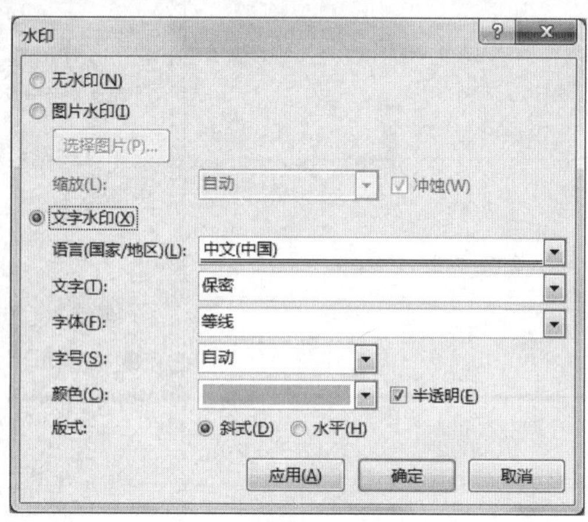

图 4-45 【水印】对话框

4.6.4　文档的打印

依次单击【文件】→【打印】选项，显示【打印】面板，如图 4-46 所示。在【打印】面板中，可设置打印范围、纸张单面或双面打印、打印的缩放情况以及打印的份数等信息，最后单击【打印】按钮，向打印机发送打印任务，完成打印设置。

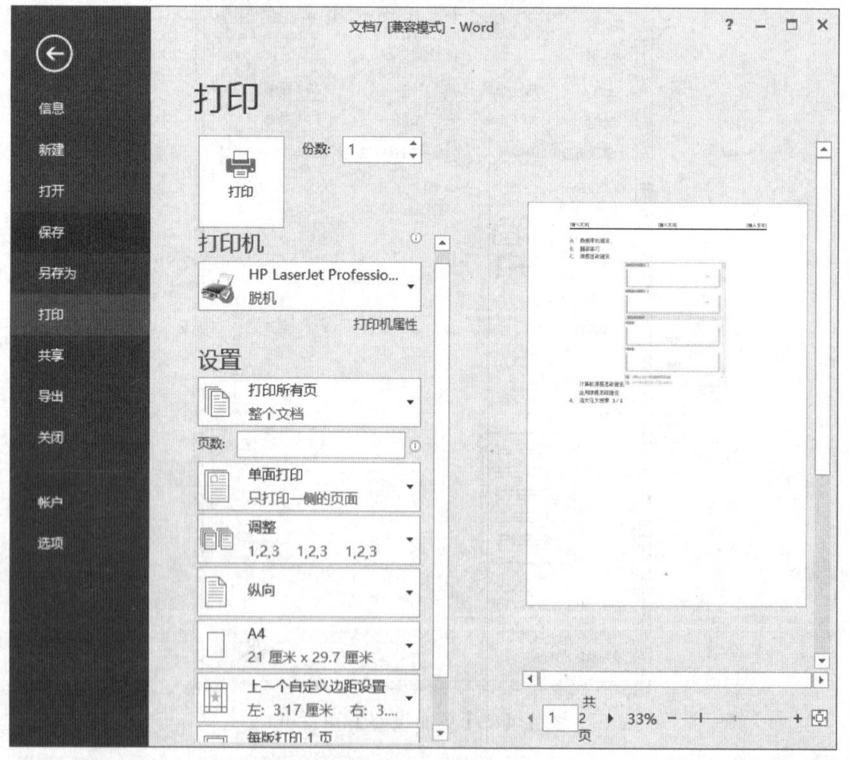

图 4-46 【打印】面板

实例 3：对给定的素材按要求完成设置操作。

（1）设置纸张为 B5，上下左右页边距都是 2.5 厘米，页眉页脚距边距 1.5 厘米。

（2）在页面底端插入“轮廓圆 2”样式的页码。

（3）插入页眉“页面设置”，页眉文字格式设置为五号字、居中对齐。

（4）设置“斜式”文字水印效果，文字设置为“Word 2016”。

（5）设置页面“垂直对齐方式”为“居中对齐”。

（6）设置页面边框为任意的艺术型边框。

操作方法：

（1）单击【布局】选项卡【页面设置】组右下角的对话框启动器，打开【页面设置】对话框，在【页边距】选项卡中设置四个页边距均为 2.5 厘米，在【纸张】选项卡中设置“纸张大小”为“B5”，在【布局】选项卡“距边界”区域中，页眉、页脚都设置为 1.5 厘米。

（2）单击【插入】选项卡【页眉和页脚】组中的【页码】按钮中，选择【页面底端】→【轮廓圆 2】。

（3）双击正文上面的页眉区，输入文字“Word 2016”，选择文字，在【字体】组中设置文字为五号字、在【段落】组中设置文字“居中对齐”。

（4）单击【设计】选项卡【页面背景】组中的【水印】按钮，选择【自定义水印】，打开【水印】对话框，选择【文字水印】选项，在【文字】中输入“Word 2016”，【版式】选择【斜式】，单击【确定】按钮。

（5）在【页面设置】对话框的【版式】选项卡的【页面】区域设置【居中对齐】。

（6）打开【边框和底纹】对话框，在【页面边框】选项卡下面的【艺术型】下拉列表中选择一种艺术样式，单击【确定】按钮。

【素材】

5G 赋能实体经济高质量发展

深化融合应用，拓展高质量发展新空间。5G 应用呈“二八定律”分布，即用于人与人之间的通信只占应用总量的 20%左右，80%的应用是在物与物之间的通信，由此可见，5G 应用前景广阔、潜力巨大。要大力推动 5G 与实体经济在更广范围、更深程度、更高水平的融合应用，探索构建可复制、可推广的融合应用推进机制。支持 5G 在工业互联网、车联网、现代农业、智慧能源等领域应用突破，促进传统产业数字化、网络化、智能化转型。推动 5G 在教育、医疗、养老等公共服务领域深度应用，不断增强人民群众的获得感、幸福感、安全感。

加强开放合作，构建高质量发展新环境。习近平总书记强调，中国开放的大门不会关闭，只会越开越大。5G 发展本身就具备全球化分工、协同化推进的特征。深化合作、扩大开放，是发展的必由之路。要继续推动国内外企业积极参与我国 5G 网络建设和应用推广，共同分享 5G 发展成果。深化 5G 标准制定、技术研发、产业协同、数字治理等方面的国际合作，不断增进共识，共同维护 5G 发展良好生态。积极开拓“一带一路”沿线国家市场，支持通信运营企业“走出去”。

评价单

<table>
<tr><td>项目名称</td><td colspan="3"></td><td>完成日期</td><td></td></tr>
<tr><td>班级</td><td></td><td>小组</td><td></td><td>姓名</td><td></td></tr>
<tr><td>学号</td><td colspan="3"></td><td colspan="2">组长签字</td></tr>
<tr><td colspan="2">评价项点</td><td>分值</td><td>学生评价</td><td colspan="2">教师评价</td></tr>
<tr><td colspan="2">Word 文档操作的熟练程度</td><td>10</td><td></td><td colspan="2"></td></tr>
<tr><td colspan="2">文档编辑操作的熟练成度</td><td>10</td><td></td><td colspan="2"></td></tr>
<tr><td colspan="2">字符、段落、边框底纹设置</td><td>10</td><td></td><td colspan="2"></td></tr>
<tr><td colspan="2">页面设置</td><td>10</td><td></td><td colspan="2"></td></tr>
<tr><td colspan="2">页眉与页脚设置</td><td>10</td><td></td><td colspan="2"></td></tr>
<tr><td colspan="2">是否重视本课程的学习</td><td>10</td><td></td><td colspan="2"></td></tr>
<tr><td colspan="2">遇到问题是否沉着冷静处理</td><td>10</td><td></td><td colspan="2"></td></tr>
<tr><td colspan="2">是否与同学积极交流合作</td><td>10</td><td></td><td colspan="2"></td></tr>
<tr><td colspan="2">是否遵守课堂纪律</td><td>10</td><td></td><td colspan="2"></td></tr>
<tr><td colspan="2">任务完成情况</td><td>10</td><td></td><td colspan="2"></td></tr>
<tr><td colspan="2">总分</td><td>100</td><td></td><td colspan="2"></td></tr>
<tr><td>学生得分</td><td colspan="5"></td></tr>
<tr><td>自我总结</td><td colspan="5"></td></tr>
<tr><td>教师评语</td><td colspan="5"></td></tr>
</table>

知识点强化与巩固

一、填空题

1．Word 2016 文档的扩展名是（　　　）。

2．Word 2016 中保存文档可以使用快捷键（　　　）。

3．打开 Word 2016 软件后，系统默认的视图是（　　　）视图。

4．在编辑 Word 文档时，执行了误操作后，可以按（　　　）快捷键撤销误操作。

5．在带格式查找和替换对话框中要取消查找内容或替换内容的格式，应该按对话框中的（　　　）按钮。

6．在 word 文档中选定内容后，单击【剪切】按钮，则选定的内容被删除并送到（　　　）上。

7．段落对齐方式有 5 种，分别是左对齐、（　　　）、（　　　）、分散对齐和（　　　）。

8．在 Word 2016 中，要新建文档，第一步要选择（　　　）选项卡。

9．要设置文档中文本的颜色、文本效果等格式，可以使用（　　　）选项卡中字体组中的命令。

10．在 Word 2016 中，要选择多处不连续的文本，可以按（　　　）键，同时用鼠标拖动的方法选择。

11．在 Word 2016 中，若要设置文档的页面颜色，应该单击（　　　）选项卡中的【页面颜色】按钮。

12．Word 2016 中，水印有两种，分别是（　　　）水印和（　　　）水印。

13．在 Word 2016 中，使用多级项目编号时，按（　　　）键使编号降级，按（　　　）键可以使编号升级。

14．在 Word 2016 中，选择一段文字后，在设置边框和底纹对话框中，设置的边框或底纹可以应用于（　　　）或（　　　）。

15．Word 2016 中，利用【查找和替换】对话框在文档中查找内容时，搜索范围可以设置为：全部、（　　　）和（　　　）。

二、单选题

1．打开 Word 2016 时，选择新建【空白文档】，系统新建文件的默认名称是（　　）。

A．DOCl　　B．SHEETl　　C．文档 1　　D．BOOKl

2．Word 2016 的主要功能是（　　）。

A．幻灯片处理　　B．声音处理　　C．图像处理　　D．文字处理

3．在 Word 2016 中，当前输入的文字显示在（　　）。

A．文档的开头　　B．文档的末尾　　C．插入点的位置　　D．当前行的行首

4．下列视图中最接近打印效果的视图是（　　）。

A．草稿视图　　B．页面视图　　C．大纲视图　　D．阅读版式视图

5．在 Word 2016 文档的编辑状态下，若要进行字体效果设置（例如设置文本的隐藏效果），首先应打开（　　）对话框。

A．字体 B．段落 C．边框和底纹 D．查找

6．在 Word 2016 文档编辑状态下，对选定的文本不能进行（ ）设置。

A．加下划线 B．加着重号 C．动态效果 D．阴影效果

7．用 Word 2016 编辑文档时，要将选定区域的内容放到剪贴板上，可单击命令组中的（ ）命令按钮。

A．剪切或替换 B．剪切或清除 C．剪切或复制 D．剪切或粘贴

8．在 Word 2016 中，不选择文本设置字体则（ ）。

A．不对任何文本起作用 B．对全部文本起作用

C．对当前文本起作用 D．对插入点后新输入的文本起作用

9．在 Word 2016 主窗口的右上角，可以同时显示的按钮是（ ）。

A．功能区显示选项、最小化、还原和最大化

B．功能区显示选项、还原、最大化和关闭

C．功能区显示选项、最小化、还原和关闭

D．功能区显示选项、还原和最大化

10．新建 Word 2016 文档的快捷键是（ ）。

A．Ctrl+N B．Ctrl+O C．Ctrl+C D．Ctrl+S

11．在 Word 的默认状态下，能直接打开最近使用过的文档的方法是（ ）。

A．单击快速工具栏中的【打开】按钮

B．选择【文件】选项卡中的【打开】项

C．快捷键 Ctrl+O

D．在【文件】选项卡中选择【导出】项

12．在 Word 2016 中，当前编辑的是 C 盘的 d1．docx 文档，要将该文档保存到 D 盘，应当使用中（ ）。

A．【文件】选项卡中的【另存为】命令

B．【文件】选项卡中的【保存】命令

C．【文件】选项卡中的【新建】命令

D．【开始】选项卡中的【粘贴】命令

13．在 Word 2016 中，当前编辑的是新建的文档“文档 1”，执行【文件】选项卡中的【保存】命令后（ ）。

A．“文档 1”被存盘 B．弹出【另存为】对话框

C．自动以“文档 1”为名存盘 D．不能以“文档 1”存盘

14．在 Word 2016 文档编辑状态，改变段落的缩进方式、调整左右边界等，最直观快捷的方法是使用（ ）。

A．【字体】对话框 B．【段落】对话框

C．标尺 D．【页面设置】对话框

15．单击【开始】选项卡中的编辑组中的【查找】按钮，将弹出（ ）。

A．【查找】对话框 B．【替换】对话框

C．【选择】窗格 D．【导航】窗格

16．在 Word 2016 文档编辑状态，执行“复制”命令后（ ）。

A．插入点所在的段落内容被复制　　B．被选中的内容被复制
C．光标所在段落的内容被复制　　D．被选中的内容被复制到插入点处

17．在 Word 2016 中，“打开”文档的作用是（　　）。
A．将指定的文档从剪贴板中读出并显示
B．为指定的文档打开一个空白窗口
C．将指定的文档从外存读入并显示
D．显示并打印指定文档的内容

18．在 Word 2016 文档编辑状态，进行字体设置操作后，按新设置字体显示的文字是（　　）。
A．插入点所在段落中的文字　　B．文档中被选择的文字
C．插入点所在行中的文字　　D．文档中全部的文字

19．在 Word 2016 文档编辑状态，依次打开了文档 1、文档 2、文档 3、文档 4 这 4 个文档，当前活动窗口是（　　）窗口。
A．文档 1　　B．文档 2　　C．文档 3　　D．文档 4

20．在 Word 2016 中，具有设置文本行间距命令按钮的命令组是（　　）。
A．字体　　B．段落　　C．插图　　D．样式

21．【另存为】命令位于（　　）选项卡中。
A．插入　　B．文件　　C．开始　　D．布局

22．在【字体】对话框中的【效果】区域可以设置（　　）效果。
A．下划线　　B．加粗　　C．隐藏　　D．倾斜

23．下列不是【字体】对话框【高级】选项卡中的选项的是（　　）。
A．缩放　　B．位置　　C．字形　　D．间距

24．【复制】和【粘贴】按钮位于【开始】选项卡中（　　）组中。
A．剪贴板　　B．粘贴　　C．编辑　　D．剪切

25．以下关于 Word 2016 中字号定义与实际字大小的比较，正确的是（　　）。
A．五号>四号，13 磅>12 磅　　B．五号<四号，13 磅<12 磅
C．五号<四号，13 磅>12 磅　　D．五号>四号，13 磅<12 磅

26．在 Word 2016 中，下列说法正确的是（　　）。
A．使用【查找】功能时，可以区分全角和半角字符，不能区分大小写字符
B．使用【替换】功能时，发现内容替换错了，可以用【撤销】命令还原
C．使用【替换】功能进行文本替换时，只能替换半角字符
D．使用【替换】功能时，【替换】和【全部替换】作用完全相同

27．关于 Word 2016，以下说法中错误的是（　　）
A．“剪切”功能将选取的对象从文档中删除，并存放在剪贴板中
B．“粘贴”功能将剪贴板上的内容粘贴到文档中插入点所在的位置
C．剪贴板是外存中一个临时存放信息的特殊区域
D．Word 2016 剪贴板最多可以存放 15 项内容

28．在 Word 2016 文档中选择一段文本后，连击两次【字体】中的“B”按钮，则（　　）。
A．这段文本呈现加粗效果　　B．这段文本笔画宽度是加粗效果的两倍

C．这段文本格式不变　　　　　　D．产生出错报告

29．在 Word 2016 文档编辑状态下，选中文档中的一行文本，按 Delete 键后（　　）。

A．删除了插入点所在的行

B．删除了被选择的一行

C．删除了被选择行及其之后的所有内容

D．删除了插入点及其之前的所有内容

30．在 Word 2016 中，【替换】命令所在的选项卡是（　　）。

A．文件　　B．开始　　C．插入　　D．布局

三、判断题

1．在 Word 2016 中没有调整字符间距的功能。（　　）

2．在 Word 2016 文档编辑中，要完成移动、复制、删除等操作，必须先选择要编辑的内容。（　　）

3．在 Word 2016 中，“高级查找”功能和“智能查找”功能完全相同。（　　）

4．在 Word 2016 中，页边距可以通过标尺设置。（　　）

5．在 Word 2016 中，要复制文本格式，可以使用格式刷来实现。（　　）

6．在 Word 2016 中，设置艺术型页面边框时，艺术型边框不能更改颜色。（　　）

7．选择一个段落设置底纹时，应用于选择“段落”和“文字”效果相同。（　　）

8．在 Word 2016 中，将鼠标放在文本选择区双击鼠标，可以选择一段文本。（　　）

9．在 Word 2016 中，只能对数字设置上标或下标效果，不能对汉字设置上标或下标效果。（　　）

10．在 Word 2016 中，段落缩进有两种缩进方式：左缩进和右缩进。（　　）

习题答案：

一、填空题

1．.docx　2．Ctrl+S　3．页面　4．Ctrl+Z　5．不限定格式

6．剪贴板　7．居中对齐、右对齐、两端对齐　8．文件

9．开始　10．Ctrl　11．设计　12．图片、文字

13．Tab、Shift+Tab　14．文字、段落　15．向上、向下

二、单选题

1．C　2．D　3．C　4．B　5．A

6．C　7．C　8．D　9．C　10．A

11．B　12．A　13．B　14．C　15．D

16．B　17．C　18．B　19．D　20．A

21．B　22．C　23．C　24．A　25．C

26．B　27．C　28．C　29．B　30．B

三、判断题

1．×　2．✓　3．×　4．✓　5．✓

6．×　7．×　8．✓　9．×　10．×

项目二 制 作 表 格

知识点提要

1. 表格的创建和删除
2. 单元格、行和列的选择
3. 编辑表格行列数
4. 设置表格的属性
5. 表格的排序与计算

任务表单

任务名称	表格制作	学时	2 学时
知识目标	1．熟练表格行与列的插入与删除。 2．熟练表格中行高和列宽的设置。 3．掌握设置表格中文字的对齐方式。		
能力目标	1．培养学生熟练运用表格解决问题的能力。 2．培养学生发现问题并解决问题的能力。 3．培养学生沟通协作能力。		
素质目标	培养学生细心踏实、思维敏锐、勇于探索的职业精神		

任务描述

一、制作如图所示的“铁路某站段职工工资单”表格，并按如下要求进行设置。

铁路某站段职工工资单

项目 编号	姓名	部门	出勤天数	缺勤（天）	基本工资	加班工资			绩效奖	满勤奖	应发工资	代扣款			扣款合计	实发工资	签名
						平时	双休日	固定假				缺勤	个税	社保			
01	张一		25	5	3500	0	0	0	1000	0		50	0	800			
02	王二		30	0	3500	0	0	0	1500	100		0	0	800			
03	李三		30	0	3500	150	0	0	1500	100		0	0	800			
04	赵四		29	1	3500	0	0	0	1400	0		10	0	800			

1．在桌面新建一个文件夹，命名为“学号+姓名”；在文件夹内新建一个 Word 文档，命名为“成绩单”。

2．设置纸张宽度为 35 厘米，左、右页边距为 1 厘米。

3．设置表格外框线为 1.5 磅绿色实线，内框线为 1 磅绿色实线。

3．表格标题行填充黄色底纹，实发工资列（不含标题）填充“蓝色，个性色 5，淡色 60%”底纹。

4．除第一个单元格外，所有单元格中内容的方式为“水平居中”；第一个单元格按图自行设置。

5．标题行文本设置为五号、宋体、加粗效果。

6．使用公式计算所有员工的应发工资、扣款合计和实发工资。

7．对表格中的数据按实发工资降序排序。

二、制作如图所示的“铁路 X 站段入职登记表”，并按如下要求进行修改。

1．在上题文件夹中新建一个 Word 文档，命名为“入职登记表”，并在该文档中制作表格。

2．所有行的行高为 0.75 厘米；表格标题文本为黑体、二号字，其余文本均为楷体、五号字；表格中文字的对齐方式如图所示。

3．表格外边框为 1.5 磅黑色实线，表格中第 7 行、第 11 行和第 19 行下边框为 0.5 磅双实线，其余内边框为 1 磅黑色实线。

铁路 X 站段入职登记表

编号：　　　　　　　　　　　　　　　　　　　　　　　感谢您的关注，期待您的加入！

<table>
<tr><td rowspan="2">姓名</td><td>中文</td><td></td><td>性别</td><td>出生日期</td><td>民族</td><td>政治面貌</td><td>身高</td><td>体重</td><td rowspan="4">照片</td></tr>
<tr><td>拼音</td><td></td><td></td><td>年 月 日</td><td></td><td></td><td>cm</td><td>kg</td></tr>
<tr><td colspan="2">视　　力</td><td>左　　右</td><td>血型</td><td></td><td>婚姻</td><td colspan="3">未婚□　已婚□　离异□</td></tr>
<tr><td colspan="2">宗教信仰</td><td colspan="2"></td><td>既往病史</td><td colspan="4">无□ 有□ (请注明) ____________</td></tr>
<tr><td colspan="2">E-mail</td><td colspan="3"></td><td>身份证号</td><td colspan="4"></td></tr>
<tr><td colspan="2">籍　　贯</td><td colspan="3"></td><td>家族地址</td><td colspan="4"></td></tr>
<tr><td colspan="2">联系电话</td><td colspan="5">移动电话：____________ 宅电：____________</td><td>邮编</td><td colspan="2"></td></tr>
</table>

<table>
<tr><td rowspan="4">家庭成员</td><td>关系</td><td>姓名</td><td>工作单位</td><td>职务</td><td>电话</td></tr>
<tr><td></td><td></td><td></td><td></td><td></td></tr>
<tr><td></td><td></td><td></td><td></td><td></td></tr>
<tr><td></td><td></td><td></td><td></td><td></td></tr>
</table>

<table>
<tr><td rowspan="8">教育背景（从高中阶段开始）</td><td>期间</td><td>学校名称</td><td>专业</td><td>学历</td><td>学位</td></tr>
<tr><td>–</td><td></td><td></td><td></td><td></td></tr>
<tr><td>–</td><td></td><td></td><td></td><td></td></tr>
<tr><td>–</td><td></td><td></td><td></td><td></td></tr>
<tr><td>–</td><td></td><td></td><td></td><td></td></tr>
<tr><td>–</td><td></td><td></td><td></td><td></td></tr>
<tr><td colspan="5">主要课程（最高学历）</td></tr>
<tr><td colspan="5"></td></tr>
</table>

<table>
<tr><td>能否出差</td><td></td><td>能否加班</td><td></td><td>能否接受工作调动</td><td></td><td>期望月薪</td><td></td></tr>
<tr><td colspan="2">填表人申明</td><td colspan="6">1. 本人保证所填写资料属实。
2. 保证遵守公司各项规章制度。
3. 若有不实之处，本人愿意无条件接受公司处罚甚至辞退，并不要求任何补助。

申请人：________</td></tr>
</table>

任务要求

1．仔细阅读任务描述中的排版要求，认真完成任务。
2．上交电子作品。
3．小组间可以讨论交流操作方法。

资料卡及实例

4.7 表格的创建和删除

在我们日常的工作和学习中，经常需要制作和编辑一些表格。Word 2016 提供了功能强大的表格制作工具，利用这些表格工具可以制作出各种精美的表格。

4.7.1 创建表格

Word 2016 提供了 6 种创建表格的方法，分别是自动创建表格、插入表格、绘制表格、文本转换成表格、Excel 电子表格和快速表格。这些功能位于【插入】选项卡【表格】组中的【表格】按钮下，如图 4-47 所示。

图 4-47 【表格】按钮的功能

1. 自动创建表格

适用于创建行列数少于 8 行 10 列的表格。

操作方法如下。

首先用鼠标单击一下要创建表格的位置，然后在【插入】选项卡的【表格】组中单击【表格】按钮，在弹出的下拉面板中出现一个 8 行 10 列的虚拟表格。将鼠标指针指向此虚拟表格中，虚拟表格会显示红色，文档中也会根据鼠标的选择显示出相应的表格。此时单击鼠标左键，即可在文档中创建一个红色虚拟表格的行列数一致的空白表格，如图 4-48 所示。

图 4-48 自动创建表格

2．插入表格

适用于插入任意行列数的表格（在 Word 中创建的表格，“行数”的最大值为 32 767，“列数”的最大值为 63）。

操作方法如下。

首先用鼠标单击要创建表格的位置，然后在【插入】选项卡的【表格】组中单击【表格】按钮，在弹出的下拉面板中单击【插入表格】，此时弹出【插入表格】对话框，在对话框中分别输入“列数”和“行数”，单击【确定】按钮即可，如图 4-49 所示。

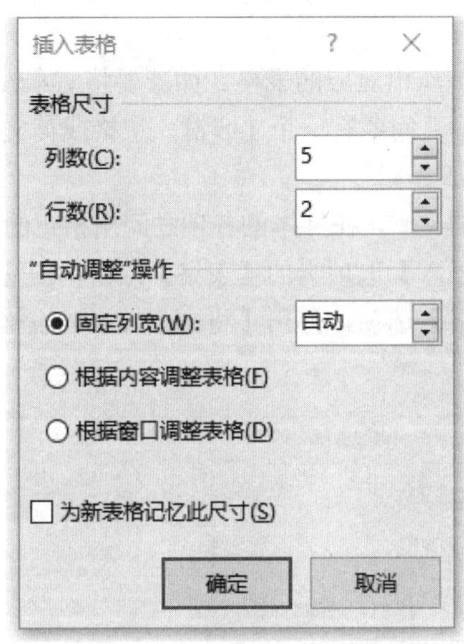

图 4-49　插入表格

在【插入表格】对话框中还可以根据需要设【固定列宽】【根据内容调整表格】【根据窗口调整表格】三个选项。

在【插入表格】对话框中如果选中【为新表格记忆此尺寸】选项，那么在以后出现【插入表格】对话框时都会显示当前对话框的行列数。

3．绘制表格

适用于创建每行的单元格数不同或者有斜线这类比较复杂的表格。

操作方法如下。

首先用鼠标单击要创建表格的位置，然后在【插入】选项卡的【表格】组中单击【表格】按钮，在弹出的下拉面板中单击【绘制表格】选项。此时鼠标指针呈✎形状，在需要绘制表格的位置拖拽鼠标，在文档中绘制一个虚线框，释放鼠标即可得到一个表格的外框。然后可以根据需要拖动鼠标绘制表格的行线、列线和斜线，绘制完毕后按 Esc 键结束绘制，鼠标变回原来的形状，完成了表格的创建。

如果在绘制表格的过程中画错线了，可以在【表格工具】的【布局】选项卡中选择【绘图】组的【橡皮擦】按钮来擦除画错的线。【橡皮擦】按钮如图 4-50 所示。

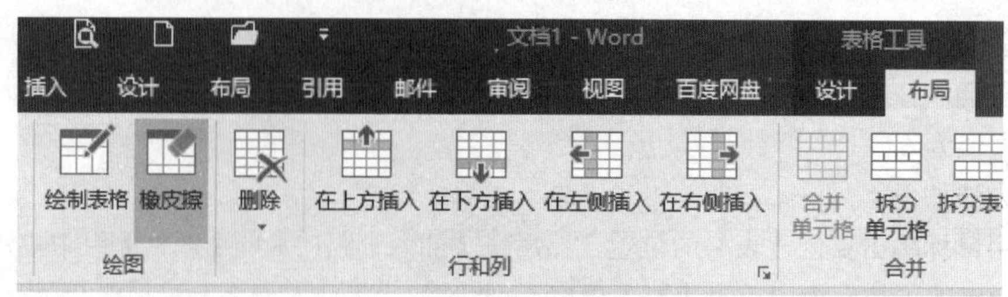

图 4-50 【橡皮擦】按钮

4．文本转换成表格

适用于根据现有的文字制作出对应的表格。如若要将文本转换成表格，首先要求文本要满足如下的格式：文本与文本之间要有一个 Tab 键、空格或英文状态的标点符号隔开。

操作方法如下。

首先选中要转换成表格的文本，在文本的各项之间用指定的分隔符（Tab、空格或英文的逗号）进行分隔。然后在【插入】选项卡的【表格】组中单击【表格】按钮，在弹出的下拉面板中选择【文本转换成表格】选项，弹出【将文本转换成表格】对话框，填写要转换表格的列数，如图 4-51 所示。

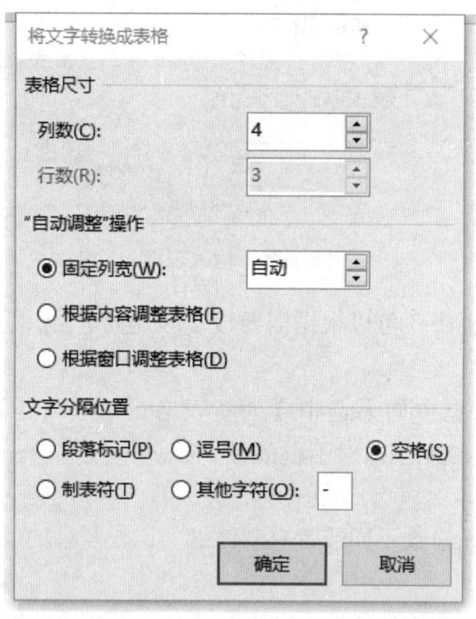

图 4-51 【将文字转换成表格】对话框

由于选择的文本的行数是固定的，因此对话框中【行数】这个选项是灰色的，不能设置数值，而该表格的行数是由文本的行数决定的。

用户可以根据需要选择【固定列宽】【根据内容调整表格】和【根据窗口调整表格】。

为了让 Word 更精确地调整文本各项，可以在【文字分隔符位置】处设置好所选文本的分隔符。

实例 4： 先在 Word 中输入以下文字，然后将文字转换为表格，如【表格样例 4】所示。

编号,姓名,性别,联系电话,备注

001,刘丽,女,13888888888,

002,张彦,女,13999999999,

003,李斌,男,13777777777,

操作方法：

1．输入文本，在输入时可按 Tab 键、空格或输入英文状态的逗号来分隔文本，每行结束后按回车键换行。

2．选中输入的文本，单击【插入】→【表格】→【文本转换成表格】，在弹出的【将文本转换成表格】对话框中单击【确定】按钮。

【表格样例 4】

编号	姓名	性别	联系电话	备注
001	刘丽	女	13888888888	
002	张彦	女	13999999999	
003	李斌	男	13777777777	

5．创建 Excel 电子表格

适用于创建需要进行较为复杂的计算的表格。

Excel 是专门用于制作表格的 Office 组件，它比 Word 表格具更有强大的计算和数据处理的能力。而在 Word 中引入 Excel 表格可以将两个软件的优点结合起来，更方便用户的使用。

操作方法如下。

首先用鼠标单击要创建表格的位置，然后在【插入】选项卡的【表格】组中单击【表格】按钮，在弹出的下拉面板中选择【Excel 电子表格】选项，系统将自动调用 Excel 程序，创建一个 Excel 表格，如图 4-52 所示。当用户编辑完表格以后，单击 Excel 表格外的任意空白处，即可退出 Excel 表格的编辑状态。

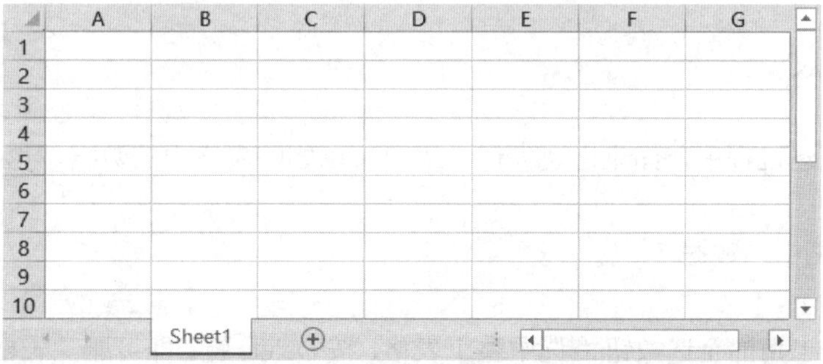

图 4-52　创建 Excel 表格

6．快速创建表格

适用于根据 Word 已有的模板来创建的表格。

在 Word 2016 中，系统提供了几种表格的模板，使用这些模板来创建表格，可以节省更多的绘制时间。

操作方法如下。

首先用鼠标单击要创建表格的位置，然后在【插入】选项卡的【表格】组中选择【表格】按钮，在弹出的下拉面板中选择【快速表格】选项，弹出下一级下拉面板，如图 4-53 所示。可以根据需要选择表格模板样式，即可完成表格的创建。创建完表格以后可以修改表格中的数据和格式。

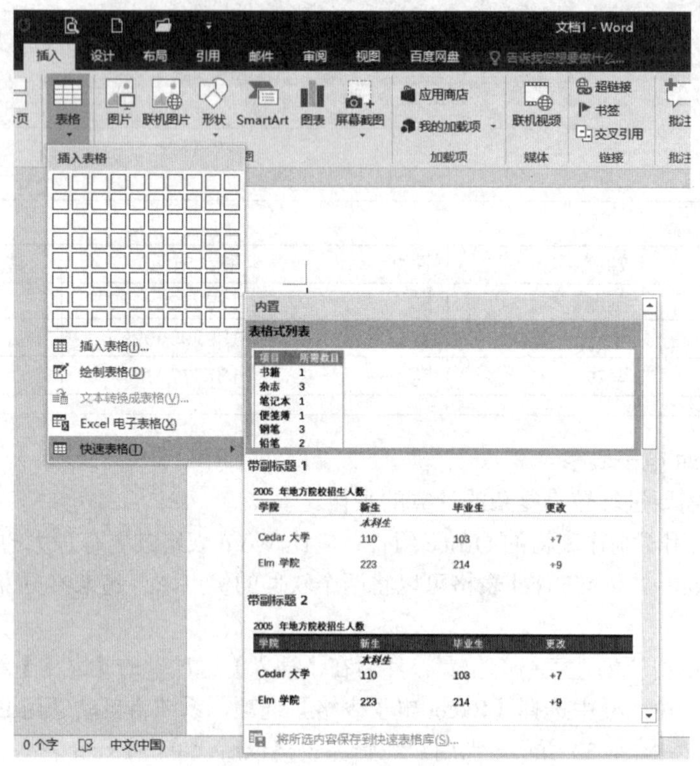

图 4-53 快速创建表格

4.7.2 删除表格

在表格的创建过程中，如果出现失误，用户可以删除表格中的数据，也可以将整个表格删除。

1．删除表格中的数据

操作方法如下。

单击表格左上角的全选按钮⊞选中整个表格，按 Delete 键，即可删除表格中的所有数据，只剩下一个空表。

2．删除整个表格

操作方法 1：单击表格左上角的全选按钮⊞选中整个表格，按 Backspace 键，即可将整个表格删除。

操作方法 2：单击表格左上角的全选按钮⊞选中整个表格，在【表格工具】的【布局】选项卡的【行和列】组单击【删除】按钮下的【删除表格】命令，即可删除整个表格，如图 4-54 所示。

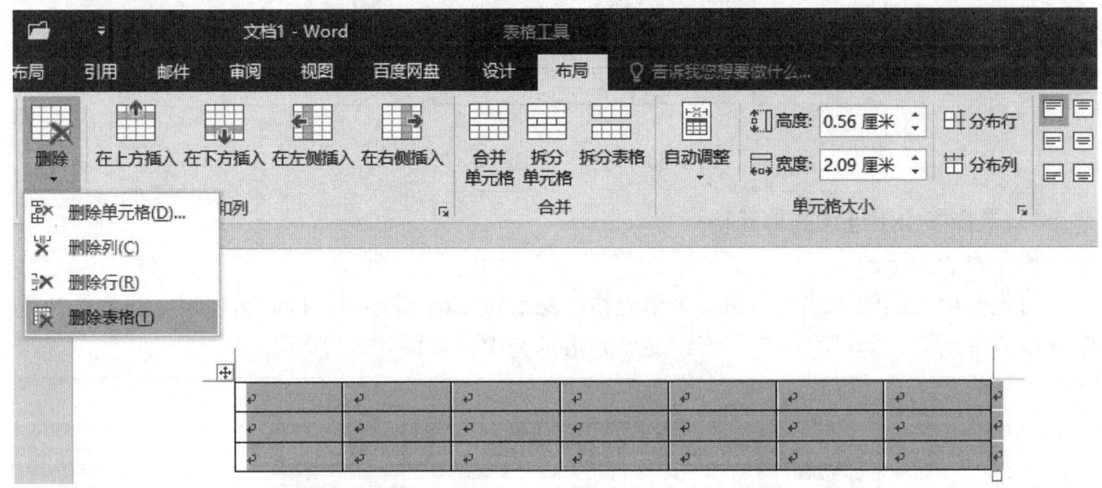

图 4-54 删除表格

4.8 表格行、列和单元格的选择

创建表格的时候，通常很难一次就创建出符合要求的表格，因此需要对创建的表格进行修改。在修改表格之前，需要选中要修改的项目，包括行、列、单元格及整个表格。

4.8.1 选择单元格

1. 选择一个单元格

操作方法如下。

将鼠标指针移至表格中单元格的左端线上，待鼠标指针呈指向右上方向的黑色箭头形状↗时，单击鼠标左键，此时该单元格底纹颜色变成灰色，即可选定该单元格，如图 4-55 所示。

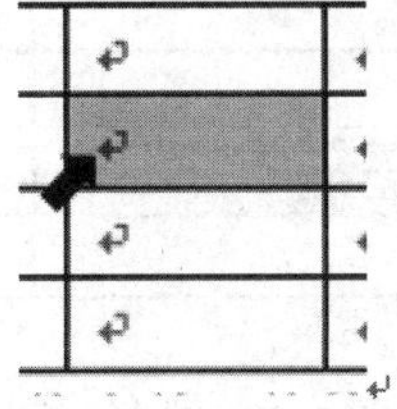

图 4-55 选择一个单元格

2. 选择多个连续的单元格

操作方法如下。

首先选中连续区域左上角的第一个单元格，然后按 Shift 键不放，同时选中连续区域右下角的最后一个单元格，即将这个矩形区域中所有单元格选中，如图 4-56 所示。

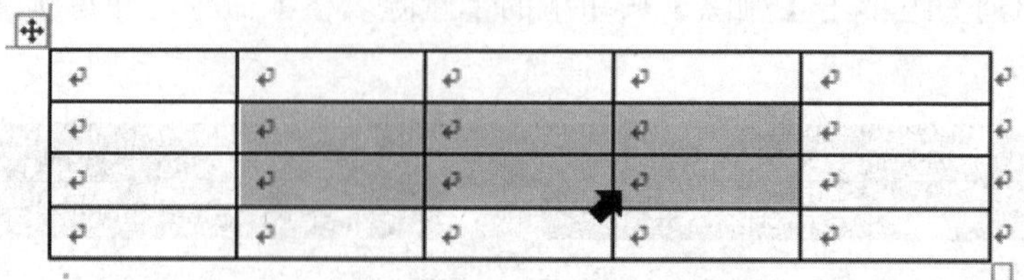

图 4-56 选择多个连续的单元格

3．选择多个不连续的单元格

操作方法如下。

首先使用上面的方法选中第一个单元格，然后按 Ctrl 键不放，同时再使用上面的方法选中其余的单元格，即可将这些不连续的单元格都选中，如图 4-57 所示。

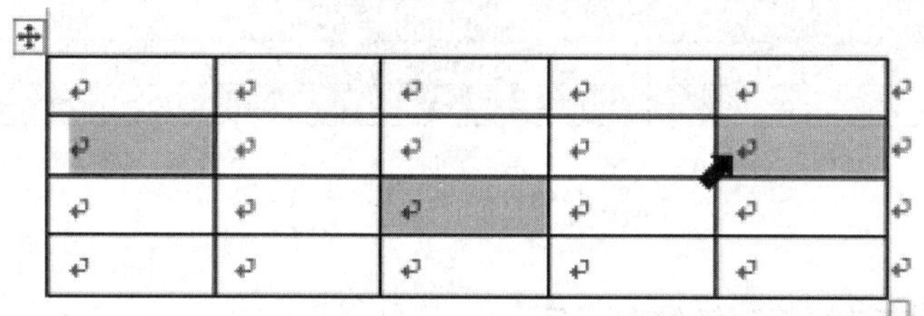

图 4-57 选择多个不连续的单元格

4.8.2 选择行

1．选择一行

操作方法如下。

将鼠标指针移至要选择的那一行最左端线之外，待鼠标指针呈指向右上方向的白色箭头形状时，单击鼠标左键即可选定该行，如图 4-58 所示。

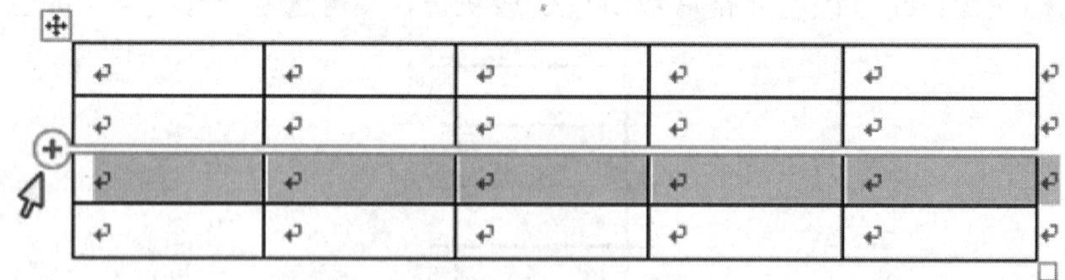

图 4-58 选择一行

2．选择连续的多行

操作方法 1：选中表格中的一行以后，向上或向下拖动鼠标，即可完成连续多行单元格的选择。

操作方法 2：选中表格中的一行以后，按住 Shift 键不放，再选择最后一行，则可以将这两行之间的所有行都选中。

3．选择不连续的多行

选中表格中的一行以后，按住 Ctrl 键不放，再去选择其他行，则可以将这些不连续的行都选中。

4.8.3　选择列

1．选择一列

操作方法如下。

将鼠标指针移至该列上方，待鼠标指针呈指向下方的黑色箭头形状 ⬇ 时，单击鼠标左键即可选定该列，如图 4-59 所示。

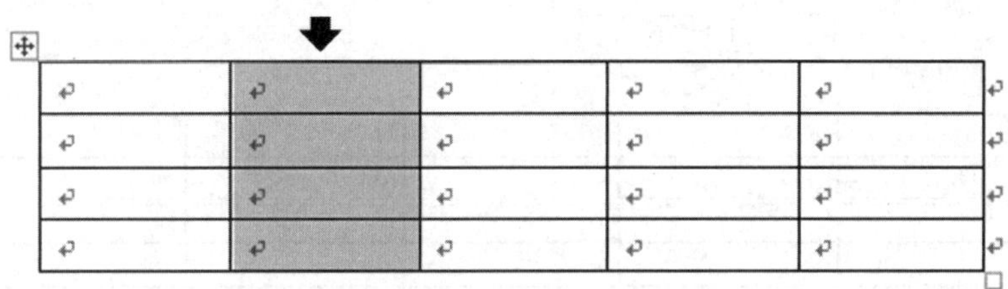

图 4-59　选择一列

2．选择连续的多列

操作方法 1：选中表格中的一列以后，向左或向右拖动鼠标，即可完成连续多列单元格的选择。

操作方法 2：选中表格中的一列以后，按住 Shift 键不放，再选择最后一列，则可以将这两列之间的所有列都选中。

3．选择不连续的多列

操作方法如下。

选中表格中的一列以后，按住 Ctrl 键不放，再去选择其他列，则可以将这些不连续的列都选中。

4.9　编辑表格的行列数

在编辑表格的过程中，有时需要增加一些行或者列的数量，有时需要减少一些行或者列的数量，在 Word 2016 中可以很方便地完成这些操作。

4.9.1　插入行或者列

在表格中插入行或列，可以使用【表格工具】选项卡的【布局】选项卡中【行和列】组中所提供的工具，如图 4-60 所示。

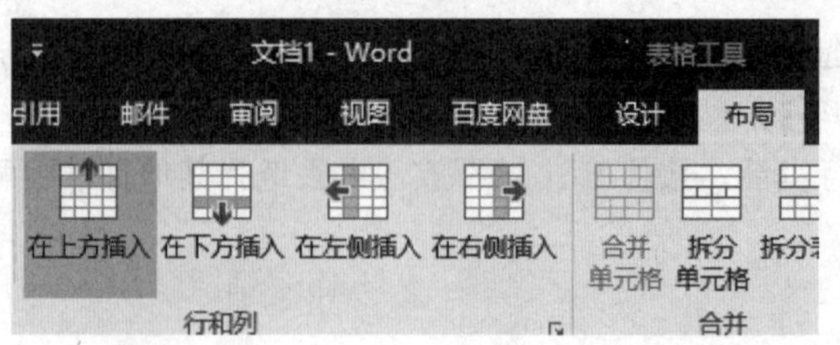

图 4-60 【行和列】组按钮

1．插入行

操作方法 1：首先在要插入行的位置单击，然后在【行和列】组中根据需求单击【在上方插入】按钮或者【在下方插入】按钮。

操作方法 2：用鼠标指向要插入行的位置，表格左侧出现 ⊕ 按钮，单击此按钮，即可以在此位置插入一行，如图 4-61 所示。

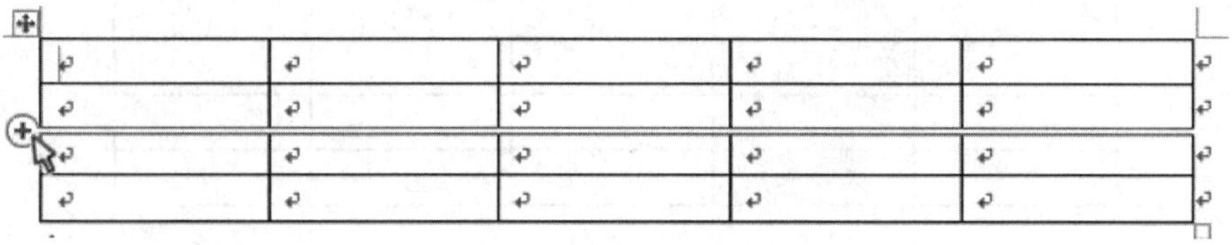

图 4-61 插入行

操作方法 3：将光标定位在某一行最后一个单元格的外侧，按 Enter 键，即可在该行下方插入一行。

操作方法 4：若要在表格的末尾添加行，可以用鼠标单击最后一个单元格，按一次 Tab 键就可以添加一行。

2．插入列

操作方法 1：首先在要插入列的位置单击，然后在【行和列】组中根据需求单击【在左侧插入】按钮或者【在右侧插入】按钮。

操作方法 2：用鼠标指向要插入行列的位置，表格上方出现 ⊕ 按钮，单击此按钮，即可以在此位置插入一列，如图 4-62 所示。

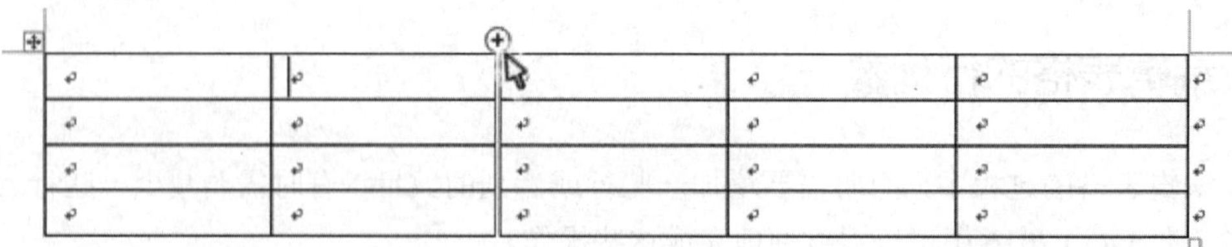

图 4-62 插入列

4.9.2 删除表格中行或者列

1．删除行或者列

操作方法 1：首先选中要删除的行或者列，然后在【表格工具】的【布局】选项卡中选择【行和列】组的【删除】按钮，然后选择【删除列】或者【删除行】命令，即可删除选中的行或者列，如图 4-63 所示。

操作方法 2：选中要删除的行或者列，按下 Backspace 即可将选中的行或者列删除。

2．删除单元格

操作方法如下：首先选中要删除的单元格，然后在【表格工具】的【布局】选项卡中单击【行和列】组中【删除】按钮下，然后选择【删除单元格】命令，此时弹出【删除单元格】对话框，用户可以根据需要进行选择，如图 4-64 所示。

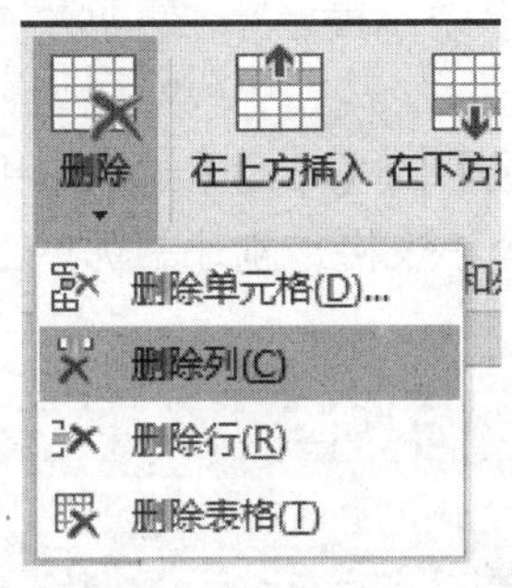

图 4-63　删除行或者列

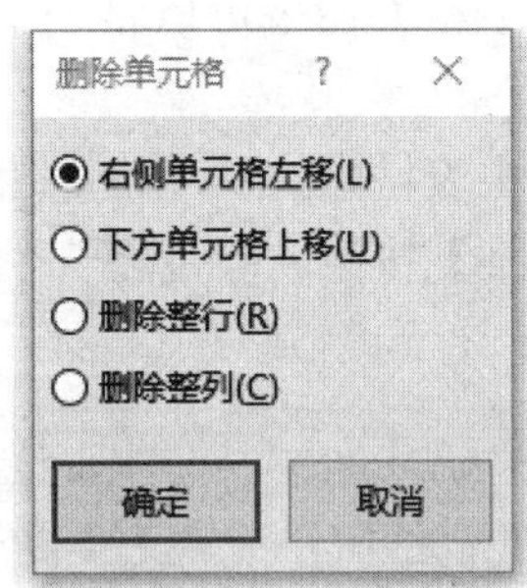

图 4-64 【删除单元格】对话框

4.9.3　合并和拆分单元格

在设计表格时，除了为表格整体增加或减少行、列以外，还可以对表格中的某一个或几个单元格进行合并或拆分。合并或拆分单元格可以在【表格工具】的【布局】选项卡中选择【合并】组里提供的工具按钮，如图 4-65 所示。

1．合并单元格

操作方法 1：选定要合并的单元格，单击【合并】组里的【合并单元格】按钮。

操作方法 2：选定要合并的单元格，单击鼠标右键，在弹出的快捷菜单中选择【合并单元格】命令，如图 4-66 所示。

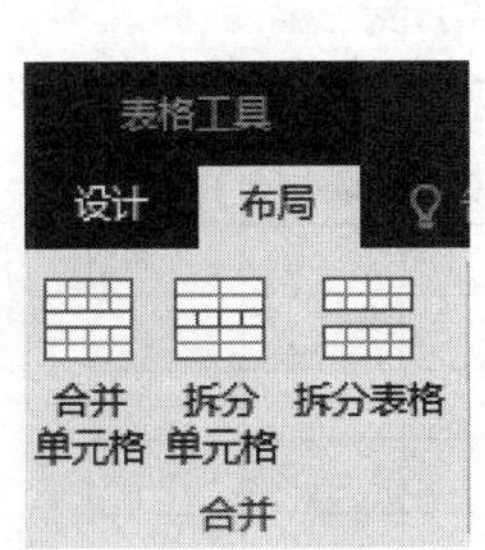

图 4-65 【合并】组中的工具按钮

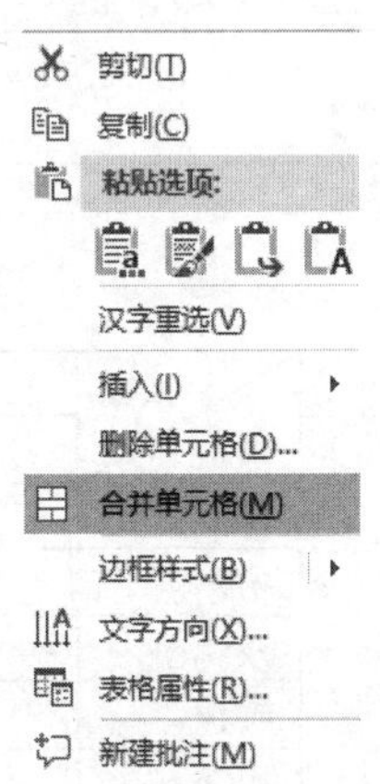

图 4-66　合并单元格

2．拆分单元格

操作方法1：选定要拆分的单元格，单击【合并】组中的【拆分单元格】按钮，弹出【拆分单元格】对话框，可以在对话框中设置要拆分的行、列数，如图4-67所示。

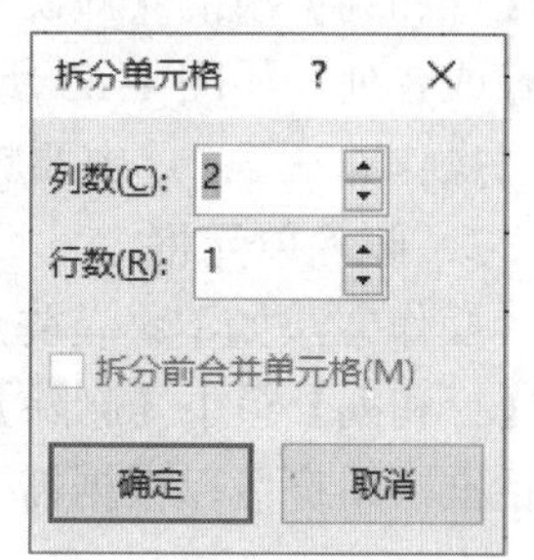

图4-67　【拆分单元格】对话框

操作方法2：选定要拆分的单元格，单击鼠标右键，在弹出的快捷菜单中选择【拆分单元格】命令。

3．拆分表格

使用【拆分表格】命令可以将一个大表格拆分为多个小表格。操作方法如下。

首先鼠标单击表格中的单元格，然后在【表格工具】的【布局】选项卡中选择【合并】组里的【拆分表格】按钮，即可将一个表格拆分为两个小表格，刚才鼠标单击的位置变成第二个表格中的第一行。

实例5：在Word 2016中选择恰当的方法绘制【表格样例5】中的表格。

操作方法（方法不唯一，仅供参考）：

1．单击【插入】→【表格】→【插入表格】，在弹出对话框中设置列数为6，行数为8，创建一个8行6列的表格；

2．选中第一行第一个单元格和第二行的第一个单元格，单击【布局】→【合并】→【合并单元格】，将这两个单元格合并为一个单元格。

3．用相同的方法合并第一行第二个和第三个单元格，第一行第四个和第二行第四个单元格，第一行第五个和第二行第五个单元格，第一行第六个和第二行第六个单元格；

4．选中左上角第一个单元格，单击【设计】→【边框】→【斜下框线】，绘制出斜线表头；

5．在第一个单元格输入“人数”后按Enter键，换行后继续输入“地区”，并在【开始】→【段落】中设置“人数”为右对齐，“地区”为左对齐；

6．选中第一列中除第一个单元格以外的所有格，单击【布局】→【对齐方式】→【中部两端对齐】；选中2～6列，单击【布局】→【对齐方式】→【水平居中】；

7．按图录入各单元格文字，在需要换行的位置按Enter键。

【表格样例5】

黑龙江省新冠疫情分布表

人数 地区	当日0-12时新增病例		累计确诊病例	治愈病例	死亡病例
	新增疑似	新增确诊			
境外输入					
哈尔滨					
双鸭山					
绥化					
鸡西					
齐齐哈尔					

4.10　设置表格的属性

为了使制作出来的表格更加美观，需要对表格的行高、列宽、边框和底纹等等表格属性进行设置。

4.10.1　表格的行高和列宽

设置表格的行高和列宽，可以使用【表格工具】的【布局】选项卡中【单元格大小】组里提供的工具按钮，如图 4-68 所示。

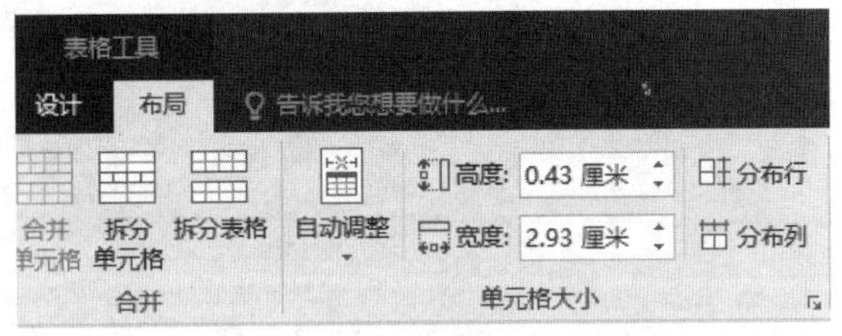

图 4-68 【单元格大小】组中的工具按钮

操作方法 1：首先选中要设置行高和列宽的单元格，然后在【表格工具】的【布局】选项卡中找到【单元格大小】组中的【高度】和【宽度】文本框，输入需要的数值即可。

操作方法 2：将鼠标放到要调整行高或列宽的单元格边框上，鼠标指针变成两条平行线时拖动鼠标到合适的位置即可，如图 4-69 所示。

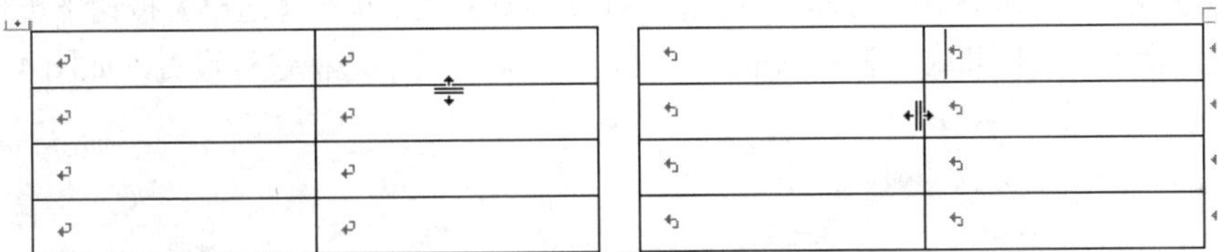

图 4-69　使用鼠标调整行高和列宽

4.10.2　表格的边框和底纹

1．边框

设置表格的边框，可以使用【表格工具】的【设计】选项卡中的【边框】组中提供的工具按钮，如图 4-70 所示。

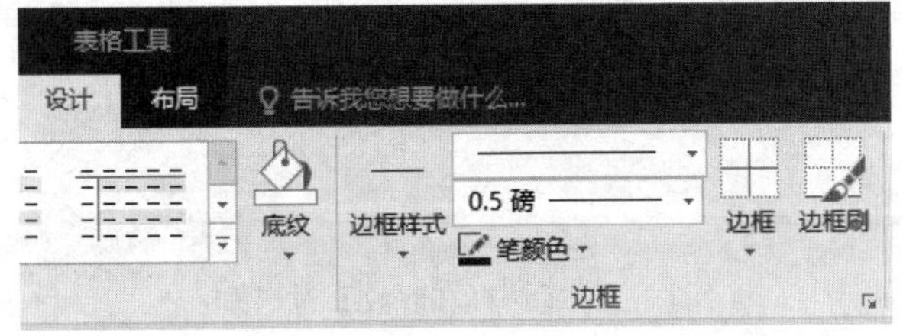

图 4-70 【边框】组中的工具按钮

操作方法 1：首先选中要设置边框的表格，在【边框】组中的【笔样式】【笔划粗细】【笔颜色】三个按钮里设置好边框样式、粗细和颜色，然后单击【边框】组中的【边框】按钮，在下拉面板中选择要设置的边框位置，如图 4-71 所示。

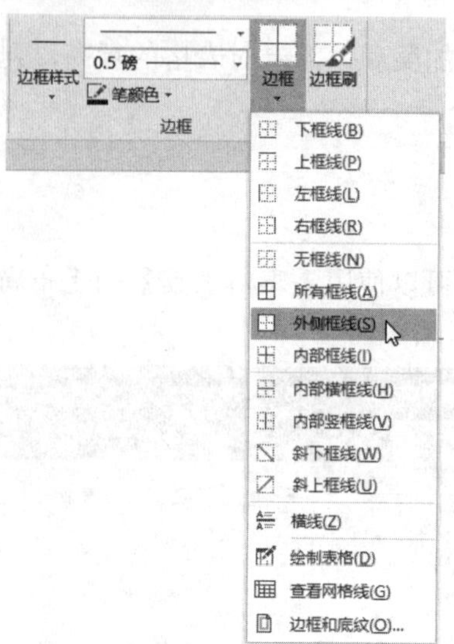

图 4-71 设置边框位置

操作方法 2：首先选中要设置边框的表格，在【边框】组中的【笔样式】【笔划粗细】【笔颜色】三个按钮里设置好边框样式、粗细和颜色，然后单击【边框】组中的【边框刷】按钮，鼠标变成一支笔的样子，用这支“笔”来描绘边框，就可以设置表格的边框了。

操作方法 3：首先选中要设置边框的表格，在【边框】组中单击【边框】按钮下选择【边框和底纹】命令，弹出【边框和底纹】对话框，在对话框中对表格的边框进行设置，如图 4-72 所示。

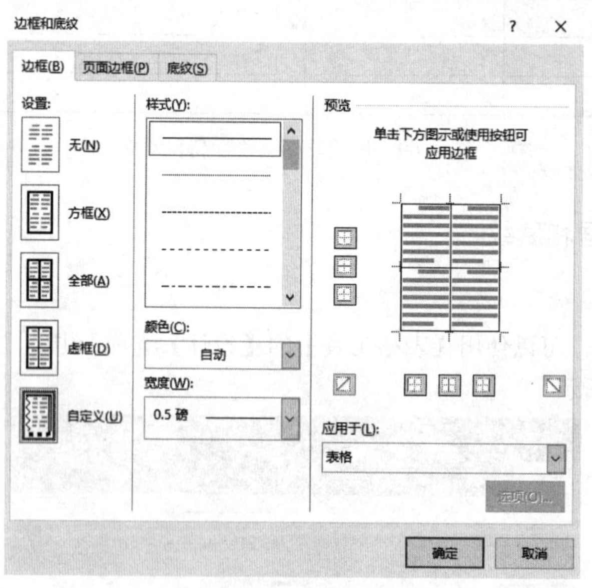

图 4-72 【边框和底纹】对话框

2. 底纹

设置表格的底纹可以使用【表格工具】的【设计】选项卡中【表格样式】组中的【底纹】

按钮，如图 4-73 所示。

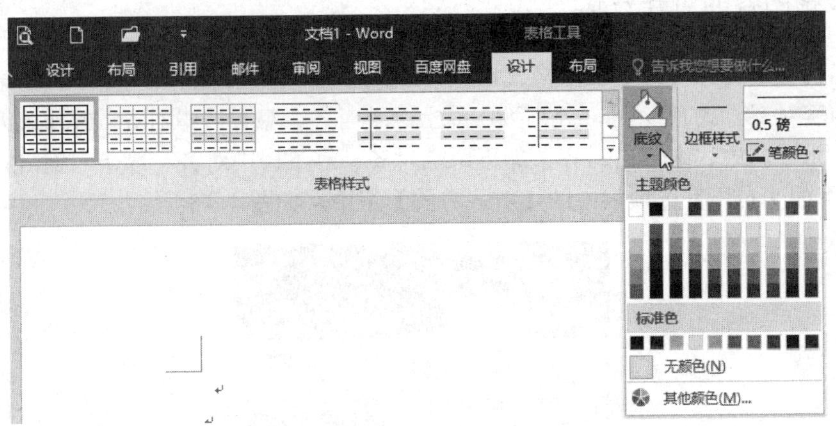

图 4-73 【表格样式】组中的【底纹】按钮

操作方法如下。

选定要设置底纹的表格，单击【表格格式】组中的【底纹】按钮，在弹出的下拉面板中选择底纹的颜色。

3．表格样式

除了自行设计的边框和底纹之外，Word 2016 还提供了一些已经设计好的样式，用户可以直接使用，为用户提供了极大的方便。这些样式放在【表格样式】组之中，如图 4-74 所示。

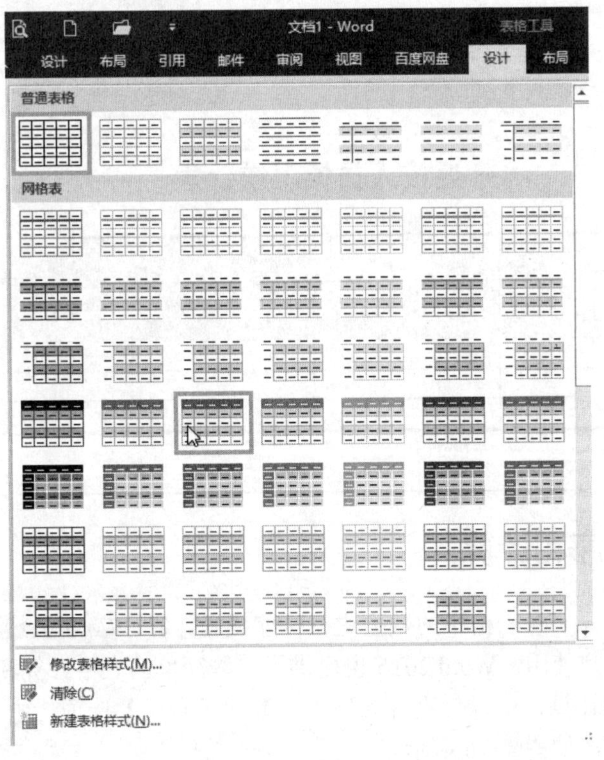

图 4-74 【表格样式】组

4.10.3 表格内容的对齐方式

单元格内容的对齐方式是表格格式设置中最常用的一项功能之一，Word 2016 表格中提供的单元格内容对齐方式有 9 种，分别为：靠上两端对齐、靠上居中对齐、靠上右对齐、中部两端对齐、水平居中、中部右对齐、靠下两端对齐、靠下居中对齐、靠下右对齐。它们位于【表格工具】的【布局】选项卡中的【对齐方式】组中，如图 4-75 所示。

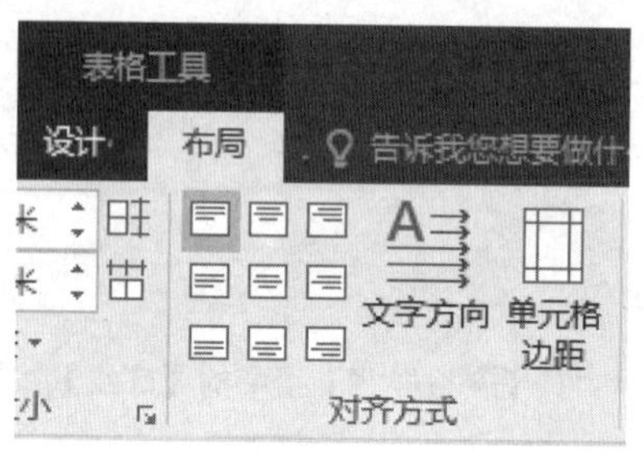

图 4-75 【对齐方式】组的工具按钮

实例 6：制作如【表格实例 6】所示的表格。

要求：

1. 表格外边框为黑色、2.25 磅单实线，表格内边框为蓝色、1 磅单实线；
2. 表格前两行底纹颜色为“橙色，个性色 2，淡色 60%”
3. 其余按图设置。

【表格样例 6】

返校人员情况统计表

填报部门： 填报时间

<table>
<tr><td rowspan="2">序号</td><td rowspan="2">姓名</td><td rowspan="2">职务</td><td rowspan="2">目前在本市居住地址</td><td colspan="4">人员情况</td><td rowspan="2">从何地返回</td><td rowspan="2">外出时间</td><td rowspan="2">返校时间</td><td rowspan="2">备注</td></tr>
<tr><td>体温</td><td>有无咳嗽等不适症状</td><td>居家隔离第几天</td><td>是否解除隔离</td></tr>
<tr><td>1</td><td></td><td></td><td></td><td></td><td></td><td></td><td></td><td></td><td></td><td></td><td></td></tr>
<tr><td>2</td><td></td><td></td><td></td><td></td><td></td><td></td><td></td><td></td><td></td><td></td><td></td></tr>
<tr><td>3</td><td></td><td></td><td></td><td></td><td></td><td></td><td></td><td></td><td></td><td></td><td></td></tr>
</table>

填报人姓名： 手机号码：

4.11 表格的排序和计算

使用表格时常常需要对表格中的数据进行排序或者计算。Word 虽然不是专门的表格计算软件，但为了方便用户使用，Word 2016 也提供了一些简单的表格计算和排序功能。

表格中的排序和计算，可以使用【表格工具】的【布局】选项卡中【数据】组中的【排序】和【公式】按钮，如图 4-76 所示。

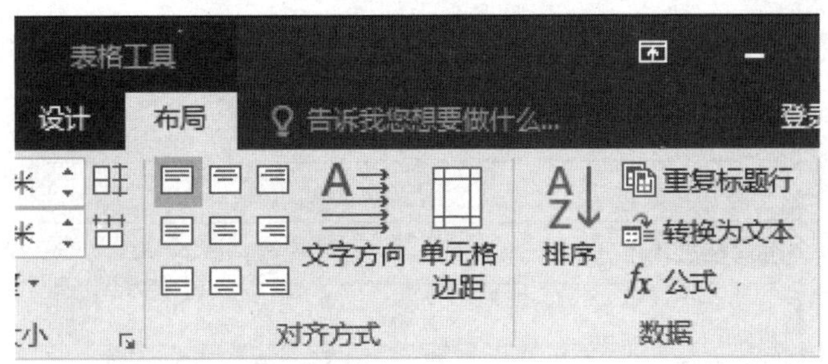

图 4-76　【数据】组中的【排序】和【公式】按钮

4.11.1　表格的排序

操作方法如下。

首先用鼠标单击要排序的表格，然后在【表格工具】的【布局】选项卡中选择【数据】组里的【排序】按钮，弹出【排序】对话框，如图 4-77 所示。

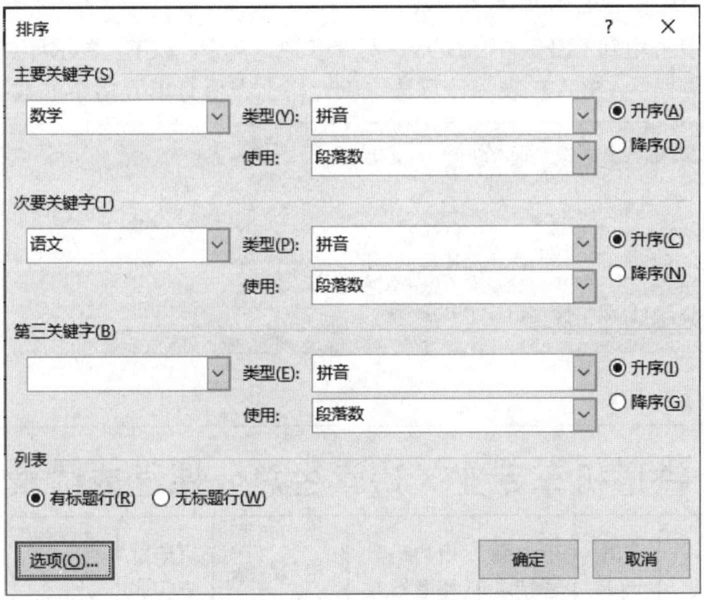

排序
主要关键字(S)
数学　类型(Y): 拼音　◉ 升序(A)
使用: 段落数　○ 降序(D)
次要关键字(T)
语文　类型(P): 拼音　◉ 升序(C)
使用: 段落数　○ 降序(N)
第三关键字(B)
类型(E): 拼音　◉ 升序(I)
使用: 段落数　○ 降序(G)
列表
◉ 有标题行(R)　○ 无标题行(W)
选项(O)...　确定　取消

图 4-77　【排序】对话框

在【排序】对话框中可以设置排序的【主要关键字】和【次要关键字】，设置完毕后单击【确定】按钮，表格就指定的关键字进行排序。

4.11.2　表格的计算

操作方法如下。

首先用鼠标单击表格中存放结果的单元格，然后在【表格工具】的【布局】选项卡中单击【数据】组里的【公式】按钮，弹出【公式】对话框，如图 4-78 所示。

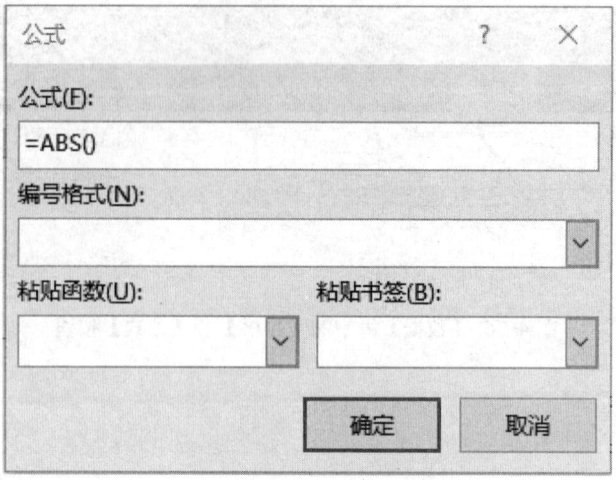

公式 ? ×

公式(F):

=ABS()

编号格式(N):

粘贴函数(U): 粘贴书签(B):

确定 取消

图 4-78 【公式】对话框

在【公式】对话框中【公式】下方的文本框中可以输入表格的计算公式，也可以在【粘贴函数】下拉列表中选择系统提供的函数。

在表格计算中常用到 LEFT 和 ABOVE 两个参数，其中，LEFT 表示计算选中单元格左侧所有单元格中的数据；ABOVE 表示计算选中单元格上方所有单元格中的数据。

实例 7：按要求完成如【表格样例 7】所示的表格。

要求：

1. 制作如图所示的表格。
2. 计算出每位学生的总分，填入到总分列中。
3. 按照总分由高到低的顺序对表格进行排序。

【表格样例 7】

铁道机车专业 X 班学生总分课程成绩表

科目 姓名	铁路规章	电力电子技术	电力机车整备作业	电力机车电气线路与试验	机车检查实训	大学生职业发展与就业指导	总分
赵俊辰	56	45	65	57	78	40	
李彦龙	67	86	90	60	69	65	
张阳	43	67	78	87	82	76	
王鸿	94	73	67	90	86	76	
刘思哲	79	76	85	86	90	60	
周非凡	98	93	88	67	78	87	
吴思	71	75	84	73	67	90	

评价单

项目名称			完成日期	
班级		小组	姓名	
学号			组长签字	

评价项点	分值	学生评价	教师评价
表格的创建	10		
行高、列宽调整	10		
单元格对齐设置	10		
表格边框和底纹设置	10		
表格排序与计算	10		
单元格的合并与拆分	10		
表格的插入与删除	10		
整体布局是否合理	10		
脚踏实地、认真完成任务情感的表达	10		
诚信、友善、团结、协作品质的展现	10		
总分	100		

学生得分	
自我总结	
教师评语	

知识点强化与巩固

一、选择题

1. 在 Word 编辑状态，若光标位于表格右下角最后一个单元格，按 Tab 键，结果是（　　）。

A．光标移到下一列　　B．光标移到下一行，表格行数不变

C．插入一行，表格行数改变　　D．在本单元格内换行，表格行数不变

2．在表格中要拆分一个单元格可以使用【布局】选项卡中的（　　）按钮。

A．擦除　　B．合并单元格　　C．拆分单元格　　D．删除单元格

3．在 Word 中，创建表格命令在哪个选项卡下（　　）。

A．开始　　B．插入　　C．设计　　D．布局

4．在 Word 中，关于快速表格样式的用法，以下说法正确的是（　　）。

A．只能用快速表格方法生成表格

B．可在生成新表格时使用快速表格样式

C．每种快速表格样式已经固定，不能对其进行任何形式的修改

D．在使用一种快速表格样式后，不能再更改为其他样式

5．在 Word 文档中选择了表格，按 Backspace 键，删除的是（　　）。

A．整个表格　　B．一行　　C．一列　　D. 表格中的内容

6．在用鼠标拖动表格列线调整表格列宽时，若要使调整的列线右侧的列宽不变，应按（　　）键。

A．Ctrl　　B．Alt　　C．Shift　　D．Esc

7．在 Word 中选择了整个表格，在【表格工具】的【布局】选项卡中单击【删除】按钮中的【列】，结果是（　　）。

A．删除第一列　　B．表格没有变化

C．删除表格中内容　　D．删除整个表格

8．单击表格中某个单元格，然后在【布局】选项卡中单击【拆分表格】命令，则（　　）。

A．选中的单元格被拆分为两个格　　B．表格被拆分成两个表格

C．选中的单元格被删除　　D．表格被删除

9．在表格中选中某个单元格，然后鼠标放在该单元格列边框处拖到鼠标，则（　　）。

A．只有该单元格的列宽发生变化　　B．该单元格所在列的列宽发生变化

C．没有任何单元格的列宽发生变化　　D．所有单元格的列宽都发生变化

10．将插入点放在表格任意一个单元格中（不是最后一个单元格），按 Tab 键，结果是（　　）。

A．插入点移出表格　　B．在表格的最后插入一行

C．将表格最后一行删除　　D．插入点移动到下一个单元格

11．在 Word 的表格操作中，改变表格的行高与列宽可用鼠标操作，方法是（　　）。

A．当鼠标指针在表格线上变为双箭头形状时拖动鼠标

B．双击表格线

C．单击表格线

D．单击【拆分单元格】按钮

12．在 Word 中，（　　）可选定不连续的单元格。

A．鼠标单击　　B．Shift+鼠标单击

C．Alt+鼠标单击　　D．Ctrl+鼠标单击

13．在 Word 2016 中，关于表格操作，下列叙述不正确的是（　　）。

A．可以将两个或多个连续的单元格合成一个单元格

B．可以将两个不连续的单元格合并成一个单元格

C．可以将一个表格拆分成多个表格

D．可以对表格加实线边框

14．在 Word 编辑状态，文档中有两个表格，中间有一个回车符，删除回车符后（　　）。

A．两个表格合并成一个表格

B．两个表格不变，插入点被移到下边的表格中

C．两个表格不变，插入点被移到上边的表格中

D．两个表格被删除

15．Word 2016 中对表格中的数据进行计算时，要计算该单元格左侧所有内容的和，在函数 SUM 的参数中，填入（　　）。

A．ABOVE　　B．LEFT　　C．DOWN　　D．RIGHT

16．下列关于 Word 2016 表格的行高的说法，正确的是（　　）。

A．行高不能修改

B．行高只能用鼠标拖动来调整

C．行高只能用对话框来设置

D．行高的调整既可以用鼠标拖动来调整，也可以用对话框来设置

二、判断题

1．在 Word 2016 中，表格不能转换为文本。（　　）

2．在 Word 2016 中，表格建立以后，用户可以对行、列进行增、删等操作。（　　）

3．在 Word 2016 中，对表格中的数据进行排序，不能按照拼音进行排序。（　　）

4．用户可以向 Word 表格中添加图片。（　　）

5．用户在设置表格底纹时，不但可以设置单一颜色的底纹，还可以为表格设置有渐变效果的底纹。（　　）

6．用户在设置表格底纹时，不但可以设置单一颜色的底纹，还可以为表格设置有图案的底纹。（　　）

7．选中表格中的一个单元格，在【布局】选项卡中单击【拆分表格】，则选中的单元格成为了拆分后的第二个表格中的第一行。（　　）

项目三 图文混排

知识点提要

1. 图形元素的插入与编辑
（1）图片
（2）形状
（3）SmartArt
（4）图表
（5）屏幕截图
2. 文字元素的插入与编辑
（1）文本框
（2）艺术字
（3）首字下沉
（4）中文版式
（5）样式
（6）分栏

任务表单

任务名称	图文混排（1）	学时	2 学时
知识目标	1．掌握图形的绘制与编辑方法。 2．掌握 SmartArt 图形的使用方法。 3．掌握图形选择、组合的方法。		
能力目标	1．能用 Word 绘制各种简单的图形。 2．能根据需求对文档中添加的对象进行编辑。 3．培养学生沟通协作能力。		
素质目标	培养学生细心踏实、思维敏锐、勇于探索的职业精神。		
任务描述	选择合适的工具在 Word 中绘制如下图所示的中铁股份有限公司组织结构图。 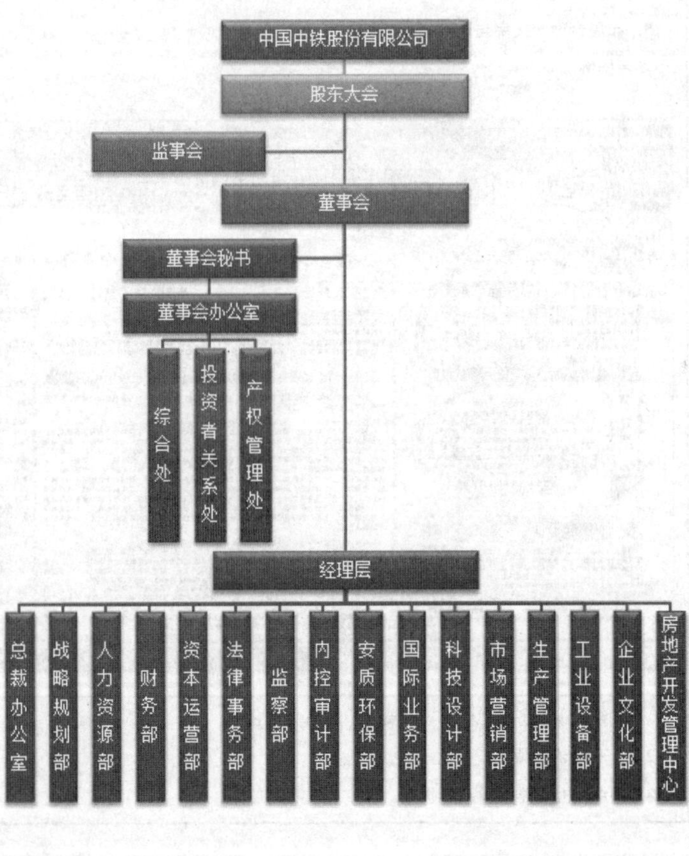		
任务要求	1．仔细阅读任务描述中的设计要求，认真完成任务。 2．上交电子作品。 3．小组间互相学习设计中优点。		

任务名称	图文混排（2）	学时	2 学时
知识目标	1．掌握 Word 中项目符号的使用，首字下沉、分栏效果的设计方法。 2．掌握艺术字、图片、形状的插入方法。 3．掌握形状、图片的编辑方法。		
能力目标	1．能对 Word 文档布局进行合理设计。 2．能对文档中添加的对象根据需求进行编辑。 3．培养学生沟通协作能力。		
素质目标	培养学生细心踏实、思维敏锐、勇于探索的职业精神。		
任务描述	在网上自选搜集素材，以“铁路安全生产”为主题设计一份宣传板报。 1．纸张设置：A4，横向。 2．适当使用艺术字、图片、文本及形状等对象。 3．对图片或形状进行合理编辑。 4．可以设置页面背景和页面边框效果。 5．布局合理，文字与图片搭配协调。 参考样例：  		
任务要求	1．仔细阅读任务描述中的设计要求，认真完成任务。 2．上交电子作品。 3．小组间互相学习设计中优点。		

资料卡及实例

4.12 图形元素的插入与编辑

在编辑文档时，为了文档更加生动、美观或者让需要说明的问题更加清晰明了，通常要向文档中添加各种图形元素。Word 2016 提供了功能强大的图形工具，这些工具位于【插入】选项卡下的【插图】组中，包括【图片】按钮、【联机图片】按钮、【形状】按钮、【SmartArt】按钮、【图表】按钮和【屏幕截图】按钮，如图 4-79 所示。

图 4-79 【插图】组的工具按钮

4.12.1 【图片】按钮

【图片】按钮的功能是向 Word 文档中插入本机中的图片文件，它支持 JPEG 文件交换格式、Windows 增强型图元文件、Windows 图元文件等常见的图片格式。

操作方法如下。

首先在插入图片的位置单击鼠标，然后在【插入】选项卡的【插图】组中单击【图片】按钮，弹出【插入图片】对话框，如图 4-80 所示。在对话框中找到要插入的图片，单击【插入】按钮，即可把图片插入到指定的位置。

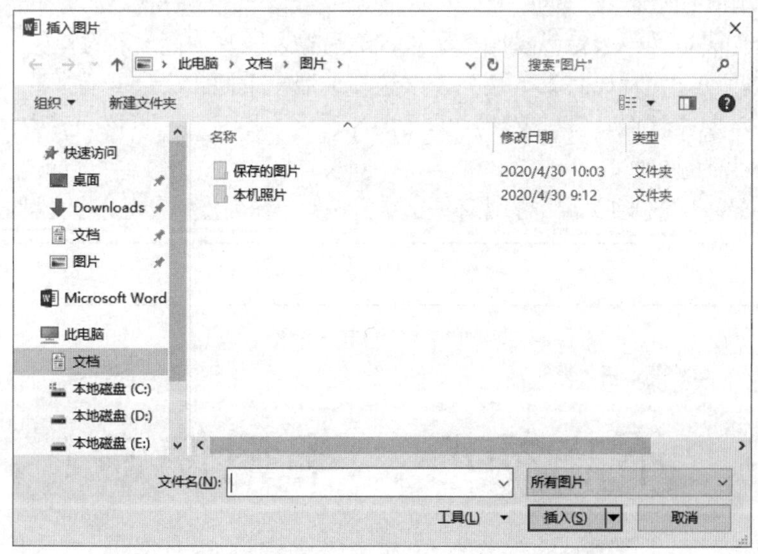

图 4-80 【插入图片】对话框

4.12.2 编辑图片

为了方便用户，Word 2016 提供了一些简单的图片编辑功能，使用这些功能，用户可以对图片进行编辑，让图片更适合自己的文档。

操作方法如下。

首先选中要编辑的图片，此时 Word 2016 的功能区显示出【图片工具】选项卡，在其下的【格式】选项卡中，就是图片编辑按钮，通过这些按钮可以对图片进行编辑操作，如图 4-81 所示。

图 4-81 图片编辑按钮

实例 8：插入计算机中任意一张图片，按如下要求进行设置，设置结果参考【样例 8】。

【要求】

输入文字“不忘初心，牢记使命！”，设置文字为黑体，初号字；

插入计算机中任意一张图片，将其大小设置为宽度 18 厘米，高度 5 厘米；

设置图片样式为【金属椭圆】，并将边框设置为“橙色，个性色 2，淡色 60%”；

设置图片的文字环绕方式为“衬于文字下方”，并将图片移至文字的下方。

【操作方法】

输入文字并设置好文字以后，在【插入】选项卡的【插图】组中单击【图片】按钮，在弹出对话框中找到任意一张图片插入。

选中插入的图片，在【绘图工具】的【格式】选项卡中单击【大小】组右下角的对话框启动器，打开【布局】对话框；

在对话框中先取消“锁定纵横比”选项，然后输入图片的高度和宽度；

选中图片，在【图片样式】下拉列表中选择最后一个样式【金属椭圆】；

选中图片，单击【图片样式】组中的【图片边框】按钮，在下拉列表中找到颜色“橙色，个性色 2，淡色 60%”；

选中图片，单击【排列】组中的【环绕文字】按钮，在下拉列表中选择【衬于文字下方】。

【样例 8】

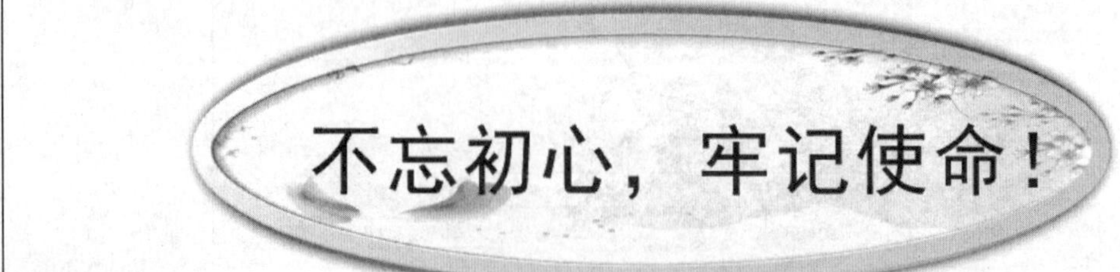

4.12.3 【联机图片】按钮

如果想在网上搜索一些图片插入到文档中，可以不用打开网页，直接使用【联机图片】按钮就可以了。

操作方法如下。

首先在插入图片的位置处单击，然后在【插入】选项卡的【插图】组中单击【联机图片】按钮，弹出【插入图片】对话框，在对话框中【必应图像搜索】文本框中输入要查的内容，如“电力机车”，单击【搜索】，就可以找到很多图片，选择想要的图片，单击【插入】按钮，就可以将图片插入到文档中了，如图 4-82 所示。

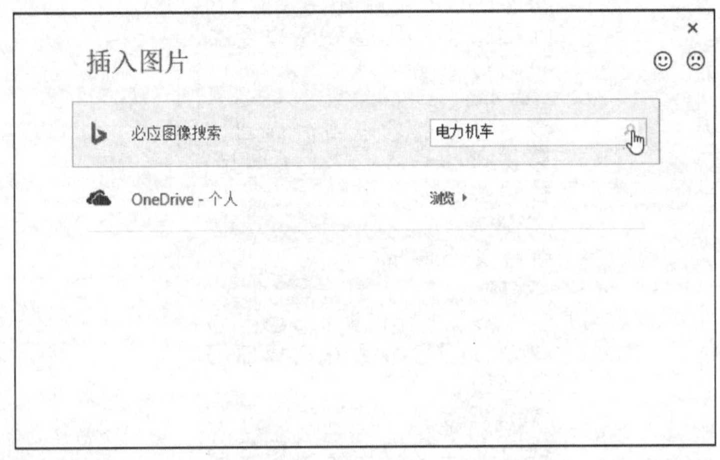

图 4-82 【联机图片】按钮的使用

4.12.4 【形状】按钮

所谓“形状”就是用户使用 Word 2016 提供的线条、矩形、基本形状、箭头总汇、公式形状、流程图、星与旗帜和标注等工具绘制自己需要的各种图形，这些图形位于【形状】按钮的下拉面板中，如图 4-83 所示。

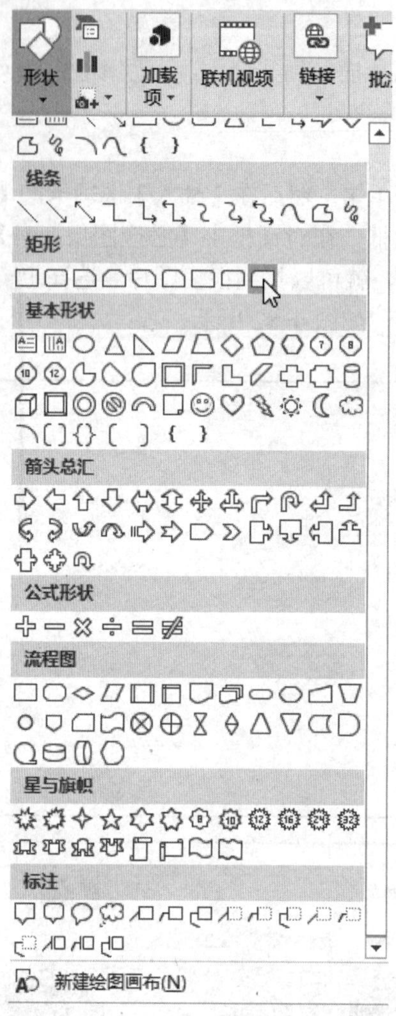

图 4-83 【形状】按钮的下拉面板

操作方法如下。

首先单击要绘制图形的位置，然后在【插入】选项卡的【插图】组中单击【形状】按钮，选择需要的形状，拖动鼠标，即可完成绘制。

4.12.5 编辑形状

在绘制完形状以后，有时会需要对它进行编辑，如更改颜色、大小、添加阴影效果和三维效果等。

操作方法如下。

选中要编辑的形状，此时在功能区的最右方显示出【绘图工具】选项卡，在【绘图工具】的【格式】选项卡中则是编辑形状的各个工具按钮，可以使用这些工具按钮对形状进行编辑，如图 4-84 所示。

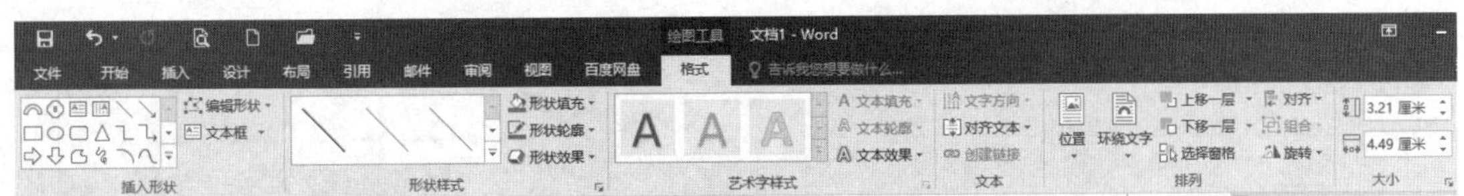

图 4-84　编辑形状的工具按钮

实例 9：绘制几个如下图所示常见的交通标志。

【操作方法】

（1）在【插入】选项卡中单击【插图】组的【形状】按钮，在弹出的下拉列表中选择【椭圆】，鼠标就下“十”字，按住 Shift 键的同时用鼠标在文档中绘制“正圆”。

（2）选中绘制完成的圆，在【格式】选项卡【形状样式】组中的【形状填充】下拉列表中选择【白色】，在【形状轮廓】下拉列表的颜色块中选择【红色】，同时在【粗细】中选择合适的细线，完全外圈的绘制。

（3）绘制内卷：内圈的绘制方法与外圈相同，唯一不同的是在【粗细】中选择合适的粗线。

（4）对齐内圈和外圈：选中外圈，按 Ctrl 键同时单击内圈，即可将内圈和外圈同时选中。然后在【格式】选项卡【排列】组的【对齐】下拉列表中依次选择【左右居中】和【上下居中】，完成“禁止通行”标志的绘制。

（5）其他标志绘制方法类似，请读者自行绘制。

4.12.6　SmartArt 图形

在 Word 中为了清晰地表示信息之间的关联，常常需要插入图形帮助分析、理解。如果采用传统的方法先绘制图形再进行格式编辑，对于非专业设计人员来说，不但需要花费大量的时间来设计图形，而且很难设计出具有专业水准的插图。通过使用 SmartArt 图形，只需轻点几下鼠标即可创建具有设计师水准的插图。

SmartArt 图形共有 8 种，分别是列表、流程、循环、层次结构、关系、矩阵、棱锥图和图片。

操作方法如下。

首先单击要插入 SmartArt 图形的位置，然后在【插入】选项卡【插图】组中单击【SmartArt】按钮，弹出【选择 SmartArt 图形】对话框，如图 4-85 所示。用户可以在对话框中选择合适的一种类型，即可以完成 SmartArt 图形的插入。

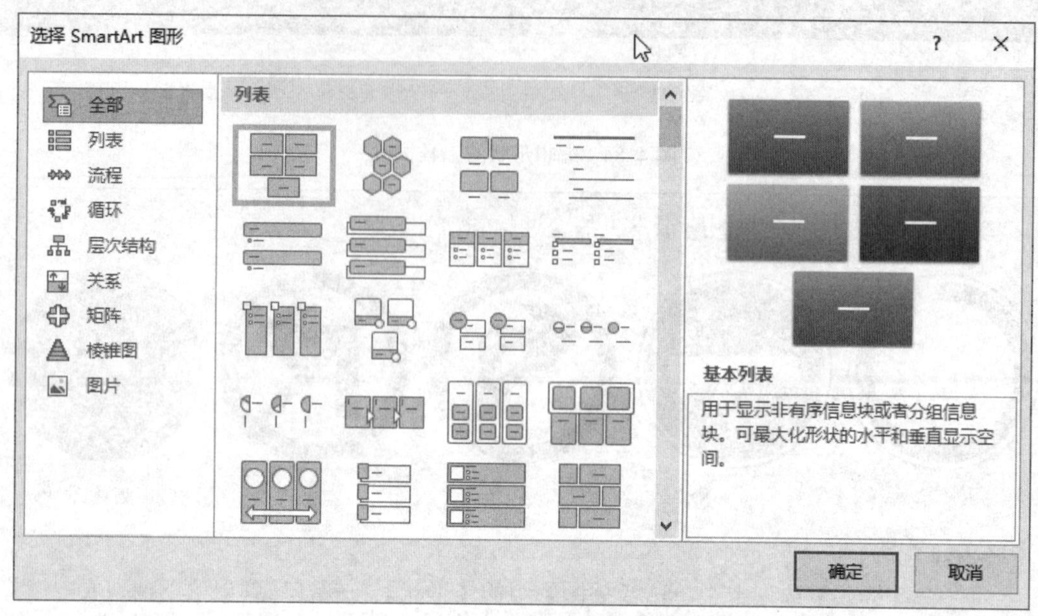

图 4-85 【选择 SmartArt 图形】对话框

4.12.7 编辑 SmartArt 图形

使用上面的方法插入的 SmartArt 图形是一个空白的图形，通常需要往里面添加内容，有时还需要根据情况添加或删除 SmartArt 图形里的形状。

操作方法如下。

选中要编辑的 SmartArt 图形，激活 SmartArt 工具的【设计】和【格式】选项卡，如图 4-86 和图 4-87 所示。通过这两个选项卡中的工具按钮可以对 SmartArt 图形的布局、颜色和样式等进行编辑。

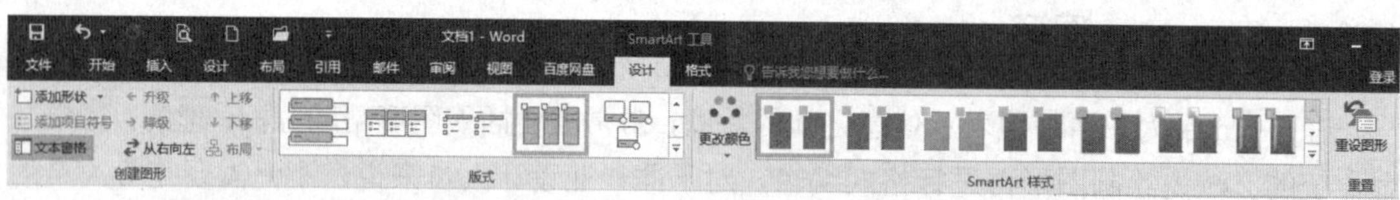

图 4-86 SmartArt 工具的【设计】选项卡

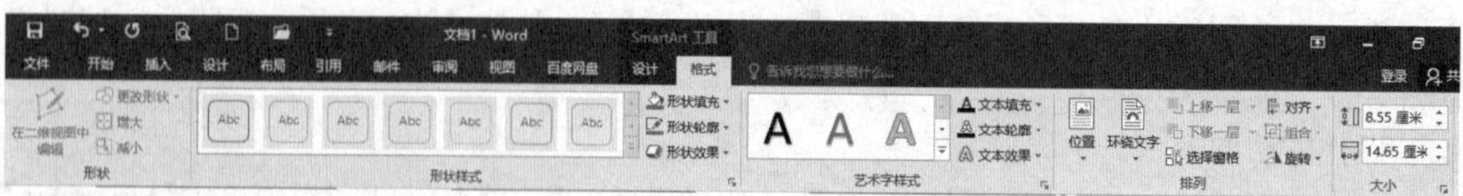

图 4-87 SmartArt 工具的【格式】选项卡

实例 10：按要求完成如【样例 10】中所示的 SmartArt 图。

【要求】

1．SmartArt 图的颜色为【彩色】中的【彩色范围-个性色 3 至 4】;

2．SmartArt 图样式设置为“强烈效果”。

【操作方法】

1．在【插入】选项卡【插图】组中单击【SmartArt】按钮，在弹出的【选择 SmartArt 图形】对话框中选择【层次关系】里的第一个【组织结构图】;

2．选择图中第二行中唯一的方格（单击其边框），按 Delete 键将其删除；然后再用同样的方法删除下一行的任意一个方格;

3．选中图中所有方格（快捷键 Ctrl+A），在【SmartArt 工具】的【设计】选项卡中单击【创建图形】组中的【布局】按钮，在下拉列表中选择【标准】;

4．选中第二行第一个格，在【SmartArt 工具】的【设计】选项卡中单击【创建图形】组中的【添加形状】按钮，在下拉列表中选择【在下方添加形状】；用同样的方法添加其他方格；添加的时候要注意是在“下方”添加还是在“后面”添加。

5．录入文字;

6. 选中已经做好的 SmartArt 图形，在【SmartArt 工具】的【设计】选项卡中单击【SmartArt 样式】组中的【更改颜色】按钮，选择【彩色范围 - 个性色 3 至 4】;

7. 选中已经做好的 SmartArt 图形，在【SmartArt 工具】的【设计】选项卡单击【SmartArt 样式】组中的样式列表，在弹出下拉列表中选择【强烈效果】。

【样例 10】

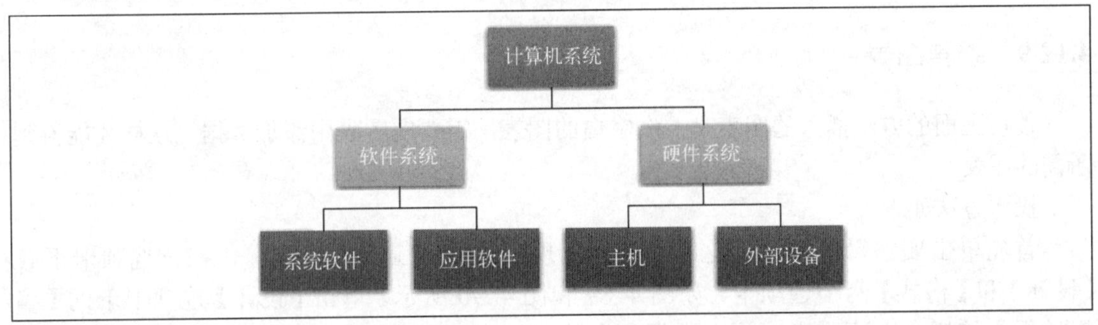

4.12.8　创建图表

有时为了说明一些复杂的数据，需要一种比较直观的工具，这些是图表。Word 2016 提供了柱形图、折线图、饼图等 15 种类型的图表，使用这些图表可以化繁为简，为用户提供了极大的方便。

操作方法如下。

首先单击要插入图表的位置，然后在【插入】选项卡【插图】组中单击【图表】按钮，弹出【插入图表】对话框，如图 4-88 所示。选择合适的图表类型，单击【确定】按钮，即可以在 Word 文档中插入一个图表。

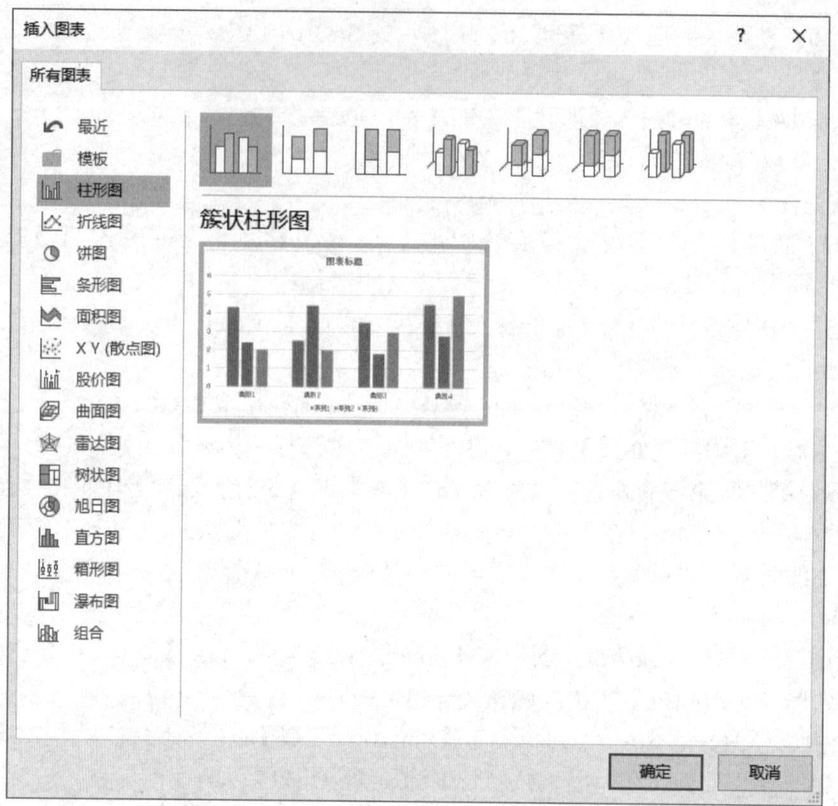

图 4-88 【插入图表】对话框

4.12.9 编辑图表

使用上面的方法插入的图表是一个空白的图表，需要向图表中添加数据，这样才能得到所需的图表。

操作方法如下。

首先单击要编辑的图表，这时功能区出现了【图表工具】选项卡，在该选项卡下有【设计】和【格式】两个选项卡，如图 4-89 和图 4-90 所示。单击【设计】选项卡下的【编辑数据】按钮，即可弹出该图表数据所在的 Excel 表格，用户可以在这个表格中录入自己的数据，如图 4-91 所示。除此之外，用户还可以更改其他的图表设置，如图表的颜色、样式、标题等等，在【设计】和【格式】两个选项卡中找到对应的命令按钮即可以进行设置。

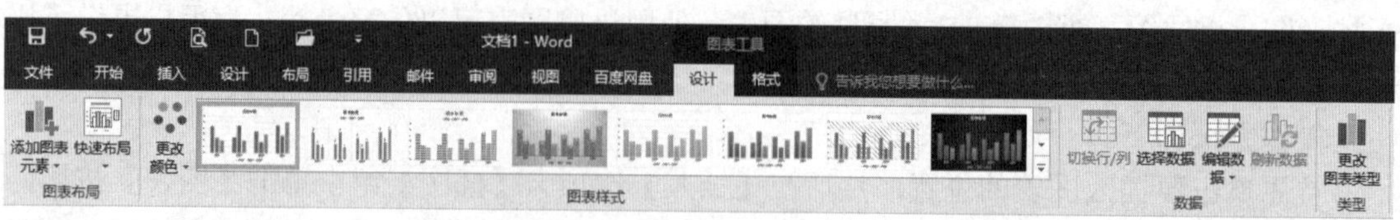

图 4-89 图表工具的【设计】选项卡

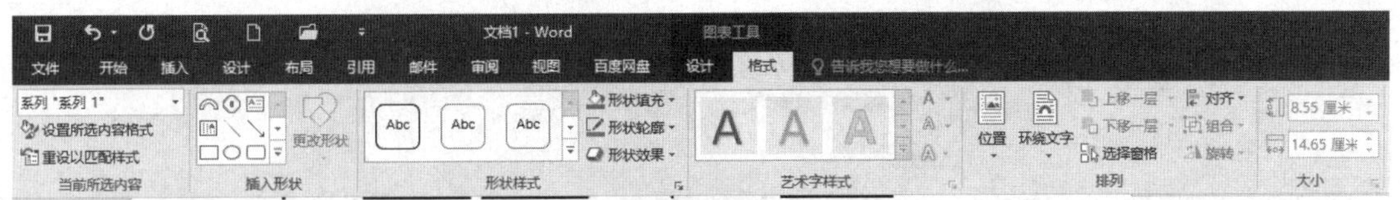

图 4-90　图表工具的【格式】选项卡

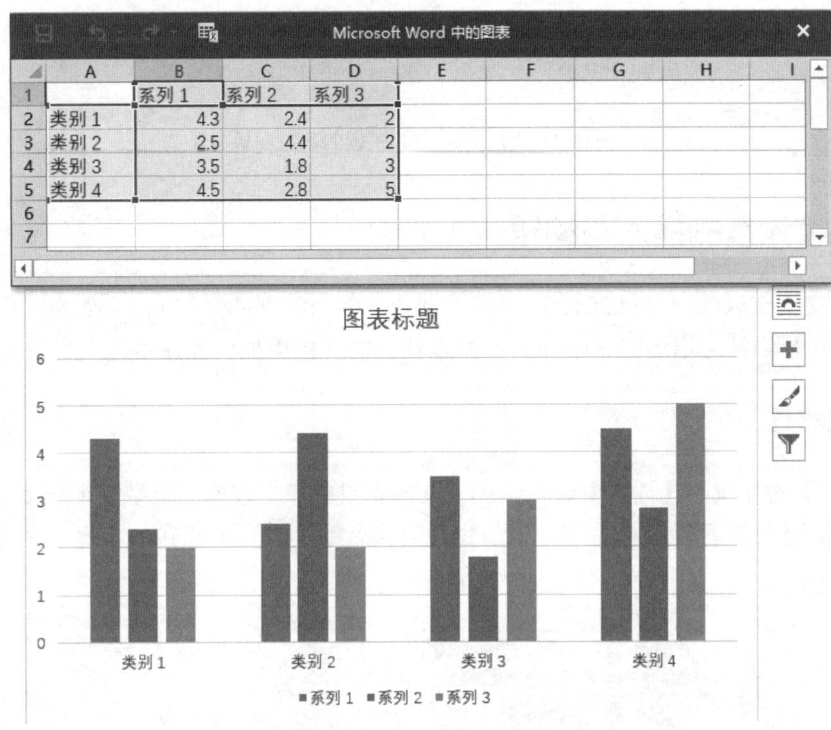

图 4-91　图表及其数据所用到的 Excel 表格

4.12.10　屏幕截图

屏幕截图是经常用到的功能，Word 2016 将该功能集成到软件中，用户不用再去找第三方的软件，这为用户提供了很大的方便。Word 2016 提供的屏幕截图功能，不但可以选择任意的窗口进行截图，还可以截取指定窗口的一部分。

操作方法如下。

首先单击需要放置截图的位置，然后在【插入】选项卡中单击【插图】组里的【屏幕截图】按钮，弹出下拉面板，如图 4-92 所示。如果用户想要截取某个窗口的图片，选择【可用视窗】中对应的窗口即可；如果用户想要截取整个屏幕或者屏幕中的一部分，首先切换要截图的屏幕，然后打开放置截图的 Word 文档，然后在【屏幕截图】按钮下拉面板中的【屏幕剪辑】选项，此时 Word 文档窗口最小化，露出要截图的屏幕，此时屏幕变成灰色，用户可以用鼠标框选出要截取的内容，即可完成截图。

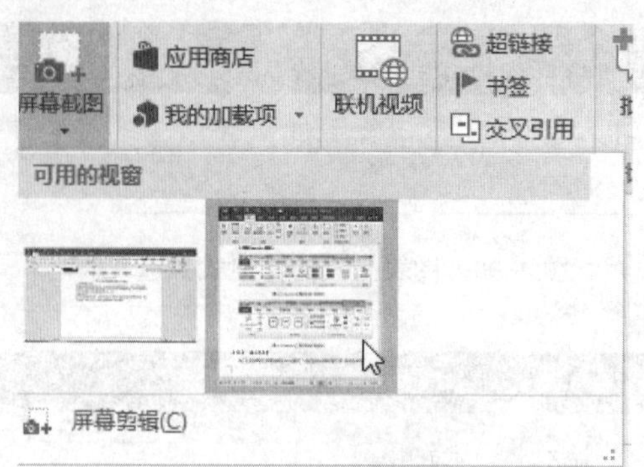

图 4-92 【屏幕截图】按钮的下拉面板

4.13 文字元素的插入与编辑

除了正文文字以外，Word 2016 还提供了其他一些很特别的文字元素，如文本框、艺术字、中文版式等。恰当的运用这些文字元素，可以让你的文档更加引人注目。

4.13.1 文本框

【文本框】按钮位于【插入】选项卡的【文本】组中。文本框的类型也很很多，如内置的【简单文本框】【奥斯汀提要栏】等，用户也可以自行绘制普通的横排文本框或竖排文本框，如图 4-93 所示。

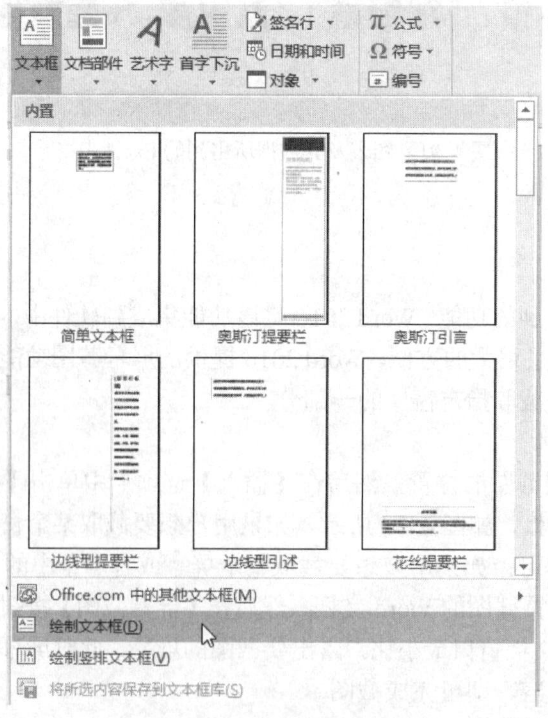

图 4-93 【文本框】按钮的下拉面板

4.13.2　编辑文本框

创建好文本框以后，不但可以编辑文本框中的文字，还可以修改文本框的外观，如边框和底纹颜色，文本框的位置、文字方向环绕方式，等等，这些操作可在【绘图工具】的【格式】选项卡中完成，如图 4-84 所示。

4.13.3　艺术字

为了让文档中的文字更加美观，Word 提供了一些已经设计好样式的文字，称为艺术字。我们可以这样理解，艺术字就的图形化的文字。

操作方法如下。

首先在要插入艺术字的位置单击，然后在【插入】选项卡中单击【文本】组中的【艺术字】按钮，弹出下拉面板，如图 4-94 所示，选择一个艺术的样式，即可插入一个艺术字。

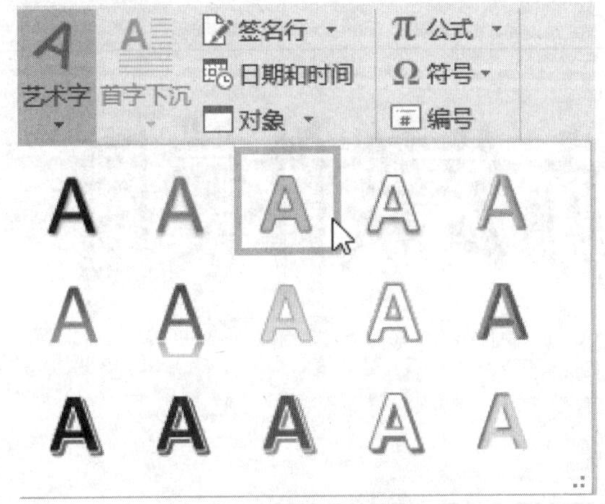

图 4-94 【艺术字】按钮下拉面板

4.13.4　编辑艺术字

通过上面的方法插入的艺术字显示的是 Word 的默认文字，如图 4-95 所示，可根据需要将这些默认文字进行修改。除了更改文字还可以更改艺术的颜色、样式、文本效果及文字环绕方式等。这些操作可在【绘图工具】的【格式】选项卡中完成，如图 4-95 所示。

图 4-95　艺术默认文字

实例 11：制作如【样例 11】所示的艺术字。

【操作方法】

1. 在【插入】选项卡中单击【文本】组的【艺术字】按钮，在弹出下拉面板中选择第三行第三列的艺术字；

2. 在艺术字中输入文字“办公软件使用”，并设置文字字体为黑体，大小为初号；

3. 设置映像效果：选中艺术字，在【绘图工具】的【格式】选项卡中单击【艺术字样式】组中的【文本效果】按钮，在弹出的下拉列表中依次选择【映像】→【映像变体】中的【全映像：接触】(第一行第三个)；

4. 设置弯曲效果：选中艺术字，在【绘图工具】的【格式】选项卡中单击【艺术字样式】组中的【文本效果】按钮，在弹出的下拉列表中依次选择【转换】→【弯曲】中的【上翘】(第四行第三个)，即可完成艺术字的设置。

【样例 11】

4.13.5 首字下沉

首字下沉是使段落的第一个字放大，可用于文档或章节的开头，也可用于为新闻稿或请柬以增添艺术效果。设置首字下沉可在【插入】选项卡中单击【文本】组中的【首字下沉】按钮，弹出下拉面板，如图 4-96 所示。

操作方法如下。

首先要将光标定位在要进行首字下沉的段落中，根据需要在下拉面板中选择。如果没有合适的选项，可以选择【首字下沉选项】选项，在弹出的【首字下沉】对话框中自行设置，如图 4-97 所示。

在设置首字下沉时，有的会发现【首字下沉】按钮是灰色的，不允许用户使用。这上因为“首字”不能是空格，把第一个字前面的空格删除之后，就可以正常进行设置了。

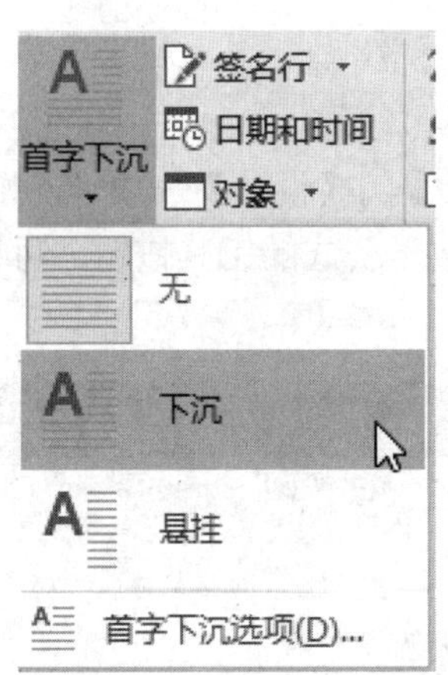

图 4-96 【首字下沉】按钮的下拉面板

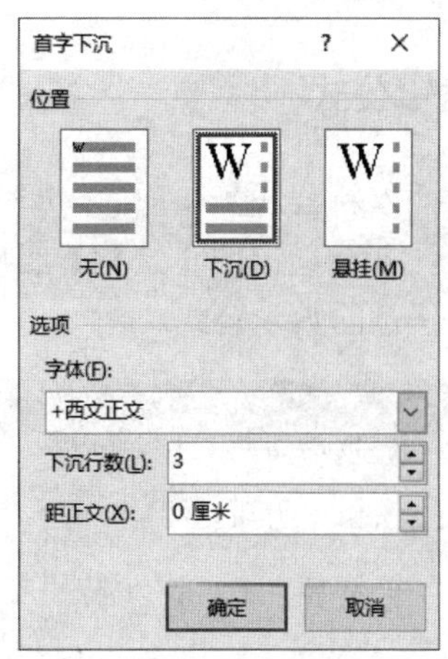

图 4-97 【首字下沉】对话框

4.13.6　插入公式

有时需要输入一些专业性较强的公式内容，如果使用普通的文本进行录入并不能达到想要的效果。因此，Word 2016 提供了可以编辑复杂数学公式的工具，即【公式】按钮。

操作方法如下。

首先单击要插入公式的位置，然后在【插入】选项卡中单击【符号】中的【公式】按钮，弹出下拉面板，如图 4-98 所示。在下拉面板中可以选择 Word 内置的公式，也可以选择【插入新公式】选项，自己编辑公式。

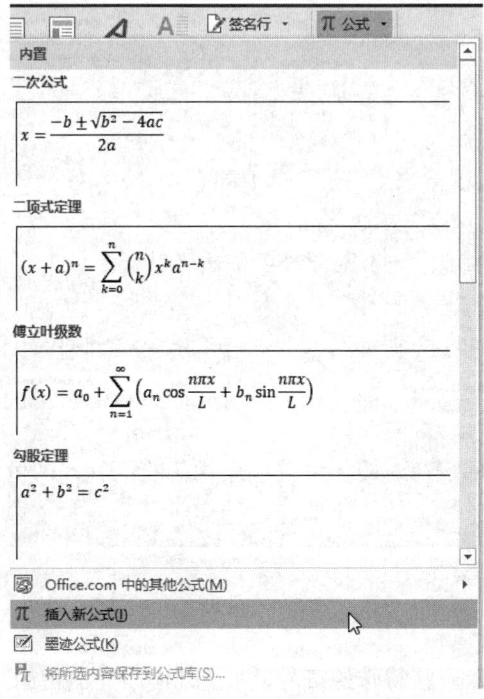

图 4-98 【公式】按钮的下拉面板

4.13.7 编辑公式

选择【插入新公式】选项后，即可以激活【公式工具】的【设计】选项卡，如图 4-99 所示。在【设计】选项卡的【结构】组中提供了各种常用数学公式的工具按钮，可以用这些工具按钮编辑任意的数学公式。

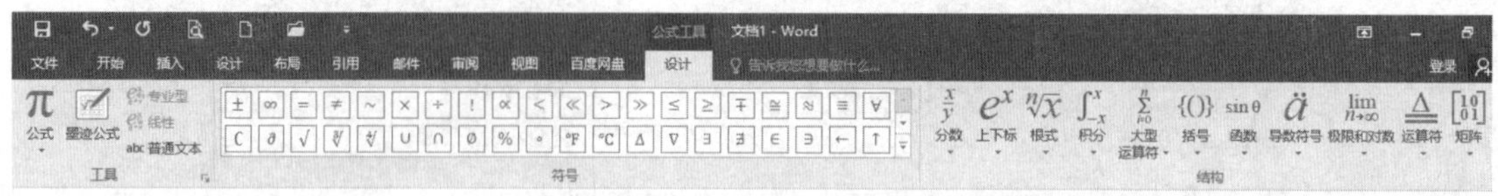

图 4-99 【公式工具】的【设计】选项卡

实例 12：使用 Word 2016 提供的公式工具，编辑出如下公式。

1. $\lim_{x\to 0}\frac{\sin x}{x}=1$

2. $\int\frac{\mathrm{d}x}{\sqrt{x^2\pm a^2}}=\ln(x+\sqrt{x^2\pm a^2})+C$

3. $\sigma=\sqrt{\frac{\sum(X-\bar{X})^2}{N}}=\sqrt{\frac{\sum(X-\bar{X})^2F}{\sum F}}$

4. $\begin{bmatrix} A_{11} & 0 & \cdots & 0 \\ 0 & A_{22} & \cdots & 0 \\ \vdots & \vdots & \ddots & \vdots \\ 0 & 0 & \cdots & A_{kk} \end{bmatrix}$

【操作方法】（以第 1 题为例）

1. 在【插入】选项卡中单击【符号】组中的【公式】按钮，在弹出下拉面板中选择【插入新公式】，激活【公式工具】选项卡。
2. 在【公式工具】的【设计】选项卡中单击【结构】组的【极限和对数】按钮，在弹出下拉面板中选择【极限】（第一行第三个）。
3. 在极限符号下方的小方框处输入“x→0”，选中极限符号右侧的小方框，在【公式工具】的【设计】选项卡中单击【结构】组的【分式】按钮，在弹出下拉面板中选择【分式（竖式）】（第一行第一个）。
4. 设置好公式形状后，在对应的位置输入相应的内容，即可完成公式的编辑。
5. 其余公式的操作方法类似，请读者自行完成。

4.13.8 插入符号

有时文档中会需要录入一些特殊的符号，为了方便用户的使用，Word 2016 提供了符号的插入。

操作方法如下。

首先单击要插入符号的位置，然后在【插入】选项卡中单击【符号】中的【符号】按钮，弹出下拉面板，如图 4-100 所示。在下拉面板中显示了使用频率相对较高的符号和最近使用过的符号，单击对应的符号就可以把它们插入到文档中了。如果下拉面板中没有用户需要的符号，可以选择【其他符号】，弹出【符号】对话框，如图 4-101 所示，在对话框中找到需要的符号，就可以把符号插入到文档中了。

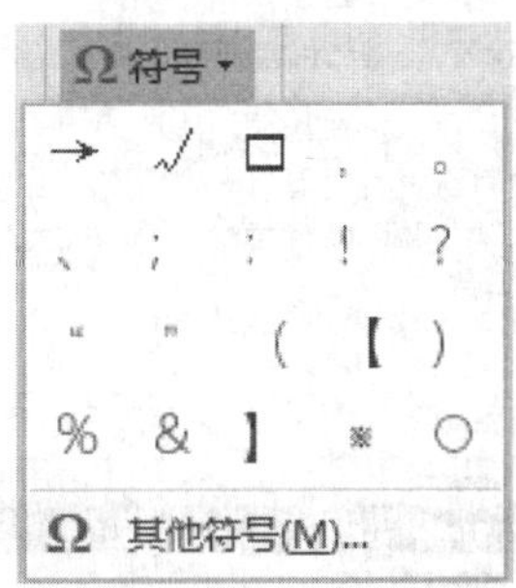

图 4-100 【符号】按钮的下拉面板

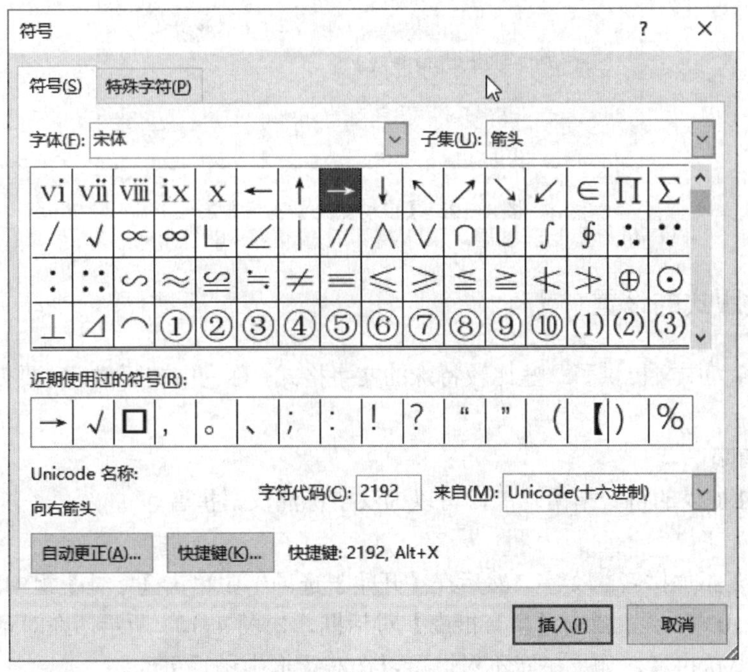

图 4-101 【符号】对话框

用户还可以自己定义符号的输入方式，单击【符号】对话框中左下角的【自动更正】按钮，弹出【自动更正】对话框，如图 4-102 所示。例如，在对话框中【替换】和【替换为】的位置输入“aa”和“→”，单击【确定】按钮。之后只需要在文档中键入“aa”，Word 2016 就会自动把它显示为“→”。

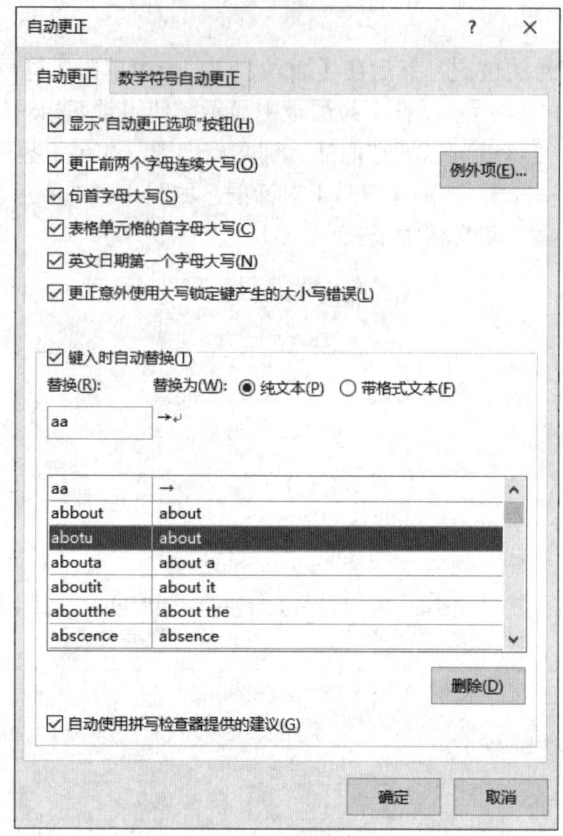

图 4-102 【自动更正】对话框

4.13.9 中文版式的设置

Word 2016 为中文提供了一些比较特殊的文字格式，称为中文版式，主要有拼音指南和带圈字符。

1. 拼音指南

利用 Word 提供的拼音指南功能，可以为汉字标注汉语拼音。

操作方法如下。

首先选中要添加拼音的文字，然后在【开始】选项卡中单击【字体】组中的【拼音指南】按钮，如图 4-103 所示，弹出【拼音指南】对话框，如图 4-104 所示，在对话框中已经显示了选中文字的默认拼音，如果拼音不对，可以在对话框中进行更改。

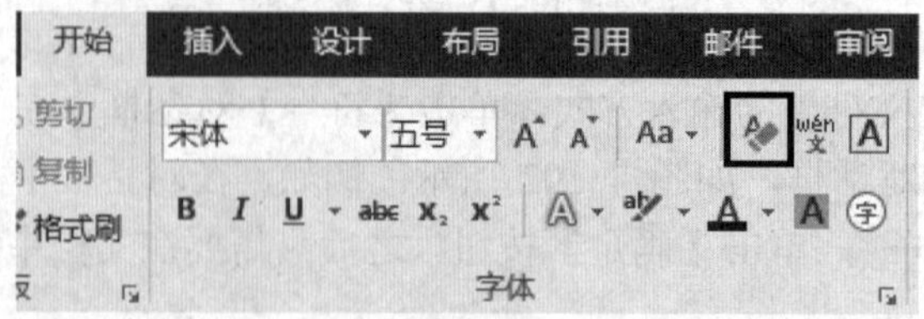

图 4-103 【拼音指南】按钮

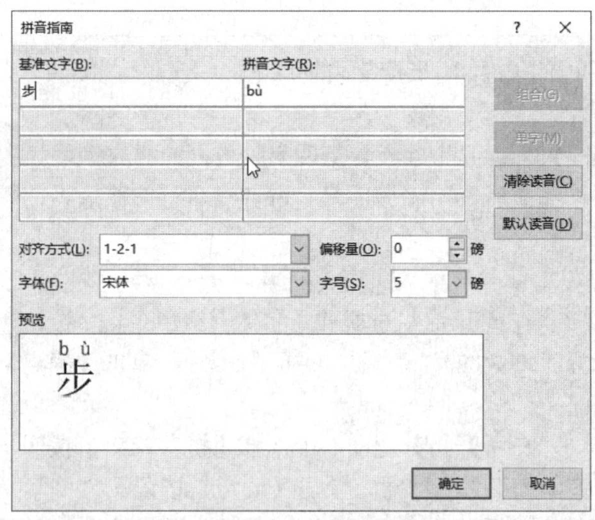

图 4-104 【拼音指南】对话框

对话框中的偏移量是指拼音与文字之间的距离，字体、字号对齐方式都是针对拼音设置的，文字格式不会发生变化。

如果遇到多音字，可能系统添加的拼音与需要的拼音不一致，这时可以在对话框的【拼音文字】栏输入拼音。输入带声调的韵母时，可以用软键盘来输入。方法为：切换到中文输入法，右击输入法状态栏，选择【软键盘】中的【拼音字母】选项，在弹出的软键盘中，可以找到标有声调的拼音字母。

2．带圈字符

利用 Word 提供的带圈字符功能可以在字符周围添加圆圈或其他类型的边框，以达到强调的效果。

操作方法如下。

选中要添加圆圈的文字，在【开始】选项卡中单击【字体】组中的【带圈字符】按钮，如图 4-105 所示，弹出【带圈字符】对话框，如图 4-106 所示。在对话框的【样式】选项区域中可选择【无】、【缩小文字】或【增大圈号】，在【文字】框内输入一个字或在下拉列表框中进行选择，在【圈号】列表框中选择圆圈或边框样式，单击【确定】按钮后则在文档中加入了带圈字符。

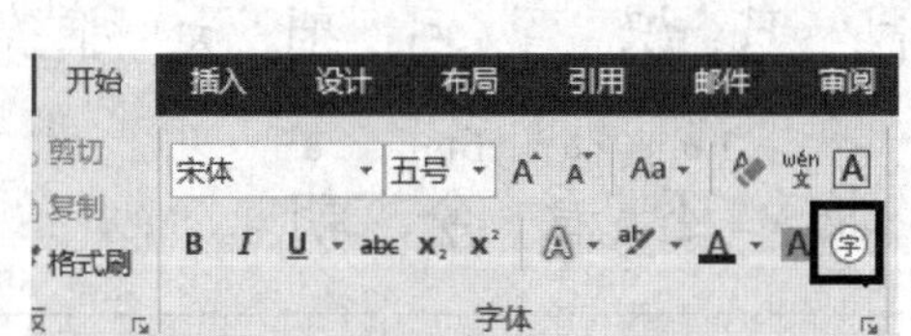

图 4-105 【带圈字符】按钮

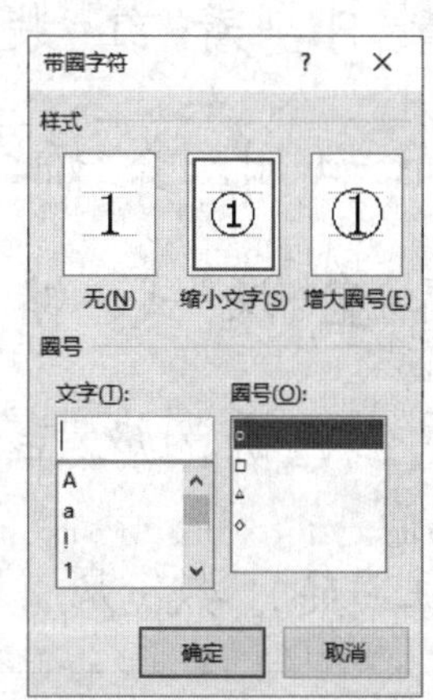

图 4-106 【带圈字符】对话框

实例 13：完成【样例 13】中所示诗词的排版。

【要求】

（1）为“沁园春·雪”这几个字设置带圈字符效果，样式为增大的“菱形”。

（2）为正文第一句和最后一句添加拼音，拼音与文字偏移量为 2 磅，字号 8 磅对齐方式为“居中”。

【操作方法】

（1）选择“沁”字，在【开始】选项卡【字体】组中单击㊫按钮，在打开的【带圈字符】对话框中样式选择“增大圈号”，圈号选择“菱形”，单击【确定】按钮。其他字执行相同的过程。

（2）选择正文诗句，在【开始】选项卡中选择【拼音指南】按钮，在打开的【拼音指南】对话框中设置对齐、偏移量、字号，单击【确定】按钮。

（3）需要注意的是，最后一个字“朝”是多音字，系统默认的读音是“cháo”，需要把它改成“zhāo”。

【样例 13】

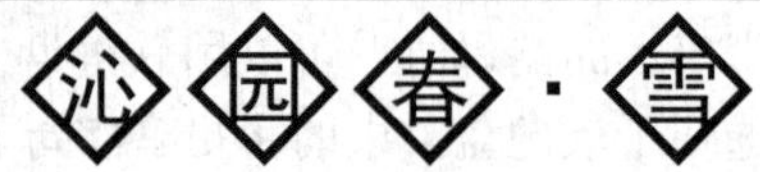

毛泽东

běi guó fēng guāng qiān lǐ bīng fēng wàn lǐ xuě piāo
北 国 风 光，千 里 冰 封，万 里 雪 飘。

望 长 城 内 外，惟 余 莽 莽；大 河 上 下，顿 失 滔 滔。

山 舞 银 蛇，原 驰 蜡 象，欲 与 天 公 试 比 高。

须 晴 日，看 红 装 素 裹，分 外 妖 娆。

江 山 如 此 多 娇，引 无 数 英 雄 竞 折 腰。

惜 秦 皇 汉 武，略 输 文 采；唐 宗 宋 祖，稍 逊 风 骚。

一 代 天 骄，成 吉 思 汗，只 识 弯 弓 射 大 雕。

jù wǎng yǐ shǔ fēng liú rén wù hái kàn jīn zhāo
俱 往 矣，数 风 流 人 物，还 看 今 朝。

4.13.10　分栏效果

如果要使文档具有类似于报纸的分栏效果，可以使用 Word 的【分栏】按钮。

操作方法如下。

首先选中要分栏的文字，然后在【布局】选项卡【页面设置】组中单击【分栏】按钮，弹出下拉面板，如图 4-107 所示。如果下拉面板中没有想要的栏数，可以选择【更多分栏】选项，弹出【分栏】对话框，如图 4-108 所示，在对话框中可自选设置分栏的栏数、栏宽和栏间距及是否添加分隔线等选项。

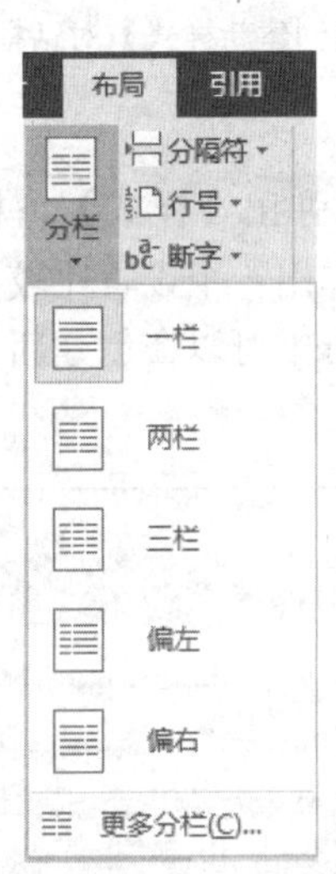

图 4-107 【分栏】下拉面板

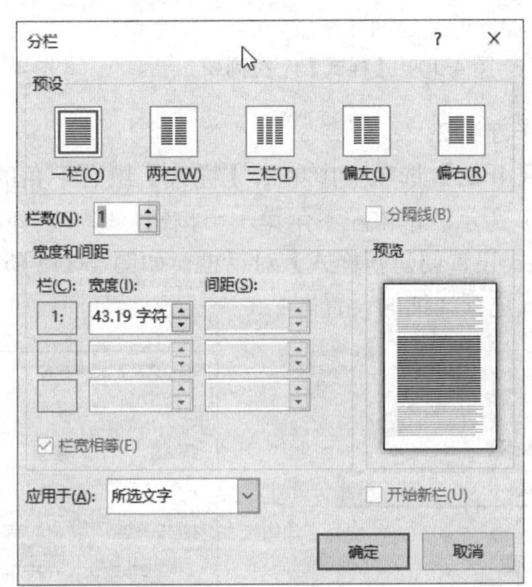

图 4-108 【分栏】对话框

4.13.11　样式

使用 Word 进行排版的过程中，如果一个文档中不相连的部分具有相同的格式，用户反复进行格式的设置不仅繁琐，而且很容易出错。使用“样式”功能，可极大地减轻用户的工作量。

所谓样式，就是系统或用户事先定义并保存的一系列排版格式，包括字体、字号、颜色、对齐、缩进、制表位和边距等。

1. 创建样式

操作方法 1：

首先设置好文本的格式，然后选中这些文本，在【开始】选项卡中单击【样式】组的样式下拉列表按钮，弹出下拉列表，如图 4-109 所示。单击【创建样式】按钮，弹出【根据格式设置创建新样式】对话框，如图 4-110 所示。样式的默认名称是样式 1，在文本框中输入所需样式的名称，单击【确定】按钮，即可根据选定文本的格式创建出一个样式。

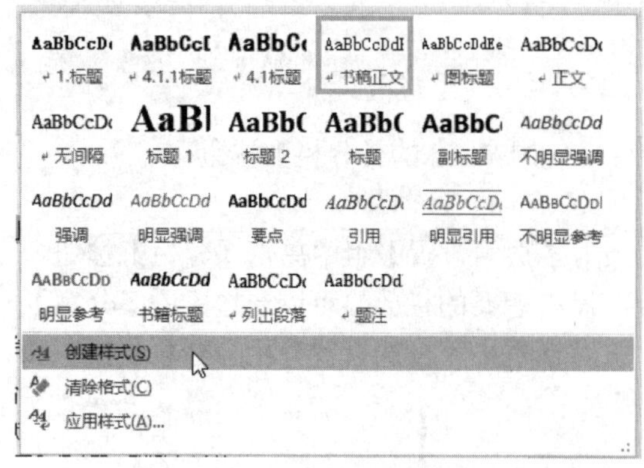

图 4-109 【样式】下拉列表

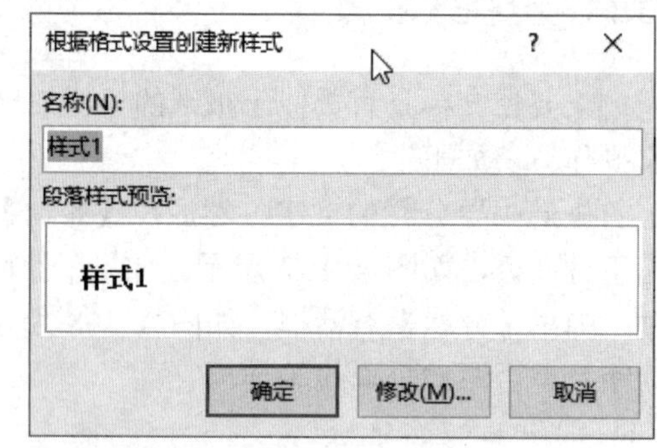

图 4-110 【根据格式设置创建新样式】对话框（1）

操作方法 2：

在【开始】选项卡中单击【样式】组右下角的对话框启动器，弹出【样式】窗格，如图 4-111 所示。单击左下角第一个按钮，即“新建样式”按钮，弹出一个设置比较详细的【根据格式设置创建新样式】对话框，如图 4-112 所示。在这个对话框中可以在创建新样式之前对格式进行详细的设置。

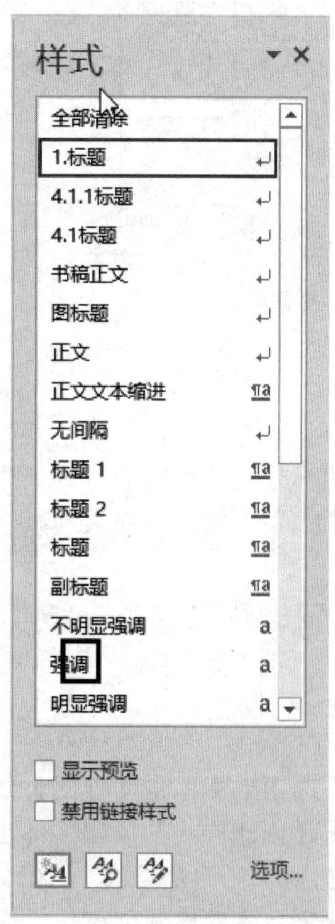

图 4-111 【样式】窗格

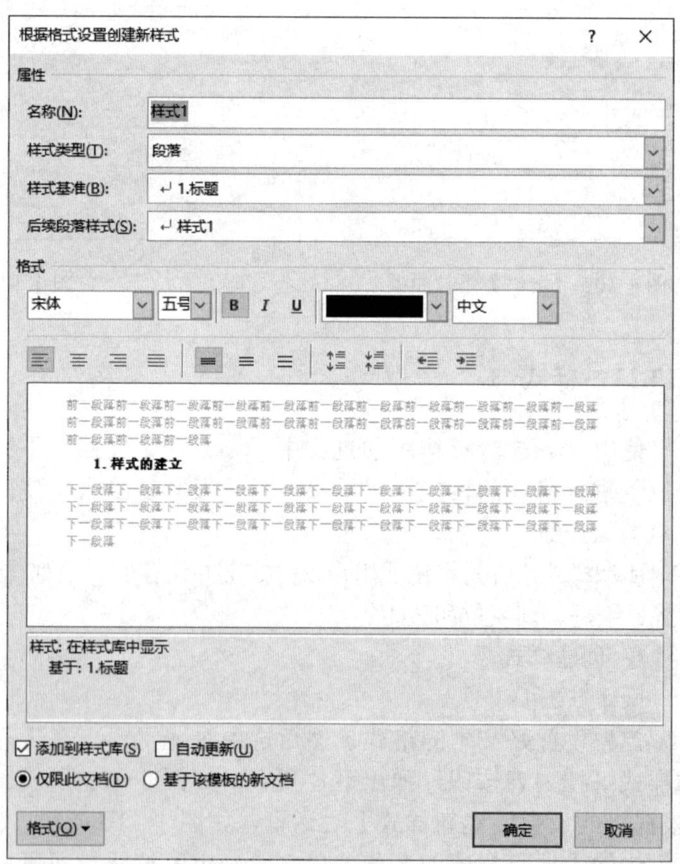

图 4-112 【根据格式设置创建新样式】对话框（2）

2．修改样式

鼠标指向【样式】窗格的样式列表里想要修改的样式名称，此时该名称右侧出现下拉箭头，单击下拉箭头出现下拉列表，如图 4-113 所示。选择【修改】命令，即可弹出【修改样式】对话框，如图 4-114 所示。用户可在这个对话框中修改样式的各项设置，如果没有找到要修改的设置，可以单击对话框左下角【格式】按钮，弹出高级设置的列表，找到需要修改的样式。

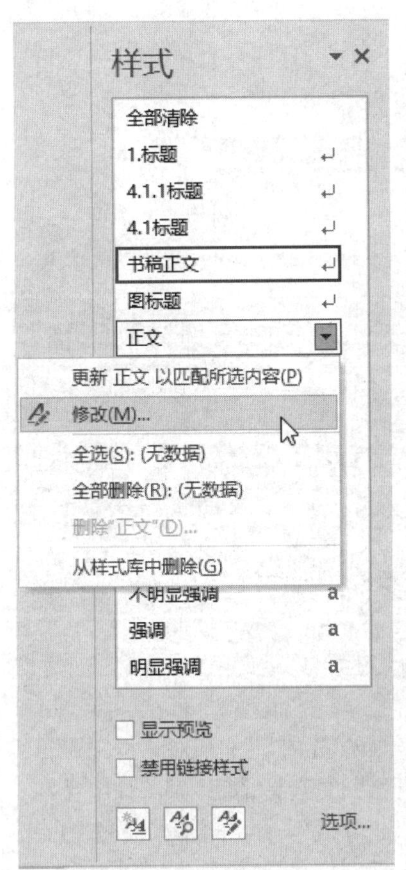

图 4-113　修改样式

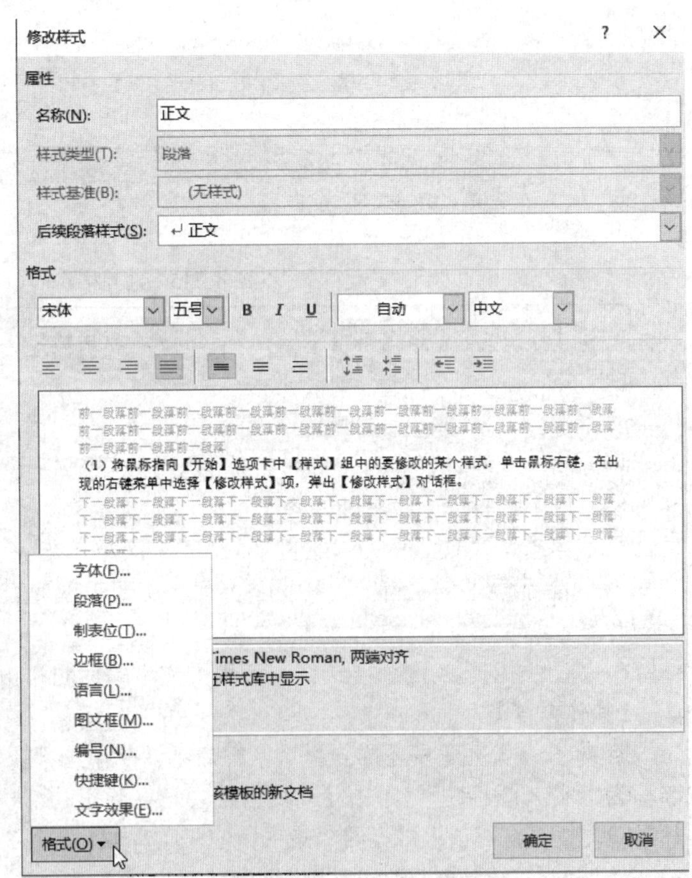

图 4-114　【修改样式】对话框

3．应用样式

无论系统自带的样式还是用户创建或修改的样式，都会显示在【开始】选项卡的【样式】组中，样式列表如图 4-109 所示。要使用样式，首先选中要应用样式的文字，然后单击样式列表中的某个样式，即可以把这个样式应用中选中的文字上。

4．清除样式

如果不想使用样式，可以将这些样式清除。

操作方法如下。

首先选中要清除样式的文字，在【开始】选项卡【样式】组中单击样式列表下方的【清除格式】按钮，即可以清除所选文字的所有格式设置，如图 4-115 所示。

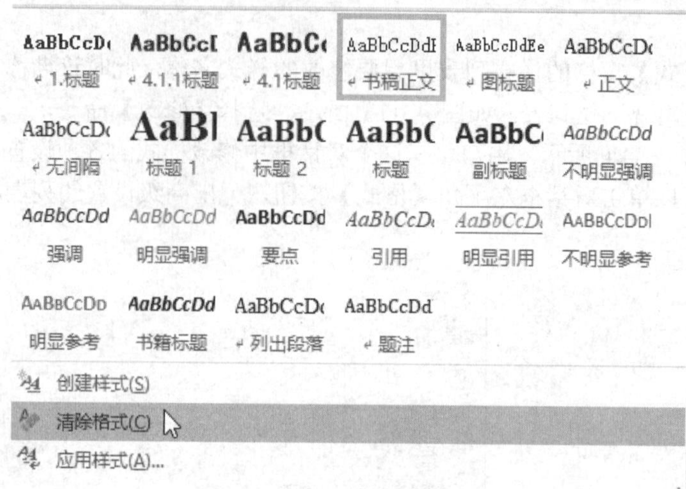

图 4-115 清除格式

实例 14：输入【样例 14】中的文字，按照要求排版，排版结果如【样例 14】所示。

【要求】

1．创建两个样式：

（1）第一个样式名称为“实例 7 标题”，该样式文字设置为隶书，三号字，红色，加双删除线，居中，段前、段后间距各一行；

（2）第二个样式名称为“实例 7 正文”，该样式文字设置为楷体，小四号字，黑色，左对齐，首行缩进 2 字符，行距为固定值 30 磅，设置底纹样式为“浅色下斜线”，颜色为黄色。

2．将上面创建的两个样式分别应用于文本的标题和正文上。

【操作方法】

1．单击【开始】→【样式】对话框启动器→单击【新建样式】按钮→在对话框中设置名称为“实例 7 标题”，单击【格式】按钮，在弹出的下拉列表中选择【字体】，弹出【字体】对话框，在对话框中设置“隶书，三号字，红色，加双删除线”，单击【确定】按钮完成字体设置，返回到【根据格式设置创建新样式】对话框。

2．再次单击【格式】按钮，在弹出的下拉列表中选择【段落】，弹出【段落】对话框，在对话框中设置“居中，段前、段后间距各一行”，单击【确定】按钮完成段落设置，返回到【根据格式设置创建新样式】对话框。

3．单击【确定】按钮，完成第一个样式的创建。

4．第二个样式的创建方法与第一个一样，唯一不同的是第二个样式有底纹的设置。在【根据格式设置创建新样式】对话框中，单击【格式】按钮，在弹出的下拉列表中选择【边框】，弹出【边框和底纹】对话框，选择【底纹】选项卡，在【图案】下方的【样式】中选择【浅色下斜色】，【样式】下方的【颜色】中选择“黄色”，单击【确定】即可完成底纹的设置。

5．选中标题，在样式列表中找到“实例 7 标题”并单击，即可将该样式应用于标题段；选中所有正文，在样式列表中找到“实例 7 正文”并单击即可将该样式应用于文档正文。

【样例 14】

~~高速铁路~~

高速铁路在不同国家不同时代有不同规定。中国国家铁路局的定义为：新建设计开行 250 千米/时（含预留）及以上动车组列车，初期运营速度不小于 200 千米/时的客运专线铁路。特点：新建的，时速不低于 250 千米/时及客专性。区别：欧洲早期组织即国际铁路联盟 1962 年把旧线改造时速达 200 千米、新建时速达 250~300 千米的定为高铁；1985 年日内瓦协议做出新规定：新建客货共线型高铁时速为 250 千米以上，新建客运专线型高铁时速为 350 千米以上。

中国大陆铁路分高速铁路、快速铁路和普通铁路。中国高铁居高铁级，而国铁 I 级只标注于快速铁路和骨干线普通铁路。2004 年中国铁路大提速起的快速铁路建设引进加创新，研制了 CRH 系列，后来，中国高速铁路用无砟轨道和高速动车组：起初用 C 型车（CRH2C 和 CRH3C），发展出 CRH380 等，未来主流是中国标准动车组。

评价单

<table>
<tr><td>项目名称</td><td colspan="3"></td><td>完成日期</td><td></td></tr>
<tr><td>班级</td><td></td><td>小组</td><td></td><td>姓名</td><td></td></tr>
<tr><td>学号</td><td colspan="3"></td><td>组长签字</td><td></td></tr>
<tr><td colspan="2">评价项点</td><td colspan="2">分值</td><td>学生评价</td><td>教师评价</td></tr>
<tr><td colspan="2">文件创建、保存等操作是否熟练</td><td colspan="2">10</td><td></td><td></td></tr>
<tr><td colspan="2">文件背景、边框设置</td><td colspan="2">10</td><td></td><td></td></tr>
<tr><td colspan="2">图片或图形对象的插入</td><td colspan="2">10</td><td></td><td></td></tr>
<tr><td colspan="2">图形图片对象格式设置</td><td colspan="2">10</td><td></td><td></td></tr>
<tr><td colspan="2">设计布局是否合理</td><td colspan="2">10</td><td></td><td></td></tr>
<tr><td colspan="2">对象编辑操作是否熟练</td><td colspan="2">10</td><td></td><td></td></tr>
<tr><td colspan="2">内容设计是否满足要求</td><td colspan="2">10</td><td></td><td></td></tr>
<tr><td colspan="2">不畏困难、勇于探索的情感表达</td><td colspan="2">15</td><td></td><td></td></tr>
<tr><td colspan="2">诚信、友善、文明、和谐等品质的体现</td><td colspan="2">15</td><td></td><td></td></tr>
<tr><td colspan="2">总分</td><td colspan="2">100</td><td></td><td></td></tr>
<tr><td>学生得分</td><td colspan="5"></td></tr>
<tr><td>自我总结</td><td colspan="5"></td></tr>
<tr><td>教师评语</td><td colspan="5"></td></tr>
</table>

知识点强化与巩固

一、选择题

1．在 Word 中，预先编排好一种文档中应有的固定文字、固定格式等文档框架，被称为新建（　　）。

A．样式　　B．模板　　C．版式　　D．摘要

2．对 Word 中一个已有的样式进行了修改，那么（　　）。

A．此修改只对以后采用该样式的段落文本输入起作用

B．此修改只对输入光标所在位置的那一段文本起作用

C．此修改对采用该样式的所有段落文本都起作用

D．此修改只对选中的那个段落文本起作用

3．Word 2016 的【插入】选项卡不能完成的操作是（　　）。

A．设置页边距　　B．插入艺术字　　C．插入图形　　D．插入表格

4．在 Word 2016 中要对文档进行“分栏”设置，【分栏】命令在（　　）选项卡中。

A．开始　　B．插入　　C．布局　　D．视图

5．在 Word 编辑状态，若要在当前窗口中绘制形状，可以选择的命令是（　　）。

A．【文件】选项卡的【新建】命令　　B．【开始】选项卡的【粘贴】命令

C．【插入】选项卡的【图片】命令　　D．【插入】选项卡的【形状】命令

6．在 Word 中，下列关于分栏的说法，正确的是（　　）。

A．可以将指定的段落分成指定宽度的两栏

B．任何视图下均可以看到分栏效果

C．设置的各栏宽度和间距与页面宽度无关

D．栏与栏之间不可以设置分隔线

7．在 Word 编辑状态下，要将另一个文档中的内容全部添加到当前文档中，可以使用的（　　）。

A．【文件】选项卡中的【打开】命令　　B．【文件】选项卡中的【新建】命令

C．【插入】选项卡中的【对象】命令　　D．【插入】选项卡中的【超链接】命令

8．在 Word 中编辑文本时，中文和英文输入法状态切换可以使用快捷键（　　）。

A．Ctrl+Shift　　B．Ctrl+空格　　C．Shift+空格　　D．Alt+空格

9．在 Word 中要复制图形，在选择图形之后可以使用快捷键（　　）。

A．Ctrl+C　　B．Ctrl+V　　C．Ctrl+X　　D．Ctrl+Z

10．在 Word 中插入图形后，不可以对图形对象进行的操作是（　　）。

A．裁剪　　B．旋转　　C．改变形状　　D．设置填充颜色

11．要在文档中插入分隔符，可以使用选项卡（　　）。

A．【开始】选项卡　　B．【插入】选项卡

C．【布局】选项卡　　D．【审阅】选项卡

二、判断题：

1．Word 中插入的艺术字既能设置字体，又能设置字号。　（　　）

2．Word 2016 只能录入普通的文本，不能录入复杂的数学公式。 （ ）

3．在 Word 中插入一个特殊符号时可以单击【设计】选项卡。 （ ）

4．在 Word 文档中插入的图片不但可以裁剪，而且还可以改变颜色。 （ ）

5．在文档中选择多个图形对象时，可以在按住 Ctrl 键的同时用鼠标依次单击对象。 （ ）

6．Word 样式是指格式组合，用户不能自己定义样式，只能应用系统自带的样式。 （ ）

第 5 章
Excel 2016 电子表格

项目一　Excel 工作表的创建与编辑

知识点提要

1. Excel 的启动和退出
2. 工作簿的基本操作
3. 工作表的基本操作
4. 单元格的操作与使用
5. 数据的输入和编辑操作
6. 排版工作表

任务单（一）

<table>
<tr><td>任务名称</td><td>体温监测记录表制作</td><td>学时</td><td>2 学时</td></tr>
<tr><td>知识目标</td><td colspan="3">1．掌握对工作表、工作簿的基本操作方法。
2．掌握用 Excel 软件录入各种类型数据的方法与技巧。
3．掌握单元格属性的设置方法。
4．掌握数据有效性、条件格式的设置方法。
5．掌握表格边框、底纹等的设置方法。</td></tr>
<tr><td>能力目标</td><td colspan="3">1．能够结合工作需要，按照要求完成表格的制作，培养学生制作及展示的能力。
2．引导学生自主学习，培养学生创新能力。</td></tr>
<tr><td>素质目标</td><td colspan="3">1．培养学生精益求精、爱岗敬业的工匠精神。
2．通过对学生分组教学及训练，培养学生相互合作、有效沟通的能力。</td></tr>
<tr><td>任务描述</td><td colspan="3">1．用 Excel 2016 软件，制作如图所示的工作表，保存在桌面上。 
<table>
<tr><td></td><td>A</td><td>B</td><td>C</td><td>D</td><td>E</td><td>F</td><td>G</td><td>H</td><td>I</td><td>J</td><td>K</td><td>L</td></tr>
<tr><td>1</td><td colspan="12">建华区师生家属体温监测记录表</td></tr>
<tr><td>2</td><td colspan="7">所在学校（单位）：</td><td>类别</td><td colspan="2"></td><td>签字：</td><td></td></tr>
<tr><td>3</td><td rowspan="2">班级</td><td rowspan="2">姓名</td><td rowspan="2">日期</td><td colspan="2">体温(℃)
□学生　□教职工</td><td colspan="2">体温(℃)
□家长1 □家属1</td><td colspan="2">体温(℃)
□家长2 □家属2</td><td colspan="2">体温(℃)
□家长3 □家属3</td><td rowspan="2">近14天身体健康状况(有无发热、干咳、乏力、气短等疑似体症)</td></tr>
<tr><td>4</td><td>早</td><td>晚</td><td>早</td><td>晚</td><td>早</td><td>晚</td><td>早</td><td>晚</td></tr>
<tr><td>5</td><td></td><td></td><td></td><td></td><td></td><td></td><td></td><td></td><td></td><td></td><td></td><td></td></tr>
<tr><td>6</td><td></td><td></td><td></td><td></td><td></td><td></td><td></td><td></td><td></td><td></td><td></td><td></td></tr>
<tr><td>7</td><td></td><td></td><td></td><td></td><td></td><td></td><td></td><td></td><td></td><td></td><td></td><td></td></tr>
<tr><td>8</td><td></td><td></td><td></td><td></td><td></td><td></td><td></td><td></td><td></td><td></td><td></td><td></td></tr>
<tr><td>9</td><td></td><td></td><td></td><td></td><td></td><td></td><td></td><td></td><td></td><td></td><td></td><td></td></tr>
</table>
2．按图示进行单元格合并及内容输入，要求表格能填写 30 天数据，即数据设置到第 34 行。
3．将 A1 至 L4 单元格字体设置为加粗，并为 A3 至 L4 单元格添加黄色底纹。
4．将 A1 单元格的字体设置为宋体、字号大小为 20 磅，其他单元格字号大小为 12 磅。
5．为 I2 单元格设置数据验证，允许为“序列”，序列内容为“家长，教职工”，内容必须通过下拉列表选择输入。
6．为 D5 至 K34 单元格设置数据格式为自定义，并自定义类型为“0.0℃”；为该区域单元格设置数据验证，允许“小数”，介于 35.5 到 39.5 之间；为该区域单元格设置条件格式，当体温大于等于 37℃时数据红色加粗显示。
7．为 A1、H2、I2、A3 至 K34 单元格数据设置对齐方式为水平居中、垂直居中。
8．设置第一行行高为 48，5 至 34 行行高为 25.5。调整内容为 2 页，每页都有表头。
9．输入 A5、B5 单元格内容分别为你的班级和姓名，要求竖排显示。
10．在 C5 单元格中输入 2020 年 6 月 1 日，用自动填充功能填入下方其他日期
11．为表格设置适当的边框线（如图示）。
12．将工作表标签 Sheet1 的名称改为“体温监测表（6 月份）”。</td></tr>
<tr><td>任务要求</td><td colspan="3">1．仔细阅读任务描述中的设计要求，认真完成任务。
2．上交电子作品。
3．小组间互相学习设计中的优点。</td></tr>
</table>

任务单（二）

<table>
<tr><td>任务名称</td><td>车站职工信息管理表</td><td>学时</td><td>2 学时</td></tr>
<tr><td>知识目标</td><td colspan="3">1．掌握插入、删除行和列的方法。
2．掌握创建自定义序列的方法。
3．掌握页面属性、打印属性的设置方法。</td></tr>
<tr><td>能力目标</td><td colspan="3">1．能够结合工作需要，按照要求完成表格行、列、页面及打印属性的设置，培养学生制作及展示的能力。
2．引导学生自主学习，培养学生创新能力。</td></tr>
<tr><td>素质目标</td><td colspan="3">1．培养学生精益求精、爱岗敬业的工匠精神。
2．通过对学生分组教学及训练，培养学生相互合作、有效沟通的能力。</td></tr>
<tr><td>任务描述</td><td colspan="3">1．用 Excel 2016 软件，制作如图所示的工作表。
<table>
<tr><td></td><td>A</td><td>B</td><td>C</td><td>D</td><td>E</td><td>F</td><td>G</td><td>H</td><td>I</td><td>J</td></tr>
<tr><td>1</td><td></td><td>序号</td><td>员工姓名</td><td>性别</td><td>身份证号</td><td>出生日期</td><td>现聘岗位</td><td>现聘同级岗位时间</td><td>原聘岗位</td><td>原聘岗位时间</td></tr>
<tr><td>2</td><td></td><td>01</td><td>李雪峰</td><td>男</td><td>230821197810020011</td><td>1978/10/2</td><td>副高</td><td>201211</td><td>中级</td><td>200211</td></tr>
<tr><td>3</td><td></td><td>02</td><td>赵一萌</td><td>女</td><td>230401197403250026</td><td>1974/3/25</td><td>中级</td><td>200605</td><td>助级</td><td>200304</td></tr>
<tr><td>4</td><td></td><td>03</td><td>张柏涛</td><td>男</td><td>230202197710130021</td><td>1977/10/13</td><td>副高</td><td>200912</td><td>中级</td><td>200012</td></tr>
<tr><td>5</td><td></td><td>04</td><td>吴浩</td><td>男</td><td>230204198007090023</td><td>1980/7/9</td><td>中级</td><td>201103</td><td>助级</td><td>200807</td></tr>
<tr><td>6</td><td></td><td>05</td><td>邹翔宇</td><td>男</td><td>230203197310161943</td><td>1973/10/16</td><td>员级</td><td>200412</td><td></td><td></td></tr>
<tr><td>7</td><td></td><td>06</td><td>李宇航</td><td>男</td><td>230604196912191927</td><td>1969/12/19</td><td>中级</td><td>200809</td><td>助级</td><td>200208</td></tr>
<tr><td>8</td><td></td><td>07</td><td>李洪宇</td><td>男</td><td>230106197010180005</td><td>1970/10/18</td><td>副高</td><td>201401</td><td>中级</td><td>200307</td></tr>
<tr><td>9</td><td></td><td>08</td><td>任金鑫</td><td>男</td><td>220112198108240013</td><td>1981/8/24</td><td>助级</td><td>201211</td><td>员级</td><td>201107</td></tr>
<tr><td>10</td><td></td><td>09</td><td>张雪</td><td>女</td><td>230507198510080011</td><td>1985/10/8</td><td>助级</td><td>201607</td><td>员级</td><td>201407</td></tr>
</table>
2．为 B1 至 J1 单元格添加黄色底纹。
3．将出生日期列时间×/×/×的形式更改为×年×月×日形式。
4．在表格的上方添加标题行，合并 B1：J1 单元格，并输入内容“三间房车站职工基本信息统计表”，设置字号为 18 磅，行高为 25 磅，标题文字垂直和水平都居中。
5．将姓名创建为一个自定义序列，再填充到表格的 C 列中。姓名：李雪峰、赵一萌、张柏涛、吴浩、邹翔宇、李宇航、李洪宇、任金鑫、张雪。
6．通过模糊查找数据的方法找到所有姓李的员工。
7．为身份证号列设置数据验证，用户在向该区域中输入数据时提示：“请输入身份证号，必须为 18 位！”；验证条件为该区域中的数据文本长度只能为 18 位；当用户的输入出错时显示：“输入非法，请重新输入！”。
8．将数据区域内部加细线条黑色边框，外部加黑色粗线条边框。
9．利用条件格式功能将出生日期在 1975 年之前的单元格设置为红色加粗字体，黄色底纹。
10．设置纸张大小为 B5，纸张方向为横向，打印区域为 B1 至 J8，预览打印结果。</td></tr>
<tr><td>任务要求</td><td colspan="3">1．仔细阅读任务描述中的设计要求，认真完成任务。
2．上交电子作品。
3．小组间互相学习设计中的优点。</td></tr>
</table>

资料卡及实例

5.1　Excel 2016 简介

Excel 2016 是 Microsoft Office 2016 办公套装软件的另一个重要成员，它是一款优秀的电子表格制作软件，可以有效地完成日常工作中的公司行政管理、人事管理、财务管理、生产管理、进销存管理、售后服务管理和资产管理等方面的任务。

Excel 2016 不但可以制作美观、实用的电子表格，还可以对数据进行计算、统计、分析和预测等，我们可以利用公式和函数快捷、高效地计算数据，对数据进行排序和筛选、分类和汇总、图表化数据等，同时还可以保护与共享数据、从外部程序获取数据。

本章介绍 Excel 在日常办公事务数据处理中的基本流程，以及 Excel 工作表的设计、数据的录入与计算、简单的数据分析处理功能。

5.1.1　Excel 2016 启动和退出

启动 Excel 2016 的操作过程是：单击【开始】→【所有程序】→【Excel 2016】，即可启动 Excel 2016。启动 Excel 后，首先打开的是它的工作界面，如图 5-1 所示。

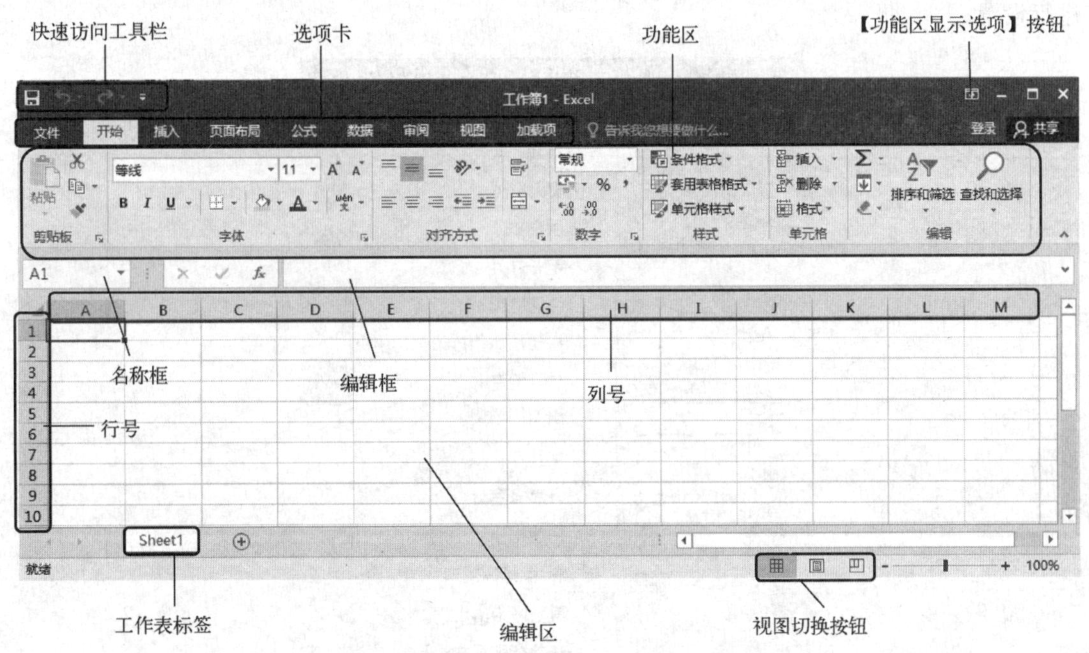

图 5-1　Excel 2016 工作界面

退出 Excel 2016 的方法非常简单，有以下两种常用方法可以选择。

（1）单击窗口右上角的关闭按钮。

（2）执行【文件】选项卡中的【关闭】命令。

5.1.2 Excel 2016 工作界面

Excel 2016 启动后，会自动创建一个名为“工作簿 1”的文件。Excel 2016 的工作界面如图 5-1 所示，主要包括标题栏、快速访问工具栏、选项卡、功能区、名称框、编辑框、编辑区、状态栏等几个主要部分。

1．标题栏

标题栏位于窗口的最上端，默认情况下标题栏中从左至右依次显示的是“保存”“撤销”“恢复”“自定义快速访问工具栏”按钮、当前正在编辑的文档名称、应用程序名称 Excel、“功能区显示选项”按钮、最小化按钮、最大化/还原按钮和关闭按钮。

2．【文件】选项卡

Excel 2016 中的【文件】选项卡是一个类似于菜单的按钮，位于 Excel 窗口左上角。单击【文件】可以打开文件面板，界面采用全页面形式，最左侧是功能选项卡或常用命令，包括【信息】【新建】【打开】【保存】【另存为】【打印】【关闭】【选项】等。

3．快速访问工具栏

快速访问工具栏在标题栏的左侧，该工具栏用于显示常用的工具按钮。快速访问工具栏中的工具按钮用户可以自己设置，单击“自定义快速访问工具栏”按钮，可以设置某个按钮的显示或隐藏，如图 5-2 所示。要显示更多的命令按钮可以单击其中的【其他命令】选项，进行设置。

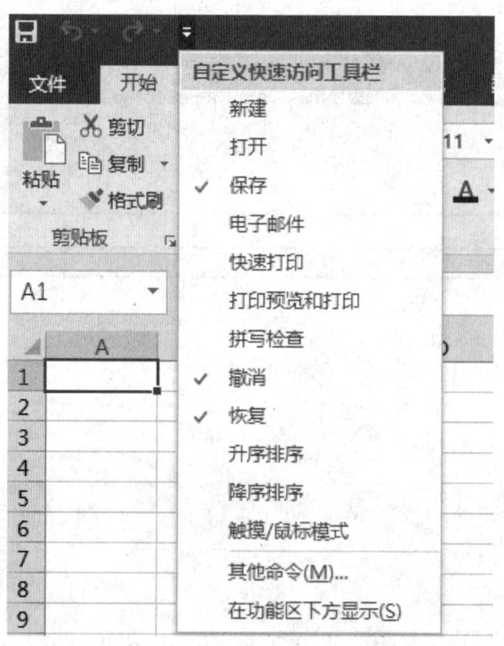

图 5-2　快速访问工具栏设置

4．选项卡

Excel 2016 将各种工具按钮进行分类管理，放在不同的选项卡面板中，默认情况下，Excel 窗口中有九个选项卡，分别为【文件】【开始】【插入】【页面布局】【公式】【数据】【审阅】

【视图】【加载项】。

5. 功能区

功能区由不同的选项卡及对应的命令面板组成，单击不同的选项卡将显示不同的命令面板，面板中提供了多组命令按钮。

6. 名称框和编辑栏

名称框和编辑栏在功能区的下方。其中左边是名称框，显示活动单元格地址，也可以直接在里面输入单元格地址，定位该单元格；右边为编辑框，用来输入、编辑和显示活动单元格的数据和公式；中间三个按钮分别是：取消按钮（✖）、输入按钮（✔）、插入函数按钮（fx）。

7. 编辑区

工作簿中间的最大区域是 Excel 的编辑区，它是用户输入数据与编辑表格的区域。用户可以在编辑栏中为活动单元格输入内容，例如数据、文字或公式等，也可以用鼠标单击单元格后直接输入单元格内容。

8. 工作表标签

工作表标签位于编辑区底端左侧，用于显示工作表的名称（如 Sheet1）。单击工作表标签将打开相应工作表，使用标签栏滚动按钮，可以滚动显示工作表标签。

9. 状态栏

状态栏位于 Excel 2016 窗口的底部，显示当前命令执行过程中的有关提示信息及一些系统信息，如输入、就绪、编辑等。

10. 视图栏

视图方式按钮位于状态栏的右侧，通过单击不同的按钮可以将文档以不同的视图方式呈现给用户，Excel 2016 提供了普通、页面布局、分页预览三种视图方式。

11. 显示比例

在状态栏的右侧有显示比例按钮和滑块，用于设置当前文档页面的显示比例。

12. 【共享】按钮

单击 Excel 2016 窗口关闭按钮下方的【共享】按钮，会打开共享窗格。在共享窗格中，提示“要与他人进行协作，请将您的文件副本保存到联机位置”，用户可以根据提示进行操作。

5.1.3 Excel 的基本概念

Excel 电子表格是由工作簿、工作表和单元格三层结构组成。

1. 工作簿

工作簿是用来储存并处理工作数据的文件，其扩展名是.xlsx。也就是说，在 Windows 中，所有通过 Excel 创建和处理的数据都是以工作簿文件的形式存放在计算机磁盘中。

2. 工作表

工作表是一个二维表格结构，一个工作簿可以包含一个或多个工作表。例如：Sheet1，Sheet2 等均代表一个工作表，类似于一本书由若干页组成，这里的“书”称为工作簿，每一“页”称为一个工作表。一个新的工作簿默认包含三个工作表，实际应用中可以根据需要对工作表进行增加、删除及更名。

3. 单元格

单元格是工作表的基本单位，由工作表中行列交叉形成，每一格即称为一个单元格，所有用户录入的数据及处理的结果均是放在一个个的单元格中。每个单元格的地址由交叉的列号和行号组成，例如“A1”，代表第 A 列第 1 行的单元格。列号的有效范围为 A～AFD，行号的有效范围为 1～1 048 576。工作表中只有一个活动单元格用于接收用户输入的内容，此单元格称为活动单元格。

4．填充柄

填充柄是位于活动单元格绿色粗实框线右下角的小方块，将鼠标指向填充柄时，鼠标的指针形状会变成“＋”。

5．Word 表格与 Excel 表格

Word 是文字编辑软件，针对的是文字处理，可以用它来制作美观、实用的表格。Word 的表格更着重于整体的格式、内容的分块及布局，是事务性、说明性的表格，但它无法实现复杂的计算、分析等数据处理功能。

Excel 是一个专用于数据处理的软件，从输入、计算到统计、分析，小到作为一般的计算器，大到专业的数据挖掘分析，都在它的实际应用范围内。

5.2 工作簿的基本操作

5.2.1 新建工作簿

启动 Excel 之后，默认情况下程序会自动创建一个名为“工作簿 1”新的空白工作簿。在工作簿 1 未关闭之前，再次新建的工作簿会自动被命名为“工作簿 2”“工作簿 3”……。创建新的工作簿有以下两种方式。

1．创建空白工作簿

（1）单击【文件】按钮，选择其中的【新建】选项卡，将显示如图 5-3 所示的面板，选择【空白工作簿】。

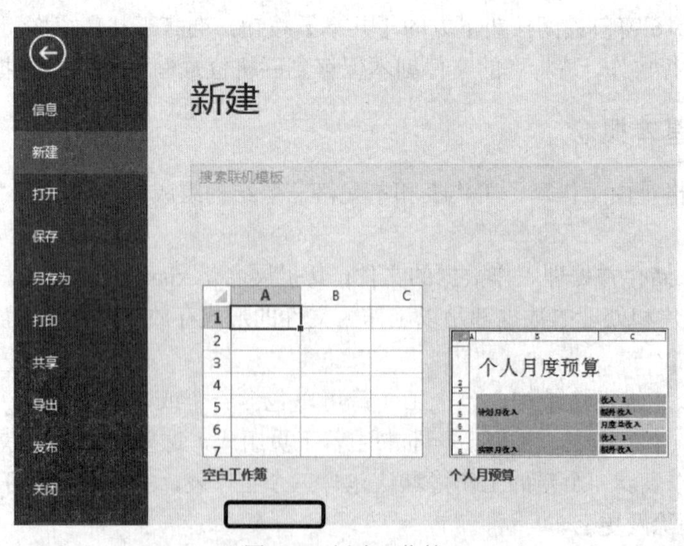

图 5-3 新建工作簿

（2）使用快捷键 Ctrl+N 也可创建新的工作簿。

2．创建基于模板的工作簿

除了常用的空白工作簿模板之外，Excel 2016 中还内置了多种工作簿模板，如个人月预算模板、贷款分期付款模板、考勤卡模板等。另外，Office.com 网站还提供了表单表格、费用报表、图表、列表等特定功能模板。借助这些模板，用户可以创建比较专业的 Excel 2016 工作簿。在 Excel 2016 中使用模板创建文档的方法如下。

① 单击【文件】按钮，选择其中的【新建】选项卡，在打开的【新建】面板中，选择【脱机工作】，将显示如图 5-4 所示的面板，提供了销售报表、账单等 Excel 自带的模板，单击所需要的模板即可。

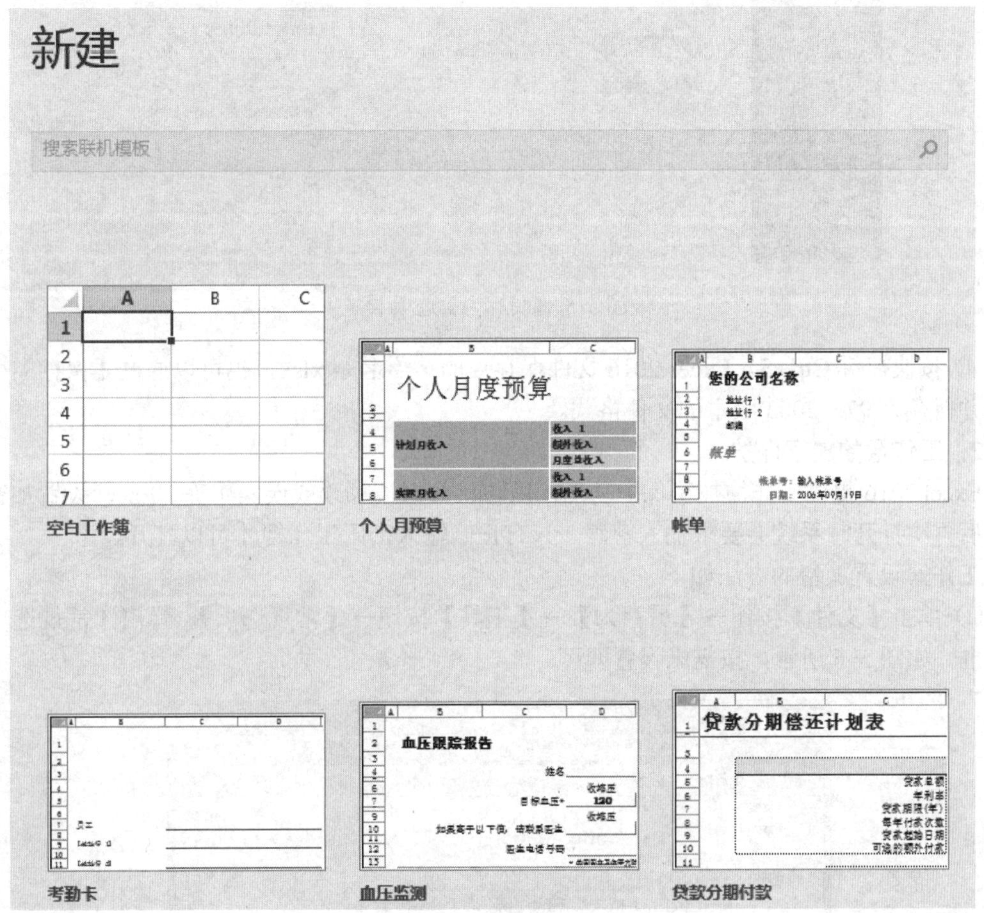

图 5-4 【新建】面板中的脱机模板

② 单击【文件】按钮，选择其中的【新建】选项卡，在打开的【新建】面板中，选择搜索联机模板，即可使用系统提供的在线模板。

5.2.2　保存工作簿

1．保存工作簿的方法

① 单击【文件】按钮，选择【保存】命令。对于保存过的文件，将会按原文件名原路径

覆盖存储，对于未保存过的文件，将弹出【另存为】对话框，设置好文件名、保存类型、保存位置后单击【保存】按钮即可，如图 5-5 所示。

② 单击【文件】按钮，在下拉菜单中选择【另存为】命令。

③ 单击快速访问工具栏中的保存按钮。

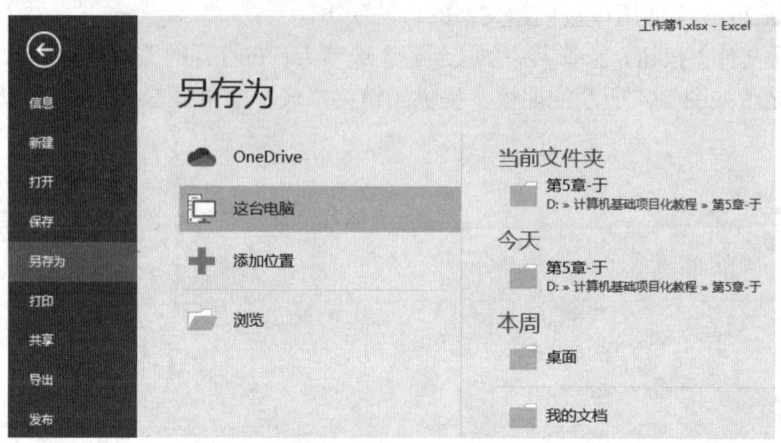

图 5-5 【另存为】选项卡

④ 按快捷键 Ctrl+S。Excel 2016 文件保存后的扩展名是.xlsx，也可以通过【保存类型】选择并保存为 97—2003 版本的文件格式。

2．工作簿的加密保护

Excel 2016 提供工作簿加密保护功能，以防止数据被篡改或误操作等。Excel 设置加密，关闭后再次打开时系统会要求输入密码，只有正确输入密码工作簿才可以打开。

工作簿设置加密的方法如下。

① 单击【文件】按钮→【另存为】→【工具】按钮→【常规选项】，弹出【常规选项】对话框，如图 5-6 所示，按需求设置即可。

图 5-6 【常规选项】对话框

设置【打开权限密码】后，用户若无密码则无法打开该文件；设置【修改权限密码】后，用户若无密码则无法修改该文件；选择【建议只读】后，用户在试图打开 Excel 文件时，会弹出建议只读的提示窗口。

② 单击【文件】按钮，选择其中的【信息】选项卡，单击权限中的【保护工作簿】按钮，将弹出图 5-7 所示的下拉菜单，选择下拉菜单中的【用密码进行加密】选项；弹出图 5-8 所示的【加密文档】对话框，按提示输入信息即可完成密码设置。

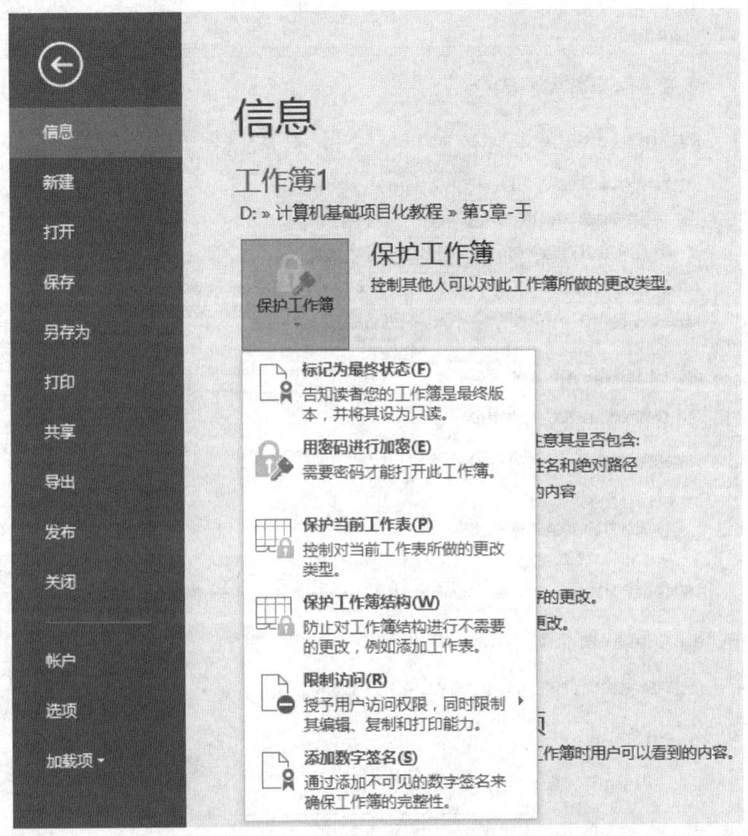

图 5-7 【保护工作簿】下拉菜单

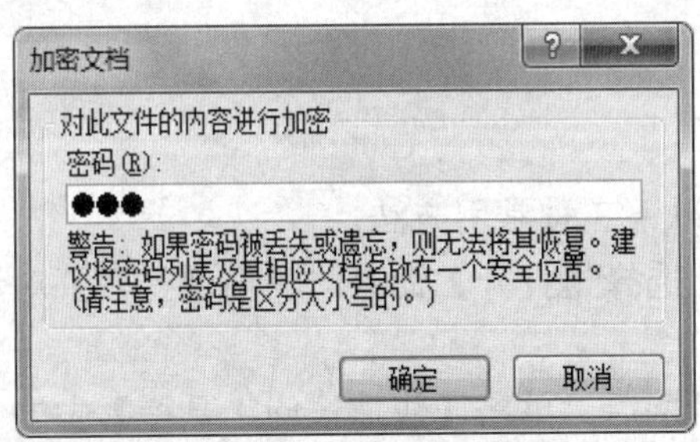

图 5-8 【加密文档】对话框

3. 设置工作簿自动保存时间

为了防止停电、死机等意外情况发生而导致编辑的文档数据丢失，可以利用 Excel 2016

提供的自动保存功能设置每隔一段时间系统自动对工作簿进行保存。Excel 2016 默认的自动保存时间是 10 分钟，用户可根据需要自行设置。

设置工作簿自动保存时间的方法如下：单击【文件】按钮，在显示的面板中选择【选项】命令，弹出【Excel 选项】对话框，选择其中的【保存】选项卡，弹出如图 5-9 所示的界面。在【保存自动恢复信息时间间隔】复选框后面的数值框中，输入时间，单击【确定】按钮，即可完成设置。

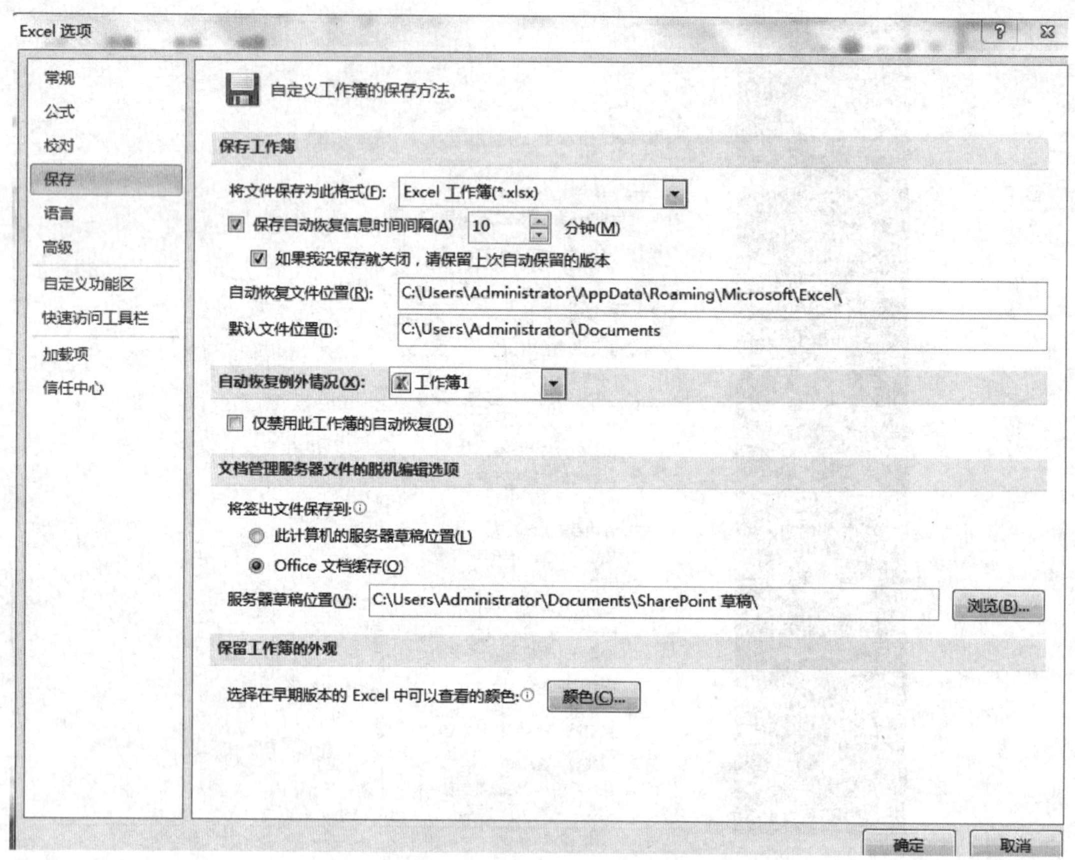

图 5-9 【Excel 选项】对话框【保存】选项卡

5.2.3 打开工作簿

打开已存在的工作簿有以下三种常用方法。

① 单击【文件】按钮，选择【打开】命令，弹出【打开】对话框，选择要打开的文件，单击【打开】按钮。

② 自定义快速访问工具栏后，单击【快速访问工具栏】中的【打开】按钮。

③ 按组合键 Ctrl+O，然后进一步选择要打开的文件。

如果要打开的工作簿是最近访问过的，可以单击【文件】按钮，选择【打开】选项卡中的【最近】命令，在显示的面板中单击要打开的工作簿，如图 5-10 所示。

图 5-10 【打开】选项卡【最近】面板

5.2.4 关闭工作簿

处理完数据后要关闭工作簿，关闭工作簿的操作可以采用下列方法之一。

① 单击【文件】按钮，在显示的面板中选择【关闭】命令。

② 单击工作簿标题栏的关闭按钮。

③ 右击任务栏上的工作簿按钮，在快捷菜单中选择【关闭窗口】命令。

5.2.5 共享工作簿

共享工作簿是使用 Excel 进行协作的一项功能，当一个工作簿设置为共享工作簿后，可以放在网络上供多位用户同时查看和修订。被允许的参与者可以在同一个工作簿中输入、修改数据，也可以看到其他用户的操作结果。共享工作簿的所有者可以增加用户、设置允许编辑区域和权限、删除某些用户并解决修订冲突等，完成各项修订后，可以停止共享工作簿。

设置共享工作簿的方法如下：在【审阅】选项卡的【更改】组中选择【共享工作簿】命令，弹出【共享工作簿】对话框，如图 5-11 所示，选择【允许多用户同时编辑，同时允许工作簿合并】复选框，切换到【高级】选项卡中，根据需要进行设置，保存并关闭文件，将文件放到一个新建文件夹内，设置这个文件夹在网络中共享即可。

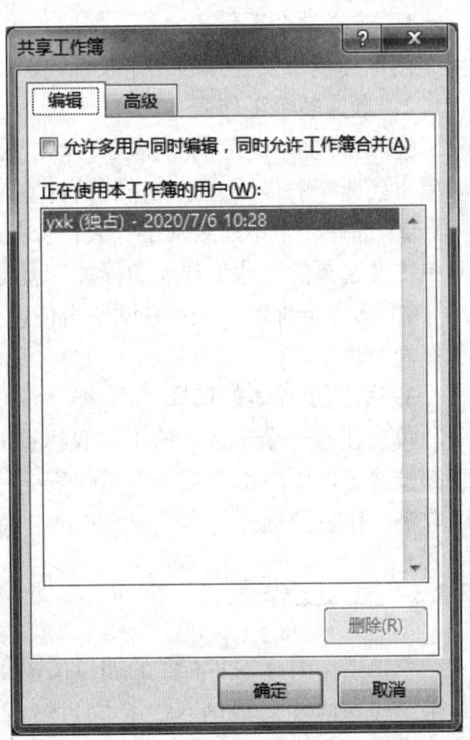

图 5-11 【共享工作簿】对话框

如果要取消共享工作簿，只需在【共享工作簿】对话框的【编辑】选项卡上取消选中【允许多用户同时编辑，同时允许工作簿合并】复选框。

由于多个用户可同时操作共享工作簿，当工作簿内容有变动时，如果想要知道是哪位用户修改了哪些数据，可以查看冲突日志。

查看冲突日志有两种方法：一是在工作表上将鼠标指针停留在被修改过的单元格上，突出显示详细的修改信息；二是在单独的冲突日志工作表上罗列出每一处冲突。具体步骤如下。

① 在【审阅】选项卡的【更改】组中单击【修订】，在弹出的菜单中选择【突出显示修订】命令。

② 在弹出的【突出显示修订】对话框中选中【编辑时跟踪修订信息，同时共享工作簿】复选框，该复选框将开启工作簿共享和冲突日志。

③ 选中【在屏幕上突出显示修订】复选框，这样在工作表上进行需要的修改后，Excel会以突出显示的颜色标记修改、插入或删除的单元格。

④ 选中【在新工作表中显示修订】选项，将启动冲突日志工作表。

⑤ 单击【确定】按钮，当弹出对话框提示保存工作簿时，再次单击【确定】按钮，保存工作簿。

5.3 工作表的基本操作

5.3.1 选择工作表

1．选择单个工作表

用鼠标单击要选择的工作表标签，就可以选择单个工作表。

2．选择多个工作表

① 选择多个连续的工作表：单击要选择的第一张工作表的标签，然后按住 Shift 键的同时单击要选择的最后一张工作表的标签，就可以选中多个连续的工作表。

② 选择多个不连续的工作表：单击要选择的第一张工作表的标签，然后按住 Ctrl 键的同时单击要选择的其他工作表的标签，就可以选中两个或多个不连续的工作表。

③ 选择全部工作表：右键单击任意一张工作表标签，然后选择快捷菜单中的【选定全部工作表】命令。

3．取消工作表的选择

单击任意一个未选定的工作表标签即可取消工作表的选择。如果当前工作簿中所有工作表都被选定，则右击任意一个工作表的标签，选择快捷菜单上的【取消组合工作表】命令即可取消工作表的选择。

5.3.2 插入工作表

单击工作表标签名右侧的加号按钮⊕，或者按 Shift+F11 键可快速插入一张新工作表。若果要在 Sheet1 之前插入一张工作表，右击 Sheet1，选择快捷菜单中的【插入】命令，在打开的【插入】对话框中选择【工作表】，单击【确定】按钮即可。

若想一次性插入 n 张工作表，则先选择现有的 n 张工作表标签，然后在【开始】选项卡的【单元格】组中选择【插入】命令，单击【插入工作表】，即可完成操作；或者选择现有的 n 张工作表标签后右击鼠标，选择快捷菜单中的【插入】命令，在打开的【插入】对话框中选择【工作表】也可实现 n 张工作表的一次性插入。

5.3.3　移动、复制工作表

在工作表标签上右击，从弹出的快捷菜单中选择【移动或复制】命令，将弹出【移动或复制工作表】对话框，可以将选定的工作表移动到同一工作簿的不同位置，也可以选择移动到其他工作簿的指定位置。如果选中对话框下方的复选框【建立副本】，就会在目标位置复制一个相同的工作表。

也可移动鼠标指针到工作表标签上，拖动工作表到另一位置，松开鼠标左键，即可完成移动工作表操作。如果要复制工作表，则在拖动鼠标的同时按住 Ctrl 键即可。

5.3.4　重命名、删除工作表

1．重命名工作表

在工作表标签上右击，选择快捷菜单中的【重命名】命令，即可重命名该工作表。

2．删除工作表

不需要的工作表可以通过右击，选择快捷菜单中的【删除】命令来删除。若想一次性删除多张工作表，则先选择要删除的多张工作表后，再执行快捷菜单中的【删除】命令即可。

5.3.5　保护工作表

Excel 中对数据的保护首先可以通过给文件添加密码来实现。另外，若要防止用户从工作表或工作簿中意外或故意更改、移动或删除重要数据，可以通过“保护工作表”“保护工作簿”功能来保护某些工作表或工作簿元素。

默认情况下，保护工作表时，该工作表中的所有单元格都会被锁定，用户只能读取工作表信息，不能对锁定的单元格进行任何更改，例如，用户不能在锁定的单元格中插入、修改、删除数据或者设置数据格式。

如果只是需要对工作表中部分区域限制操作，那么在保护工作表之前，要对允许操作的单元格进行设定。具体操作如下。

① 选择要解除锁定的单元格或区域。

② 在【开始】选项卡上的【单元格】组中，单击【格式】，在弹出的列表中选择【设置单元格格式】命令。

③ 在弹出的对话框中选择【保护】选项卡，取消选择【锁定】复选框，然后单击【确定】按钮。

如果某些单元格的公式不希望显示出来，可以执行如下操作。

① 选择要隐藏公式的单元格。

② 在【开始】选项卡上的【单元格】组中，单击【格式】，在弹出的列表中选择【设置单元格格式】命令。

③ 在弹出的对话框中选择【保护】选项卡，选中【隐藏】复选框，然后单击【确定】按钮。

当所有单元格都按要求设置好之后，就可以对工作表设置保护了。操作方法是：在【审阅】选项卡的【更改】组中选择【保护工作表】命令，此时会弹出如图 5-12 所示的对话框，根据需要选择相应复选框。如果需要防止被别人取消保护，可以指定取消保护密码。单击【确定】按钮即完成了对工作表的保护。

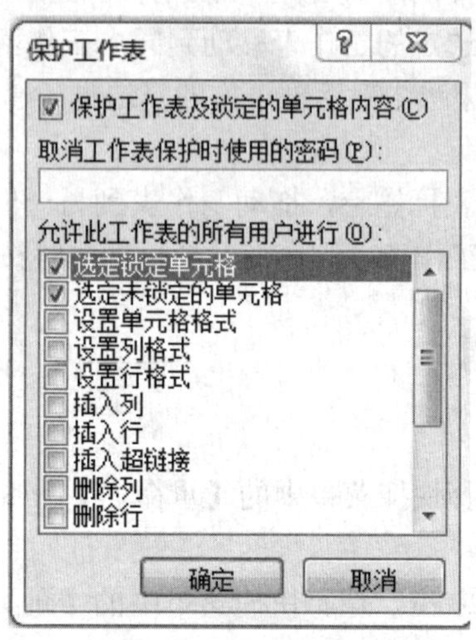

图 5-12 【保护工作表】对话框

5.3.6 隐藏和恢复工作表

有时工作表暂时不使用或者有隐私不想被别人看到，可以把工作表隐藏起来，操作方法为：右击要隐藏的工作表标签，弹出快捷菜单，选择【隐藏】命令，即可将此工作表隐藏，如图 5-13 所示。

图 5-13 隐藏工作表

如果想恢复显示被隐藏的工作表，只需右击任意工作表标签，在弹出快捷菜单中选择【取消隐藏】命令，选择要显示的工作表，单击【确定】，即可完成取消隐藏工作表操作，如图 5-14

所示。

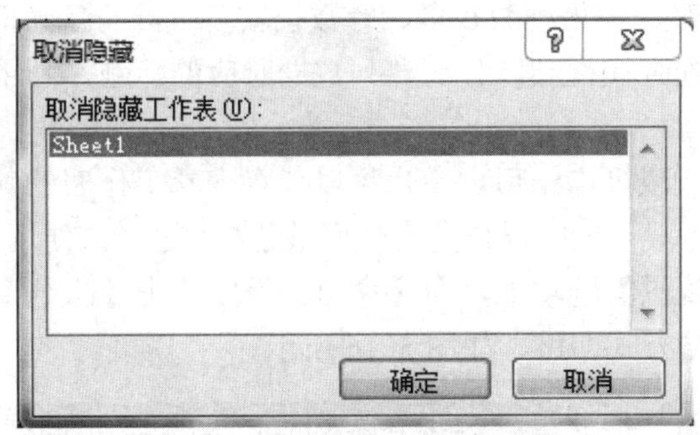

图 5-14　取消隐藏工作表

5.3.7　拆分和冻结工作表窗格

如果工作表中的数据过多，通常需要使用滚动条来查看全部内容。在查看时工作表的标题、项目名等也会随着数据一起移出屏幕，造成只能看到内容，而看不到标题、项目名等情况，使用 Excel 2016 拆分和冻结工作表窗格功能就可以解决该类问题。

1. 拆分工作表窗格

通过拆分工作表窗格的方法可以将工作表拆分为 2 个或 4 个独立的窗格，从而实现在独立的窗格中查看不同位置的数据的目的。具体操作为：选定拆分中心单元格，在【视图】选项卡的【窗口】组中选择【拆分】命令，则在刚选定的单元格的左侧和上方将出现两条拆分线，将窗口拆分为 4 个独立窗格，如图 5-15 所示，拆分后再次选择【拆分】命令，则可取消工作表窗格的拆分。

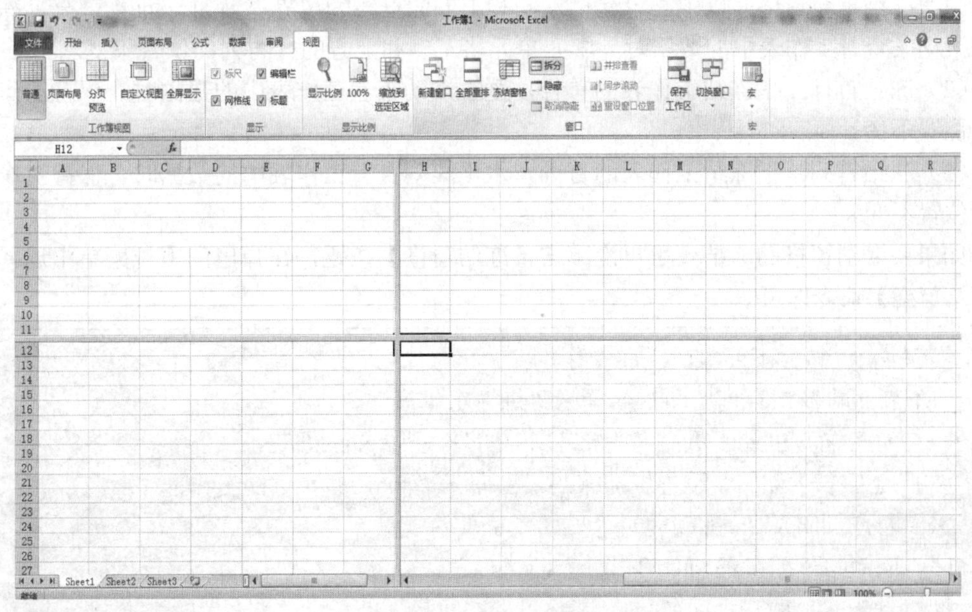

图 5-15　拆分窗格

2．冻结工作表窗格

在制作 Excel 表格时，如果列数较多、行数也较多时，一旦向下滚屏，则上面的标题行也跟着滚动，在处理数据时往往难以分清各列数据对应的标题，利用冻结窗格功能可以很好地解决该问题。

将指定窗格所在的行或列冻结后，用户可以任意查看工作表的其他部分，而被冻结的行或列将不会因数据在进行滚动的时候位置变化而被遮挡，这样方便用户查看表格末尾的数据，其具体操作为：单击【视图】选项卡，在【窗口】组中单击【冻结窗格】命令，在弹出的下拉列表中选择所需的冻结方式即可，如图 5-16 所示。

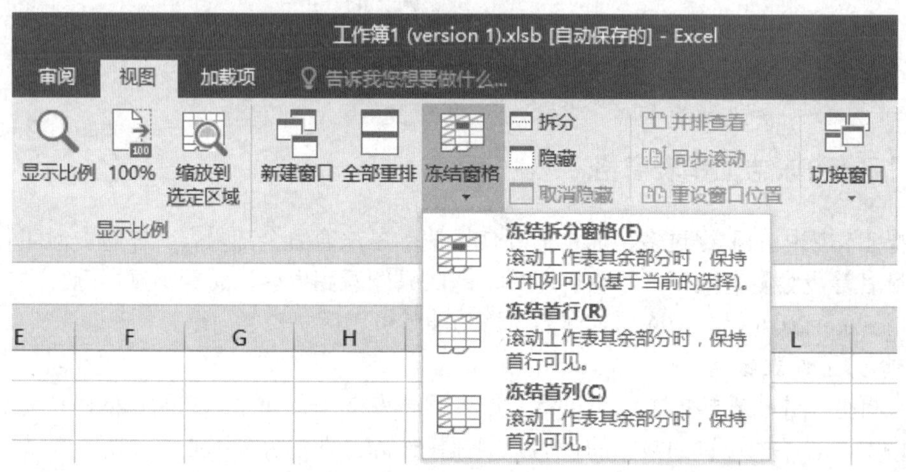

图 5-16　冻结窗格

其中主要有如下三种冻结单元格的方式。

（1）冻结拆分窗格：以中心单元格左侧和上方的框线为边界将窗口分为 4 部分，冻结后拖动滚动条查看工作表中的数据时，中心单元格左侧和上方的行与列的位置不变。

（2）冻结首行：指冻结工作表的首行，垂直滚动查看工作表中的数据时，保持工作表的首行位置不变。

（3）冻结首列：指冻结工作表的首列，水平滚动查看工作表中的数据时，保持工作表的首列位置不变。

如果要取消窗格的冻结，可再次单击【冻结窗格】按钮，在弹出的下拉菜单中选择【取消冻结窗格】命令即可。

实例 5-1：按如下要求，完成操作。

（1）将工作簿保存到桌面，名称为“练习工作簿”。

（2）为工作表 Sheet1 重命名为“工作表 1”，删除 Sheet2 表。

（3）为工作表 Sheet3 设置保护密码，密码为“abc123”，关闭工作簿。

（4）隐藏工作表 Sheet3。

（5）取消隐藏工作表 Sheet3。

操作方法：

（1）打开工作簿，单击【文件】→【保存】→输入文件名称“练习工作簿”→保存位置设置为“桌面”→【保存】。

（2）选中 Sheet1 工作表标签，单击鼠标右键→【重命名】→输入“工作表 1”→选中 Sheet2 工作表标签，单击鼠标右键→【删除】→【确定】。

（3）选中 Sheet3→单击【审阅】→【保护工作表】→在对话框中输入密码“abc123”，确认密码“abc123”→单击【确定】按钮→关闭工作簿。

（4）在工作表 Sheet3 标签处右击鼠标→【隐藏】，则工作表 Sheet3 被隐藏了。

（5）在任意工作表标签处右击鼠标→【取消隐藏】，在弹出的【取消隐藏】对话框中选择【Sheet3】，单击【确定】按钮即可。

5.4 单元格、行和列的基本操作

5.4.1 选择单元格

在工作表中，信息存储在单元格中，用户要对某个或多个单元格进行操作，必须先选定该单元格，被选中的单元格称为活动单元格。选中活动单元格后，可以右击鼠标定义单元格名称，也可以在名称框（编辑栏的左边）中定义该单元格的名称。

对表格进行格式设置或修饰时，经常要同时选择多个单元格进行操作，如果这多个单元格是不连续的，可以按住 Ctrl 键，再逐个单击要选择的单元格。或者在名称框中输入单元格的名称，中间用逗号分隔。例如，要同时选中“A1”“B5”“F10”，可以在名称框中输入“A1，B5，F10”。

如果这多个单元格是连续的，则有 3 种方法可以实现。例如要选中“A1”到“H20”的连续区域：

（1）直接从“A1”开始按住鼠标左键拖动鼠标指针到“H20”。

（2）选中“A1”，按住 Shift 键，再单击“H20”。

（3）单击名称框，在其中输入“A1：H20”。

如果想同时选中当前工作表的所有单元格，则可以单击“全选”按钮或按快捷键 Ctrl+A，全选按钮位于编辑区左上角，行号列号交汇处位置，如图 5-17 所示。

	A	B	C
1			
2			
3			

图 5-17 “全选”按钮

5.4.2 移动和复制单元格

1．单元格的移动操作

（1）使用剪切、粘贴方法

首先选定要移动的单元格，然后右击鼠标选择【剪切】命令（或按快捷键 Ctrl+X），选中的单元格外围将环绕一个虚线边框，表示选择的单元格内容已被剪切到剪贴板。选定目标位置，然后右击鼠标选择【粘贴】命令（或按快捷键 Ctrl+V），目标位置原来的内容被覆盖。

（2）用鼠标拖曳方法

首先选定要移动的单元格或一块区域（通常用鼠标进行），将鼠标指针移到选定区的外边框上，鼠标指针变形为黑十字箭头“✥”后，按住鼠标左键将选定区拖曳到目标位置（若拖曳的同时按 Ctrl 键，则可以复制到新的位置），释放鼠标左键即完成移动操作。伴随拖动，Excel 2016 同时显示一个范围轮廓线和该范围当前的地址，协助用户为拖曳的内容定位，出现虚线边框时，如果想取消本次的复制或移动操作，按 Esc 键即可。

2．单元格的复制操作

（1）使用复制、粘贴方法

利用剪贴板进行复制，首先选定要复制的单元格，然后右击鼠标选择【复制】命令（或按快捷键 Ctrl+C），此时选中的单元格外围将环绕一个虚线边框，表示选择的单元格内容已复制到剪贴板。移动鼠标至目标位置，右击鼠标选择【粘贴】命令（或按快捷键 Ctrl+V）。

（2）使用填充柄方法

使用填充柄进行复制的方法适用于原区域和目标区域是相邻区域的情况，该方法是借助 Excel 2016 的“填充柄”实现的。填充柄是位于选定区域右下角的小黑方块，当鼠标指针指向填充柄时，鼠标的指针将变成黑十字“+”形状。

首先选中想要复制内容的单元格，然后拖曳填充柄即可以把数据复制到相邻的单元格中。注意，如果所选单元格内包含数字，则会产生一个序列。

5.4.3 插入、删除单元格

在编辑表格的过程中，如果对单元格的位置不满意，可以通过插入和删除单元格的方法来改变单元格的位置。具体操作步骤如下。

在 Excel 2016 工作界面中，选中要插入位置的单元格，右击鼠标，在弹出的快捷菜单里选择【插入】；或切换至【开始】选项卡，单击【单元格】组中的【插入】按钮，从弹出的菜单中选择【插入单元格】命令；或右击单元格选择【插入】命令，将打开【插入】对话框，如图 5-18 所示。选择相应的单选按钮后单击【确定】按钮即可完成插入操作。

删除单元格的操作和插入单元格的操作类似。首先将指针指向要删除的单元格，右击鼠标，从弹出的快捷菜单中选择【删除】命令，将弹出如图 5-19 所示的【删除】对话框，根据实际需要选择即可。

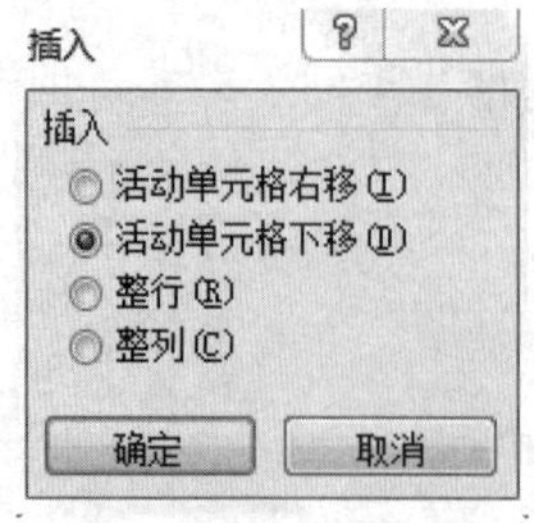

图 5-18 【插入】对话框

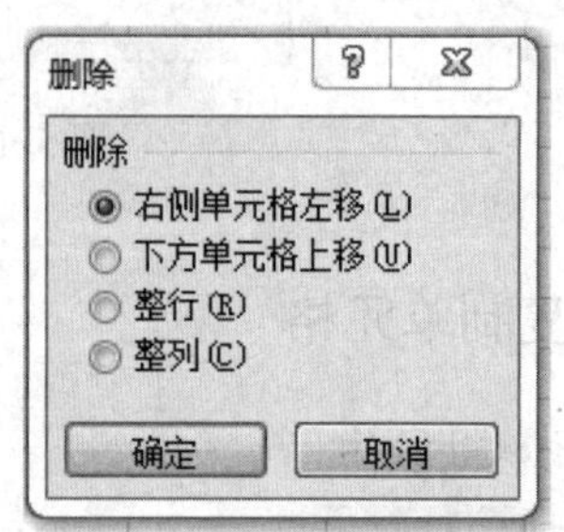

图 5-19 【删除】对话框

5.4.4　合并、拆分单元格

1. 合并单元格

合并单元格就是将多个单元格合并成一个。先选中所要合并的单元格，这些单元格必须能组成一个矩形区域，然后在选中的区域右击鼠标，在弹出的快捷菜单中选择【设置单元格格式】命令，打开【设置单元格格式】对话框，如图 5-20 所示，切换至【对齐】选项卡，在【文本控制】选项组中选择【合并单元格】复选框，单击【确定】按钮，或在【开始】选项卡的【对齐方式】分组中选择【合并及居中】按钮即可。

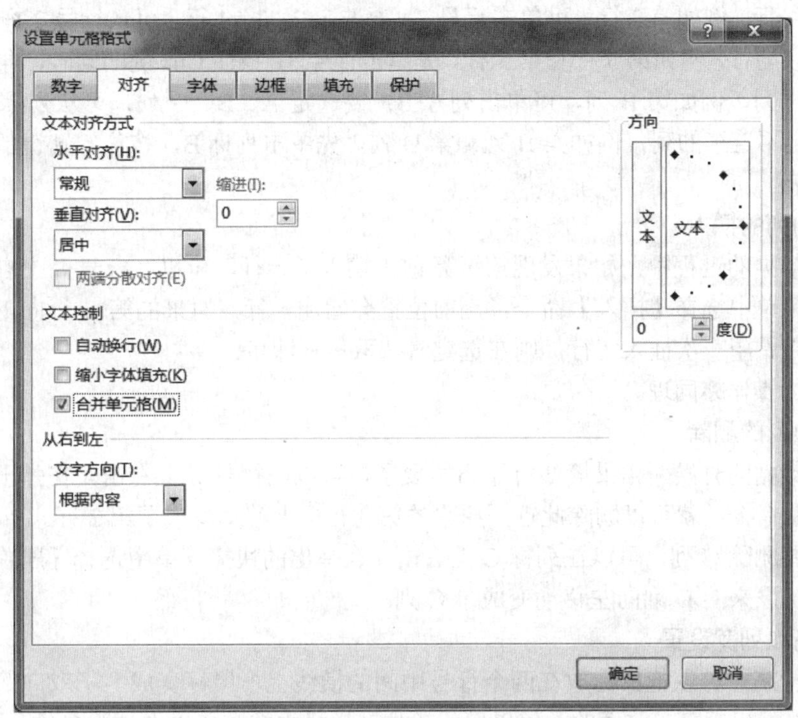

图 5-20 【设置单元格格式】对话框

如果要合并的单元格内有多项数据，系统则会弹出如图 5-21 所示的警示对话框，提示"选定区域包含多重数值。合并到一个单元格后只能保留最上角的数据。" 单击【确定】命令，则继续进行合并操作，单击【取消】命令，则放弃本次操作，请谨慎操作，以免丢失数据。

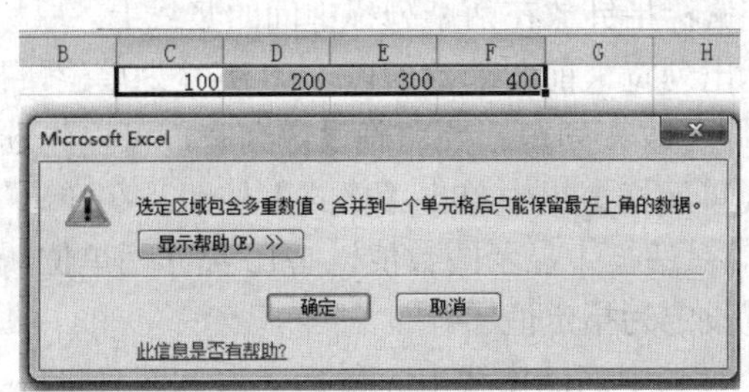

图 5-21　警示对话框

2. 拆分单元格

在 Excel 中，单元格作为数据存储的最小单位，是不能再被拆分的，而所谓的拆分单元格其实就是取消合并单元格。选中要拆分的单元格，在【开始】选项卡的【对齐方式】组中单击【合并及居中】按钮，这样就完成了单元格的拆分，原来的数据会存储在第一个单元格中，其他单元格内容均为空。

5.4.5 行和列的基本操作

1. 行和列的选定

要选定一行，例如第 3 行，可单击行号 3；要选定 2、3、4 行，可从行号 2 拖动到行号 4；要选定不连续的行，例如第 3 行和第 5 行，先单击行号 3，按住 Ctrl 键的同时，再单击行号 5。

要选定一列，例如第 B 列，可单击列标 B；要选定 A、B、C 列，可从列标 A 拖动到列标 C；要选定不连续的列，例如第 B 列和第 D 列，先单击列标 B，按住 Ctrl 键的同时，再单击列标 D。

2. 行和列的插入

在输入数据的过程中，如果发现第 8 行前少输入了一行，可以在行号 8 上右击鼠标，在弹出的快捷菜单中选择【插入】命令，当前位置会增加一行，原来的第 8 行向下移动变成了第 9 行；如果希望一次插入多行，则在选定时选取多行即可。

插入列的操作亦同理。

3. 行和列的删除

在编辑数据的时候，如果第 2 行不再需要了，可以在行号 2 上右击，在弹出的快捷菜单中选【删除】命令，就可以删除此行，原来的第 3 行向上移动变成了第 2 行。

同理，要删除 C 列，可以在列标 C 上右击，在弹出的快捷菜单中选择【删除】命令，即可删除此列，原来的 D 列向左移动变成了 C 列。

4. 行高和列宽设置

要调整行高，可以把鼠标放在两个行号中间的横线上，鼠标变成上下双向箭头，拖动鼠标，屏幕上显示出行高（前面的数值以磅为单位，括号中的数值以像素为单位），到所需要的位置松开，即可改变行高。要精确设定行高，可以先选中某行（或某些行），然后在【开始】选项卡的【单元格】组中单击【格式】按钮，在弹出的列表中选择【行高】命令，弹出【行高】对话框，对话框中显示的数值以磅为单位，输入需要的值，单击【确定】按钮，就可以把行高设定为指定值了。

要调整列宽，可以把鼠标指针放在两个列标中间的竖线上，鼠标变为水平双向箭头，左、右拖动鼠标，屏幕上显示出列宽（前面的数值以 1/10 英寸为单位，括号中的数值以像素为单位），到所需位置松开，即可改变列宽。要精确设定列宽，可以先选中某列（或某些列），然后在【开始】选项卡的【单元格】组中单击【格式】按钮，在弹出的列表中选择【列宽】命令，弹出【列宽】对话框，对话框中显示的数值以 1/10 英寸为单位，输入需要的值，单击【确定】按钮，就可以把列宽设定为指定值了。

把鼠标指针放在两个行号中间的横线上，鼠标变为上下双向箭头，双击，就可以把行高设为最合适的值；把鼠标指针放在两个列标中间的竖线上，鼠标变为水平双向箭头，双击，就可以把列宽设定为最合适的值。

5．行和列的隐藏

暂时不想看到的行或列可以将其隐藏。例如要隐藏第 2 列，可在列标 B 上右击，在弹出的快捷菜单中选择【隐藏】命令，就可以把 B 列隐藏了。要重新显示 B 列，可以选定 A 列和 C 列（跨越被隐藏的列），在选中处右击鼠标，在弹出的快捷菜单中选择【取消隐藏】命令。

同理可实现行的隐藏和取消。

5.5 输入和编辑数据

5.5.1 输入数据

在 Excel 的单元格中，可以输入多种类型的数据，包括文本型、数值型、货币型、日期型、时间型等。最常见的类型有文本型、数值型和日期型。其中，文本型数据的默认对齐方式为左对齐，数值型数据的默认对齐方式为右对齐。

在向单元格中输入数据时，首先应选中要输入数据的单元格使其成为活动单元格。输入结束后，可以按回车键或方向键定位下一个活动单元格。若需要在同一单元格内换行输入，可使用快捷键 Alt+Enter。

1．输入文本型数据

在 Excel 中，文本型数据包括汉字、英文字母、空格等。

表格中的编号、身份证号码、电话号码等类型的数据，都是由纯数字构成的文本数据。如果直接输入这些数据，Excel 默认将它们当作数值型数据处理，这样会造成一些数据不能正常显示。例如编号“001”会显示为“1”。较长的数字还会被转化为科学计数法来表示。例如身份证号码“230204199602180012”会被显示为“2.30204E+17”，其真实值已经被四舍五入为“230204199602180000”。所以在输入这种数据时，应该先将单元格的数据格式设置为“文本”，然后再输入数据。

单元格格式设置为“文本”的方法为：选中单元格，右击鼠标，在弹出的快捷菜单中选择【设置单元格格式】命令，弹出【设置单元格格式】对话框，选择【数字】选项卡，选中【文本】，单击【确定】按钮，完成设置后就可以正常输入文本类数据了。

实际工作中，也可不用设置单元格格式，而是直接在输入身份证号这类数据之前，先输入一个英文符号的单引号“'”，这样 Excel 会把它们当作文本数据来处理，并在单元格中自动隐藏单引号（但在编辑栏中会显示）。

2．输入数值型数据

在 Excel 中，数值型数据用来表示某个数值或币值等，一般由数字 0～9、正号、负号、小数点、分号“/”、货币符号、百分号“%”、指数符号“E”或“e”和千位分隔符“,”等组成的数据。默认情况下，数值型数据靠右对齐。

如果输入数字超过 15 位，Excel 2016 会将第 15 位后的数字全部用 0 表示。例如，输入 123456789012345678，则被 Excel 2016 接受的数字为 123456789012345000。如果输入的数字整数部分超过 11 位时，Excel 2016 用科学表示法表示。例如，输入 123456789012345678，表示为 123457E+17。

设置小数的有效位数，如果输入的小数位数多于已设置的小数位数，将会四舍五入。例如，输入数据 1.234，而设置的小数位数为 2 位，则显示数据为 1.23。因此，在一些情况下，单元格中显示的数字只是其真实值的近似表示。

设置为数值型数据的方法：选中单元格，右击鼠标，选择快捷菜单中的【设置单元格格式】命令，弹出【设置单元格格式】对话框，选择【数字】选项卡，选中【数值】，单击【确定】按钮，即完成了数值型数据的设置。

3．输入分数

要在单元格中输入分数形式的数据，有以下两种方法。

① 定位单元格后或在编辑框中先输入“0”和一个空格，然后再输入分数，否则系统会把分数当作日期处理。例如，要在单元格中输入分数“5/6”，在编辑框中输入“0”和一个空格，然后接着输入“5/6”，按 Enter 键，单元格中就会出现分数“5/6”，否则若直接输入“5/6”会显示“5 月 6 日”。

② 选中单元格，右击鼠标，选中【设置单元格格式】命令，弹出【设置单元格格式】对话框，选择【数字】选项卡，选中【分数】，选中相应的分数形式，单击【确定】按钮，输入的数据即为分数。

4．输入日期和时间

输入日期时，年、月、日之间要用“/”号或“-”号隔开，如“2016-5-20”；输入时间时，时、分、秒之间要用冒号隔开，如“07:28:30”；若要在单元格中同时输入日期和时间，日期和时间之间应该用空格隔开。

输入日期和时间的方法为：右击鼠标，选中【设置单元格格式】命令，弹出【设置单元格格式】对话框，选择【数字】选项卡，选中【日期】或【时间】，选择相应的类型，单击【确定】按钮，即完成了类型设置。

5.5.2 编辑数据

在实际操作中，用户可能需要更改以前单元格中录入的数据。具体操作为：单击单元格，使单元格处于活动状态时，此时单元格中的数据会被自动选取，一旦重新输入数据，单元格中原来的内容就会被新输入的内容代替。

在 Excel 2016 中，如果单元格中包含大量的字符或复杂的公式，而用户只想修改其中的一小部分，那么可以按以下两种方法进行编辑。

① 双击单元格，或者单击单元格再按 F2 键，然后在单元格中进行编辑。

② 单击单元格，在编辑栏中进行编辑。

在日常操作过程中，我们经常会用到“选择性粘贴”这项功能，通过使用选择性粘贴，能将剪贴板中的内容粘贴为不同于内容源的格式，如可以有选择地粘贴单元格的数值、格式、公式、批注等，从而使复制和粘贴操作更灵活。操作方法如下。

① 选择需要复制的单元格区域。右击被选中的区域，在弹出的快捷菜单中选择【复制】命令。

② 将鼠标定位至目标粘贴位置，右击该单元格区域，在弹出的快捷菜单中选择【选择性粘贴】命令，将弹出如图 5-22 所示的【选择性粘贴】对话框。

③ 在【粘贴】区域中选中需要粘贴的选项，单击【确定】按钮。

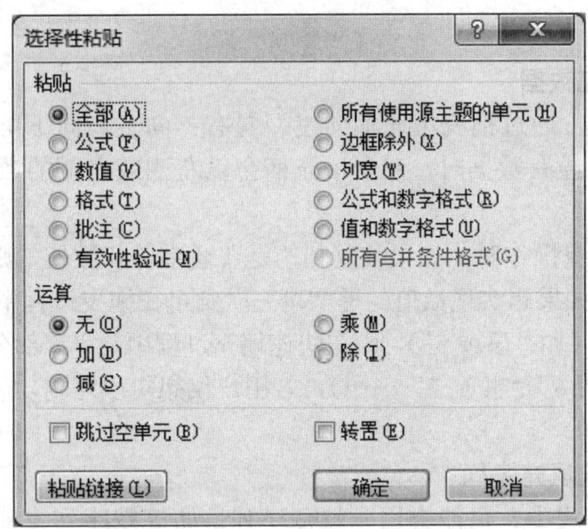

图 5-22 【选择性粘贴】对话框

有时，为了某些需要，必须把工作表的行列进行转置再显示(如图 5-23 和图 5-24 所示)，重新输入数据很浪费时间，用“选择性粘贴”功能可以快速地解决该问题。操作方法如下。

① 选择待转置数据区域，右击被选中的区域，在弹出的快捷菜单中选择【复制】命令。

② 将鼠标定位至目标粘贴位置，右击该单元格区域，在弹出的快捷菜单中选择【选择性粘贴】命令，将弹出如图 5-22 所示的【选择性粘贴】对话框。

③ 选中【转置】复选框，单击【确定】按钮。

三间房车站年度绩效考核统计表

	A	B	C	D	E	F	G	H
2	序号	姓名	一季度	二季度	三季度	四季度	总分	排名
3	1	李雪峰	100	100	94	98	391	2
4	2	赵一萌	99	98	91	96	384	5
5	3	张柏涛	97	97	94	96	384	5
6	4	吴浩	99	94	84	92	369	9
7	5	邹翔宇	98	97	68	87	349	11
8	6	张宇航	95	84	82	87	347	12
9	7	刘洪宇	99	100	98	99	396	1
10	8	任金鑫	94	92	86	91	363	10
11	9	杨雅琪	99	98	96	98	391	2
12	10	张雪	92	88	74	84	337	13
13	11	刘春峰	99	89	96	95	378	7
14	12	彭浩楠	97	94	86	92	369	8
15	13	周雪	97	95	98	97	387	4

图 5-23　待转置数据

三间房车站年度绩效考核统计表

J	K	L	M	N	O	P	Q	R	S	T	U	V	W
序号	1	2	3	4	5	6	7	8	9	10	11	12	13
姓名	李雪峰	赵一萌	张柏涛	吴浩	邹翔宇	张宇航	刘洪宇	任金鑫	杨雅琪	张雪	刘春峰	彭浩楠	周雪
一季度	100	99	97	99	98	95	99	94	99	92	99	97	97
二季度	100	98	97	94	97	84	100	92	98	88	89	94	95
三季度	94	91	94	84	68	82	98	86	96	74	96	86	98
四季度	98	96	96	92	87	87	99	91	98	84	95	92	97
总分	391	384	384	369	349	347	396	363	391	337	378	369	387
排名	2	5	5	9	11	12	1	10	2	13	7	8	4

图 5-24　转置后数据

5.5.3 自动填充数据

1．使用填充柄填充数据

在 Excel 工作表中，通过拖曳填充柄向左、向右、向上、向下可以快速地复制或填充数据，当某列的左右已经有数据时，双击填充柄会以左侧或右侧的数据最末行为底向下填充数据。

使用填充柄进行拖曳操作时，如果被复制的是普通字符和数值，则在拖曳填充过程中，只是简单的复制而已；如果想实现数值的递增填充，则可在拖曳过程中按住 Ctrl 键；如果数据是字符和数值的组合（如“事项 5”），则在快速填充过程中，字符部分会保持不变而数值部分会呈递增形式（“事项 6”“事项 7”……），若用户仅想实现复制功能，则在拖曳同时按住 Ctrl 键即可。

2．使用序列对话框填充序列

有时在填充数据过程中，可能会用到特殊序列，如等差序列、等比序列等，此时可以利用【序列】对话框来实现，具体操作为：在第一个单元格内输入起始数据，选中该单元格，在【开始】选项卡的【编辑】组中单击【填充】按钮，弹出如图 5-25 所示的下拉列表，在下拉列表中选择【序列】命令，在弹出的【序列】对话框中设置序列产生的位置、类型、填充步长值及终止值，如图 5-26 所示，单击【确定】按钮，就可以自动填充等差或等比序列。

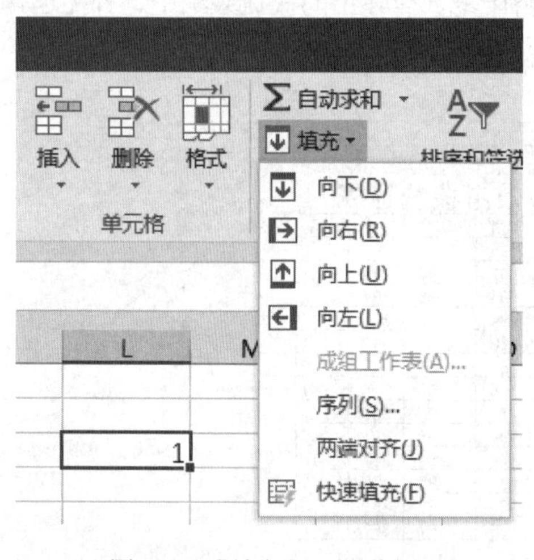

图 5-25 【填充】下拉列表

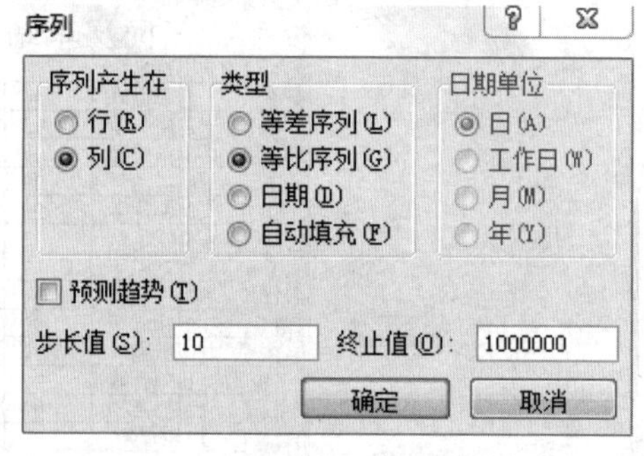

图 5-26 【序列】对话框

3．自定义序列

Excel 中虽然内置了多种常用的序列，如星期、月份、季度等，但是很多时候工作和生活中经常用到的一些固定的序列系统中却没有，例如：“春、夏、秋、冬”，所以系统提供的自定义序列的方法，可以很好地解决类似问题。下面介绍具体的操作方法。

（1）手动添加自定义序列

单击【文件】按钮，然后选择【选项】命令，打开【Excel 选项】对话框，单击左侧的【高级】选项卡，把右侧滚动条拖至对话框底部，单击【编辑自定义列表】按钮，此时将会打开如图 5-27 所示的【自定义序列】对话框。选择新序列后，在【输入序列】下方输入要创建的序列，单击【添加】按钮，则新的自定义序列出现在左侧【自定义序列】列表的最下方，单击【确定】按钮，完成添加操作并关闭对话框。

注意：输入序列时，序列项之间用英文标点“,”分隔或用“Enter”分隔。

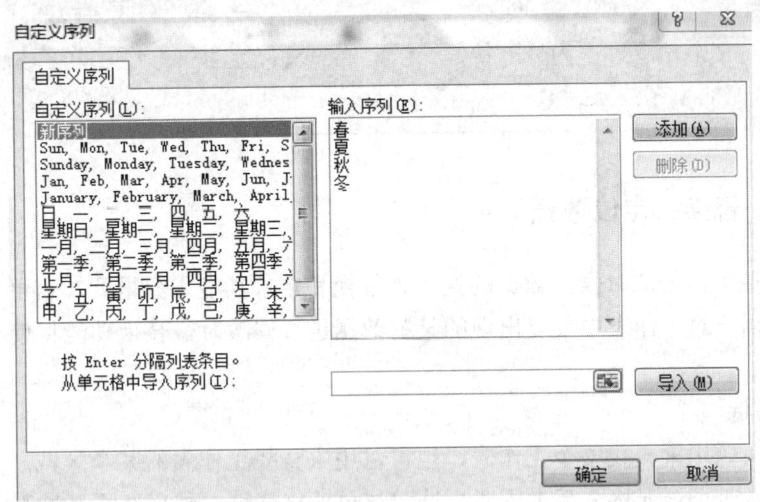

图 5-27　【自定义序列】对话框

（2）从工作表中导入自定义序列

如果工作表中已存在要自定义序列的数据，也可以把该数据导入到自定义序列中，具体操作步骤如下。

在工作表中输入序列，或者打开一个包含该序列的工作表，并选中该序列，单击【文件】按钮，然后选择【选项】命令，打开【Excel 选项】对话框，单击左侧的【高级】选项卡，把右侧滚动条拖至对话框底部，单击【编辑自定义列表】按钮，弹出【自定义序列】对话框，此时，用户已选择的序列地址会自动添加至导入文本框中，单击右侧的【导入】按钮，序列出现在左侧【自定义序列】列表的最下方，导入操作完成。

实例 5-2：按如下要求，完成操作。

（1）打开工作表 Sheet1，在单元格 A1 中填写序号“0001”。

（2）在 B1 单元格中输入数据 1，向下填充等比数列，步长值为 10，终止值为 100 000。

（3）在 C1 单元格中输入数据 1，向下填充等差数列，步长值为 3，终止值为 20。

（4）创建自定义序列“富强，民主，文明，和谐，自由，平等，公正，法治，爱国，敬业，诚信，友善”，并填充到 B10：B21 区域。

操作方法：

（1）打开工作表 Sheet1，选中 A1 单元格→右键【设置单元格格式】→选择【数字】→【文本】。

（2）在 B1 单元格中输入数据 1，【开始】→【编辑】→【填充】→【系列】，类型选择【等比序列】，【步长值】输入 10，【终止值】输入 100 000→单击【确定】。

（3）在 C1 单元格中输入数据 1，【开始】→【编辑】→【填充】→【系列】，类型选择【等差序列】，【步长值】输入 3，【终止值】输入 20→单击【确定】。

（4）单击【文件】→【选项】→【高级】→【编辑自定义列表】→【输入序列】→依次输入“富强，民主，文明，和谐，自由，平等，公正，法治，爱国，敬业，诚信，友善”（用回车键或英文半角逗号作为分隔符）→【添加】→【确定】→在 B10 单元格输入数据“富强”→使用填充柄填充数据到 B21 单元格。

5.5.4 查找、替换、定位数据

在处理大型工作表的时候，数据的查找、替换和定位功能十分重要，它可以节省很多时间。而且，在需要对工作表中反复出现的某些数据进行修改时，替换功能将使这项复杂的工作变得十分简单。

1. 查找数据

查找功能可以用来查找整个工作表，也可以用来查找工作表的某个区域。前者可以单击工作表中的任意一个单元格，后者需要先选定该单元格区域，然后在【开始】选项卡的【编辑】组中，单击【查找和选择】选项，然后在出现的下拉菜单中选择【查找】，弹出【查找】对话框，或按快捷键 Ctrl+F，即出现如图 5-28 所示的【查找】对话框。

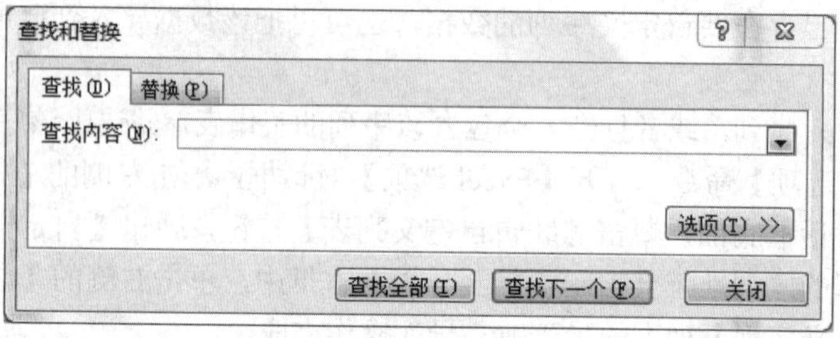

图 5-28 【查找】对话框

在【查找内容】文本框中输入要查找的关键字，随着输入系统自动激活【查找下一处】按钮；单击【查找下一处】按钮，插入点即定位在查找区域内的第一个与关键字相匹配的字符串处。再次单击【查找下一处】按钮，将继续进行查找。如果找到目标，以反显方式显示查找到的字符串。到达文档尾部时，系统给出全部搜索完毕提示框，单击【确定】按钮返回到【查找】对话框。

单击【选项】按钮，就会出现如图 5-29 所示的更有效的【查找和替换】对话框。在对话框中，可以继续设置查找的【范围】是工作表或者是工作簿，【搜索】方式是按行或者是按列，以及【查找范围】是在单元格公式中、单元格数值中或者是在单元格批注中等，单击对话框中的【关闭】按钮或按 Esc 键可随时结束查找操作。

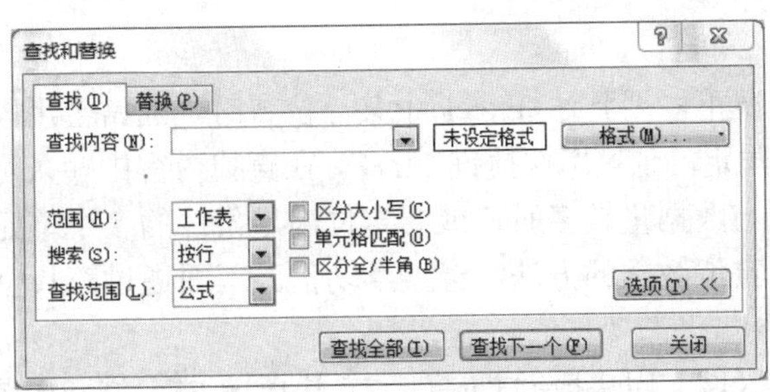

图 5-29　打开【选项】后的【查找和替换】对话框

2．替换数据

查找功能仅能查找到某个数据的位置，而替换功能可以在找到某个数据的基础上用新的数据进行代替。类似查找操作，单击【查找和选择】选项，然后在出现的下拉菜单中单击【替换】，或按快捷键 Ctrl+H，出现如图 5-30 所示的【替换】对话框。

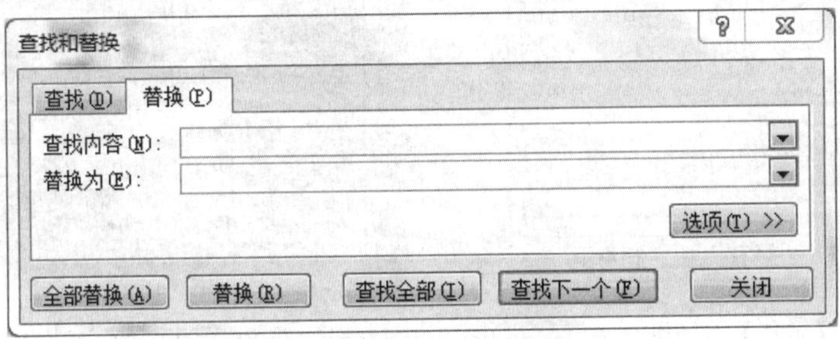

图 5-30　【替换】对话框

在【查找内容】文本框中输入要查找的内容，在【替换为】文本框中输入替换后的新内容，单击【替换】按钮进行替换，也可以单击【查找下一个】按钮跳过此次查找的内容并继续进行搜索。单击【全部替换】按钮，可以把所有与查找内容相符的单元格替换成新的内容，完成后自动关闭对话框。同样，更为有全面的功能设置需要单击【选项】按钮。

3．模糊查找数据

在 Excel 数据处理中，用户常常需要搜索某类有规律的数据，比如以 A 开头的名称，或以 B 结尾的编码，或包含 66 的电话号码等。这时就不能以完全匹配目标内容的方式来精确查找了，可使用通配符模糊搜索查找数据。在 Excel 模糊查找数据中有两个可用的通配符能够用于模糊查找，分别是“?”（问号）和“*”（星号）。“?”可以在搜索目标中代替任何单个的字符或数字，而“*”可以代替任意多个连续的字符或数字。通过表 5-1 可以掌握 Excel 模糊查找数据的方法。

表 5-1　模糊查询

搜索目标	模糊查询写法
以 A 开头的编码	A*
以 B 结尾的编码	*B
包含 66 的电话号码	*66*
李姓三字的人名	李??

4. 定位数据

数据量比较少的情况下，要到达 Excel 中某一位置时，通常会用鼠标拖动滚动条到达需要的位置，查找某已知固定的值，用快捷键 Ctr+F，在查找内容中输入对应的值即可一个个的查找到其对应的位置。当数据量较多时，或要定位满足条件的多个单元格时，用这种方法效率将非常低。如果使用定位数据的方法，会事半功倍。下面通过查找空值的例子介绍定位的方法。

选中要定位的数据区域，用快捷键 Ctr+G 或者快捷键 F5，打开如图 5-31 所示的【定位】对话框，单击【定位条件】按钮，弹出【定位条件】对话框，选择【空值】选项，单击【确定】按钮，此时找到所选区域中所有空单元格，如图 5-32 所示。

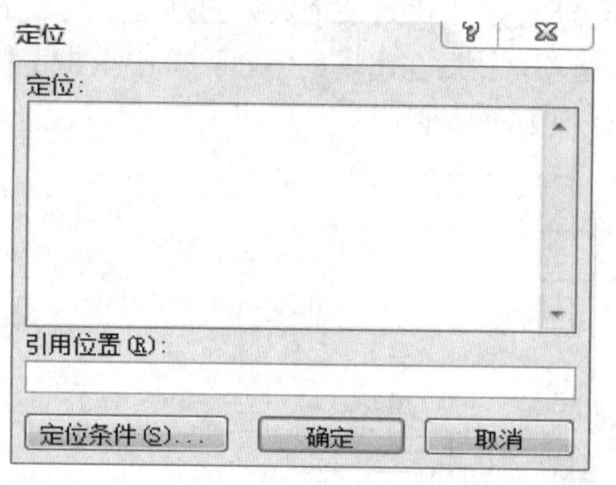

图 5-31 【定位】对话框

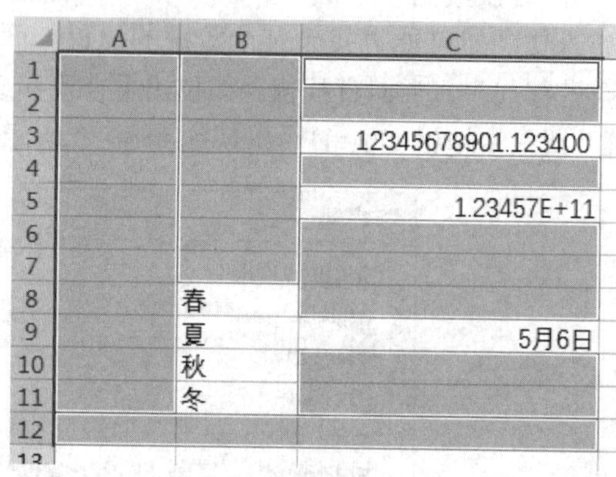

图 5-32 定位结束

5.5.5 数据验证

数据验证是对单元格或单元格区域输入的数据从内容到数量上的限制。对于符合条件的数据，允许输入；对于不符合条件的数据，则禁止输入，这样就可以自动检查数据的正确有效性，避免错误的数据输入。

数据验证除了能对单元格的输入数据进行条件限制外，还可以在单元格中创建下拉列表菜单方便用户选择输入。

下面介绍设置数据验证的常用方法。

1. 利用数据验证限定条件

我们平时处理的数据有很多具有特殊性，如年龄必须为正整数，通常在 0～100 之间，利用数据验证的功能进行条件限定后，可以避免非法数据的录入。以设置年龄的数据验证为例，操作方法为：选择要设置的单元格或单元格区域，在【数据】选项卡的【数据工具】组中单击【数据验证】命令，弹出【数据验证】对话框，如图 5-33 所示；在【设置】选项卡中的【允许】选择框选择“整数”,【数据】选择框中选择“介于”，最小值中输入“0”，最大值中输入“100”。该对话框中【输入信息】选项卡中可以设置选定单元格时显示的提示信息，【出错警告】选项卡中可以设置输入无效数据时显示的出错警告。设置完毕后单击【确定】按钮即可。

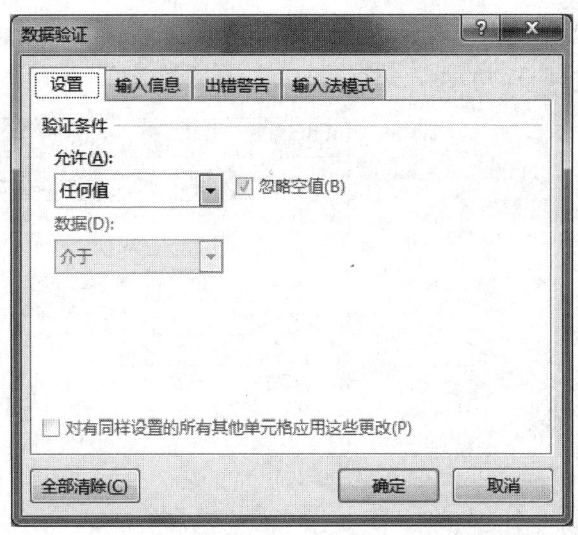

图 5-33 【数据验证】对话框

2．利用数据验证创建下拉列表菜单

选择要设置的单元格或单元格区域（例如 A1：A4），在【数据】选项卡中的【数据工具】组中选择【数据验证】命令，弹出【数据验证】对话框；在【设置】选项卡的【允许】选择框中选择【序列】，在【来源】下面输入数据，例如“男,女”（分隔符号“,”必须为半角英文状态）。

在单元格中设置数据验证后，数据的输入就会受到限止，如果输入了不在范围内的数据，Excel 就会弹出警示的对话框。用户可以自定义输入信息和出错警告。如图 5-34 所示，在【输入信息】选项卡中填写提示信息；如图 5-35 所示，在【出错警告】选项卡中，输入错误信息，单击【确定】即可。

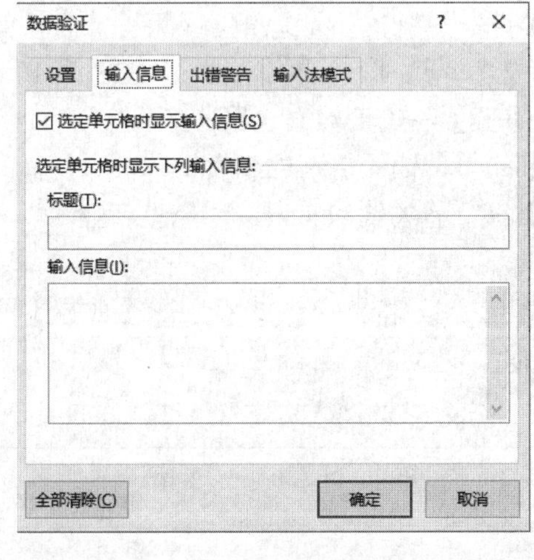

图 5-34　输入时提示信息

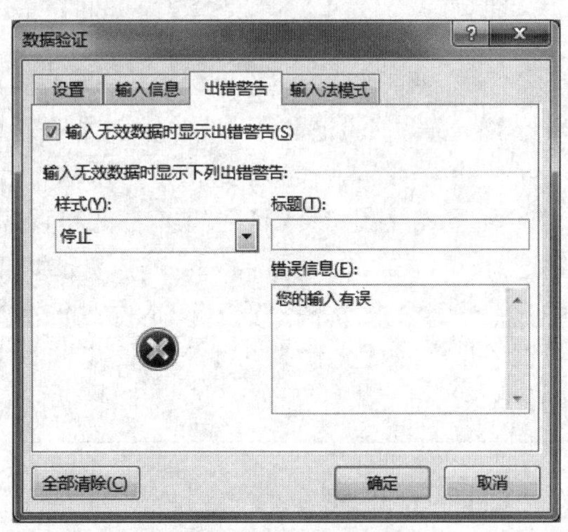

图 5-35　出错警告信息

单击【确定】按钮，返回到工作表中，选择该区域的单元格，就出现了如图 5-36 所示的下拉菜单。

若要设置的下拉菜单的内容已经是工作表中存在的数据，则可以通过单击【来源】右侧的红色箭头按钮（如图 5-37 所示），然后用鼠标选择区域即可。

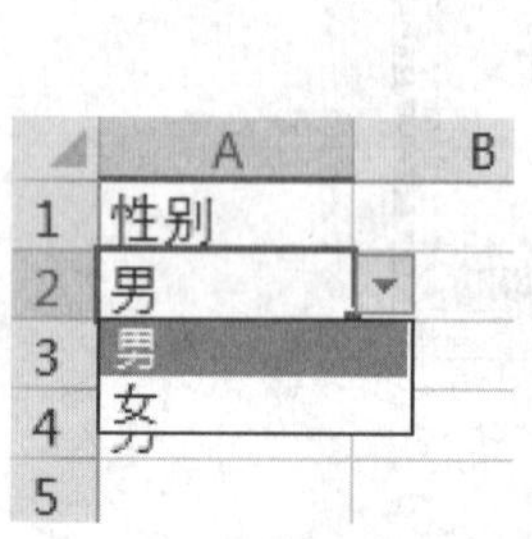

图 5-36　下拉菜单

图 5-37　引用工作表数据

实例 5-3：按如下要求，完成操作。

（1）打开工作表 Sheet1，在 B1 单元格内输入文本“性别”，为数据区域 B2：B10 设置数据验证，要求用户输入时弹出下拉列表菜单，选择“男”或“女”。

（2）输入时提示信息“请输入性别男或女”。

（3）输入错误时，弹出出错警告“您的输入有误，请您重新输入”。

（4）在 C1 单元格内输入文本“身份证号”，为数据区域 C2：C10 设置数据验证，要求用户仅能输入长度为 18 位的数据。

操作方法：

（1）打开工作表 Sheet1，在 B1 单元格内输入文本“性别”，选择数据区域 B2：B10→【数据】→【数据验证】→【允许】→【序列】，【来源】→输入数据“男,女”。

（2）单击【输入信息】选项卡→【输入信息】→“请输入性别男或女”。

（3）单击【出错警告】选项卡→【错误信息】→“您的输入有误，请您重新输入”→【确定】。

（4）在 C1 单元格内输入文本“身份证号”，选择数据区域 C2：C10→【数据】→【数据验证】→【允许】→【文本长度】→【数据】→【等于】→【长度】→“18”→【确定】。

5.6　排版工作表

在实际工作中，为了便于数据的查阅或存档，常常需要对数据进行一定的美化处理，使得数据表清晰、美观。

5.6.1　设置数字格式

【开始】选项卡的【数字】组中提供了很多常用的数字格式设置的功能，可以在此处进行快速设置。如果想进行更为详细的属性设置，则可以通过【设置单元格格式】对话框来完成，具体操作为：选中要设置数字格式的单元格，然后在【开始】选项卡的【单元格】组中选择【格式】选项，在弹出的下拉菜单中选择【设置单元格格式】，打开如图 5-38 所示的【设置单元格格式】对话框。

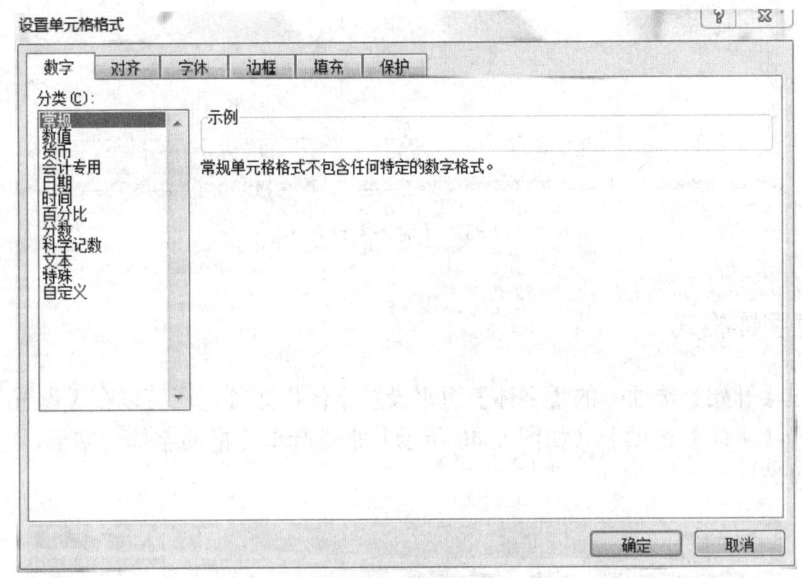

图 5-38 【设置单元格格式】对话框

在此对话框中，可以设置数字格式，包括常规、数值、货币等类型，也可以在相对应的选项中设置小数保留的位数等其他信息。

5.6.2　设置对齐方式

Excel 中的数据有很多种对齐方式。在默认情况下，单元格中的文本数据左对齐，数字数据右对齐。用户可以根据自身需要为数据选择一种合适的对齐方式。Excel 有两种常用的设置对齐方式的方法。

（1）选中单元格之后，利用【开始】选项卡【对齐方式】组中的命令按钮完成对齐操作。【对齐方式】组中共提供六个对齐按钮，分为两组，分别是设置水平对齐方式和垂直对齐方式的。

（2）选中单元格之后，右击鼠标，在快捷菜单中选择【设置单元格格式】命令，在弹出的【设置单元格格式】对话框中选择【对齐】选项卡，如图 5-39 所示。如果要改变对齐方式，可以在【对齐】选项卡中，进行水平对齐、垂直对齐和文本旋转等操作。若要在同一单元格显示多行文本，可以选中【自动换行】复选框。

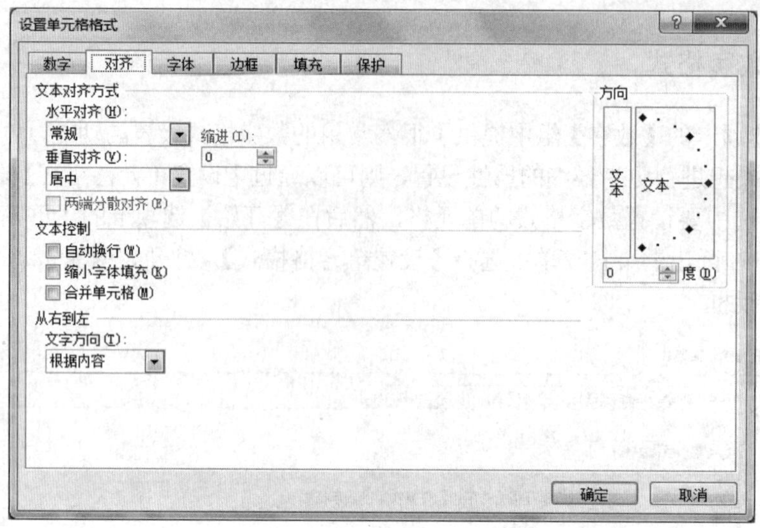

图 5-39 【对齐】选项卡

5.6.3 设置字体格式

除了通过【开始】选项卡的【字体】组来设置字体格式外，还可以在【设置单元格格式】对话框中选择【字体】选项卡（如图 5-40 所示）来进行单元格的字体、字形、字号、颜色、特殊效果等设置。

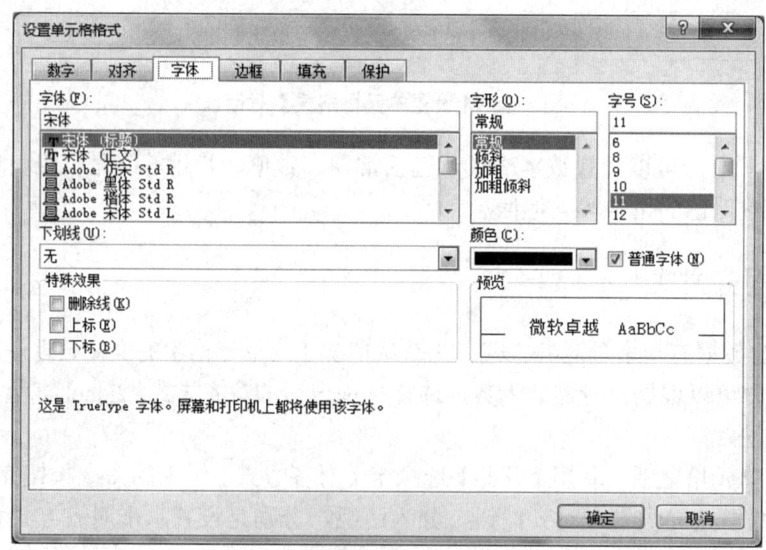

图 5-40 【字体】选项卡

5.6.4 设置单元格边框

为了使工作表更加清晰明了，可以给选定的一个或一组单元格添加边框。可以在【开始】

选项卡的【字体】组中进行设置，还可以在【设置单元格格式】对话框中选择【边框】选项卡来进行设置，如图 5-41 所示。通过对话框设置单元格边框的步骤是：先选中要设置边框的单元格区域，在【边框】选项卡中选择边框的线条样式及线条颜色选择要设置的边框线位置，单击【确定】按钮即可。

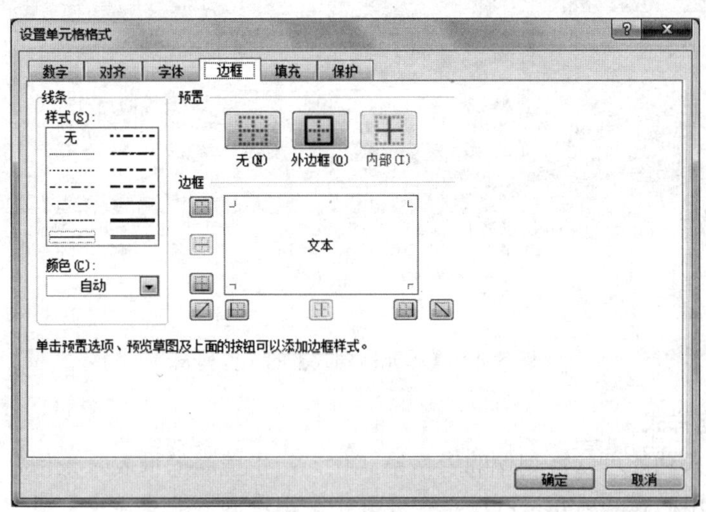

图 5-41 【边框】选项卡

5.6.5 设置背景色和背景图案

在制作工作表时，为了使数据区域更加清晰、美观，或是突出表格中某块区域数据的重要性，往往会对表格中的部分单元格设置背景色和背景图案。选中需要设置背景色和背景图案的区域，右击鼠标，在快捷菜单中选择【设置单元格格式】，在弹出的【设置单元格格式】对话框中选择【填充】选项卡，可以设置背景色和填充效果，也可设置单元格的图案颜色和样式。

5.6.6 自动套用格式

Excel 本身提供了大量预置好的表格格式，可自动实现包括字体大小、填充图案和对齐方式等单元格格式集合的应用，在节省时间的同时生成美观、统一的报表。

1．指定单元格格式

该功能只对某个特定的单元格设定预置格式。

① 选择需要应用样式的单元格。

② 在【开始】选项卡的【样式】组中单击【单元格样式】命令，打开预置列表，如图 5-42 所示。

③ 从中选择一个预定样式，相应的格式即可应用到选定的单元格中。

④ 若要自定义样式，可选择下拉列表中的【新建单元格样式】命令，打开【样式】对话框，输入样式名，进行相应的设置即可。

图 5-42 【单元格样式】的预置列表

2. 套用表格样式

套用表格样式功能可以将制作的表格格式化，产生美观的报表。表格样式自动套用的方法是：选定欲套用样式的单元格区域，在【开始】选项卡上的【样式】组中，单击【套用表格格式】按钮，出现如图 5-43 所示的套用表格格式，选中某个合适的样式，相应的格式即会填充到选定的单元格区域。同样，若要自定义样式，可单击下拉列表中的【新建表样式】命令，打开【新建快速样式】对话框，依次输入样式名称，设定格式后，单击【确定】按钮。

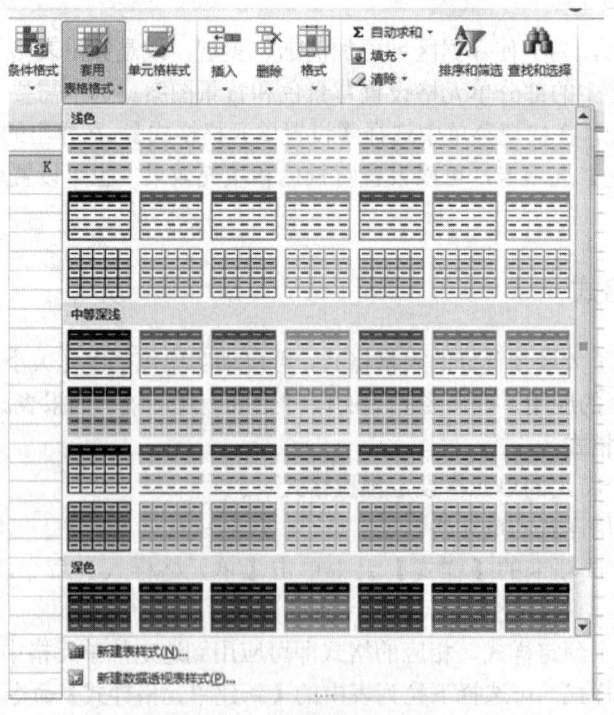

图 5-43 套用表格格式列表

实例 5-4： 按如下要求，完成操作。

（1）打开工作表 Sheet1，为数据区域 A1：C3 设置外边框，蓝色，双实线。

（2）调整数据区域 A1：C3 的高度为 18 磅，宽度为最合适的列宽。

（3）设置 A1：C3 区域表样式为预置的“表样式中等深浅 2”。

操作方法：

（1）打开工作表 Sheet1→选择数据区域 A1：C3→右键【单元格格式设置】→【边框】→【线条样式】选择“双实线”→【颜色】选择蓝色→单击【外边框】。

（2）选择数据区域 A1：C3→【开始】→【格式】→【行高】设置 18→【宽度】设置为最合适的列宽。

（3）选择数据区域 A1：C3，单击【开始】选项卡【样式】组【套用表格样式】按钮，在打开的预置列表中选择“表样式中等深浅 2”。

5.6.7　条件格式

在 Excel 中，有一项很强大的功能叫作条件格式，该功能能对满足某些条件的数据进行快速标注，从而让别人能够一目了然。

条件格式，顾名思义，先有条件，后有格式，即对于满足条件的单元格或区域设定指定的格式。

在【开始】选项卡的【样式】组中单击【条件格式】按钮，选择【新建规则】命令，弹出的【新建格式规则】对话框，如图 5-44 所示。

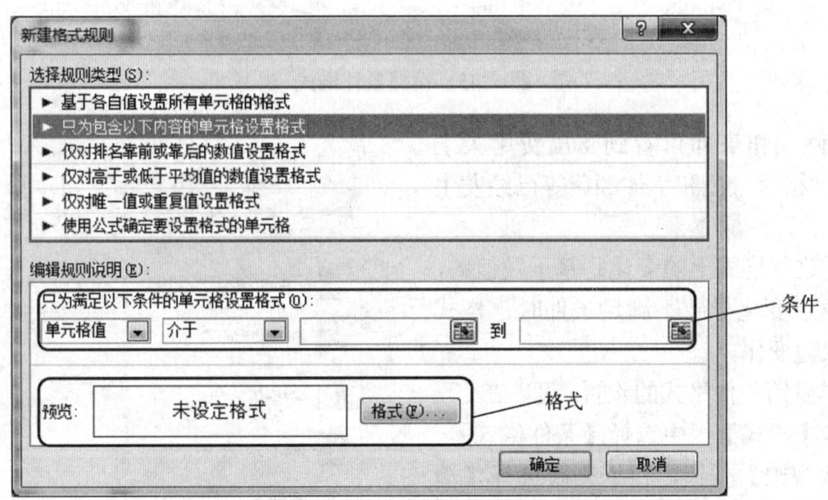

图 5-44　【新建格式规则】对话框

可以看到，条件格式的类型有：基于各自值设置所有单元格的格式、只为包含下列内容的单元格设置格式、仅对排名靠前或靠后的数值设置格式、仅对高于或低于平均值的数值设置格式、仅对唯一值或重复值设置格式、使用公式确定要设置格式的单元格 6 种。

例如，将所有支出费用在 1000 以上的单元格中数字设置为加粗、红色，背景颜色设置为淡蓝，操作步骤如下。

① 选中支出费用列中的所有数值。

② 设置条件：在【新建格式规则】对话框中选中第二项【只为包含以下内容的单元格设置格式】，依次选择【单元格值】【大于】，再输入“1000”，这是将支出费用设置超过1000的条件，如图5-45所示。

③ 设置格式：单击【格式】按钮，弹出【设置单元格格式】对话框。用户可在该对话框中设置【字形】为“加粗”，【颜色】为“红色”，切换至【填充】选项卡，在给定颜色块中选择“浅蓝”，如图5-45所示，单击【确定】按钮完成设置。

图5-45 设置条件格式

④ 返回工作表即可看到支出费用大于1000的单元格背景色和字体颜色等已经发生了变化。

注意：这种格式上的变化是基于数值的，如果数值发生变化导致不满足条件时，格式也会自动跟随变化。

如果想撤销条件格式的设置，可以在【开始】选项卡【样式】组中选择【条件格式】，单击【清除规则】按钮，根据需要选择【清除整个工作表的规则】或【清除所选单元格的规则】命令，如图5-46所示。

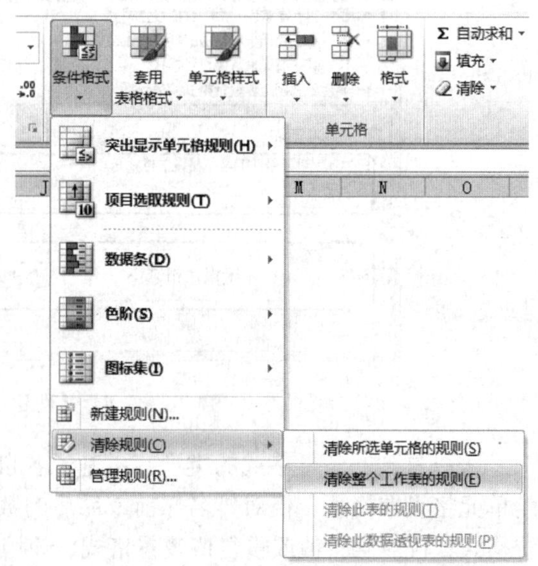

图5-46 【条件格式】下拉菜单内容

5.6.8 页面设置及打印

1. 页面设置

在【页面布局】选项卡的【页面设置】

组里可以完成页边距、纸张方向、纸张大小、打印区域和打印标题等的设置。一般情况下，在打印文档之前需要设置页面属性，选择【页面布局】选项卡中的相关命令可以完成页边距、纸张方向和纸张大小等常规选项，单击【页面设置】组右下角的按钮可以打开【页面设置】对话框，进行详细参数的设置，如图 5-47 所示。

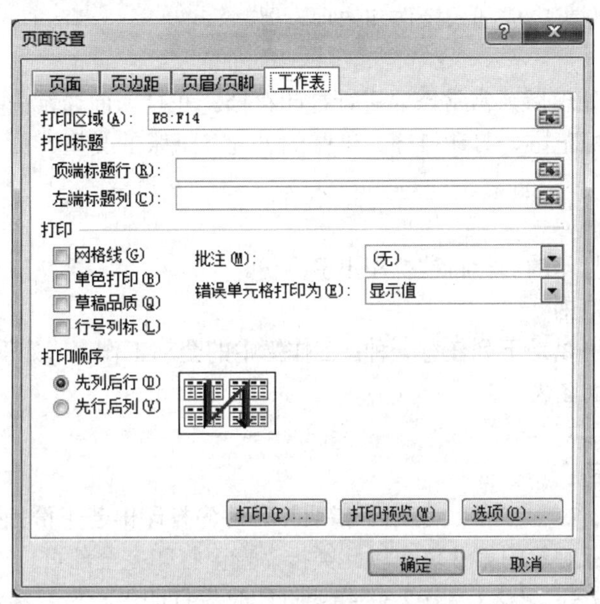

图 5-47 【页面设置】对话框

设置打印区域是 Excel 的重要功能。默认情况下，Excel 会自动选择有内容的最大行和列作为打印区域，而很多情况下，可能仅仅需要打印当前工作表中的一部分数据，而非所有内容，此时，可以为当前工作表设置打印区域。操作方法是：首先选中需要打印的工作表内容，切换到【页面布局】选项卡，在【页面设置】组中单击【打印区域】按钮，并在打开的列表中单击【设置打印区域】命令即可。选择【设置打印区域】下方的【取消打印区域】则可以取消已设置的打印区域。

如果为当前工作表设置打印区域后又希望能临时打印全部内容，则可以使用【忽略打印区域】功能。操作方法是：单击【文件】按钮，选择【打印】命令，在打开的【打印】窗口中单击【设置】区域的打印范围下拉三角按钮，并在打开的列表中选中【忽略打印区域】选项。

如果工作表有多页，正常情况下，打印时只有第 1 页能打印出标题行或标题列，为方便查看表格，通常需要为工作表的每页都加上标题行或标题列。操作方法是：切换至【页面布局】选项卡【页面设置】组，选择【打印标题】命令，弹出【页面设置】对话框。单击顶端标题行右侧的按钮，然后选择你所需要打印的表头，按 Enter 键确定，按 Enter 键后，选择的行会显示在顶端标题行出，单击右下角的【确定】，左端标题列设置方法同理。

2．页眉和页脚

页眉和页脚是显示在每一页的顶部和底部的文本或图片，如标题、页码、作者姓名或公司的标志。其内容可以每页都相同，也可以为奇数页和偶数页设置不同的页眉和页脚。页眉内容将被打印在文档顶部的页边与上边距之间的空白处，页脚内容将被打印在文档底部的页边与下边距之间的空白处，可以根据需要调整纸张边缘至文本内容之间的距离。

用户可以插入页眉、页脚、页码，使页面信息更完整。通过【页面设置】对话框的【页眉/页脚】选项卡可以完成插入操作，也可以切换至【插入】选项卡，通过选择【文本】组中的【页眉和页脚】命令来完成插入操作和选项设置。

3. 打印设置

数据经过分析、处理后，常常需要进行打印存档。在打印前通常需要设定好如下参数：打印份数、打印的目标范围、打印排序、纸张的方向、纸张的类型、页边距、缩放比例、页眉/页脚设置等。

（1）打印份数

打印份数是指被打印的目标将被打印出多少份。

（2）打印的目标范围

打印的目标范围可以是下列任意一种：工作簿中的全部工作表、处于活动状态的工作表、选定数据区域、选定的图表。

（3）打印排序

排序方式包括两种：

① 排序方式“1,1,1　2,2,2　3,3,3”指明打印时先打印出若干份目标对象的第 1 页，接着再打印出若干份目标对象的第 2 页，以此类推，直至打印完全部页。

② 排序方式“1,2,3　1,2,3　1,2,3”指明打印时先打印出一份目标对象的第 1 页至最后一页，接着再打印第二份目标对象的第 1 页至最后一次，以此类推，直至打印完指定的份数。

（4）纸张的方向

纸张方向可以选择横向或纵向，在实际打印时，可以根据打印内容的宽度和高度，通过打印预览观察效果。

（5）纸张的类型

纸张类型列表中提供了若干种标准纸张类型，打印时应根据实际要求选择。

（6）页边距

页边距用于调整页面内容和纸张边缘的距离。可以选择系统提供的几种默认边距方式，也可以自定义设置。

（7）缩放比例

缩放比例用于对被打印内容进行缩放。

（8）页眉、页脚设置

页眉和页脚一般用于对被打印内容添加额外的信息，可以设置信息内容及出现的位置。

评价单（一）

<table>
<tr><td>项目名称</td><td colspan="4"></td><td>完成日期</td><td></td></tr>
<tr><td>班级</td><td></td><td>小组</td><td colspan="2"></td><td>姓名</td><td></td></tr>
<tr><td>学号</td><td colspan="3"></td><td colspan="2">组长签字</td><td></td></tr>
<tr><td colspan="2">评价项点</td><td colspan="2">分值</td><td colspan="2">学生评价</td><td>教师评价</td></tr>
<tr><td colspan="2">数据的录入、单元格的合并</td><td colspan="2">10</td><td colspan="2"></td><td></td></tr>
<tr><td colspan="2">添加底纹</td><td colspan="2">10</td><td colspan="2"></td><td></td></tr>
<tr><td colspan="2">字体、字号</td><td colspan="2">10</td><td colspan="2"></td><td></td></tr>
<tr><td colspan="2">数据验证</td><td colspan="2">10</td><td colspan="2"></td><td></td></tr>
<tr><td colspan="2">自定义数据格式</td><td colspan="2">10</td><td colspan="2"></td><td></td></tr>
<tr><td colspan="2">条件格式</td><td colspan="2">10</td><td colspan="2"></td><td></td></tr>
<tr><td colspan="2">行高、页面设置</td><td colspan="2">10</td><td colspan="2"></td><td></td></tr>
<tr><td colspan="2">边框线</td><td colspan="2">10</td><td colspan="2"></td><td></td></tr>
<tr><td colspan="2">工作表名称</td><td colspan="2">10</td><td colspan="2"></td><td></td></tr>
<tr><td colspan="2">诚信学习、公正评价</td><td colspan="2">10</td><td colspan="2"></td><td></td></tr>
<tr><td colspan="2">总分</td><td colspan="2">100</td><td colspan="2"></td><td></td></tr>
<tr><td>学生得分</td><td colspan="6"></td></tr>
<tr><td>自我总结</td><td colspan="6"></td></tr>
<tr><td>教师评语</td><td colspan="6"></td></tr>
</table>

评价单（二）

<table>
<tr><td>项目名称</td><td colspan="3"></td><td>完成日期</td><td></td></tr>
<tr><td>班级</td><td></td><td>小组</td><td></td><td>姓名</td><td></td></tr>
<tr><td>学号</td><td colspan="2"></td><td colspan="2">组长签字</td><td></td></tr>
<tr><td colspan="2">评价项点</td><td>分值</td><td>学生评价</td><td colspan="2">教师评价</td></tr>
<tr><td colspan="2">数据的录入、底纹</td><td>10</td><td></td><td colspan="2"></td></tr>
<tr><td colspan="2">出生日期数据格式</td><td>10</td><td></td><td colspan="2"></td></tr>
<tr><td colspan="2">标题行内容及格式</td><td>10</td><td></td><td colspan="2"></td></tr>
<tr><td colspan="2">自定义序列</td><td>10</td><td></td><td colspan="2"></td></tr>
<tr><td colspan="2">模糊查找</td><td>10</td><td></td><td colspan="2"></td></tr>
<tr><td colspan="2">数据验证</td><td>10</td><td></td><td colspan="2"></td></tr>
<tr><td colspan="2">设置边框样式</td><td>10</td><td></td><td colspan="2"></td></tr>
<tr><td colspan="2">条件格式</td><td>10</td><td></td><td colspan="2"></td></tr>
<tr><td colspan="2">页面设置</td><td>10</td><td></td><td colspan="2"></td></tr>
<tr><td colspan="2">诚信学习、公正评价</td><td>10</td><td></td><td colspan="2"></td></tr>
<tr><td colspan="2">总分</td><td>100</td><td></td><td colspan="2"></td></tr>
<tr><td>学生得分</td><td colspan="5"></td></tr>
<tr><td>自我总结</td><td colspan="5"></td></tr>
<tr><td>教师评语</td><td colspan="5"></td></tr>
</table>

知识点强化与巩固

一、填空题：

1. Excel 2016 工作簿文件的扩展名是（　　　　），文件的默认名字是（　　　　）。
2. 若想在某单元格中输入身份证号，应把单元格的数字格式设置为（　　　　）类型。
3. Excel 2016 默认保存时间为（　　　　）。
4. 用来给 Excel 2016 工作表中的行号进行编号的是（　　　　）。
5. 在 Excel 2016 中插入一张新工作表的快捷键是（　　　　）。
6. 要设置 Excel 中单元格的字体、颜色等格式，可以使用（　　　　）选项卡中的按钮。
7. Excel 2016 中，要选择多张不连续的工作表，可以按（　　　　）键，再用鼠标依次单击要选择的工作表。
8. 在 Excel 2016 中，工作表的最小组成单位是（　　　　）。

二、选择题：

1. 在 Excel 2016 主界面中，不包含的选项卡是（　　）。
   A．开始　B．函数　C．插入　D．公式
2. 用来给工作表中的列进行编号的是（　　）。
   A．数字　B．字母
   C．数字与字母混合　D．字母或数字
3. 工作表中单元格的默认格式为（　　）。
   A．数字　B．文本　C．日期　D．常规
4. 假定一个单元格的地址为 D25，则此类地址的类型是（　　）。
   A．相对地址　B．绝对地址　C．混合地址　D．三维地址
5. Excel 2016 启动后，在自动建立的工作簿文件中，默认工作表有（　　）张。
   A．4　B．3　C．2　D．1
6. 在具有常规格式的单元格中输入数值后，其显示方式为（　　）。
   A．左对齐　B．右对齐　C．居中　D．随机
7. Excel 2016 工作表具有（　　）。
   A．一维结构　B．二维结构　C．三维结构　D．四维结构
8. 在 Excel 2016 的页面设置中，不能够设置（　　）。
   A．页面　B．每页字数　C．页边距　D．页眉/页脚
9. 向 Excel 2016 工作簿文件中插入一张电子工作表时，表标签中的英文单词为（　　）。
   A．Sheet　B．Book　C．Table　D．List
10. 若一个单元格的地址为 F5，则其右边紧邻的一个单元格地址为（　　）。
    A．F6　B．G5　C．E5　D．F4
11. 若一个单元格的地址为 F5，则其下边紧邻的一个单元格地址为（　　）。
    A．F6　B．G5　C．E5　D．F4
12. 在 Excel 2016 中，日期数据的数据类型属于（　　）。
    A．数字型　B．文字型　C．逻辑型　D．日期型

13．在 Excel 2016 中创建的工作表，通常把每一行称为一个（　　）。

A．记录　　B．字段　　C．属性　　D．关键字

14．在 Excel 2016 中创建的工作表，通常把每一列称为一个（　　）。

A．记录　　B．字段　　C．属性　　D．关键字

15．在 Excel 2016 中，按下 Delete 键将清除被选区域中所有单元格的（　　）。

A．内容　　B．格式　　C．批注　　D．所有信息

16．在 Excel 2016 中，最小操作单位是（　　）。

A．单元格　　B．一行　　C．一列　　D．一张表

17．在 Excel 2016 中，进行查找与替换操作时，打开的对话框名称是（　　）。

A．查找　　B．替换　　C．查找和替换　　D．定位

18．对电子表格所选区域不能进行操作的是（　　）。

A．调整行高　　B．调整列宽　　C．修改条件格式　　D．保存文档

19．Excel 不能用于（　　）。

A．处理表格　　B．统计分析　　C．创建图表　　D．制作演示文稿

20．为了输入一批有规律的递减数据，在使用填充柄实现时，应（　　）。

A．先选中有关系的相邻区域　　B．先选中任意有值的一个单元格

C．先选中不相邻的单元格　　D．不要选择任意区域

三、判断题：

1．在 Excel 2016 中，行增高时，该行各单元格中的字符也随之自动提高。（　　）

2．在 Excel 2016 中，自动填充只能在一行或一列上的连续单元格中填充数据。（　　）

3．Excel 2016 中，单击选定单元格后输入新内容，则原内容将被覆盖。（　　）

4．Excel 2016 中的清除操作是将单元格内容删除，包括其所在的单元格。（　　）

5．单元格默认对齐方式与数据类型有关，如：文字是左对齐，数字是右对齐。（　　）

6．在 Excel 2016 中，清除是指对选定的单元格和区域内的内容清除，单元格依然存在。（　　）

7．在 Excel 2016 中，把鼠标指向被选中单元格边框，当指针变成箭头时，拖动鼠标到目标单元格时，将完成复制操作。（　　）

8．Excel 2016 中工作表标签不可以设置颜色。（　　）

9．在 Excel 2016 中，【常用】工具栏中的【格式刷】按钮可以用来复制格式和内容。（　　）

10．在 Excel 2016 中，可同时打开多个工作簿。（　　）

11．Excel 2016 菜单中灰色和黑色的命令都是可以使用的。（　　）

12．在 Excel 2016 中，若要选定多个不连续的单元格，可以选择一个区域，再按住 Shift 键不放，然后选择其他区域。（　　）

13．在 Excel 2016 中，选取范围不能超出当前屏幕范围。（　　）

14．在 Excel 2016 中，通过拆分工作表窗格的方法可以将工作表拆分为 2 个或 4 个独立的窗格，从而实现在独立的窗格中查看不同位置的数据的目的。（　　）

15．在打印工作表前就能看到实际打印效果的操作是打印预览。（　　）

项目二 公式与函数

知识点提要

1. 单元格地址的引用
2. 公式的创建、编辑和使用
3. 公式中常见的错误及修改方法
4. 函数的创建、编辑和使用
5. 学习常用函数：SUM、MAX、MIN、AVERAGE、IF、COUNT、COUNTIF、RANK、VLOOKUP 和 SUMIF 函数
6. 了解常用函数：LEN、DATE、NOW、TODAY、YEAR、MONTH、DAY、INT、MOD、MID 和 CONCATENATE

任务单（一）

任务名称	房建工区收料单处理	学时	2 学时
知识目标	1．了解公式和函数的区别。 2．能够灵活使用 Excel 公式完成计算。 3．能够使用函数处理数据。		
能力目标	1．能对准确使用公式和函数。 2．引导学生总结归纳公式与函数使用方法及注意事项，培养学生分析问题及总结归纳的能力。 3．引导学生自主设计、独立完成任务，培养学生创新能力。		
素质目标	1．培养学生志存高远、脚踏实地，不畏艰难险阻，勇担时代使命的精神。 2．培养学生社会责任感，学习先进人物爱岗敬业、无私奉献的精神。 3．通过对学生分组教学及训练，使学生相互合作、互相尊重、有效沟通、公正评价、学习有序、物品整洁、垃圾分类，培养学生文明、平等、公正、诚信、友善的品质。		

任务描述

1．绘制如下图所示的房建工区收料单，外边框为最粗实线，内边框为最细实线，将工作表名称更改为“房建工区收料单”。

2．输入标题：“收料单”，并将标题字体格式设为“黑体，20 号字，居中”，设置适当行高。

3．根据下图，适当调整行高，设置单元格属性，并使用默认值格式输入图中数据。

	A	B	C	D	E	F	G	H	I	J	K	L	M
1						收 料 单							
2	广州铁路（集团）公司										铁物标1.1		
3					2016年 10月28日						字第 号		
4	供应单位		账单或发票号		承付日期								
5	进料根据		运单或车号		验收记录			库别 吴川房建工区					
6	材料编号	校验号	材 料	规格 型号	计量单位	数量		购入价		目录价		技证号	
7			名 称			应收	实收	单价	金额	单价	金额		
8			石灰		T	0.2	0.2	726.49573					
9			白玻璃	4MM	M2	10	10	38.205128					
10			除草剂		瓶	5	5	38.461538					
11			长竹扫把		把	5	5	11.111111					
12			乳胶漆		kg	9	9	15.384615					
13			塑料扫把		T	5	5	5.982906					
14			水泥		T	0.5	0.5	478.63248					
15			中砂		M3	3	3	158.97436					
16			补漏灵		kg	3	3	18.803419					
17			铜芯线	BVV2.5MM2	100M	2	2	239.31624					
18			铜芯线	BVV4.0MM2	100M	1	1	324.78632					
19			防撬电镀挂锁	60″	把	15	15	21.367521					
20			双面砂油毛毡		M2	24	24	15.384615					
21			磁芯水龙头	DN15	个	10	10	15.384615					
22			聚氯脂油膏		kg	73	73	11.794872					
23			合计										
24													
25	业务				仓库				库财601				
26													
27													

4．按照“001，002，003…”的编号方式，填充“材料编号”列数据，在单元格 A23 中输入“总数”，并使用函数统计材料种类数量，填入单元格 B23。

5．使用公式计算出购入价金额（金额 = 单价*实收）。

6．将购入价金额大于 400 的显示为“黑色、粗体”，并用“红色”填充该单元格。

7．利用函数求出购入金额合计值，填入单元格 I23。

任务要求

1．仔细阅读任务描述中的设计要求，认真完成任务。

2．上交电子作品。

3．小组间互相学习设计中优点。

任务单（二）

任务名称	铁路局招聘考试成绩表统计	学时	2 学时
知识目标	1．了解公式和函数的区别。 2．能够灵活使用 Excel 公式完成计算。 3．能够使用函数处理数据。		
能力目标	1．能对准确使用公式和函数。 2．引导学生总结归纳公式与函数使用方法及注意事项，培养学生分析问题及总结归纳的能力。 3．引导学生自主设计、独立完成任务，培养学生创新能力。		
素质目标	1．培养学生志存高远、脚踏实地，不畏艰难险阻，勇担时代使命的精神。 2．培养学生社会责任感，学习先进人物爱岗敬业、无私奉献的精神。 3．通过对学生分组教学及训练，使学生相互合作、互相尊重、有效沟通、公正评价、学习有序、物品整洁、垃圾分类，培养学生文明、平等、公正、诚信、友善的品质。		

任务描述

1．打开工作簿，将工作表 Sheet1 重命名为“铁路局招聘考试成绩表”，并在该表内输入人员信息，如下图所示。

2．对 G3:G18 区域进行有效性设置，有效性条件为“该区域中的内容只能为博士研究生、硕士研究生、本科、大专”；当用户的输入出错时显示“学历输入非法，请重新输入！”。

	A	B	C	D	E	F	G	H	I	J	K	L	M	N	O
1	铁路局招聘考试成绩表														
2	报考单位	报考职位	准考证号	姓名	性别	出生年月	学历	学位	笔试成绩	笔试成绩比例分	面试成绩	面试成绩比例分	总成绩	排名	提示
3	车务段	铁路行车组织	050008502132	董江波	女	1973/03/07			154.00		68.75				
4	机务段	电力机车司机	050008505460	傅珊珊	男	1973/07/15			136.00		90.00				
5	客运段	列车员	050008501144	谷金力	女	1971/12/04			134.00		89.75				
6	车务段	铁路行车组织	050008503756	何再前	女	1969/05/04			142.00		76.00				
7	车务段	铁路行车组织	050008502813	何宗文	男	1974/08/12			148.50		75.75				
8	机务段	电力机车司机	050008503258	胡孙权	男	1980/07/28			147.00		89.75				
9	车务段	铁路行车组织	050008500383	黄威	男	1979/09/04			134.50		76.75				
10	供电段	接触网工	050008502550	黄芯	男	1979/07/16			144.00		89.50				
11	车务段	铁路行车组织	050008504650	贾丽娜	男	1973/11/04			143.00		78.00				
12	机务段	电力机车司机	050008501073	简红强	男	1972/12/11			143.00		90.25				
13	客运段	列车员	050008502309	郎怀民	男	1970/07/30			134.00		86.50				
14	客运段	列车员	050008501663	李小珍	男	1979/02/16			153.50		90.67				
15	客运段	列车员	050008504259	项文双	男	1972/10/31			133.50		85.00				
16	机务段	电力机车司机	050008500508	肖凌云	男	1972/06/07			128.00		67.50				
17	供电段	接触网工	050008505099	肖伟国	男	1974/04/14			117.50		78.00				
18	工务段	桥梁工	050008503790	谢立红	男	1977/03/04			131.50		58.17				
19															

3．根据如下要求计算并将计算结果填入相应单元格内。

（1）计算笔试成绩比例分，计算公式为：（笔试成绩/3）*60%；

（2）计算面试成绩比例分，计算公式为：面试成绩*40%；

（3）利用求和函数计算总成绩，计算公式为：笔试成绩比例分+面试成绩比例分。

任务描述

4．在 I19 单元格输入“平均成绩”，利用平均值函数计算笔试成绩比例分的平均分、面试成绩比例分的平均分和总成绩平均分，分别填入到 J19、L19 和 M19 单元格。

5．在 I20 单元格输入“最高分”，利用最大值函数计算笔试成绩比例分的最高分、面试成绩比例分的最高分和总成绩最高分，分别填入到 J20、L20 和 M20 单元格。

6．在 I21 单元格输入“最低分”，利用最小值函数计算笔试成绩比例分的最低分、面试成绩比例分的最低分和总成绩最低分，分别填入到 J21、L21 和 M21 单元格。

7．使用 RANK 函数，根据“总成绩”对所有考生排名，并将排名结果输入 N 列（“排名”列）。

8．利用 IF 函数计算：总成绩低于 60 分的，在 O 列对应单元格显示为“不及格”，否则什么都不显示。

9．在 A22：B27 区域输入如下图内容，利用 VLOOKUP 函数，根据学位对照表信息，填写参考人员学位信息。

22	学位对照表	
23	**学历**	**学位**
24	博士研究生	博士
25	硕士研究生	硕士
26	本科	学士
27	大专	
28		
29		

任务要求

1．仔细阅读任务描述中的设计要求，认真完成任务。

2．上交电子作品。

3．小组间互相学习设计中优点。

资料卡及实例

5.7　公式

Excel 2016 具有强大的计算功能，这些计算功能主要通过公式和函数来实现，公式是为了减少输入计算或某一个运算结果的式子，由运算符、常量、单元格引用、函数等组成的一个表达式。每当输入或者修改公式中的数据后，公式会自动重新计算，并将最新结果显示在单元格中。

函数是 Excel 将一些频繁使用的或较复杂的计算过程，预先定义并保存的内置公式。在使用时，只需直接调用或通过输入简单参数就能得到计算结果。

5.7.1　认识公式

公式由单元格中输入的特殊代码组成。它可以执行某类计算，然后返回结果，并将结果显示在单元格中。公式使用各种运算符和工作表函数来处理数值和文本。在公式中使用的数值和文本可以位于其他单元格中，这样就可以轻松地更改数据，并为工作表赋予动态特性。在单元格中输入公式后，单元格将显示公式计算的结果。但是，当选择单元格时，公式自身会出现在编辑栏中。单元格内的结果会随着它引用单元格内数据的变化而自动变化，公式中的标点符号要求使用英文标点符号。

Excel 2016 中公式的构成包括以下三部分。

① “=”符号：表示输入的内容是公式而不是数据。输入公式必须以“=”开头。

② 运算符：用以连接公式中参加运算的元素并指明其类型。

③ 操作数：操作数可以是常量、单元格或单元格区域引用、标志、名称及函数等。

1．公式中的操作数

（1）公式中的数字可以直接输入。

（2）公式中的文本要用双引号标注起来，否则该文本会被认为是一个名称。

（3）当数字中含有货币符号、千位分位符、百分号及表示负数的括号时，该数字也要用双引号标注起来。

（4）公式中可直接使用单元格地址。

2．公式中的运算符

Excel 2016 中运算符有以下几类。

（1）算术运算符：加（+）、减（-）、乘（*）、除（/）、乘方（^）、百分比（%），其优先级与数学运算一致。

（2）比较运算符：等于（=）、大于（>）、小于（<）、大于等于（≥）、小于等于（≤），不等于（≠）。用比较运算符比较两个值时，结果为一个逻辑值，只有两种情况，即 True（结果成立）或 False（结果不成立）。

（3）文本运算符：连接符（&），用来连接一个或多个字符串，可产生一串新文本。

（4）引用运算符：区城运算符（:），可引用两个操作数内所有单元格，用来引用一个连续区域。示例如表 5-2 所示。

表 5-2 引用运算符示例

引用运算符	含义	示例
：（冒号）	区域运算符，生成一个对两个引用之间所有单元格的引用（包括这两个引用）	B5:B15
，（逗号）	联合运算符，将多个引用合并为一个引用	SUM(B5:B15,D5:D15)
（空格）	交集运算符，生成一个对两个引用中共有单元格的引用	B7:D7 C6:C8

（5）联合运算符（.），可同时引用多个不连续的区域。

（6）交叉运算符（空格），可对两个区域共有单元格引用。

各种运算符的优先级如表 5-3 所示。

表 5-3 运算符优先级

优先级	运算符
1	冒号（:） 逗号（，） 空格 引用运算符
2	负号（-）
3	百分号（%）
4	乘方（^）
5	乘（*） 除（/）
6	加（＋） 减（－）
7	连接符（&）
8	等于（＝） 大于（＞） 小于（＜） 大于等于（≥） 小于等于（≤） 不等于（≠）比较运算符

3．输入公式

公式的输入可直接在单元格中输入，也可在公式编辑栏中输入，以等号（=）开始，其后才是表达式。输入公式的步骤为：单击需要输入公式的单元格，输入形如“=A1*B1”的公式，按 Enter 键。

4．自动求和

求和计算是一种常用的公式计算，Excel 提供了快捷的自动求和方法，可使用控制面板上的按钮将自动对活动单元格上方或左侧的数据进行求和计算。

选中需要求和的单元格，在【开始】选项卡的【编辑】组中单击【自动求和】按钮，则选中单元格的和在右侧或下侧单元格中自动填充好。

单击【自动求和】下拉列表，可计算选中单元格的平均值、计数、最大值和最小值。

5．公式自动填充

在一个单元格输入公式后，如果相邻的单元格中需要进行同类型的计算，可利用公式的自动填充功能。其方法是：选择公式所在的单元格，移动鼠标到单元格的右下角变成黑“＋”字形，即“填充柄”，拖动填充柄到目标区域最后一个单元格，松开鼠标左键，公式自动填充完毕。

6．编辑公式

单击含有公式的单元格，将插入点定位在编辑栏或单元格中需要修改的位置，按 Delete 键删除多余或错误内容，再输入正确的内容。完成之后按 Enter 键即可完成公式的编辑，Excel

自动对公式进行计算。

5.7.2　编辑公式

1．编辑方法

在输入某个公式后，可以对此公式进行编辑。如果对工作表做一些修改，然后需要对公式进行调整以符合工作表的改动，就需要编辑公式。否则，公式就可能返回错误的值，此时，必须对公式进行编辑以更正错误。

注意：在输入或编辑公式时，Excel 会对区域地址和区域进行颜色编码。这有助于快速识别公式中用到的单元格。

下面列出几种用于进入单元格编辑模式的方法：

① 双击单元格，就可以直接在单元格中对内容进行编辑。

② 按 F2 键，这样就可以直接编辑单元格中的内容。

③ 选择要编辑的单元格。然后单击编辑栏。这样就可以在编辑栏中编辑单元格中的内容。

④ 如果单元格包含的一个公式返回错误，则 Excel 会在此单元格的左上角显示一个小三角形。激活此单元格，将可以看到一个智能标记，单击此智能标记，可以选择其中的某一个选项用于更正错误（选项因单元格中的错误类型而异）。

提示 1：

可以在【Excel 选项】对话框的【公式】部分中控制 Excel 是否显示这些“错误检查”智能标记，要显示此对话框，选择【文件】→【选项】命令。如果删除【允许后台错误检查】复选框中的复选标记，则 Excel 将不再显示这些智能标记。

编辑公式时，可以通过在字符上拖动鼠标指针，或者通过按住 Shift 键并使用方向键来选择多个字符。

提示 2：

如果感觉无法正确地编辑某个公式，那么可以先将此公式转换为文本，以后再处理它。要将公式转换为文本，只需要去掉公式开头的等号（=）即可。当准备再次处理公式时，在公式前面加上等号，即可将单元格内容再次转换为公式。

2．复制公式

单元格中的数据具有相同的运算规则，可以采用复制公式的方法对其他单元格运算。

步骤一：选中包含要复制的公式的单元格。

步骤二：单击【开始】选项卡【剪贴板】选项组中的【复制】按钮。

步骤三：完成粘贴过程，请执行下列操作之一：

① 若要粘贴公式和所有格式，则在【开始】选项卡的【剪贴板】选项组中单击【粘贴】下三角按钮。

② 若要粘贴公式和数字格式，则在【开始】选项卡的【剪贴板】选项组单击【粘贴】按钮下三角按钮，在弹出的下拉列表中单击【公式和数字格式】按钮，或者在目标单元格右击，在弹出的快捷菜单中选择【选择性粘贴】选项，在弹出的【选择性粘贴】对话框中选中【公式和数字格式】单选按钮，如图 5-48 所示。

若只粘贴公式结果，则在【开始】选项卡的【剪贴板】选项组中单击【粘贴】下三角按钮，在弹出的下拉列表中单击“值”按钮，或者在目标单元格右击，在弹出的快捷菜单中选择【选择性粘贴】选项，在弹出的【选择性粘贴】对话框中选中【数值】单选项，如图 5-49 所示。

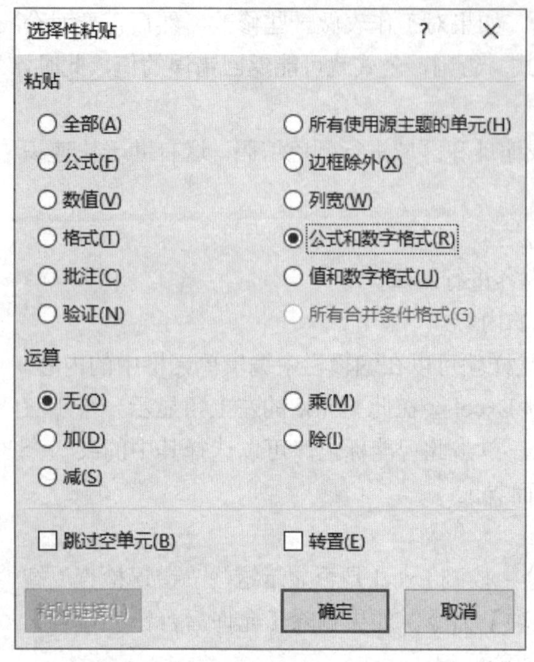

图 5-48 复制公式和数字格式

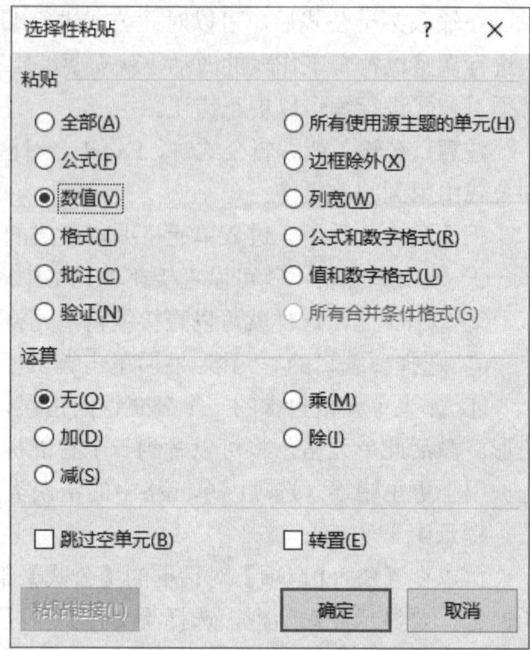

图 5-49 复制数值

③ 若要连续填充单元格公式，则选中要复制公式的单元格或区域，将鼠标移动到单元格区域的右下角，当鼠标变成“黑十字”形状时，按下鼠标左键并拖动到指定位置，即可自动粘贴并应用公式。

步骤四：按 Enter 键，即可完成公式编辑。

3. 删除公式

删除公式时，该公式的结果值也会被删除。但是，可以在 Excel 中设置为仅删除公式，而保留单元格中所显示的公式的计算结果。

要将公式与其计算结果一同删除，可执行下列操作。

① 选择包含公式的单元格或单元格区域。

② 按 Delete 键。

要删除公式而不删除其计算结果，可执行下列操作。

① 选择包含公式的单元格或单元格区域。

② 在【开始】选项卡的【剪贴板】选项组中单击【复制】按钮（也可以按 Ctrl+C 键），然后在【开始】选项卡【剪贴板】选项组中单击【粘贴】下三角按钮，在弹出的下拉列表中单击【值】按钮。

实例 5-5：按如下要求，完成操作。

打开“手机出货量”工作簿，计算出每个品牌的 2018 年和 2019 年出货总和，并填入“合计”列的相应单元格中；计算出每个品牌两年的平均出货量，其公式为：平均出货量=（2018 年+2019 年）/2。

操作方法：

（1）打开“手机出货量”→选择结果单元格 F3→输入“=B3+D 3 ”→【回车】→利用填充句柄向下填充“合计”列其他单元格

（2）选择 G3 单元格→输入“=(B3+D3)/2”→【回车】→利用填充句柄向下填充“平均出货量”列其他单元格

5.7.3　单元格引用

引用单元格，就是在公式和函数中使用“引用”来表示单元格中的数据。使用单元格引用，可以在公式中使用不同单元格中的数据，或在多个公式中使用同一个单元格数据。在 Excel 2016 中，根据处理的需要可以采用“相对引用”“绝对引用”“混合引用”“工作表和工作簿的引用”等方法。

1．相对引用

相对引用就是指公式中的单元格地址将随着公式单元格位置的改变而改变。Excel 2016 默认的单元格引用就是相对引用，如“A2”“B1”等。相对引用中的公式在复制或移动时会根据移动的位置自动调节公式中引用单元格的地址。当生成公式时，对单元格或单元格区域的引用通常基于它们与公式单元格的相对位置，并且当复制或移动相对引用的公式时，被粘贴公式中的引用将被更新，并指向与当前公式位置相对应的单元格，因此，使用相对引用会使公式的引用更加灵活方便。

2．绝对引用

绝对引用是指公式中的单元格地址不随着公式位置的改变而发生改变。不论公式复制到的单元格位置如何，公式中所引用的单元格位置都是其在工作表中的确切位置。表示时，在行号和列号前分别加上符号“$”，例如，$B$7 表示对 B7 单元格的绝对引用，$B$7:$F$8 表示对单元格区域 B7:F8 的绝对引用。

3．混合引用

混合引用是指在同一个单元格中，既有相对引用又有绝对引用。即混合引用具有绝对列和相对行，或是相对列和绝对行，例如，$B7、F$8。混合引用主要用于公式复制时，行变列不变或者列变行不变的情况。

4．创建三维公式

在实际工作中，经常需要把不同工作表或不同工作簿中的数据应用于同一个公式中进行计算处理，这类公式被形象地称为三维公式。三维公式的构成如下。

（1）不同工作表中数据所在单元格地址表示为：工作表名称、单元格引用地址。即需要在单元格地址前面加上工作表名称，后跟一个惊叹号。

其格式如下：

工作表名称!单元格地址

例：

sheet2!A1

（2）不同工作簿中的数据所在单元格地址的表示为：工作簿名称、工作表名称、单元格引用地址。

其格式如下：

[工作簿名称]工作表名称!单元格地址

例：

[手机出货量]sheet2!A1

三维公式的创建与一般公式一样，可直接在编辑栏中进行输入。如要把 Sheet1 中 G5 单元格的数据和 Sheet2 中的 A3 单元格的数据相加，结果放在 Sheet3 的 B2 单元格，则在 Sheet3 的 B2 单元格中输入公式“=Sheet1!G5+ Sheet2!A3”。

5. 更改引用类型

通过在单元格地址的适当位置输入符号“$”，可以手动输入非相对引用（绝对或混合）。或者，也可以使用快捷键 F4。当输入单元格引用（通过键入或指向）后，重复按 F4 键可以让 Excel 在 4 种引用类型中循环选择。

例如，选择任意单元格，在编辑栏内输入“=A1”，则按一下 F4 键会将单元格引用转换为=$A$1；再按一下 F4 键，会将其转换为=A$1；再按一次 F4 键，会转换为=$A1；最后再按一次，则又返回开始时的=A1。因此，可以不断地按 F4 键，直到显示所需的引用类型为止。

注意：当为单元格或区域命名时，Excel 会为名称使用绝对引用（默认设置），例如，如果将 A1:D4 命名为“产品信息”，则“定义名称”对话框中的“引用位置”框会将此引用显示为$A$1:$D$4。大多数情况下，这是用户所需的。如果复制一个单元格，其中的公式含有命名的引用，则所复制的公式中将含有对原始名称的引用。

5.7.4 更正常见的公式错误

在使用 Excel 2016 进行计算操作时，有时当输入一个公式，Excel 会显示一个以井号(#)开头的数值。这表示公式返回了错误的数值。这种情况下，就必须对公式进行更正(或者更正公式所引用的单元格)，以消除错误显示。

提示：

如果整个单元格都由“#”号字符组成，则表示此列宽不足以显示数值。这种情况下，可使此列变宽，或者更改此单元格的数字格式，如图 5-50 所示。

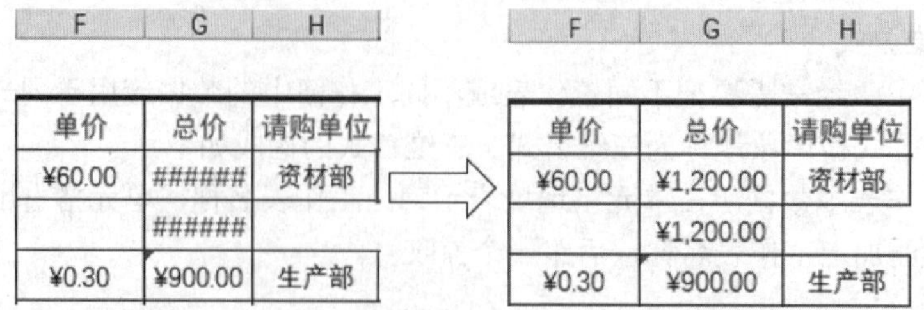

图 5-50 调整列宽

某些情况下，Excel 甚至不允许输入错误的公式。例如，下面的公式丢失了右侧的圆括号：

=A1*(B1+C2

如果试图输入这个公式，Excel 则会告知存在一个不匹配的括号，并建议进行更正。通常情况下，建议的更正操作是准确的，但是也不能完全依靠建议的操作。下面介绍一下几种常见的错误信息，并提出解决办法。

1．#VALUE!错误

含义：输入引用文本项的数学公式。如果使用了不正确的参数或运算符，或者当执行自动更正公式功能时不能更正公式，都将产生错误信息“＃VALUE!”。这个错误的产生通常有下面三种情况。

（1）在需要数字或逻辑值时输入了文本，Excel 2016 不能将文本转换为正确的数据类型。例如：如果单元格 A1 包含一个数字，单元格 A2 包含文本，则公式“=A1+A2”将返回错误值“#VALUE!”。

解决方法：确认公式或函数所需的运算符或参数是否正确，以及公式引用的单元格中是否为有效的数值。

（2）将单元格引用、公式或函数作为数组常量输入。

解决方法：确认数组常量不是单元格引用、公式或函数。

（3）赋予需要单一数值的运算符或函数一个数值区域。

解决方法：将数值区域改为单一数值，或修改数值区域，使其包含公式所在的数据行或列。

2．#DIV/O!错误

含义：试图除以 0。这个错误的产生通常有下面两种情况。

（1）在公式中，除数使用了指向空单元格或包含零值单元格的单元格引用（在 Excel 中如果运算对象是空白单元格，Excel 将此空值当作零值）。

解决方法：修改单元格引用，或者在用作除数的单元格中输入不为零的值。

（2）输入的公式中包含明显的除数零，如公式“=1/0”。

解决方法：将 0 改为非 0 值。

3．#REF!错误

含义：删除了被公式引用的单元格范围。当删除了由其他公式引用的单元格，或将移动单元格粘贴到由其他公式引用的单元格中，单元格引用无效，将产生错误值“#REF!”。

解决方法：更改公式，或者在删除或粘贴单元格之后，立即单击【撤销】按钮，以恢复工作表中的单元格。

4．#NUM!错误

含义：提供了无效参数。当公式或函数中某个数字有问题时，将产生错误值“#NUM!”。这个错误的产生通常有下面两种情况。

（1）在需要数字参数的函数中使用了函数不能接受的参数。

解决方法：确认函数中使用的参数类型正确无误。

（2）由公式产生的数字太大或太小，Excel 不能表示。

解决方法：修改公式，使其结果在有效数字范围之间。

5. #NULL!错误

含义：使用了不正确的区域运算符或不正确的单元格引用。当试图为两个并不相交的区域指定某种函数的运算时，将产生错误值“#NULL！”。例如，输入：“=SUM(A1:A10D1:D10)”，就会产生这种情况。

解决方法：如果要引用两个不相交的区域，必须使用联合运算符——逗号，如果没有使用逗号，Excel 将试图对同时属于两个区域的单元格求和。由于 A1:A10 和 D1:D10 并不相交，所以就会出错，上式可改为“=SUM(A1:A10,D1:D10)”。

6. #NAME?错误

含义：在公式中使用了 Excel 所不能识别的文本。这种情况可能是输错了名称，或是输入了一个已删除的名称。另外，如果没有将字符串置于双引号内，也会产生此错误值。

解决办法：如果是使用了不存在的名称或错误的名称而产生这一错误，应改正使用的名称；确认所有字符串都在双引号内；确认公式中使用的所有区域引用都使用了冒号（:）。

5.8 函数

5.8.1 什么是函数

函数表示每个输入值对应唯一输出值的一种对应关系。Excel 2016 提供用于计算和处理数据的预定义的内置公式，使用参数并按照特定顺序进行计算。函数可用于执行简单或复杂的计算。

要使用函数需要了解以下内容。

（1）结构。函数的结构以等号（=）开始，后面紧跟函数名称和左括号，然后以逗号分隔输入该函数的参数，最后是右括号。

（2）函数名。如果要查看可用函数的列表，可选中一个单元格并按 Shift+F3 键。

（3）参数。参数是函数中最复杂的组成部分，它规定了函数的运算对象、顺序或结构等，使得用户可以对某个单元格或区域进行处理，如分析存款利息、确定成绩名次、计算三角函数值等。参数可以是数字、文本、TRUE 或 FALSE 等逻辑值、数组、#N/A 等错误值或单元格引用。指定的参数都必须是有效参数值，参数也可以是公式或其他函数。

（4）参数工具提示。在单元格内键入函数时，会出现一个带有语法和参数的工具提示，如在单元格内键入“=SUM(”时，会出现工具提示 SUM(number1,[number2],…)，仅在使用内置函数时才出现工具提示。

以常用的求和函数 SUM 为例，它的语法是“SUM(nuember1，number2，…)”。其中“SUM”称为函数名称，一个函数只有唯一的一个名称，它决定了函数的功能和用途。函数名称后紧跟左括号，接着是用逗号分隔的称为参数的内容，最后用一个右括号表示函数结束。

提示：

函数由三部分组成，包括函数名、参数和括号。一般形式为：

```
函数名(参数 1,参数 2…)
```

括号表示函数中参数的起止位置，括号前后不能有空格。参数可以有一个或多个，各个参数之间用逗号分开。参数可以是数字、文本、逻辑值或引用，也可以是常量、公式或其他函数，当函数的参数为其他函数时称为嵌套。

按照函数的来源，Excel 函数可以分为内置函数和扩展函数两大类。前者只要启动了 Excel，用户就可以使用它们；后者必须通过宏定义命令加载，然后才能像内置函数那样使用。

5.8.2　输入函数

使用函数计算通常采用三种方法：单击【编辑栏】左侧的 f_x 按钮、单击【公式】选项卡中【插入函数】按钮和手动输入法；在【公式】选项卡中还提供了一些更加快捷的按钮，单击【自动求和】按钮，将显示一些常用的函数，如求和函数、平均值函数、最大值函数、最小值函数、条件函数、计数函数等；在【最近使用的函数】按钮中记录最近使用过的十个函数，为用户反复使用相同的函数提供了更加快捷的方法。

1．使用【插入函数】对话框输入函数

【插入函数】对话框是 Excel 输入公式的重要工具，具体操作方法是：选中存放计算结果(即需要应用公式)的单元格，单击编辑栏(或工具栏)中的【插入函数】按钮，如图 5-51 所示，将弹出【插入函数】对话框，在【选择函数】列表中找到要使用的函数，如果需要的函数不在里面，可以单击【或选择类别】下拉列表进行选择；单击【确定】按钮，弹出【函数参数】对话框，选择数据区域并确定参数后，单击【确定】按钮即可。

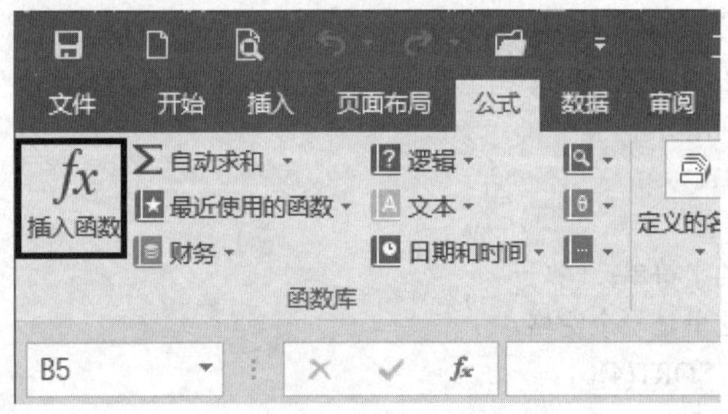

图 5-51　【插入函数】按钮

2．利用编辑栏输入函数

如果要套用某个现成公式，或者输入一些嵌套关系复杂的公式，利用编辑栏输入更加快捷。操作步骤如下：选中存放计算结果的单元格；单击编辑栏中的 f_x 按钮，按照公式的组成顺序在弹出的对话框中依次输入各个部分；公式输入完毕后，单击编辑栏中的【√】按钮（或按 Enter 键）即可。

3．采用手动输入函数

在单元格中，输入等号（=），然后输入一个字母（如“a”），即可查看可用函数列表，而单击向下键可以向下滚动浏览该列表。在滚动浏览列表时，可以看到每个函数的屏幕提示（一个简短说明），如 ABS 函数的屏幕提示是“返回给定数值的绝对值，即不带符号的数值”。

在列表中，双击要使用的函数，Excel 将在单元格中输入函数名称，后面紧跟一个左括号，根据参数工具提示在左括号后面输入一个或多个参数。参数是函数使用的信息，它有时是数字，有时是文本，有时是对其他单元格的引用。例如，ABS 函数要求使用数字作为参数；UPPER 函数（可将小写文本转换为大写文本）要求使用文本字符串作为参数；PI 函数不需任何参数，因为它只返回 Pi 值(3.14159…)。

完成函数输入后要查看结果，按 Enter 键，这时 Excel 将自动添加右括号，单元格将显示函数的计算结果。选中该单元格，在编辑栏内即可查看公式。

提示：

若想在单元格里显示公式或函数，可以进行以下操作：单击【公式】→【公式审核】→【显示公式】按钮，即可实现在单元格内显示公式或函数。

5.8.3 常用的函数及使用

Excel 2016 提供的常用函数如下。

1．SUM 函数

语法：SUM(number1,number2,…)

功能：返回某一个单元格区域中所有数字之和。

参数说明：number1,number2,…为 1～255 个需要求和的参数。

SUM 函数的使用非常灵活。其参数可以是数值、单元格、区域、数字的文本表示(被解释为数值)、逻辑值，甚至可以是嵌入式函数。例如：

=SUM(B1,5,"6",,SQRT(4),A1:A5,TRUE)

这个公式看上去很奇怪，但却完全有效。它包含下列所有类型的参数（这里以它们在该公式中的出现顺序列出）：

单元格引用：B1。

常量值：5。

看起来像数值的字符串："6"。

缺少的参数：这里是一个空格。

函数的表达式：SQRT(4)。

区域引用：A1:A5。

逻辑值：TRUE。

提示：

尽管 SUM 函数的使用很灵活，但当使用逻辑值(TRUE 或 FALSE)时，也会出现不一致的情况。单元格中存储的逻辑值总是被视为 0 来处理。但是，当在 SUM 函数中用逻辑值 TRUE 作为参数时，它将会被视为 1 来处理。

实例 5-6：按如下要求，完成操作。

打开“手机出货量”工作簿，利用 SUM 函数求出 2018 年度所有品牌手机的出货量总和，并将结果填入 B10 单元格；利用 SUM 函数求出 2019 年度所有品牌手机的出货量总和，并将结果填入 D10 单元格。

操作方法：

（1）打开“手机出货量”工作簿。

（2）选择结果单元格 B10，然后插入函数，打开【插入函数】对话框方法有二：其一，单击编辑栏左侧插入函数按钮 ；其二，单击【公式】→【函数库】→函数按钮 。以上均可以打开【插入函数】对话框。

（3）在弹出的【插入函数】对话框中选择【常用函数】类别。

（4）在【选择函数】列表中选择 SUM 函数，如图 5-52 所示，在该对话框中的下半部显示了该函数的功能。

（5）单击【确定】按钮，弹出【函数参数】对话框，在该对话框显示了该函数参数说明，在表格中选择要计算的数值区域（或可以手动输入要计算的数值区域），即 2018 年度的各项出货量 B3 到 B9，在参数【Number1】的位置显示【B3:B9】，如图 5-53 所示。

（6）单击【确定】按钮，即可在 B10 单元格中显示该函数的计算结果。

（7）重复上述步骤，在 D10 单元格中求出 2019 年度各项出货量总和。

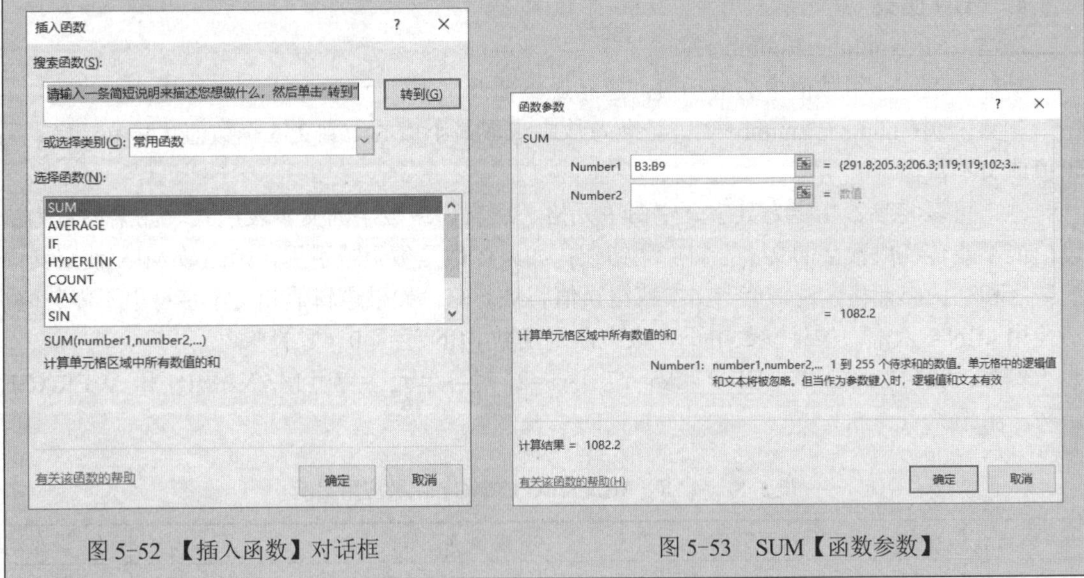

图 5-52 【插入函数】对话框　　图 5-53 SUM【函数参数】

例如：如果单元格存储的内容为 A2=-5　A3=15　A4=30　A5='5　A6=TRUE，对各单元格或单元格数据应用 SUM 函数，结果见表 5-4。

表 5-4　SUM 函数应用案例

公　式	说　明	结　果
=SUM(3,2)	将 3 和 2 相加	5
=SUM("5",15,TRUE)	将 5、15 和 1 相加。文本值"5"首先被转换为数字，逻辑值 TRUE 被转换为数字 1	21
=SUM(A2:A4)	将单元格 A2 至 A4 中的数字相加	40
=SUM(A2:A4,15)	将单元格 A2 至 A4 中的数字相加，然后将结果与 15 相加	55
=SUM(A5,A6,2)	将单元格 A5 和 A6 中的数字相加，然后将结果与 2 相加。由于引用中的非数字值未转换，即单元格 A5 中的值("5")和单元格 A6 中的值(TRUE)均被视为文本，所以这些单元格中的值将被忽略	2

2. AVERAGE 函数

语法：AVERAGE(number1,number2,…)

功能：返回参数的平均值（算术平均值）。

参数说明：number1,number2,…是用于计算平均值的 1 到 255 个数值参数。

3．MAX 函数

语法：MAX(number1,number2,…)

功能：返回一组数值中的最大值，忽略逻辑值及文本。

参数说明：number1,number2,…是准备从中求取最大值的 1 到 255 个数值、空单元格、逻辑值或文本数值。

注：可以将参数指定为数字、空白单元格、逻辑值或数字的文本表达式。如果参数为错误值或不能转换成数字的文本，将产生错误；如果参数为数组或引用，则只有数组或引用中的数字将被计算。数组或引用中的空白单元格、逻辑值或文本将被忽略。如果逻辑值和文本不能忽略，请使用函数 MAXA 来代替；如果参数不包含数字，函数 MAX 返回 0(零)。

4．MIN 函数

语法：MIN(number1,number2,…)

功能：返回一组数值中的最小值，忽略逻辑值及文本。

参数说明：number1,number2,…是准备从中求取最小值的 1 到 255 个数值、空单元格、逻辑值或文本数值。

注：可以将参数指定为数字、空白单元格、逻辑值或数字的文本表达式。如果参数为错设值或不能转换成数字的文本，将产生错误；如果参数是数组或引用，则函数 MIN 使用其中的数字和空白单元格，逻辑值、文本或错误值将被忽略。如果逻辑值和文本字符串不能忽略，请使用 MINA 函数；如果参数中不含数字，则函数 MIN 返回 0（零）。

例如：A2=10　A3=7　A4=9　A5=27　A6=2，对各单元格应用 MAX、MIN 和 AVERAGE 函数，结果见表 5-5。

表 5-5　MAX、MIN 及 AVERAGE 函数应用案例

公　式	说　明	结　果
=MAX(A2:A6)	A2 到 A6 单元格数据中的最大值	27
=MAX(A2:A6,30)	A2 到 A6 单元格数据和 30 中的最大值	30
=MIN(A2:A6)	A2 到 A6 单元格数据中的最小值	2
=MIN(A2:A6,0)	A2 到 A6 单元格数据和 0 中的最小值	0
=AVERAGE(A2:A6)	单元格区域 A2 到 A6 中数字的平均值	11
=AVERAGE(A2:A6, 5)	单元格区域 A2 到 A6 中数字与数字 5 的平均值	10

实例 5-7：按如下要求，完成操作。

打开“员工培训成绩统计表”，依次求出每个员工培训的“平均成绩”“总成绩”“各科目成绩最高分”“各科目成绩最低分”。

操作方法：

（1）打开“员工培训成绩统计表”，选择 G3 单元格，在编辑栏左侧单击插入函数 *fx* ，在弹出的【插入函数】对话框中，选择平均值函数 AVERAGE，单击【确定】按钮。

（2）将弹出 AVERAGE【函数参数】对话框，在 number1 文本框中，可手动输入求平均值数据区域，也可通过鼠标在表格上拖动进行选择，即在文本框中出现 C3:F3 数据区域，单击【确定】按钮。即可在 G3 单元格显示出所求的平均成绩，利用填充句柄向下填充所有人的成绩。

（3）选择 H3 单元格，在编辑栏左侧单击插入函数 *fx*，在弹出的【插入函数】对话框中，选择求和函数 SUM，单击【确定】按钮。弹出 SUM【函数参数】对话框，在 number1 文本框中，可手动输入求和数据区域，也可通过鼠标在表格上拖动进行选择，即在文本框中出现 C3:F3 数据区域，单击【确定】按钮，即可在 H3 单元格显示出所求的总成绩。利用填充句柄向下填充所有人的成绩。

（4）选择 C17 单元格，打开【插入函数】对话框及选择函数的方法同上。将弹出 MAX【函数参数】对话框，在 number1 文本框中，通过鼠标在表格上拖动选择 C3:C15 数据区域，即在文本框中出现 C3:C15 数据区域，单击【确定】按钮。即可在 C17 单元格显示出所求的最高分。利用填充句柄向右填充所有科目的最高分。

（5）求最低分步骤同上，只不过选择函数为 MIN。

5. COUNT 函数

语法：COUNT(value1,value2,…)

功能：返回计算区域中包含数字的单元格的个数。利用函数 COUNT 可以计算单元格区域或数字数组中数字字段的输入项个数。

参数说明：value1,value2,…是 1 到 255 个参数，可以包含或引用各种不同类型的数据，但只对数字型数据进行计数。

注：函数 COUNT 在计数时，把数字、日期或以文本代表的数字计算在内；但是错误值或其他无法转换成数字的文字将被忽略；如果参数是一个数组或引用，那么只统计数组或引用中的数字；数组或引用中的空白单元格、逻辑值、文字或错误值都将被忽略；如果要统计逻辑值、文字或错误值，请使用函数 COUNTA。

6. COUNTIF 函数

语法：COUNTIF(range,criteria)

功能：计算某个区域中满足给定条件的单元格数目。

参数说明：range 要计算其中非空单元格数目的区域；criteria 以数字、表达式或文本形式定义的条件。

实例 5-8： 按如下要求，完成操作。

（1）打开“员工培训成绩统计表”，在 C19 单元格中利用 COUNT 函数统计参加培训的人数。

（2）在 C20 单元格中利用 COUNTIF 函数统计员工培训平均成绩在 85 分以上（不包括 85 分）的人数。

操作方法：

（1）打开“员工培训成绩统计表”，选择 C19 单元格→【公式】→【插入函数】→【COUNT】→选择数据区域 C3：C15→单击【确定】按钮。

（2）打开学生成绩表，选择 C20 单元格→【公式】→【插入函数】→【COUNTIF】→在 range 参数中选择数据区域 G3:G15；在 criteria 参数中输入条件“>85”→单击【确定】按钮。

7. IF 函数

语法：IF(logical_test,value_if_true,value_if_falsc)

功能：判断是否满足某个条件，如果满足返回一个值，如果不满足则返回另一个值。

参数说明：logical_test 表示计算结果为 TRUE 或 FALSE 的任意值或表达式。本参数可使用任何比较运算符。

value_if_true 是 logical_test 为 TRUE（真值）时返回的值。如果 logical_test 为 TRUE 而 value_if_true 为空，则本参数返回 0（零）。如果要显示 TRUE，则请为本参数使用逻辑值 TRUE。value_if_true 也可以是其他公式。

value_if_false 是 logical_test 为 FALSE（假值）时返回的值。如果 logical_test 为 FALSE 且忽略了 value_if_false（即 value_if_true 后没有逗号），则会返回逻辑值 FALSE。如果 logical_test 为 FALSE 且 value_if_false 为空（即 value_if_true 后有逗号，并紧跟着右括号），则本参数返回 0（零）。value_if_true 也可以是其他公式。

8. RANK 函数

语法：RANK(number,ref,order)

功能：返回某数字在一列数字中相对其他数值的大小排名。

参数说明：number 是要查找排名的数字；ref 是一组数或对一个数据列表的引用，非数字值将被忽略；Order 是在列表中排名的数字指明排位的方式，若为 0（零）或忽略，为降序，若为非零值，即为升序。

实例 5-9： 按如下要求，完成操作。

打开“员工培训成绩统计表”，在 J3 单元格中利用 IF 函数统求出员工培训成绩的评价，若“平均成绩”大于 85 分，在其评价单元格中显示为“优秀”，否则显示为“合格”。

在“名次”列（I 列），根据“总成绩”求出员工的名次（使用 RANK 函数）。

操作方法：

（1）打开“员工培训成绩统计表”，选择 J3 单元格，打开【插入函数】对话框，选择 IF 函数，在弹出的【函数参数】对话框中，有三个参数，依次在文本框中填写以下数据。

Logical_test	G3>85
Value_if_true	"优秀"
Value_if_false	"合格"

（2）单击【确定】按钮，完成此项操作，利用填充句柄向下填充所有员工的“评价”值。

（3）选择 I3 单元格，打开【插入函数】对话框，选择 RANK 函数，在弹出的【函数参数】对话框中，有三个参数，依次在文本框中填写以下数据。

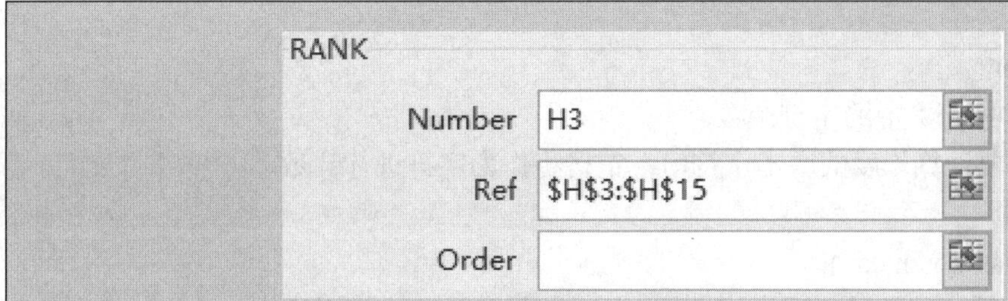

（4）单击【确定】按钮，完成此项操作，利用填充句柄向下填充所有员工的“名次”值。

注：RANK 函数的第三个参数 order，填 0（零）或忽略，表示是降序排名。

9．VLOOKUP 函数

语法：VLOOKUP(lookup_value,table_array,col_index_num,[range_lookup])

功能：搜索表区域首列满足条件的元素，确定待检索单元格在区域中的行序号，再进一步返回选定单元格的值。

参数说明：lookup_value 为需要在数据表首列进行查找的数值。此参数可以为数值、引用或文本字符串。

table_array 为需要在其中查找数据的数据表。可以使用区域引用或区域名称的引用。

col_index_num 为满足条件的单元格在数组区域 table_array 中的序列号，首列序号为 1。

range_lookup 指定在查找时是要求精确匹配，还是近似匹配。如果为 FALSE 或 0，则返回精确匹配；如果是 TRUE 或 1，则为近似匹配。如果 range_lookup 省略，则默认为 1。

实例 5-10：按如下要求，完成操作。

打开“员工培训成绩统计表”，通过“员工信息表”在 K3 单元格中快速录入其“所属部门”，要求使用 VLOOKUP 函数进行此项操作。

操作方法：

（1）打开“员工培训成绩统计表”，选择 K3 单元格，打开【插入函数】对话框，选择 VLOOKUP 函数，在弹出的【函数参数】对话框中，有四个参数，依次在文本框中填写以下数据。

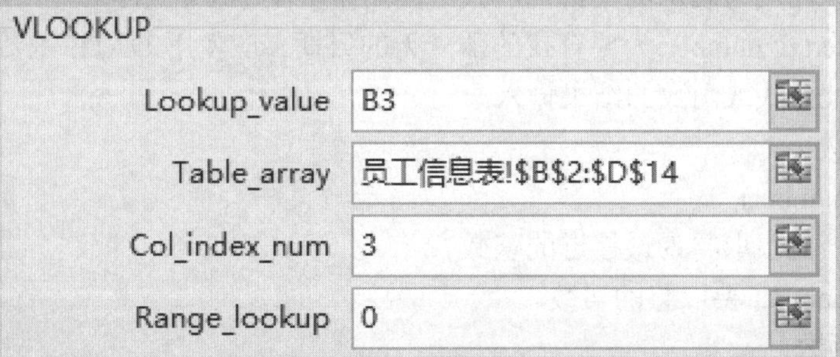

（2）单击【确定】按钮，完成此项操作，利用填充句柄向下填充所有员工的“所属部门”值。

10. LEN 函数

语法：LEN(text)

功能：返回文本字符串中的字符个数。

参数说明：text 要计算长度的文本字符串；空格将作为字符进行计数。

11. DATE 函数

语法：DATE(year,month,day)

功能：返回代表特定日期的序列号

参数说明：year 是介于 1900 或 1904（取决于工作簿的日期系统）到 9999 之间的数字；month 代表每年中月份的数字，如果所输入的月份大于 12，将从指定年份的一月份开始往上累加；day 代表在该月份中第几天的数字。如果 day 大于该月份的最大天数，则将从指定月份的第一天开始往上累加。

12. NOW 函数

语法：NOW()

功能：返回当前日期和时间的序列号。

参数说明：该函数不需要参数。

13. TODAY 函数

语法：TODAY

功能：返回日期格式的当前日期。

参数说明：该函数不需要参数。

14. YEAR 函数

语法：YEAR(serial_number)

功能：返回日期的年份值，一个 1900～9999 之间的数字。

参数说明：serial_number 是一个日期值，其中包含要返回的年份。

15. MONTH 函数

语法：MONTH(serial_number)

功能：返回某日期对应的月份。

16. DAY 函数

语法：DAY(serial_number)

功能：返回以序列号表示的某日期的天数，用整数 1～31 表示。

参数说明：serial_number 为要查找的那一天的日期。应使用 DATE 函数来输入日期，或者将日期作为其他公式或函数的结果输入。

17. INT 函数

语法：INT(number)

功能：将数值向下取整为最接近的整数。

参数说明：number 要取整的实数。

18. MOD 函数

语法：MOD(number,divisor)

功能：返回两数相除的余数。

参数说明：number 为被除数；divisor 为除数。

19．MID 函数

语法：MID(text,start_num,num_chars)

功能：返回文本字符串中从指定位置开始的特定数目的字符，该数目由用户指定。

参数说明：text 准备从中提取字符串的文本字符串；start_num 准备提取的第一个字符的位置，文本中第一个字符的 start_num 为 1，以此类推；num_chars 指定所要提取的字符串长度。

实例 5-11： 按下列要求及数据，完成操作。

（1）根据给定的年月日组成日期。

	A	B	C	D	E	F
2	序号	年	月	日		日期
3	1	2004	12	5		2004/12/5
4	2	2008	10	8		2008/10/8
5	3	2012	6	24		2012/6/24

（2）将文本字符串或数字转换为日期。

	A	B	C	D	E	F
18	序号	文本字符串或数字		备注		日期
19	1	19951202				1995/12/2
20	2	20051204				2005/12/4
21	3	20140206				2014/2/6

（3）获取一月的最后一天的日期。

	A	B	C	D	E	F
34	序号	年	月	备注		日期
35	1	2004	12			2004/12/31
36	2	2008	10			2008/10/31
37	3	2012	6			2012/6/30

（4）获取指定月数之后的日期。

	A	B	C	D	E	F
50	序号	年	月	备注		指定月之后的日期
51	1	2018/6/9	1			2018/7/9
52	2	2018/6/9	2			2018/8/9
53	3	2018/6/9	3			2018/9/9

（5）计算今年的生日日期。

	A	B	C	D	E	F
66	序号	生日		备注		今年的生日日期
67	1	1990/12/1				2020/12/1
68	2	1995/1/5				2020/1/5
69	3	1996/2/6				2020/2/6

操作方法如下：

在结果单元格内录入以下相应公式，即可完成上述操作。

（1）=DATE(B3,C3,D3)；

（2）=DATE(MID(B19,1,4),MID(B19,5,2),MID(B19,7,2))；

（3）=DATE(B35,C35+1,0)；

（4）=DATE(YEAR(B51),MONTH(B51)+C51,DAY(B51))；

（5）=DATE(YEAR(NOW()),MONTH(B67),DAY(B67))。

20．CONCATENATE 函数

语法：CONCATENATE(text1,text2,…)

功能：将多个文本字符串合并为一个文本字符串。

参数说明：text1,text2,…为 1 到 255 个要合并的文本字符串。可以是文本字符串、数字或对单个单元格的引用。

21．SUMIF 函数

语法：SUMIF(range,criteria,sum_range)

功能：根据指定条件对若干单元格求和。

参数说明：range 为用于条件判断的单元格区域；criteria 为确定哪些单元格江北相加求和的条件，其形式可以为数字、表达式或文本；sum_range 是需要求和的实际单元格。

实例 5-12：按如下要求，完成操作。

（1）打开“年度奖学金统计表”，根据“学院系部”列数据，截取数据的第五位到第八位字符（共 4 个字符），填入“专业”列，此操作需使用 MID 函数实现。

（2）在 F 列求出 E 列对应项的，字符长度。即在 F2 单元格，求出 E2 单元格数据的长度，此操作需使用 LEN 函数实现。

（3）根据身份证号码的第 15 位到 17 位数据，若为偶数，学生性别为“女”，否则为“男”。方法一：此操作需使用 IF 和 MID 及 MOD 函数嵌套实现；方法二：此操作需使用 IF 和 MID 及 INT 函数嵌套实现。

（4）身份证号码中 7～10 位是出生年份，11～12 是出生月份，利用 CONCATENATE 和 MID 函数填写学生出生年月到 H 列，出生年月格式为××××年××月。

操作方法：

打开“年度奖学金统计表”，在结果单元格内录入相应公式，即可完成上述操作。

（1）选择 D2 单元格，录入公式 “=MID(C2,5,4)”。利用填充句柄向下填充所有项。

（2）选择 F2 单元格，录入公式 “=LEN(E2)”。利用填充句柄向下填充所有项。

（3）选择 G2 单元格，方法一，录入公式“=IF(MOD(MID(E2,15,3),2)=0,"女","男")”；方法二，录入公式“=IF(INT(MID(E2,15,3)/2)=MID(E2,15,3)/2,"女","男")”可参照下图。利用填充句柄向下填充所有项。

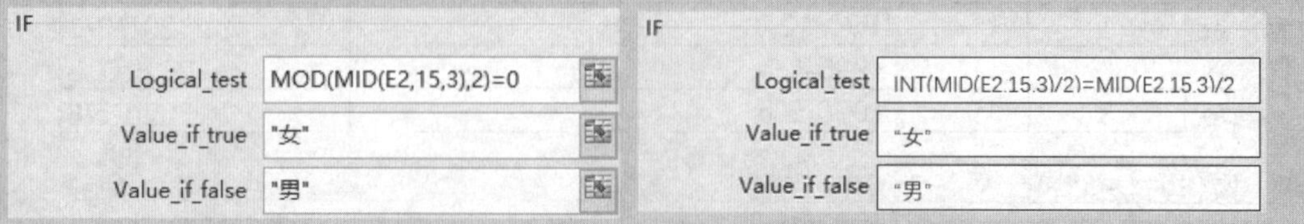

（4）选择 H2 单元格，录入公式“=CONCATENATE(MID(E2,7,4),"年",MID(E2,11,2),"月")”。利用填充句柄向下填充所有项。

CONCATENATE

Text1 MID(E2,7,4)

Text2 "年"

Text3 MID(E2,11,2)

Text4 "月"

评价单

<table>
<tr><td>项目名称</td><td colspan="2"></td><td>完成日期</td><td></td></tr>
<tr><td>班级</td><td></td><td>小组</td><td>姓名</td><td></td></tr>
<tr><td>学号</td><td colspan="2"></td><td>组长签字</td><td></td></tr>
<tr><td colspan="2">评价项点</td><td>分值</td><td>学生评价</td><td>教师评价</td></tr>
<tr><td colspan="2">公式计算</td><td>10</td><td></td><td></td></tr>
<tr><td colspan="2">SUN 函数</td><td>10</td><td></td><td></td></tr>
<tr><td colspan="2">MAX、MIN 函数</td><td>10</td><td></td><td></td></tr>
<tr><td colspan="2">IF 函数</td><td>10</td><td></td><td></td></tr>
<tr><td colspan="2">COUNT 函数</td><td>10</td><td></td><td></td></tr>
<tr><td colspan="2">RANK 函数</td><td>10</td><td></td><td></td></tr>
<tr><td colspan="2">VLOOKUP 函数</td><td>10</td><td></td><td></td></tr>
<tr><td colspan="2">文明、平等、公正、诚信、友善的品质的展现</td><td>30</td><td></td><td></td></tr>
<tr><td colspan="2">总分</td><td>100</td><td></td><td></td></tr>
<tr><td>学生得分</td><td colspan="4"></td></tr>
<tr><td>自我总结</td><td colspan="4"></td></tr>
<tr><td>教师评语</td><td colspan="4"></td></tr>
</table>

知识点强化与巩固

一、填空题

1．在 Excel 2016 中，把 A1、B1 等称作该单元格的（　　　　）。

2．在输入以零开头的文本型数字（如学号等）时需在输入数据的前面加（　　　　）。

3．在 Excel 2016，单元格 B2 内容为 2016/12/30，则函数 month（B2）的值为（　　　　）。

4．在 Excel 2016，单元格 A1 内容为 78，则公式=if(A1>70，"好"，"较好")的值为（　　　　）。

5．在 Excel 2016 中，对指定区域(C1:C5)求最小值，用（　　　　）函数。

6．在 Excel 2016 中，有条件的求和的函数为（　　　　）。

7．在 Excel 2016 中，公式中使用的引用地址 E1 是相对地址，而 E$1 是（　　　　）地址。

8．在 Excel 2016 中，公式都是以"="开始的，后面由（　　　　）和运算符构成。

9．在 Excel 2016 中，对指定区域(C1:C5)求最大值，用（　　　　）函数。

10．在 Excel 2016 中，当输入有算术运算关系的数字和符号时，将结果显示在单元格内，必须以（　　　　）方式进行输入。

二、选择题

1．假定一个单元格的地址为$E$3，则地址的表示方式为（　　）。

A．绝对地址　　B．混合地址　　C．相对地址　　D．三维地址

2．按（　　）键就可以在相对、绝对和混合引用之间进行切换。

A．F2　　B．F4　　C．F6　　D．F8

3．在 Excel 2016 中，求一组数组的求和函数为（　　）。

A．AVERAGE　　B．MAX　　C．MIN　　D．SUM

4．在向一个单元格输入公式或函数时，其前导字符必须是（　　）。

A．<　　B．>　　C．=　　D．%

5．一个单元格所存入的公式为=13*2+7，则该单元格处于非编辑状态时显示的内容为（　　）。

A．13*2+7　　B．=13*2+7　　C．33　　D．=33

6．D3 单元格中保存的公式为=B$3+C$3，若把它复制到 E4 中，则 E4 中保存的公式为（　　）。

A．=B$3+C$3　　B．=C$3+D$3　　C．=B$4+C$4　　D．=C$4+D$4

7．D3 单元格中保存的公式为=B3+C3，若把它复制到 E4 中，则 E4 中保存的公式为（　　）。

A．=B3+C3　　B．=C3+D3　　C．=B4+C4　　D．=C4+D4

8．在 Excel 中，如果单元格 D3 的内容是"=A3+C3"，选择单元格 D3，然后向下拖曳数据填充柄，这样单元格 D4 的内容是（　　）。

A．=A4+C4　　B．=B4+D4　　C．=B3+D3　　D．=A3+C3

9．在 Excel 2016 中，若要表示"数据表 1"B2 到 G8 的整个单元格区域，则应该表示为（　　）。

A．数据表 1#B2：G8　　B．数据表 1$B2：G8

C．数据表 1!B2：G8　　D．数据表 1:B2：G8

10．以下可以在单元格中输入 0.3 的方法是（　　）。

A．6/20　B．=“6/20”　C．=6/20　D．“6/20”

11．在 Excel 2016 中，假定 C4：C6 区域内保存的数值依次分别为 5、9 和 4，若 C7 单元格中的函数公式为=AVERGE（C4:C6），则 C7 单元格的值为（　　）。

A．6　B．5　C．4　D．9

12．Excel 包含四种类型的运算符：算术运算符、比较运算符、文本运算符和引用运算符。其中符号“：”属于（　　）。

A．算术运算符　B．比较运算符

C．文本运算符　D．引用运算符

13．在 Excel 2016 中，要计算 B1 到 B3 三个单元格中数据的平均值，应使用函数（　　）。

A．INT(B1:B3)　B．SUM(B1:B3)

C．AVERAGE(B1，B3)　D．AVERAGE(B1:B3)

14．在 Excel 2016 中，假定 C4：C6 区域内保存的数值依次分别为 5、9 和 4，若 C7 单元格中的函数公式为=SUM（C4:C6），则 C7 单元格的值为（　　）。

A．5　B．18　C．9　D．4

15．在 Excel 2016 中，“D3”表示该单元格位于（　　）。

A．第 4 行第 3 列　B．第 3 行第 4 列

C．第 3 行第 3 列　D．第 4 行第 4 列

16．在 Excel 2016 中，在单元格中输入公式“=2^3+5*4”结果为（　　）。

A．26　B．52　C．28　D．25

17．下列 Excel 2016 运算符的优先级最高的是（　　）。

A．^　B．*　C．/　D．+

18．在 Excel 2016 中，比较运算“3>2”返回的运算结果为（　　）。

A．COPY　B．FALSE　C．MAX　D．TRUE

19．在 Excel 2016 中，求最小值的函数是（　　）。

A．SUM　B．MAX　C．MIN　D．COUNT

20．在 Excel 2016 中，各运算符号的优先级由低到高的顺序为（　　）。

A．算术运算符，关系运算符，文本运算符

B．算术运算符，文本运算符，关系运算符

C．关系运算符，文本运算符，算术运算符

D．文本运算符，算术运算符，关系运算符

21．若 A4 单元格中数据大于等于 80，则 F4 单元格内显示“合格”，否则什么也不显示，在 F4 单元格内应输入公式（　　）。

A．=IF(A4>=80,"合格")　B．=IF(A4>=80,"合格"，"空")

C．=IF(A4>=80,"合格"，" ")　D．=IF(A4>=80,"合格"，"不合格")

22．下列有关函数的叙述，错误的是（　　）。

A．COUNT 是计数函数，但只能统计数的个数，不能统计文本的个数

B．COUNTIF 是条件计数函数，参数有两项，一项是条件区域，另一项是条件

C．SUMIF 是条件求和函数，参数有三项，一是条件区域，二是条件，三是求和区域

D．IF 是条件函数，所以满足条件的可以返回一个值，不满足的什么操作也不能进行

23．在 ExceL 中，RANK 函数用于计算（　　）。

A．查找　　B．排序　　C．截取字符串　　D．最小值

24．在 Excel 中，RANK 函数的作用是（　　）。

A．返回引用中涉及的区域个数

B．删除文本中的所有非打印字符

C．返回某数字在一列数字中相对于其他数值的大小排位

D．将一个字符串中的部分字符用另一个字符串代替

25．在 Excel 中，MID 函数用于计算（　　）。

A．查找　　B．排序　　C．截取字符串　　D．最小值

26．函数 MID("teacher",4,2)的值是（　　）

A．ac　　B．er　　C．he　　D．ch

三、判断题

1．当用户复制某一公式后，系统会自动更新单元格的内容，但不计算其结果。（　　）

2．在 Excel 中，只能按数值的大小排序，不能按文字的拼音字母或笔画多少排序。（　　）

3．在 Excel 2016 中，在相对引用中，当复制并粘贴一个使用相对引用的公式时，被粘贴公式中的引用将发生变化，以反映公式中位于同一相对位置。（　　）

4．函数 COUNT 用于计算区域中单元格个数。（　　）

5．Excel 2016 中相对引用的含义是：把一个含有单元格地址引用的公式复制到一个新的位置或用一个公式填入一个选定的范围时，公式中的单元格地址会根据情况而改变。（　　）

6．函数 VLOOKUP 功能是计算平均值。（　　）

7．使用 RANK 函数想得到一个降序序列时，则第三个参数值为 1。（　　）

8．函数 MID("student",2,3)的值是“ude”。（　　）

9．函数 MID("武汉加油",3,2)的值是“加油”。（　　）

10．函数的功能是彼此独立的，所以函数之间不可以套用，函数不能嵌套使用。（　　）

项目三　数据管理及分析

知识点提要

1. 数据的排序
2. 数据的筛选
3. 数据的分类汇总

任务单

<table>
<tr><td>任务名称</td><td>列车售货员销售产品统计</td><td>学时</td><td>2 学时</td></tr>
<tr><td>知识目标</td><td colspan="3">1．能够熟练掌握公式及函数计算操作。
2．能够熟练掌握排序及筛选操作。
3．能够熟练掌握分类汇总操作。</td></tr>
<tr><td>能力目标</td><td colspan="3">1．能对较快、准确的对数据进行数据分析。
2．引导学生利用 Excel 的数据功能去分析数据，整理数据，培养学生分析问题及总结归纳的能力。
3．引导学生自主设计、独立完成任务，培养学生创新能力。</td></tr>
<tr><td>素质目标</td><td colspan="3">1．培养学生志存高远、脚踏实地，不畏艰难险阻，勇担时代使命的精神。
2．培养学生社会责任感，学习先进人物爱岗敬业、无私奉献的精神。
3．通过对学生分组教学及训练，使学生相互合作、互相尊重、有效沟通、公正评价、学习有序、物品整洁、垃圾分类，培养学生文明、平等、公正、诚信、友善的品质。</td></tr>
<tr><td>任务描述</td><td colspan="3">1．根据素材中“列车售货员销售数据处理”工作簿，使用 VLOOKUP 函数，将左上角单元格区域“列车售货员销售产品清单”中的“产品名称”和“产品单价”列的信息填充到右侧“3 月份销售统计表”的“产品名称”列和“产品单价”列中。
2．利用公式，计算“3 月份销售统计表”中的销售金额，并将结果填至该表的“销售金额”列中（计算公式：销售金额＝产品单价*销售数量）。
3．使用 SUMIF 函数，根据“3 月份销售统计表”中的数据，计算左下角单元格区域“分部销售业绩统计表”中的“总销售额”，并将结果填入该表的“总销售额”列。
4．使用 RANK 函数，在左下角单元格区域“分部销售业绩统计”中，根据“总销售额”对各部门进行排名，并将结果填入到“销售排名”列中。
5．以“产品名称”为关键字对“3 月份销售统计表”进行升序排序。
6. 复制数据表到工作表 Sheet2 中，筛选出同时满足：“销售数量>3”“所属部门是销售 1 部”“销售金额>20”三个条件的产品。
7．复制数据表到新工作表 Sheet3 中，进行分类汇总，分类字段为“产品名称”，汇总方式为“求和”，选定汇总项为“销售数量”和“销售金额”。</td></tr>
</table>

列车售货员销售产品清单

产品型号	产品名称	产品单价
A01	方便面	5
A011	香肠	8
A02	瓜子	6
A03	花生	4
A031	啤酒	2
B01	恒大冰泉	2
B02	冰棒	3
B03	盒饭	20

3 月 份 销 售 统 计 表

销售日期	产品型号	产品名称	产品单价	销售数量	经办人	所属部门	销售金额
2007/3/1	A01			4	甘倩琦	销售1部	
2007/3/1	A011			2	许　丹	销售1部	
2007/3/1	A011			2	孙国成	销售2部	
2007/3/2	A01			4	吴小平	销售3部	
2007/3/2	A02			3	甘倩琦	销售1部	
2007/3/2	A031			5	李成蹊	销售2部	
2007/3/5	A03			4	刘　惠	销售1部	
2007/3/5	B03			1	赵　荣	销售3部	
2007/3/6	A01			3	吴　仕	销售2部	
2007/3/6	A011			3	刘　惠	销售1部	
2007/3/15	A02			1	许　丹	销售1部	
2007/3/15	A02			3	吴　仕	销售2部	
2007/3/16	A01			3	甘倩琦	销售1部	
2007/3/16	A01			5	许　丹	销售1部	
2007/3/19	A02			4	孙国成	销售2部	
2007/3/23	A011			4	许　丹	销售1部	
2007/3/26	A01			4	赵　荣	销售3部	
2007/3/26	A01			2	吴　仕	销售2部	

分部销售业绩统计

部门名称	总销售额	销售排名
销售1部		
销售2部		
销售3部		

<table>
<tr><td>任务要求</td><td>1．仔细阅读任务描述中的设计要求，认真完成任务。
2．上交电子作品。</td></tr>
</table>

资料卡及实例

Excel 提供了一套功能强大的数据管理与分析工具，这些工具存放在 Excel 的【数据】选项卡中，使得管理数据清单和数据库非常容易。

5.9 建立数据清单的准则

为了实现数据管理与分析，Excel 要求数据必须按数据清单格式来组织。Excel可以对数据清单执行各种数据管理和分析功能，包括查询、排序、筛选以及分类汇总等数据库基本操作。如图 5-54 所示的表格是一个典型的数据清单，它满足以下数据清单的准则。

	A	B	C	D	E	F	G	H
1	员工代号	姓名	防疫知识	消防安全	电脑操作	商务礼仪	平均成绩	总成绩
2	001	赵梓洵	91	87	90	89	89.25	357
3	002	赵继俊	88	90	87	82	86.75	347
4	003	张宏磊	90	87	85	73	83.75	335
5	004	苏祖毅	81	85	91	75	83	332
6	005	谢灵芳	82	82	85	86	83.75	335
7	006	李振勇	86	88	82	81	84.25	337
8	007	国庆	87	91	79	88	86.25	345
9	008	李哲	78	73	83	84	79.5	318
10	009	张家兴	89	80	75	75	79.75	319

图 5-54 数据清单

（1）每列应包含相同类型的数据，列表首行或首两行由字符串组成，而且每一列均不相同，称为字段名。

（2）每行应包含一组相关的数据，称为记录。

（3）列标志（字段名）应位于数据清单的第一行，用以查找和组织数据、创建报告。

（4）同一列中各行数据项的类型和格式应当完全相同。

（5）避免在数据清单中间放置空白的行或列，但需将数据清单和其他数据隔开时，应在它们之间留出至少一个空白的行或列。

（6）尽量在一张工作表上建立一个数据清单。

5.10 数据排序

数据排序常用于统计工作中，在 Excel 中数据排序是指根据存储在表格中的数据类型，将其按一定的方式进行重新排序。它有助于快速直观地显示数据，更好地理解数据，更方便地组织并查找所需数据。

排序可以对一列或多列中的数据按文本（升序或降序）、数字（升序或降序）以及日期和时间（升序或降序）进行，也可以按自定义序列（如大、中和小）或格式（包括单元格颜色、字体颜色或图标集）进行排序。大多数排序操作都是针对列，但也可以针对行进行。

在按升序排序时，Excel 2016 使用如表 5-6 所示的排序规则，按降序排序时，则使用相反的规则。

表 5-6 排序顺序

<table>
<tr><td>数字</td><td>数字按从最小的负数到最大的正数进行排序</td></tr>
<tr><td>日期</td><td>日期按从最早的日期到最晚的日期进行排序</td></tr>
<tr><td>文本</td><td>1. 字母数字文本按从左到右的顺序逐字符进行排序。例如，如果一个单元格中含有文本“A100”，Excel 2016 会将这个单元格放在含有“A1”的单元格后面，含有“A11”单元格前面。
2. 文本及包含存储为文本的数字的文本按以下次序排序：0 1 2 3 4 5 6 7 8 9（空格）! " # $ % & ( ) * , . / : ; ? @ [\ ] ^ _ ` { | } ~ + < = > A B C D E F G H I J K L M N O P Q R S T U V W X Y Z。
3. 撇号（'）和连字符（-）会被忽略。但例外情况是：如果两个文本字符串除了连字符不同外其余都相同，则带连字符的文本排在后面。
4. 如果通过【排序选项】对话框将默认的排序次序更改为区分大小写，则字母字符的排序次序为：a A b B c C d D e E f F g G h H i I j J k K l L m M n N o O p P q Q r R s S t T u U v V w W x X y Y z Z</td></tr>
<tr><td>逻辑</td><td>在逻辑值中，FALSE 排在 TRUE 之前</td></tr>
<tr><td>错误</td><td>所有错误值（如#NUM!和#REF!）的优先级相同</td></tr>
<tr><td>空白单元格</td><td>1. 无论是按升序还是按降序排序，空白单元格总是放在最后；
2. 空白单元格是空单元格，它不同于包含一个或多个空格字符的单元格</td></tr>
</table>

5.10.1 快速排序数据

使用排序快捷按钮可以完成简单的排序要求，具体操作如下。

（1）选中某一列中要排序的连续单元格。

（2）单击【数据】选项卡中的“升序”按钮可以执行升序排序（从 A 到 Z 或从最小数字到最大数字）。

（3）单击【数据】选项卡中的“降序”按钮单击可以执行降序排序（从 Z 到 A 或从最大数字到最小数字）。

5.10.2 按指定条件排序数据

如果需要按某些既定条件对数据进行排序，可以使用【数据】选项卡中的“排序”按钮。下面以项目二中任务单（二）的任务描述第 7 题为例进行介绍。

为了更加直观地了解学生的总成绩情况，以“总成绩”为关键字，对学生总成绩进行降序排序，操作步骤如下。

步骤一：选中要排序的区域（包含标题行），即 M3:M18 区域。

步骤二：单击【数据】选项卡中【排序】按钮，弹出【排序提醒】对话框，由于各列数据有关联，选中【扩展选定区域】，如图 5-55 所示。

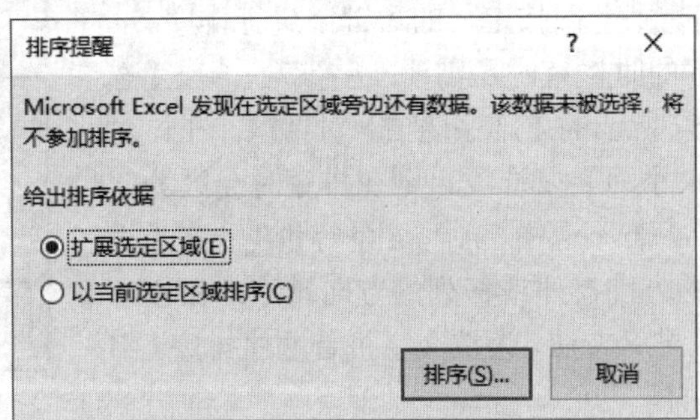

图 5-55 【排序提醒】对话框

步骤三：单击【排序】按钮，弹出【排序】对话框；在【主要关键字】下拉列表中选择“总成绩”，【排序依据】下拉列表中选择【单元格值】，在【次序】下拉列表中选择【降序】，如图 5-56 所示。

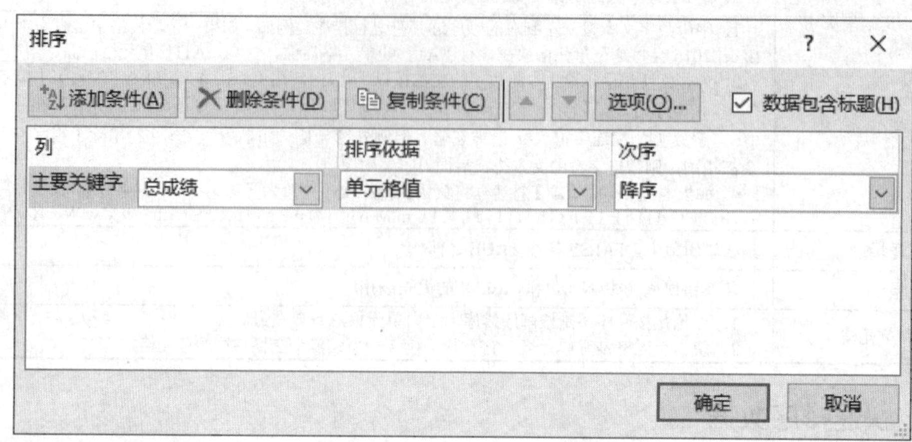

图 5-56 设置主要关键字

步骤四：单击【确定】按钮，完成排序。

如果第一个条件不能完成数据的排序（如在待排序的数据中有相同的数据时），可添加条件再次进行排序。数据先按照“主要关键字”进行排序；“主要关键字”相同的按“次要关键字”排序；如果前两者都相同的，则再添加条件，按第二个“次要关键字”排序；可以添加多个条件。

【添加条件】按钮：单击【添加条件】按钮后，会在原来关键字的基础上，增加新的次要关键字；在上面关键字的数据都相同情况下，会按新增加的关键字进行排序。

【删除条件】按钮：选中添加的条件行，单击【删除条件】按钮，此“关键字”将被删除；如果删除的是“主要关键字”，原第一次要关键字将成为新的主要关键字。

【复制条件】按钮：选中添加的条件行，单击【复制条件】按钮，将复制与选中的关键字一样的条件。

【数据包含标题】复选框：勾选【数据包含标题】复选框，第一行作为标题，不参加排序，始终放在原来的行位置，撤选【数据包含标题】复选框，则全部按定义的关键字进行排序。

【选项】按钮：在排序的时候有时还需要一些参数，单击【选项】按钮，弹出如图 5-57 所示的【排序选项】对话框。在该对话框中，若勾选【区分大小写】复选框，则在排序时会区分字母的大小写，即 A 小于 a，若不选中，A 与 a 是等价的；在【方向】中用户可设置在行的方向排序或在列的方向排序；在【方法】中用户可设置中文的排序方法，为按文字拼音顺序排序（字母排序）或按文字笔划排序。

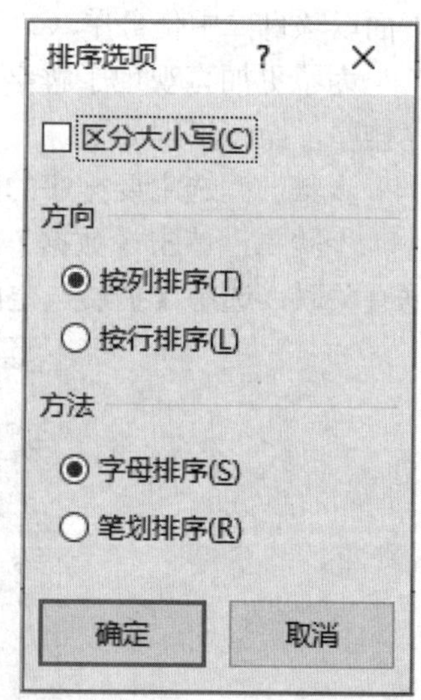

图 5-57 【排序选项】对话框

【排序依据】下拉列表：除了常用的按数值排序外，还有【单元格颜色】【字体颜色】和【单元格图标】选项，选中其中一个选项后，在【次序】下拉列表中根据需要选择【在顶端】或【在底端】选项即可完成要求的排序。

5.10.3　自定义排序数据

如果某些排序顺序无论是按“拼音”还是“笔划”，都不符合要求，则这类问题需要使用自定义排序。例如：对项目二中任务单（二）中的“铁路局招聘考试成绩表”的“学历”一列进行排序时，按照“博士”“硕士”“本科”“大专”的特定顺序重排工作表数据，具体操作步骤如下。

步骤一：选中数据区域，即从 G3 到 G18。

步骤二：单击【数据】选项卡中【排序】按钮，弹出【排序】对话框。

步骤三：在【主要关键字】下拉列表中选择排序的主要关键字为【学历】，在【排序依据】下拉列表中选择【单元格值】，在【次序】下拉列表中选择【自定义序列】，将弹出【自定义序列】对话框。

步骤四：在【自定义序列】对话框中输入指定的顺序：“博士研究生”“硕士研究生”“本科”“大专”，并用 Enter 键分隔，如图 5-58 所示。单击【添加】按钮，把相应的数据存放到【自定义序列】列表中，可为下次使用节省时间。

步骤五：单击【确定】按钮，返回到【排序】对话框，【次序】的内容为“博士研究生”“硕士研究生”“本科”“大专”，如图 5-59 所示。

步骤六：单击【确定】按钮，即完成自定义排序数据。

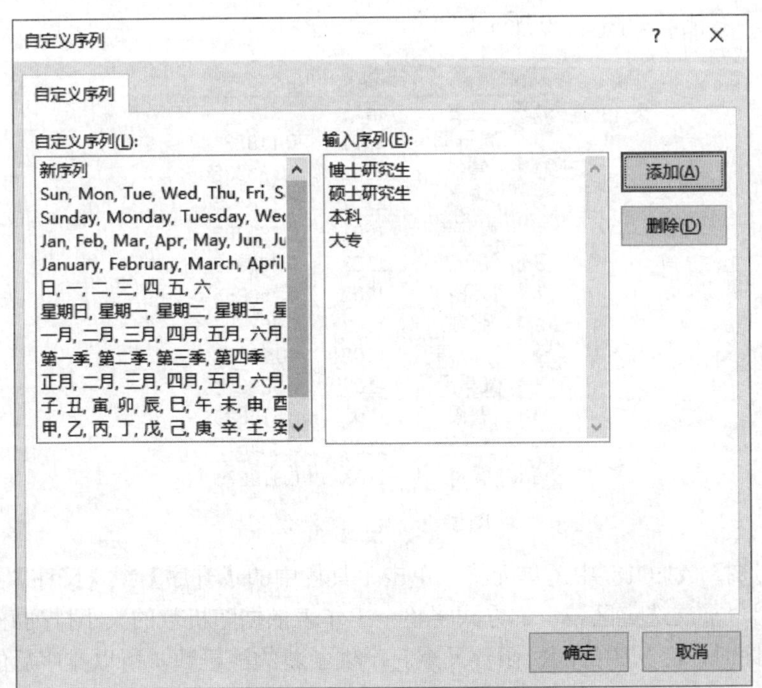

图 5-58　【自定义序列】对话框

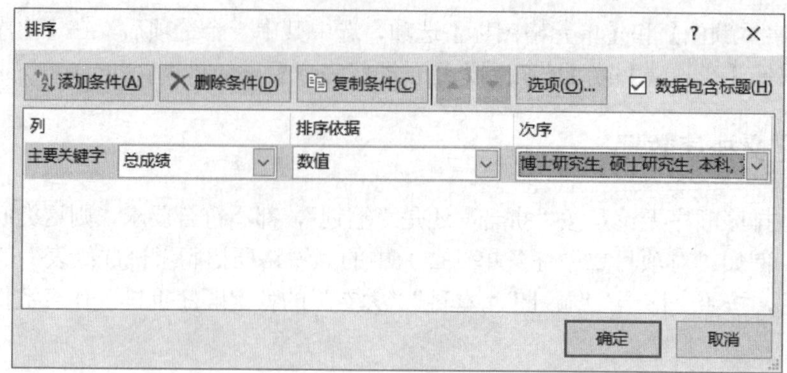

图 5-59 【排序】对话框

5.10.4 随机排序数据

有时需要对数据进行随机排序，而不是按照某种关键字进行升序或降序排列。例如在编排考场时对考生的排序就需要随机顺序，这时可以用 RAND 函数来实现。在单元格输入“=RAND()”，该单元格即得到一个大于等于 0，小于 1 的随机数。

例如：使用 Excel 2016 对学生考场随机排序，具体操作步骤如下。

步骤一：将鼠标放在 C2 单元格中，在单元格中输入“=RAND()”，按 Enter 键后产生一个随机数。

步骤二：再次选择 C2 单元格，双击单元格右下角的填充柄，Excel 自动将随机数列填充到每个“考场”右侧，如图 5-60 所示。

	A	B	C
1	姓名	考场	
2	周子明	1101	0.113234
3	管韵	1101	0.83385
4	李健	1101	0.708408
5	刘丽华	1101	0.762287
6	任芳芳	1102	0.333946
7	黄亚茹	1102	0.750855
8	张斌	1102	0.767785
9	孙海涛	1102	0.56263
10	张昊天	1103	0.939519
11	曹阳	1103	0.675539
12	李东东	1103	0.834612
13	贾青	1103	0.392275

图 5-60 生成随机数

步骤三：选择 A1:C18 中的单元格，单击工具栏中的【升序】或【降序】按钮。这时，Excel 便自动用“扩展选定区域”的方式将整个工作表依据随机数的大小排列好了。

注意：排序时，C 列中的随机函数又重新产生了新的随机数，所以排序后的 C 列看上去并不是按升序或降序排列的，但这并不影响的结果，以后每单击一次排序按钮，Excel 都会进行一次新的随机排序。

步骤四：删除 C 列。

5.10.5　排序注意事项

1．关于参与排序的数据区域

Excel 默认对光标所在的连续数据区域进行排序。连续数据区域是指该区域内没有空行或空列。对工作表内连续数据区域排序时，先选中要排序的数据范围，然后单击【数据】选项卡中的【排序】按钮，完成排序操作。排序结束后，空行会被移至选中区域的底部。

2．关于数据的规范性

一般情况下，不管是数值型数字还是文本型数字，Excel 都能识别并正确排序。但数字前、中、后均不能出现空格。若存在空格，可按 Ctrl+H 键调出【查找和替换】对话框，在【查找内容】文本框中敲入一个空格，【替换为】文本框中不填任何内容，再单击【全部替换】按钮，即成功删除所有空格。

3．关于撤销 Excel 排序结果

让数据顺序恢复原状，最简单的方法：是按 Ctrl+Z 键撤销操作。如果中途保存过，那按 Ctrl+Z 键就只能恢复到之前保存时的数据状态。

4．合并单元格的排序

Excel 不允许被排序的数据区域中有不同大小的单元格同时存在。合并单元格与普通单个单元格不能同时被排序，所以经常会有“此操作要求合并单元格都具有同样大小”的提示。解决办法是拆分合并单元格，使其成为普通单元格。

5．第一条数据没参与排序

使用工具栏按钮来排序，有时会出现第一条数据不被排序的情况。这是因为使用工具栏按钮排序时默认第一条数据为标题行。

解决办法：在第一条数据前新增一行，并填上内容，让它假扮标题行。

5.11　筛选

筛选可以显示那些满足指定条件的行，而隐藏那些不希望显示的行。筛选数据之后，对于筛选过的数据的子集，不需要重新排列或移动就可以复制、查找、编辑、设置格式、制作图表和打印。如有其他筛选需要，可以重新应用筛选以获得最新的结果，或者清除筛选以重新显示所有数据。

5.11.1　简单筛选

简单筛选包括自动筛选数据和自定义筛选数据等。使用自动筛选来筛选数据，可以快速又方便地查找和使用单元格区域或表中数据的子集。例如，可以通过筛选来查看指定的值，查看顶部或底部的值，或快速查看重复值。

使用简单筛选可以创建三种筛选类型：按列表值筛选、按格式筛选或按条件筛选。对于每个单元格区域或列表来说，这三种筛选类型是互斥的。根据筛选数据的不同，自动筛选的选项也有所不同，这是根据数据的类型自动出现的筛选选项，如图 5-61 和图 5-62 所示。

图 5-61 【数字筛选】快捷菜单　　　　图 5-62 【文本筛选】快捷菜单

选择图 5-61 或图 5-62 中的选项都将打开【自定义自动筛选方式】对话框，在该对话框中可设置筛选条件：选择【与】单选项表示第一行条件与第二行条件需要同时满足；选择【或】单选项中表示第一行条件与第二行条件只满足一个即可，如图 5-63 所示。

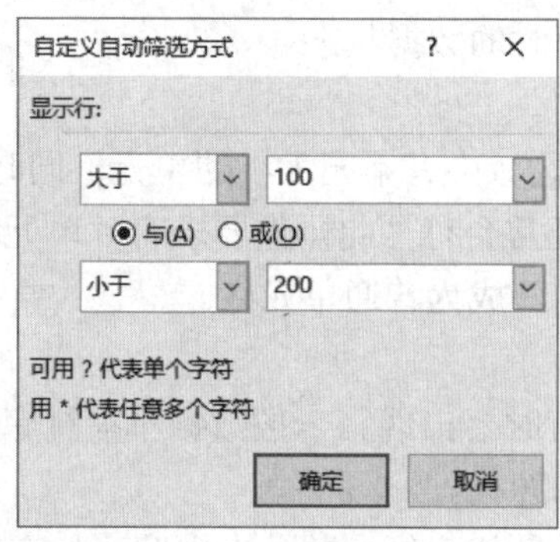

图 5-63　设置筛选条件

简单筛选数据时，应该注意以下几点。

① 进行多个条件筛选时，若要对表列或选择内容进行筛选，要求两个条件都必须为 True，选择【与】操作。

② 进行多个条件筛选时，若要对表列或选择内容进行筛选，要求两个条件中的任意一个或者两个都可以为 True，选择【或】操作。

③ 如果需要查找某些字符相同但其他字符不同的文本，请使用通配符："?"(问号)代表任何单个字符，例如，"sm?th" 可找到 "smith" 和 "smyth"；"*"(星号)代表任何数量的字符，例如，"*east" 可找到 "Northeast" 和 "Southeast"。

实例 5-13： 按如下要求，完成操作。

打开素材中"员工培训成绩统计表"的工作簿，筛选出防疫知识在 80 到 90 之间，且消防安全成绩大于 60 的员工培训成绩信息。

操作方法：

（1）打开工作簿，选中数据区域 A2:K15，单击【数据】选项卡中的【筛选】按钮。

（2）单击【防疫知识】筛选按钮，在弹出的下拉列表中选择【数字筛选】→【介于】选项，弹出【自定义自动筛选方式】对话框；在【大于或等于】文本框中输入"80"【小于或等于】文本框中输入“90”，单击【确定】按钮。

（3）单击【消防安全】筛选按钮，在弹出的下拉列表中选择【数字筛选】→【大于】选项，弹出【自定义自动筛选方式】对话框；在【大于】文本框中输入“60”，单击【确定】按钮。

5.11.2　高级筛选

高级筛选一般用于条件较复杂的筛选操作，可以实现字段之间包含“或”关系的操作（例如，类型 = “农产品” 或 销售人员 = “李小明”），其筛选的结果可显示在原数据表格中，不符合条件的记录被隐藏起来，也可以在新的位置显示筛选结果，不符合条件的记录可同时保留在数据表中而不会被隐藏起来，这样就更加便于进行数据的比对。

实例 5-14：按如下要求，完成操作。

打开素材中“员工培训成绩统计表”的工作簿，要筛选出“防疫知识大于 70”或“消防安全大于 75”且“商务礼仪大于 80”的符合条件的记录。

操作方法：

（1）打开工作簿，在要筛选的工作表的任意空白位置处，输入所要筛选的字段名和条件，如下图所示填写条件。

	N	O	P
1	防疫知识	消防安全	商务礼仪
2	>70		>80
3		>75	>80

（2）单击【数据】选项卡中的【高级】按钮。

（3）在弹出的【高级筛选】对话框中进行筛选操作，默认使用原表格区域显示筛选结果。筛选列表区域选择 A2:K15；筛选条件区域选择 N1:P3；如果需要将筛选结果在其他区域显示，则在【高级筛选】对话框中选中【将筛选结果复制到其他位置】单选项，单击【复制到】后面的红色箭头按钮选择目标单元格，如图 5-64 所示。

（4）单击【确定】按钮，得出高级筛选结果。

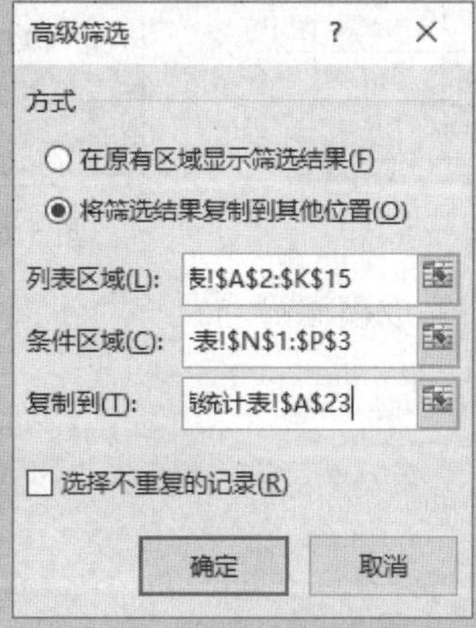

图 5-64　高级筛选设置筛选结果显示区域

设置筛选条件时，要遵守以下规则。

① 高级筛选条件的区域可以任选，不必一定在第一行，筛选条件的表头标题需要和数据表中表头一致；

② 要在条件区域的第一行写上条件中用到的字段名，比如要筛选数据清单中“防疫知识”在 70 分以上，其中“防疫知识”是数据清单中对应列的字段名，条件区域的第一行一定是字段名；

③ 在具体输入条件时，我们要分析好条件之间是“与”关系还是“或”关系。筛选条件输入在同一行表示为“与”的关系，筛选条件输入在不同行表示为“或”的关系。

5.11.3 模糊筛选数据

在“员工培训成绩统计表”中，如果要查找姓“李”的所有员工记录，具体操作步骤如下。

步骤一：选中要筛选的区域姓名一列（包含标题行），即 B2:B15。

步骤二：单击【数据】选项卡中【筛选】按钮，再单击“姓名”列的▾，在下接列表中单击【文本筛选】→【开头是】选项，如图 5-65 所示。

步骤三：弹出如图 5-66 所示的【自定义自动筛选方式】的对话框，在【姓名】下拉列表默认选择【开头是】选项，在后面的文本框中输入“李”。

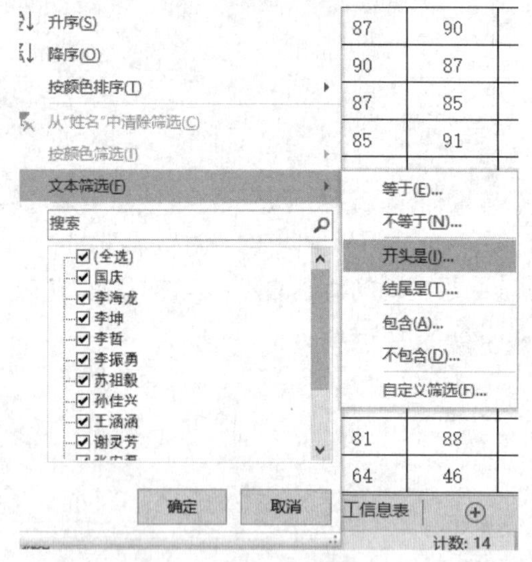

图 5-65 设置筛选条件

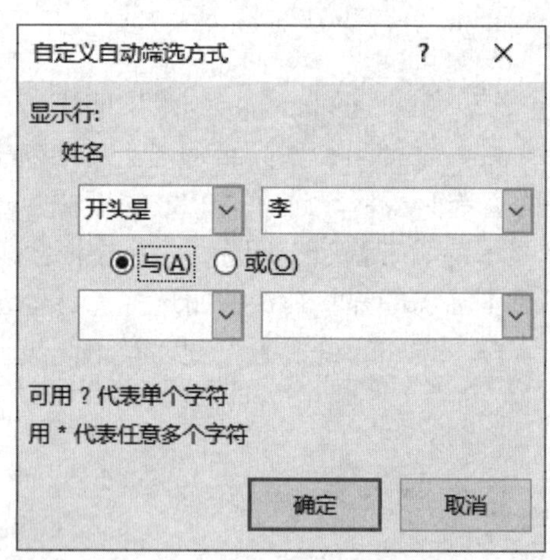

图 5-66 【自定义自动筛选方式】对话框

步骤四：单击【确定】按钮，完成模糊筛选。

5.12 分类汇总

5.12.1 应用分类汇总

分类汇总是指把数据清单按指定的字段分为不同的类型，然后再对分类后的数据按类别进行统计。Excel 2016 无需建立公式就可自动对各类别的数据进行求和、平均值等多种计算，并且把汇总的结果以“分类汇总”和“总计”的形式显示出来。

当插入自动分类汇总时，Excel 2016 将分级显示列表，以便显示和隐藏每个分类汇总的明细数据行。利用“分类汇总”分析数据时，需要主要以下几点。

① 分类汇总前，需要相对汇总关键字进行排序，对排序的方式没有固定要求。

② 在【数据】选项卡上【分级显示】选项组中单击【分类汇总】按钮，将打开【分类汇总】对话框，【选定汇总项】列表框中的选择一定要合理。

③ 当进行分类汇总时，汇总项默认放在数据区域的下方。如果在【分类汇总】对话框中取消选择“汇总结果显示在数据下方”复选框，进行分类汇总后，汇总数据项将显示在数据区域上方。

④ 当进行一次分类汇总后，再进行分类汇总时，系统默认替代前一次的分类汇总。

下面在“日常费用统计表”工作簿中根据“费用项目”数据进行分类汇总，其具体操作如下。

（1）打开“日常费用统计表”工作簿，在“日常费用记录表”工作表中，选择 A2:D17 区域，然后选择【数据】选项卡，在【分级显示】选项组中单击【分类汇总】按钮，如图 5-67 所示。

（2）在打开的【分类汇总】对话框的【分类字段】列表框中选择【费用项目】选项，在【汇总方式】列表框中选择【求和】选项，在【选定汇总项】列表框中单击选中【金额（元）】复选框，然后单击【确定】按钮，如图 5-68 所示。

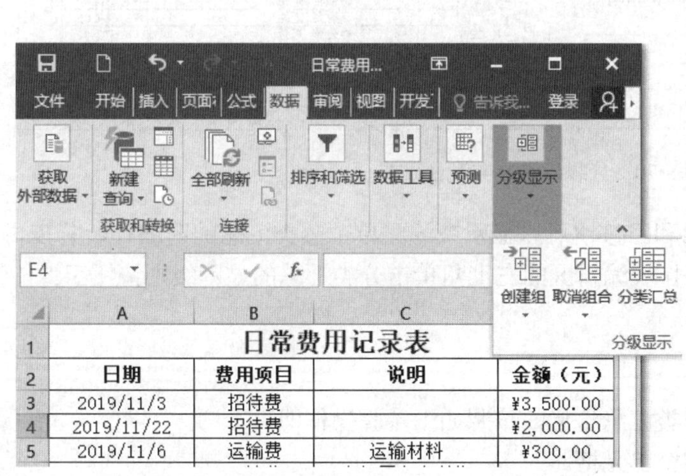

图 5-67 【分类汇总】按钮

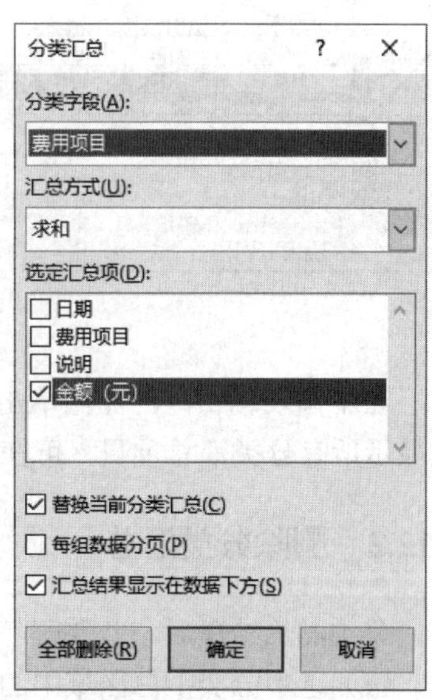

图 5-68 【分类汇总】对话框

（3）返回工作表中可看到分类汇总后将对相同“费用项目”列的数据的“金额”进行求和，其结果显示在相应的科目数据下方，如图 5-69 所示。

	A	B	C	D
1	日常费用记录表			
2	日期	费用项目	说明	金额（元）
3	2019/11/3	招待费		¥3,500.00
4	2019/11/22	招待费		¥2,000.00
5		招待费 汇总		¥5,500.00
6	2019/11/6	运输费	运输材料	¥300.00
7	2019/11/8	运输费	为郊区客户送货	¥500.00
8	2019/11/18	运输费	运输材料	¥200.00
9		运输费 汇总		¥1,000.00
10	2019/11/10	宣传费	制作宣传单	¥520.00
11	2019/11/16	宣传费	制作灯箱布	¥600.00
12	2019/11/28	宣传费	制作宣传册	¥850.00
13		宣传费 汇总		¥1,970.00
14	2019/11/11	交通费	出差	¥600.00
15	2019/11/19	交通费	出差	¥680.00
16	2019/11/25	交通费	出差	¥1,800.00
17		交通费 汇总		¥3,080.00
18	2019/11/3	办公费	购买打印纸、订书钉	¥100.00
19	2019/11/7	办公费	购买电脑2台	¥9,000.00
20	2019/11/12	办公费	购买饮水机1台	¥420.00
21	2019/11/22	办公费	购买文件夹、签字笔	¥50.00
22		办公费 汇总		¥9,570.00
23		总计		¥21,120.00

图 5-69　分类汇总效果图

（4）在分类汇总后的工作表编辑区的左上角单击1按钮，工作表中的所有分类数据将被隐藏，只显示出分类汇总后的总计数记录；单击2按钮，在工作表中将显示分类后各项目的汇总项，如图 5-70 所示。

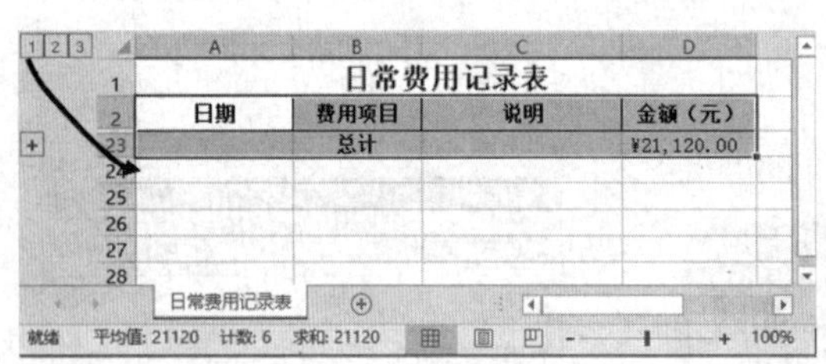

	A	B	C	D
1	日常费用记录表			
2	日期	费用项目	说明	金额（元）
23		总计		¥21,120.00

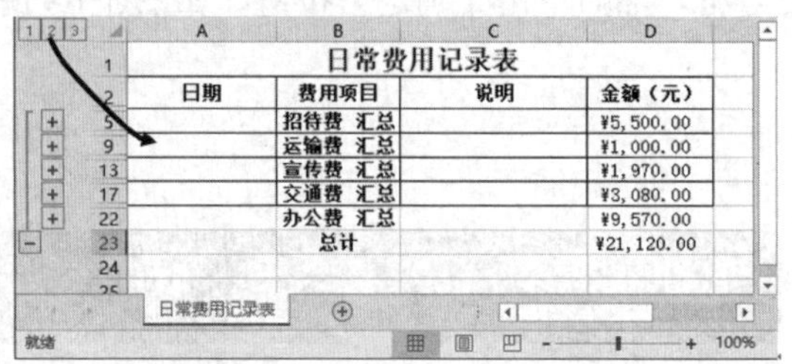

	A	B	C	D
1	日常费用记录表			
2	日期	费用项目	说明	金额（元）
5		招待费 汇总		¥5,500.00
9		运输费 汇总		¥1,000.00
13		宣传费 汇总		¥1,970.00
17		交通费 汇总		¥3,080.00
22		办公费 汇总		¥9,570.00
23		总计		¥21,120.00

图 5-70　分级显示分类汇总数据

在工作表编辑区的左侧单击⊞和⊟按钮可以显示或隐藏单个分类汇总的明细行，若需再次显示所有分类汇总项目，可在工作表编辑区的左上角单击分类汇总的显示级别按钮3。

5.12.2　删除分类汇总

分类汇总结束后，若要删除分类汇总信息，按照如下步骤操作即可。

（1）选中分类汇总区域中的某个单元格。

（2）在【数据】选项卡的【分级显示】选项组中单击【分类汇总】按钮，打开【分类汇总】对话框。

（3）在【分类汇总】对话框中，单击【全部删除】按钮。

此时，数据表又恢复为分类汇总前的状态。

在【分级显示】选项组中单击【分类汇总】按钮。

评价单

项目名称				完成日期	
班级		小组		姓名	
学号			组长签字		
评价项点		分值	学生评价		教师评价
快速排序操作		5			
多条件排序操作		5			
自定义排序操作		10			
随机排序操作		10			
简单筛选数据		10			
高级筛选数据		10			
模糊筛选数据		10			
分类汇总		10			
独立完成任务		10			
文明、平等、公正、诚信、友善的品质的展现		20			
总分		100			
学生得分					
自我总结					
教师评语					

知识点强化与巩固

一、选择题

1．在 Excel 2016 中，对数据进行排序时，【排序】对话框中能够指定的排序关键字个数为（　　）。

A．1 个　　B．2 个　　C．3 个　　D．任意个

2．在 Excel 2016 的自动筛选中，每个标题上的下三角按钮都对应一个（　　）。

A．下拉菜单　　B．对话框　　C．窗口　　D．工具栏

3．在 Excel 2016 高级筛选中，条件区域中同一行的条件是（　　）。

A．“或”的关系　　B．“与”的关系　　C．窗口　　D．工具栏

4．在 Excel 2016 高级筛选中，条件区域中不同行的条件是（　　）。

A．“或”的关系　　B．“与”的关系　　C．窗口　　D．工具栏

5．在 Excel 2016 中，在对数据清单分类汇总前，必须做的操作是（　　）

A．排序　　B．筛选　　C．合并计算　　D．指定单元格

6．在 Excel 2016 中，可以使用（　　）选项卡中的【分类汇总】选项来对记录进行统计分析。

A．【格式】　　B．【编辑】　　C．【工具】　　D．【数据】

7．在 Excel 2016 中，筛选的结果是(　　)不符合条件的记录。

A．删除　　B．隐藏　　C．修改　　D．移动

8．在 Excel 2016 中，对数据清单进行排序的操作是在(　　)选项卡完成的。

A．【工具】　　B．【文件】　　C．【数据】　　D．【编辑】

9．在 Excel 2016 中，利用单元格数据格式化功能，可以对数据的许多方面进行设置，但不能对（　　）进行设置。

A．数据显示格式　　B．数据排序方式

C．数据的字体　　D．单元格的边框

10．在 Excel 2016 中，打印学生成绩单时，欲对不及格学生的成绩用醒目的方式表示，当要处理大量的学生成绩时，最为方便的命令是（　　）。

A．查找　　B．条件格式　　C．数据筛选　　D．定位

11．在 Excel 2016 中，关于数据表排序，下列叙述中（　　）是不正确的。

A．对于汉字数据可以按拼音升序排序

B．对于汉字数据可以按笔画降序排序

C．对于日期数据可以按日期降序排序

D．对于整个数据表不可以按列排序

12．在 Excel 2016 中，进行分类汇总之前，必须(　　)。

A．按分类列对数据清单进行排序，并且数据清单的第一行里必须有列标题

B．按分类列对数据清单进行排序，并且数据清单的第一行里不能有列标题

C．对数据清单进行筛选，并且数据清单的第一行里必须有列标题

D．对数据清单进行筛选，并且数据清单的第一行里不能有列标题

13．在 Excel 2016 中，下面关于分类汇总的叙述，错误的是（　　）。

A．分类汇总前必须按分类字段进行排序

B．汇总方式只能是求和

C．分类汇总的关键词只能是一个字段

D．分类汇总可以被删除，但删除汇总后排序操作不能撤销

项目四　图表与数据透视表

知识点提要

1. 图表类型
2. 图表的组成
3. 图表的创建
4. 图表的编辑
5. 数据透视表的创建
6. 数据透视表的编辑

任务单（一）

<table>
<tr><td>任务名称</td><td>国家铁路主要指标完成情况</td><td>学时</td><td>2 学时</td></tr>
<tr><td>知识目标</td><td colspan="3">1．掌握图表分析的意义及内容。
2．掌握图表建立及编辑的方法。</td></tr>
<tr><td>能力目标</td><td colspan="3">1．能够结合工作需求，按照要求完成不同图表的制作，培养学生制作及展示分析相间的能力。
2．引导学生总结归纳图表创建和编辑的方法及注意事项，培养学生分析问题及总结归纳的能力。
3．引导学生自主设计、制作图表，培养学生创新能力。</td></tr>
<tr><td>素质目标</td><td colspan="3">1．通过分析与整理出“2016 年 1 月—11 月国家铁路主要指标完成情况”图表的制作，培养学生创新进取、勇于攀登科学高峰的精神。
2．通过对图表相关内容的操作训练，使学生学会基本操作方法、熟练应用，解决相关问题，培养学生精益求精、爱岗敬业的工匠精神。
3．通过对学生分组教学及训练，使学生相互合作、互相尊重、有效沟通、公正评价、学习有序、物品整洁、垃圾分类，培养学生文明、平等、公正、诚信、友善的品质。</td></tr>
<tr><td>任务描述</td><td colspan="3">1．作为中国铁路总公司的一名员工，请利用图表分析与整理出 2016 年 1 月-11 月国家铁路主要指标完成情况比照上年的增减百分比。相关数据参照下表。

<table>
<tr><td colspan="6">2016年1-11月国家铁路主要指标完成情况</td></tr>
<tr><td>指　标</td><td>计算单位</td><td>本年累计完成</td><td>上年同期完成</td><td>比上年同期增减</td><td>比上年同期增加%</td></tr>
<tr><td>旅客发送量</td><td>万人</td><td>256863</td><td>231597</td><td>25267</td><td>10.9</td></tr>
<tr><td>旅客周转量</td><td>亿人公里</td><td>11716.07</td><td>11160.4</td><td>555.66</td><td>5</td></tr>
<tr><td>货运总发送量</td><td>万吨</td><td>240320</td><td>248634</td><td>-8314</td><td>-3.3</td></tr>
<tr><td>货运总周转量</td><td>亿吨公里</td><td>19144.16</td><td>19722.1</td><td>-577.94</td><td>-2.9</td></tr>
<tr><td>总换算周转量</td><td>亿吨公里</td><td>30860.23</td><td>30882.5</td><td>-22.27</td><td>-0.1</td></tr>
<tr><td>全国铁路固定资产投资</td><td>亿元</td><td>6999.09</td><td>6716.46</td><td>282.63</td><td>4.2</td></tr>
<tr><td>国家铁路固定资产投资</td><td>亿元</td><td>6686.8</td><td>6165.22</td><td>521.58</td><td>8.5</td></tr>
</table>

2．根据所给的数据，在现有工作表中做一簇状柱形图：数据产生区域为 A2 到 A9、F2 到 F9。移动簇状柱形图至 A11 起始的位置，调整图表高度为 11 厘米，宽度为 18 厘米。
3．图表标题为“2016 年 1—11 月国家铁路主要指标完成情况”，分类轴标题为“指标”，数值轴标题为“比上年同期增加%”，标题字体楷体、14 号。
4．图例位置在图表区域右侧。
5．为簇状柱形图图表添加主轴主要垂直网格线，并设置所有网格线颜色为红色，宽度为 1 磅。
6．设置数据标签显示值（数据标签外）。
7．设置数据系列填充为“羊皮纸”纹理。
8．设置图表区的背景颜色为浅绿色，边框为实线，颜色为黄色，宽度为 2 磅。
9．添加线性趋势线，颜色为黄色、宽度 3 磅，线形、阴影自拟。
10．设置纵坐标轴最小刻度为-5，最大刻度为 15。纵坐标轴数据格式为倾斜、11 磅、深蓝色。
11．在单元格 F10 中创建迷你图-柱形图，数据范围分别为 F3:F9。将迷你图的高点和低点标注显示。
12．将 Sheet1 命名为“工作表图表”。
13．根据所给的数据，在现有工作表中创建簇状柱形图-折线图组合图表，数据产生区域为 A2:A9 到 C2:D9。
14．移动簇状柱形图-折线图至 A35 起始的位置，图表大小根据内容适当调整。
15．设置图表标题为“2016 年 1—11 月国家铁路主要指标完成情况”，设置数值轴标题为“完成数据”，并进行数值轴标题位置调整。
16．设置簇状柱形图-折线图图表样式为图表样式组中的样式 4。
17．设置簇状柱形图-折线图图表布局为图表布局组中快速布局中的布局 11。
18．将已创建完的簇状柱形图-折线图图表移动到 Sheet2 中，以 A1 为起始位置。将 Sheet2 命名为“组合图表”</td></tr>
<tr><td>任务要求</td><td colspan="3">1．仔细阅读任务描述中的设计要求，认真完成任务。
2．上交电子作品。
3．小组间互相学习设计中优点。</td></tr>
</table>

任务单（二）

<table>
<tr><td>任务名称</td><td>余票信息</td><td>学时</td><td>2 学时</td></tr>
<tr><td>知识目标</td><td colspan="3">1. 掌握透视表分析的意义及内容。
2. 掌握透视表建立及编辑的方法。</td></tr>
<tr><td>能力目标</td><td colspan="3">1. 能够准确使用数据透视表分析数据。</td></tr>
<tr><td>素质目标</td><td colspan="3">1. 培养学生独立自主的学习能力和判断能力。
2. 培养学生沟通及团队合作能力。
3. 培养学生爱岗敬业、细心踏实、用于创新、科学分析的职业精神。</td></tr>
<tr><td>任务描述</td><td colspan="3">1. 作为铁路公司的一名员工，请统计出 20 日北京及上海作为出发地的余票总数量，相关数据参照下表：

余票信息表
<table>
<tr><td>出发地</td><td>目的地</td><td>20日余票数量</td></tr>
<tr><td>北京</td><td>哈尔滨</td><td>7920</td></tr>
<tr><td>北京</td><td>沈阳</td><td>3180</td></tr>
<tr><td>北京</td><td>长春</td><td>2260</td></tr>
<tr><td>北京</td><td>上海</td><td>9305</td></tr>
<tr><td>北京</td><td>广州</td><td>11103</td></tr>
<tr><td>上海</td><td>哈尔滨</td><td>32</td></tr>
<tr><td>上海</td><td>沈阳</td><td>8892</td></tr>
<tr><td>上海</td><td>长春</td><td>21089</td></tr>
<tr><td>上海</td><td>北京</td><td>8067</td></tr>
<tr><td>上海</td><td>广州</td><td>4908</td></tr>
</table>

2. 在当前工作表内创建商品销售数据表的透视表，起始位置为 E2。
3. 设置“出发地”、“目的地”为行标签。
4. 将“20 日余票数量”添加到数值，并设置汇总方式为“求和”。
5. 为透视表添加样式：数据透视表样式浅色 15。
6. 为透视表添加边框：外边框、橙色、双实线。
7. 插入“出发地”和“目的地”的切片器，并进行数据分析。</td></tr>
<tr><td>任务要求</td><td colspan="3">1. 仔细阅读任务描述中的设计要求，认真完成任务。
2. 上交电子作品。
3. 小组间互相学习设计中优点。</td></tr>
</table>

资料卡及实例

5.13 图表的创建与编辑

Excel 向用户提供了强大的图表功能，利用图表可以更直观地显示工作表数据，Excel 图表能够以图的形式更直观地展示一系列数字的大小、数字之间的相互关系及发展变化趋势。有利于数据的理解和分析。图表可以根据数据与数据之间的关系，为我们更快地找到数据的趋势及数据背后的真相。

在本节中，将以“2014—2018 年全国铁路客货运数据统计表”数据为例，如表 5-7 所示。说明如何使用数据透视表来对数据进行各种综合的统计和分析。

表 5-7 2014—2018 年全国铁路客货运数据统计表

指标	2014 年	2015 年	2016 年	2017 年	2018 年
铁路客运量（亿人）	23.05	25.35	28.14	30.84	33.75
铁路货运量（亿吨）	38.13	33.58	33.32	36.89	40.26

具体要求如下:

① 新建一个工作簿，命名为“图表”，在 Sheet1 中输入表 5.6 数据。

② 根据所给的数据，在现有工作表中做一簇状柱形图：数据产生区域为 A1 到 F3。

③ 移动簇状柱形图至 A5 起始的位置，调整图表高度为 8 厘米，宽度为 17 厘米。

④ 设置簇状柱形图图表标题为“2014—2018 年全国铁路客货运数据统计图表”，字体为宋体，字号 16 号。

⑤ 设置主要横坐标轴标题为“年份”，设置主要纵坐标轴标题为“运量数据”，轴标题字号为 12 号。

⑥ 为簇状柱形图图表添加主轴主要垂直网格线，并设置所有网格线颜色为红色，宽度为 1 磅。

⑦ 设置数据标签显示值（数据标签外）。

⑧ 设置数据系列填充为“白色大理石”和“水滴”纹理。

⑨ 设置图表区的背景颜色为 RGB（150，200，255），边框为实线，颜色为黄色，宽度为 1.5 磅。

⑩ 添加铁路客运量趋势线，趋势线名称为“客运量趋势”，颜色为“黄色”、线形、阴影自拟。

⑪ 设置纵坐标轴最小刻度为 0，最大刻度为 50，主要刻度为 10，次要刻度为 5。纵坐标轴数据格式为倾斜、11 磅、绿色。

⑫ 在单元格 G2 和 G3 中创建迷你图-柱形图，数据范围分别为 B2:F2 和 B3:F3。将迷你图的高点和低点标注显示，以深红色突出显示迷你图的最高点。

⑬ 将 Sheet1 命名为“工作表图表”。

⑭ 根据所给的数据，在现有工作表中创建簇状柱形图-折线图组合图表：数据产生区域

为 A1 到 F3。

⑮ 移动簇状柱形图-折线图至 A25 起始的位置，调整图表高度为 8 厘米，宽度为 17 厘米。

⑯ 设置簇状柱形图-折线图图表标题为“2014-2018 年全国铁路客货运数据统计组合图表”，设置主要纵坐标轴标题为“运量数据”，并进行数值轴标题位置调整。图例位置在图表区域顶部。

⑰ 设置折线图数据标签显示值（上方）。

⑱ 设置簇状柱形图-折线图图表样式为图表样式组中的样式 6。

⑲ 设置簇状柱形图-折线图图表布局为图表布局组中快速布局中的布局 5。

⑳ 将已创建完的簇状柱形图-折线图图表移动到 Sheet2 中，以 A1 为起始位置。将 sheet2 命名为“组合图表”

5.13.1 认识图表

表 5.6 中记录了 2014—2018 年全国铁路客货运数据，由于数据数值较大，在对这些数据进行比较分析时相对较困难，因此我们可以通过 Excel 图表将数据转换成图形，使数据更容易理解，方便我们更直观的分析全国铁路客货运情况。转换后的图表如图 5-71 所示：

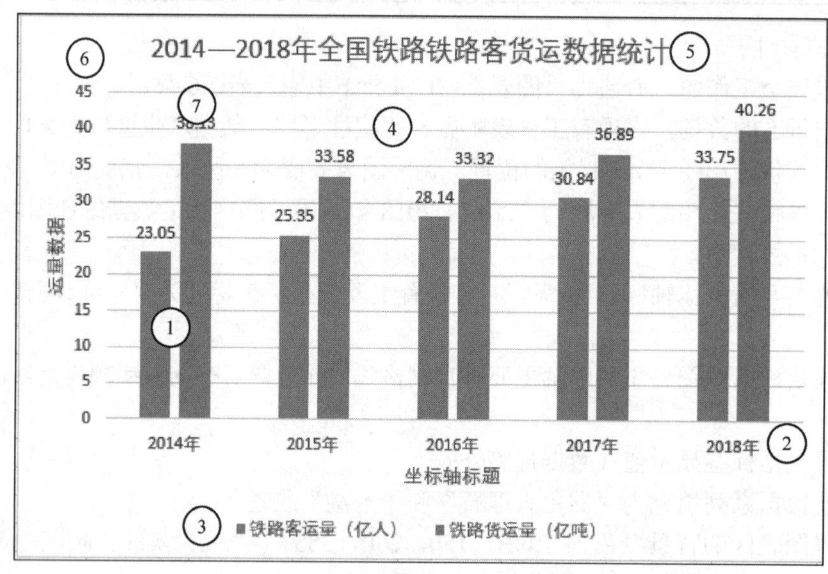

图 5-71 2014—2018 年全国铁路客货运数据统计图表

①数据系列；②分类轴；③图例；④网格线；

⑤图表标题；⑥数值轴；⑦数据标签；

图 5-71 中是一个簇状柱形图，图表中包含了图形、文字、网格线等部分，这些部分就是图表元素，因此，Excel 图表是由各图表元素集合在一起组成的。要认识图表，必须先认识每个图表元素。

Excel 2016 提供的图表信息提示功能可以帮助用户更好地了解图表各元素，当鼠标指针悬停在某个图表元素上时，会出现包含图表元素名称的图表提示信息。用户可通过该方法认识图表的各主要元素。

开启图表信息提示功能的设置方法如下：

（1）单击【文件】按钮，在弹出的下拉菜单中单击【选项】按钮；

（2）在【选项】对话框的【高级】选项卡中，选中【悬停时显示图表元素名称】复选框。

（3）在【选项】对话框中单击【确定】按钮。

通过图表信息提示功能，我们可以看到图 5-71 中所显示的图表包含了几个基本图表元素，这些元素分别为：

1．数据系列

根据源数据绘制的图形，用以生动形象地反映数据，是图表的关键部分。该图表的数据系列为、“铁路客运量（亿人）” 和“铁路货运量（亿吨）”，用户可以通过柱形的高矮判断出自 2014—2018 年全国铁路客货运数据的变化情况，而每个数据点的具体表示的数值则由坐标轴明确标示。

2．坐标轴

包括横（水平）坐标轴（X 轴）和纵（垂直）坐标轴（Y 轴），坐标轴上有刻度线、刻度标签等，某些复杂的图表如会用到次坐标轴，一个图标最多可以有 4 个坐标轴，即主 X 轴、主 Y 轴、次 X 轴和次 Y 轴。如图 5-71 所示，该图表有一个水平轴，称为分类（X）轴（或称为横轴）。此轴表示该数据系列中每个数据点的分类归属，下面标记的文本（即 2014 年等）即为分类轴标签。有一个垂直轴也称为数值（Y）轴，描述图表数值的大小，可以设置主要刻度和次要刻度。

3．图例

图例是用来标识不同数据系列的图表元素，通过图例可以更好了解图表所要表示的信息。图例在图表中的位置可以移动，如图 5-71 中所示，图例放在了图表的底部。

4．网格线

网格线是坐标轴上刻度的延伸，便于观察者确定数据点的大小，有水平网格线和垂直网格线两种，分别与纵坐标轴（Y 轴）、横坐标轴（X 轴）上的刻度线对应，是用于比较数值大小的参考线。

5．图表标题

图表标题是说明性的文本，方便用户掌握该图表所要表示的数据内容及含义，图表标题可以自动与坐标轴对齐或在图表顶部居中，用户也可以通过鼠标单击标题并拖拽至适当的位置。建议根据需要修改。

6．绘图区和图表区

所有的图表都有【绘图区】和【图表区】这两个图表元素，绘图区，包含数据系列图形的区域，所有数据点均在绘图区中显示。图表区，即整个图表所在的区域。包含了所有图表元素，同时不同类型的图表所拥有的图表元素是不完全相同的，可以通过图表的编辑来添加、删除、移动图表元素并对各元素进行详细设计。

7．数据标签

用于显示数据系列的源数据的值，为避免图表变得杂乱，可以选择在数据标签和 Y 轴刻度标签中择一而用。

8．趋势线

用于时间序列的图表，是根据源数据按照回归分析法绘制的一条预测线，有线性、指数等多种类型。不熟悉统计知识的朋友建议不要轻易使用。

5.13.2 主要图表元素简介

Excel 为我们提供了更多的图表元素，方便用户更准确、详细地读取及分析数据，本节将主要图表元素名称及其简单介绍列在表 5-8 中，读者可参照各图表元素的说明并实际动手操作各个图表元素，以此来理解各图表元素的真正含义。

表 5-8 图表元素说明

图表元素	说明
图表工作表	工作簿中只包含图表的工作表
嵌入式图表	置于工作表中而不是单独的图表工作表中的图表
图表区	整个图表，包含所有的数据系列、轴、标题和图例。其为包含图表中所有其他元素的对象。可以把它看成图表的主背景
图表标题	图表的标题，一般表述为该图表的主题，常见位置为图表区的顶端居中
图例	图例是一个带文字和图案的方框，用于标识图表中的数据系列或分类指定的颜色或图案
图例项	图例内的文本项之一
绘图区	在二维图表中，是通过轴来界定区域，包括所有数据系列。在三维图表中，同样是通过轴来界定区域，包括所有数据系列、分类名、刻度线标志和坐标轴标题
坐标轴	界定图表绘图区的线条，用作度量的参照框架。y 轴通常为垂直坐标轴并包含数据。x 轴通常为水平轴并包括分类（条形图次序相反，y 轴为分类轴，x 轴为数值轴）
刻度线	刻度线是类似于直尺分隔线的短度量线，与坐标轴相交
刻度线标签	刻度线标签用于标识图表上的分类、值或系列
分类轴	x 轴通常为水平轴，且包括分类，叫做分类轴
分类轴标题	分类轴的标题
次分类轴	描绘图表分类的次轴
次分类轴标题	次分类轴的标题
数值轴	描述图表数值的轴，也可能是此数值轴
数值轴标题	数值轴的标题
次数值轴	附件数值轴，出现在主要数值轴的绘图区的对面。在绘制混合类型的数据（如数量和价格），需要各种不同刻度时使用
数据表	图表的数据表，其数据源于图表中所有数据系列的数值
网格线	可添加到图表中以易于查看和计算的线条。网格线是坐标轴上刻度线的延伸，并穿过绘图区。图表的每个轴都有主要网络线和次要网络线
数据标记	图表中的条形、面积、圆点、扇形或其他符号，代表源于数据表单元格的单个数据点或值。图表中的相关数据标记构成了数据系列
数据系列	具有唯一的颜色或图案并且在图表的图例中表示。可以在图表中绘制一个或多个数据系列。饼图只有一个数据系列
数据点	数据系列中的数据点
数据标签	为数据标记提供附加信息的标签，数据标签代表源于数据表单元格的值或数值
垂直线	从数据点向类别轴（x 轴）延伸的垂直线（只限折线图和面积图）
误差线	误差线通常用在统计或科学计数法数据中，误差线显示相应系列中的每个数据标记的潜在误差或不确定度
趋势线	趋势线以图形方式表示数据系列的趋势。趋势线用于问题预测研究，又称为回归分析
趋势线标签	用于趋势线的可选文字，包括回归分析公式或 R 平方值，或同时包括二者。可设置趋势线标签的格式及位置，但是不能直接调整其大小
分类间距	此值用于控制柱形簇或条形簇之间的间距；分类间距的值越大，数据标记之间的间距就越大

5.13.3　图表基本类型

Excel 中内置了大量的图表标准类型，包括柱形图、折线图、饼图、条形图、面积图、散点图、股价图、曲面图、雷达图、树状图、旭日图、直方图、箱形图、瀑布图、组合图共 15 种，用户可根据不同的需要选用适当的图表类型，也可以通过模板自定义图表类型。

用户可以单击【插入】选项卡中的【图表】按钮，在弹出的对话框中选择相应按钮来设置图表类型。如图 5-72 所示，每类图表类型下包含了多种子类型，每个子类型图标即为该类型样式的缩略图。当用户将鼠标悬停在每个子类型的图标上时，会出现该子类型的名称提示。下面我们将对每个图表类型及子类型进行简单地介绍：

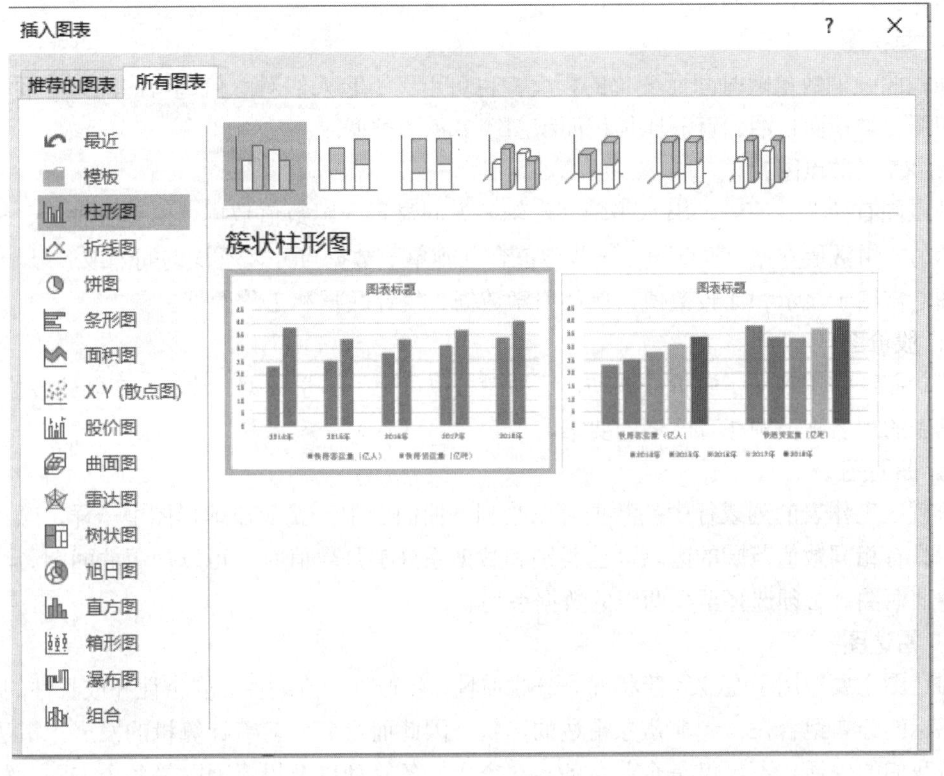

图 5-72　插入图表对话框

1．柱形图

柱形图也叫直方图，是较为常用的一种图表类型，用来进行数据表中的每个对象同一属性的数值大小的直观比较，每个对象对应图表中的一簇不同颜色的矩形块，或上下颜色不同的一个矩形块，所有簇当中的同一种颜色的矩形块或者矩形段属于数据表中的同一属性。柱形图包括簇状柱形图、堆积柱形图、百分比堆积柱形图、三维簇状柱形图、三维堆积柱状图、三维百分比堆积柱形图和三维柱形图。

2．折线图

折线图可以显示随时间（根据常用比例设置）而变化的连续数据，因此非常适合显示在相等时间间隔下的数据变化趋势。在折线图中，类别数据沿水平轴均匀分布，所有值数据沿垂直轴均匀分布。折线图包括折线图、堆积折线图、百分比堆积折线图、带数据标记的堆积折线图、带数据标记的百分比堆积折线图和三维折线图。

3．饼图

饼图用来反映同一属性中的每个值占总值（所有值总和）的比例。饼图用一个平面或立体的圆形饼状图表示，由若干个扇形块组成，扇形块之间用不同颜色区分，比较美观。饼图包括饼图、三维饼图、复合饼图、复合条饼图、圆环图。

4．条形图

条形图就是横着的柱形图，其作用与柱形图相同，可直观地对数据进行对比分析。条形图包括簇状条形图、堆积条形图等。

5．面积图

面积图强调数量随时间而变化的程度，也可用于引起人们对总值趋势的注意。面积图包括面积图、堆积面积图、百分比堆积面积图等多种子类型。

6．XY（散点图）

散点图有两个数值轴，沿水平轴（x 轴）方向显示一组数值数据，沿垂直轴（y 轴）方向显示另一组数值数据。散点图将这些数值合并到单一数据点并以不均匀间隔或簇显示它们。散点图通常用于显示和比较数值，例如科学数据、统计数据和工程数据。

7．股价图

股价图经常用来显示股价的波动，这种图表也可用于科学数据。注意：在创建股价图时，对数据表的列名称及顺序有严格的要求。

8．曲面图

排列在工作表的列或行中的数据可以绘制到曲面图中，就像在地形图中一样，颜色和图案表示具有相同数值范围的区域。当类别和数据系列都是数值时，可以使用曲面图。注意：要创建曲面图，必须选择至少两组的数据系列。

9．雷达图

雷达图主要应用于企业经营状况——收益性、生产性、流动性、安全性和成长性的评价。上述指标的分布组合在一起非常象雷达的形状，因此而得名。随着计算机的发展，雷达图已经进入我们的生活，不仅仅是企业财务，在个人帐务管理以及投资理财等各个方面，雷达图也开始崭露头角，应用越来越广泛。

10．树状图

树状图表提供了数据的分层视图，使你可以轻松地发现模式，树状图按颜色和距离显示类别，可以轻松显示其他图表类型很难显示的大量数据。树状图适合比较层次结构内的比例，但是不适合显示最大类别与各数据点之间的层次结构级别。

11．旭日图

旭日图非常适合显示分层数据。 层次结构的每个级别均通过一个环或圆形表示，最内层的圆表示层次结构的顶级。 不含任何分层数据（类别的一个级别）的旭日图与圆环图类似。但具有多个级别的类别的旭日图显示外环与内环的关系。 旭日图在显示一个环如何被划分为作用片段时最有效。

12. 直方图

直方图是显示频率数据的柱形图。直方图中绘制的数据显示分布内的频率。图表中的每一列称为箱，可以更改以便进一步分析数据。

13. 箱形图

箱形图是一种用作显示数据分散情况的统计图。

14. 瀑布图

瀑布图一般用于分类使用，便于反应各部分的之间的差异。瀑布图是指通过巧妙的设置，使图表中数据点的排列形状看似瀑布。这种效果的图形能够在反映数据的多少的同时，直观的反映出数据的增减变化，在工作表中非常有实用价值。

15. 组合图

以列和行的形式排列的数据可以绘制为组合图。 组合图将两种或更多图表类型组合在一起，以便让数据更容易理解，特别是数据变化范围较大时。

5.13.4　图表工具

创建好图表后，还可以对图表样式、图表布局、元素格式等进行设置，使图表更加符合用户的需要，单击图表，Excel 2016 会自动增加 2 个图表工具选项卡：【设计】和【格式】，通过这两个选项卡上的按钮，可以对图表进行编辑。下面将逐一对这些编辑操作进行详细介绍：

1. 设计选项卡

使用如图 5-73 所示的【设计】选项卡可更改图表的数据、样式和布局。它所包含的工具栏中主要按钮和列表框功能介绍如下：

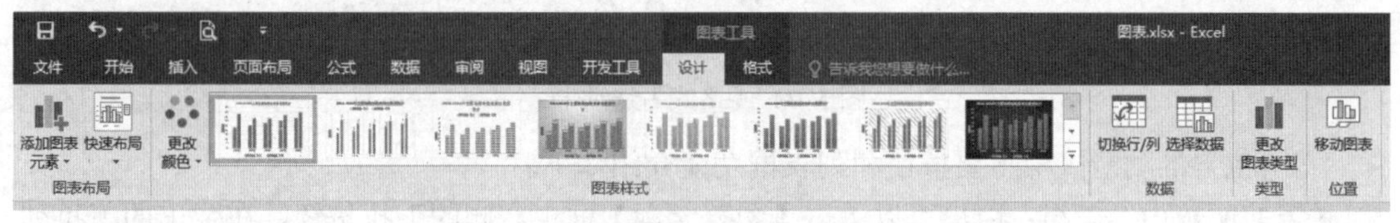

图 5-73 【设计】选项卡

【添加图表元素】按钮：为图表添加相关元素。说明如下：

【坐标轴】按钮：设置坐标轴的显示及格式，包括坐标轴的最大值、最小值、主要刻度、次要刻度等。

【轴标题】按钮：单击该按钮，在下拉列表中可对横坐标、纵坐标轴的位置及格式进行设置。

【图表标题】按钮：单击该按钮，在下拉列表中可选择设置图表标题、标题位置及标题格式。

【数据标签】按钮：单击该按钮，在下拉列表中可选择图表数据标签在图表框中的放置位置及格式。

【数据表】按钮：显示或隐藏数据表。

【误差线】按钮：在数据统计中，由于存在标准差（平均偏差）或标准误差，常常需要给数据图表添加误差线以显示潜在的误差或相对于系列中每个数据标志的不确定程度。

【网格线】按钮：单击该按钮，在下拉列表中可选择是否使用主、次要横网格线和纵网格线以及网格线的格式。

【图例】按钮：单击该按钮，在弹出的列表中可选择设置图例在图表框中的放置位置及格式。

【趋势线】按钮：为图表数据添加趋势线，以此查看某一数据系列的变化趋势。

【快速布局】按钮：在该列表框中可以通过选择布局按钮，快速设置图表的整体布局。

【选择数据】按钮：单击该按钮，可在弹出的【选择数据源】对话框内重新选择图表数据区域、设置图例项及水平（分类）轴标签，也可以切换行/列的数据。

【切换行/列】按钮：单击该按钮，可交换显示坐标轴上的数据。

【图表样式】列表框：在该列表框中可以通过选择样式按钮，快速设置图表中各元素的格式。

【更改图表类型】按钮：单击该按钮，可打开【更改图表类型】对话框，重新选择设置图表类型。

【移动图表】按钮：单击该按钮，可打开【移动图表】对话框，在其中选择图表移动目标位置，然后单击【确定】按钮，将图表移动至工作簿中的其它工作表或标签。

2．格式选项卡

使用如图 5-74 所示的【格式】选项卡，可以设置当前选择的图表组件样式，也可以对图表组件中的文字样式进行设置。

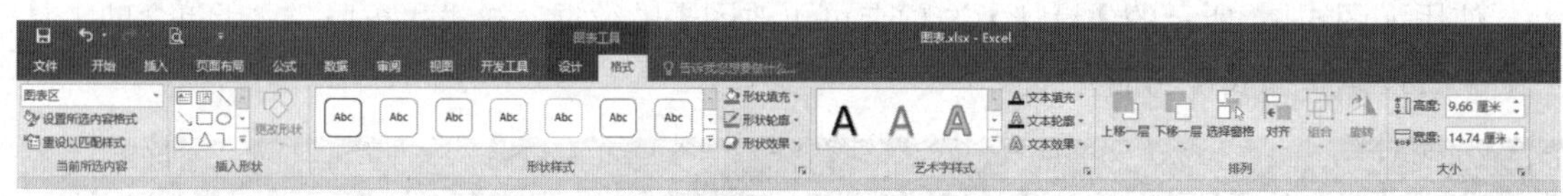

图 5-74 【格式】选项卡

它所包含的功能区中主要按钮和列表框功能介绍如下。

【当前所选内容】组：用户可以单击【图表元素】框中右侧的下拉按钮，在弹出的下拉列表中选择当前图表所显示的图表元素，之后单击【设置所选内容格式】按钮设置图表元素的格式，也可以单击【重设以匹配样式按钮】清除所选图表元素的自定义格式，将其还原为应用于该图标的整体外观样式。

【形状样式】组：选择图表组件，在列表框中选择样式，可快速对该组件应用填充色、边框和文字颜色，也可以通过【形状填充】【形状轮廓】【形状效果】三个按钮，对所选组建形状进行自定义设置。

【形状填充】按钮：选择图表组件，单击该按钮，在下拉列表中可选择图表组件的填充色。

【形状轮廓】按钮：选择图表组件，单击该按钮，在下拉列表中可选择图表组件的边框颜色和样式。

【形状效果】按钮：选择图表组件，单击该按钮，在下拉列表中可选择图表组件的特殊效果，如阴影、发光等。

【艺术字样式】组：选择图表组件，在列表框中选择样式，可快速对该组件中的文字应用艺术字样式，也可以通过【文本填充】【文本轮廓】【文本效果】三个按钮，对所选组建文字进行自定义设置。

【文本填充】按钮：选择图表组件，单击该按钮，在下拉列表中可选择图表组件文字的填充色。

【文本轮廓】按钮：选择图表组件，单击该按钮，在下拉列表中可选择图表组件文字的边框色。

【文本效果】按钮：选择图表组件，单击该按钮，在下拉列表中可选择图表组件文字的特殊效果，如阴影、映射和发光等。

5.13.5　迷你图

迷你图是单个工作表单元格内的微型图表，，可放在工作表内的单个单元格中。可以用于直观地表示和显示数据趋势，如季节性增长或降低、经济周期或突出显示最大值和最小值。特别是当你与其他人共享数据时。将迷你图放在它所表示的数据附近时会产生最大的效果。如图 5-75 所示。

类型	2014年	2015年	2016年	2017年	2018年	趋势
铁路客运量（亿人）	23.05	25.35	28.1	30.84	33.75	
铁路货运量（亿吨）	38.13	33.58	33.3	36.89	40.26	

图 5-75　迷你图

5.13.6　迷你图工具

创建好迷你图后，还可以对迷你图样式、类型、迷你图颜色等进行设置，使迷你图更加符合用户的需要，单击迷你图，Excel 2016 会自动增加 1 个迷你图工具选项卡：【设计】，如图 5-76 所示。通过选项卡上的按钮，可以对迷你图进行编辑。下面将逐一对这些编辑操作进行详细介绍：

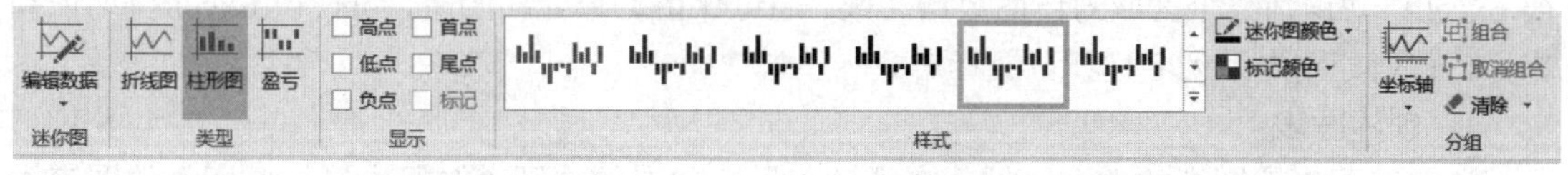

图 5-76　【设计】选项卡

【迷你图】组：单击【编辑数据】下拉按钮，在弹出的下拉列表中，可选择完成编辑组位置和数据或单个迷你图的数据操作。

【类型组】：选择【折线图】【柱形图】或【盈亏图】，可以更改迷你图类型。

【显示组】：勾选某个复选框可显示相应的数据节点。其中，勾选【标记】复选框，可显示所有的数据节点；勾选【高点】或【低点】复选框，可显示最高值或最低值的数据节点；勾选【首点】或【尾点】复选框，可显示第一个值或最后一个值的数据节点；勾选【负点】

复选框，可显示所有负值的数据节点。

【样式组】：在对迷你图应用内置样式，设置迷你图颜色，迷你图的宽度，以及数据节点的颜色。

【分组】组：若单击【坐标轴】按钮，可对迷你图坐标范围进行控制；若单击【清除】按钮右侧的下拉按钮，可清除选中的迷你图或所有的迷你图；若单击【组合】按钮，可将选中的多个迷你图组合成一组，此后选中组中的任意一个迷你图，便可同时对这个组的迷你图进行编辑操作；若单击【取消组合】按钮，可将选中的迷你图组拆分成单个的迷你图。

5.13.7 创建图表与迷你图

在 Excel 2016 中可以创建嵌入式图表和工作表图表，嵌入式图表就是图表将被插入到现有的工作表中，即在一张工作表中同时显示图表及相关的数据；而工作表图表是特定的工作表，是工作簿中具有特定名称的独立工作表。

Excel 2016 提供了两种创建图表的方法：一种是使用快捷键创建图表，另一种是使用【图表】选项板创建图表。

使用快捷键创建图表的方法是：

依次按 Alt、N、C 键可创建柱形图。

依次按 Alt、N、N 键可创建折现图。

依次按 Alt、N、Q 键可创建饼图。

依次按 Alt、N、O 键可创建曲面或雷达图。

依次按 Alt、N、S、A 键可创建直方图或箱形图。

依次按 Alt、N、S、D 键可创建组合图。

依次按 Alt、N、I、1 键可创建瀑布图或股价图。

依次按 Alt、N、D 键可创建散点图。

创建图表的时候，如选中的区域包括两个或两个以上的单元格，Excel 2016 会基于选中的区域作图；如果只选中一个单元格，Excel 就会把该单元格所在的连续区域选为作图源数据区域。所以把数据放在一个行列连续的区域，可以通过选中区域内任意一个单元格，即可使得 Excel 自动识别整个区域为作图数据区域。通过保留首单元格为空，可使得 Excel 自动识别首行、首列分别为系列名称和分类标志。

1. 创建图表

选定用于创建图表的数据区域。在【插入】选项卡的【图表】组中选择要插入的图表类型，在打开的下拉菜单中选择图表样式，单击【确定】按钮。

此外，打开【插入】选项卡，单击【图表】组中的【对话框启动器】按钮，弹出【图表】对话框，在其中选择需要的图表类型和样式，然后单击【确定】按钮也可创建相应的图表。

在 Excel 中，默认的图表类型为簇状柱形图。选中用来创建图表的数据区域，然后按下 Alt+F1 组合键，可快速创建嵌式图表，也可以按下 F11 键，快速创建工作表图表，默认工作表名 Chart1。

注意：

在 Excel 2016 中，还可以快速创建组合图表，一般情况下，在工作表中制作的图表都是某一种类型，如线形图、柱形图等，这样的图表只能单一地体现出数据的大小或者是变化趋势。如果希望在一个图表中既可以清晰地表示出某项数据的大小，又可以显示出其他数据的变化趋势，这时就可以使用组合图表来达到目的。

2．创建迷你图

若要创建迷你图，必须要选择放置迷你图的位置和分析的数据区域。

选择一个放置迷你图的空白单元格。选择【插入】选项卡，然后在【迷你图】组中选择迷你图类型，如【折线图】或【柱形图】或【盈亏】。在弹出的【创建迷你图】对话框中，选择所需的数据，如果想要在工作表上选择单元格区域，请单击 以暂时折叠对话框，在工作表上选择单元格，然后单击以显示完整对话框。单击【确定】按钮即可。

注意：

（1）由于迷你图嵌入在单元格中，你在单元格中输入的任何文本将使用迷你图作为其背景。

（2）如果存在多行数据，可以选择一个单元格，拖动填充句柄将迷你图复制到列或行中的其他单元格。

5.13.8　编辑图表

1．调整图表大小

在 Excel 2016 中，可以调整图表的大小和位置。

方法为：选定图表，其边框会出现 8 个控制点，将鼠标指针移动至控制点上，当鼠标指针呈↘或↗形状时，按住鼠标左键并拖动鼠标，可等比例调整图表大小；当鼠标指针呈↕或↔形状时，按住鼠标左键并拖动鼠标，可调整图表的高度或宽度。

如要精确地调整图表的大小，在【格式】选项卡中选择【大小】选组，然后在【形状高度】和【形状宽度】微调框中输入图表的高度和宽度值，按 Enter 键确认即可。

单击【格式】选项卡中的【大小】选项组右下角的【大小和属性】按钮，在弹出的【设置图表区格式】窗格的【大小与属性】选项卡中的【大小】组中，可以设置图表的高度、宽度、缩放高度、缩放宽度等。

2．移动图表

创建图表后，新建的图表总是显示在表格的前面，遮挡住了部分数据。为了能够完整地看到数据表格和图表，必须移动图表，使整个工作表布置合理。

（1）选中图表，在【图表工具/设计】选项卡中【位置】组单击【移动图表】按钮，弹出【移动图表】对话框，若要将图表移动到新的工作表，选中【新工作表】单选项，然后在【新工作表】框中，键入工作表名称；若要将图表作为对象移动到其他工作表中，选中【对象位于】单选项，然后在【对象位于】框中，选择要在其中放置图表的工作表。

（2）将鼠标指针移至图表区的空白位置，当鼠标指针呈✥形状时，按住鼠标左键并拖动鼠标，将图表移动到目的位置即可。

3. 添加图表元素

为了使所创建的图表更加清晰、明确，用户可以添加并设置相关图表元素。

方法为：

选中整个图表，切换到【图表工具/设计】选项卡，单击【添加图表元素】下拉列表按钮或选中图表区域单击右上角出现的+号按钮添加并设置图表元素。如图 5-77 所示。

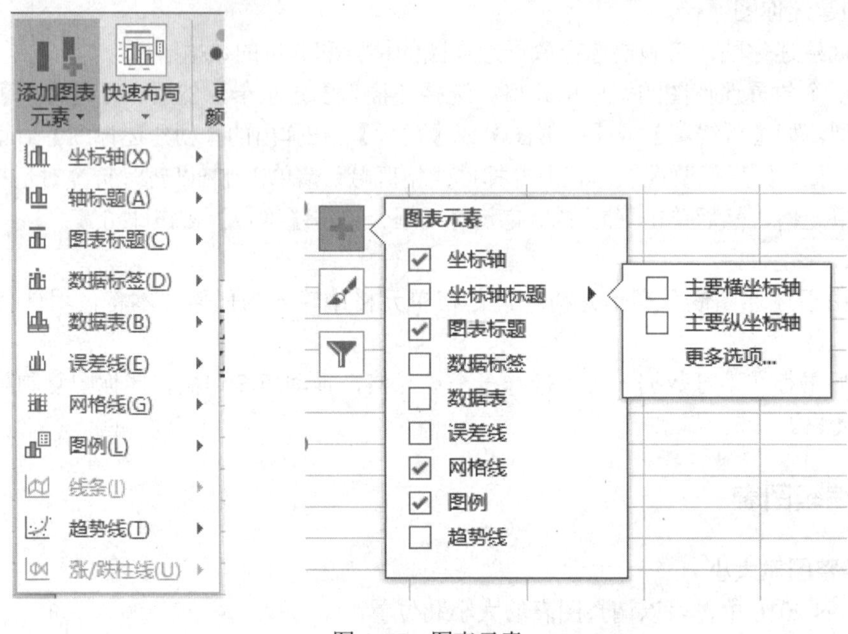

图 5-77 图表元素

4. 更改图表类型

如果创建图表时选择的图表类型不能直观地表达工作表中的数据，则可更改图表的类型。

① 选中图表，切换到【图表工具/设计】选项卡，单击【类型】组中的【更改图表类型】按钮，在弹出的【更改图表类型】对话框中选择需要的图表类型和样式，单击【确定】按钮即可。

② 在需要更改类型的图表上右键单击，在弹出的快捷菜单中选择【更改图表类型】命令选项，也可以在弹出的【更改图表类型】对话框中更改图表的类型。

5. 更改图表样式

为了使图表更加美观，我们可以设置图表的格式。Excel 2016 提供有多种图表格式，直接套用即可快速地美化图表。方法为：选中图表，在【图表工具/设计】选项卡中单击【图表样式】组中的【其他】按钮，在弹出的图表样式列表中，单击任意一个样式即可套用。

单击【更改颜色】按钮，可以为图表应用不同的颜色。

6. 设置图表布局

一个完整的图表通常包括图表标题、图表区、绘图区、数据标签、坐标轴和网格线等部分，合理布局可以使图表更加美观。

通过 Excel 提供的内置布局样式，用户可以快速对图表进行布局。方法为：选中需要更改布局的图表，在【图表工具/设计】选项卡的【图表布局】组中单击【快速布局】下拉按钮，在弹出的下拉列表中选择需要的布局样式，即可将该布局方案应用到图表中。

7．设置图表文字

在对图表进行美化的过程中，用户可以根据实际需要，对图表中的文字大小、文字颜色和字符间距等进行设置，方法为：选中需要设置文字的图表，鼠标右键单击，在弹出的快捷菜单中单击【字体】命令选项，在弹出的【字体】对话框中，对图表中文字的字体、字号和字体颜色等进行设置。

8．设置图表背景

为了进一步美化图表，用户可以根据需要为其设置背景。

① 选中图表，单击【图表工具/设计】选项卡的【当前所选内容】组中【图表区】右侧的下拉按钮，在弹出的下拉列表中选择【图表区】选项，然后单击【设置所选内容格式】按钮，在右侧出现的【设置图表区格式】窗格中进行相应的设置。

② 选中图表，并使用鼠标右键单击图表空白处。在弹出的快捷菜单中单击【设置图表区域格式】命令选项。在右侧出现的【设置图表区格式】窗格中进行相应的设置。

9．更改坐标刻度

如果对坐标轴中的刻度不满意，还可以对其进行修改，

① 选中图表，单击【图表工具/设计】选项卡中【当前所选内容】组中【图表区】右侧的下拉按钮，在弹出的下拉列表中选择【垂直（值）轴】选项，然后单击【设置所选内容格式】按钮，右侧出现【设置坐标轴格式】窗格，在【坐标轴选项】选项卡中完成设置。

② 选中【垂直（值）轴】坐标轴数据，单击鼠标右键，在弹出的快捷菜单中选择【设置坐标轴格式】命令选项，右侧出现【设置坐标轴格式】窗格，在【坐标轴选项】选项卡中完成设置。

5.12.9 编辑迷你图

1．显示标记

选中插入的迷你图，单击【设计】选项卡下【显示】组中的复选框，就可以显示折线迷你图中的各个值。如图 5-78 所示

2．更改迷你图的样式或格式。

选中插入的迷你图，单击【设计】选项卡下【样式】组中【其他】按钮，在弹出的下拉列表中选择样式。如图 5-79 所示。

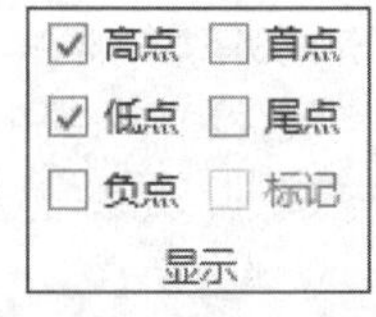

图 5-78 显示组图

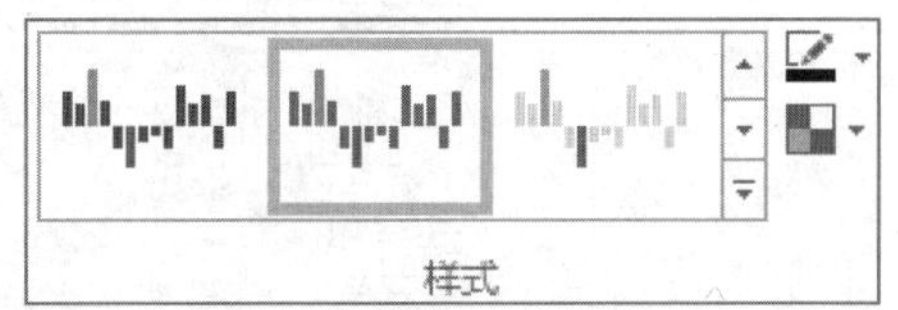

图 5-79 样式组图

3．显示和更改坐标轴设置

选中插入的迷你图，单击【设计】选项卡下【分组】组中【坐标轴】按钮，在弹出的下拉列表中选择命令。如图 5-80 所示。

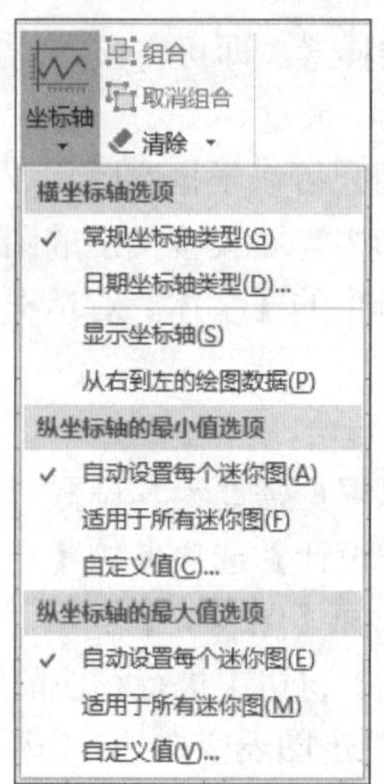

图5 80　坐标轴下拉列表图

4．更改迷你图类型

当插入的迷你图不合适时，可以对其进行编辑修改，选中迷你图，单击【设计】选项卡下【类型】组中的对应类型按钮，即可快速更改。

5．清除迷你图

选中插入的迷你图，单击【设计】选项卡下【分组】组中的【清除】按钮 右侧的下拉箭头，在弹出的下拉列表中选择【清除所选的迷你图】菜单命令。

5.12.10　图表应用

具体的操作方法如下。

① 新建工作簿，并完成相关数据输入。

② 创建簇状柱形图。选择单元格区域 A1:F3，在 【插入】选项卡的【图表】组中，单击【插入柱形图或条形图】按钮，弹出的下拉列表框。如图 5-81 所示。

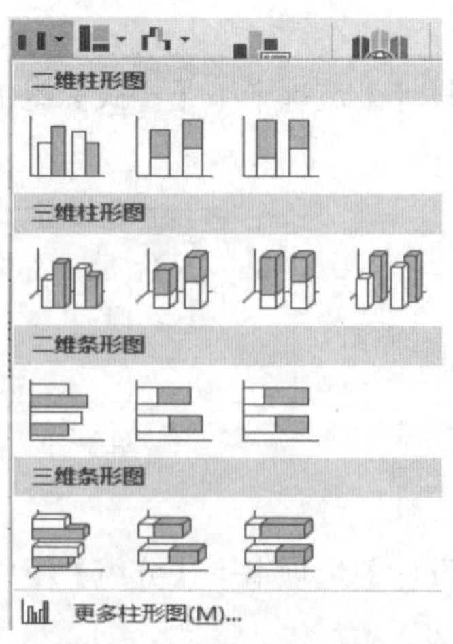

图 5-81　柱形图列表

在弹出的下拉列表框中选择【二维柱形图】中的【簇状柱形图】选项，单击【确定】按钮，创建簇状柱形图图表，如图 5-82 所示。

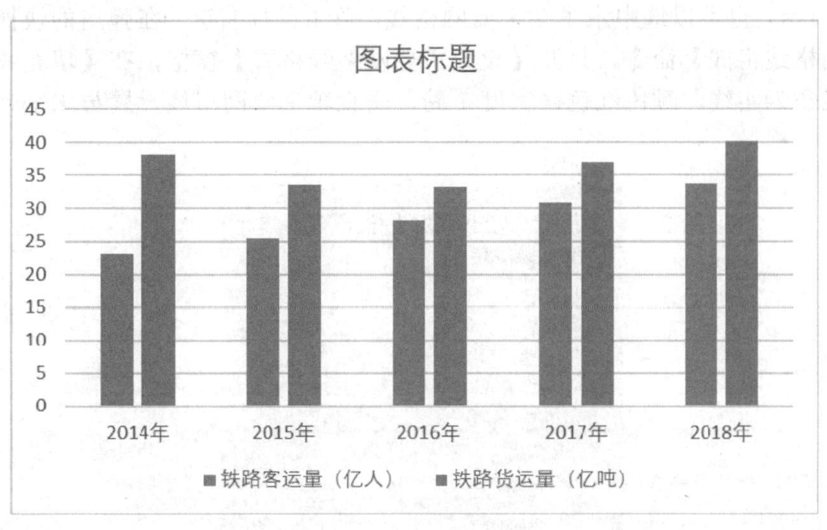

图 5-82 簇状柱形图

③ 调整位置和大小。将鼠标指针移至图表区的空白位置，当鼠标指针呈✥形状时，按住鼠标左键并拖动鼠标，左上角位于 A5 单元格即可。选中图表，在【格式】选项卡中选择【大小】组，然后在【高度】和【宽度】微调框中输入图表的高度和宽度值，按回车键完成输入。如图 5-83 所示。

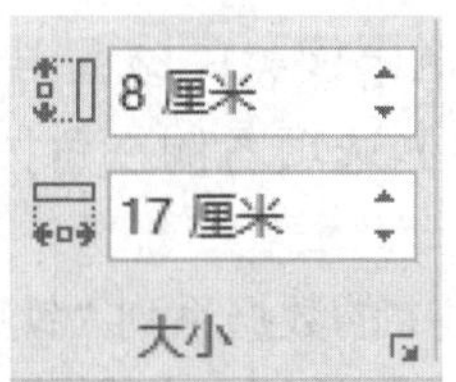

图 5-83 【大小】组图

④ 设置图表标题。单击文字【图表标题】，输入文字【2014-2018 年全国铁路客货运数据统计图表】，鼠标选中需要设置的文字，在【开始】选项卡中设置字体为宋体，字号 16 号。

⑤ 设置主要横坐标轴和纵坐标轴标题。选中整个图表，单击图表区域单击右上角出现的+号按钮，在出现的图表元素列表中选中坐标轴标题选项。分别单击【坐标轴标题】，在新添加的坐标轴标题文本框中输入【年份】和【运量数据】。鼠标选中需要设置的文字，在【开始】选项卡中设置字号 12 号。

⑥ 添加主轴主要垂直网格线。选中图表，在【图表工具/设计】选项卡中，单击【图表布局】组中的【添加图表元素】按钮，在弹出的下拉菜单中选择【网格线/主轴主要垂直网格线】命令。也可采用（5）中的方法。

设置网格线颜色与宽度。选中图表，单击【图表工具/设计】选项卡中【当前所选内容】组中【图表区】右侧的下拉按钮，在弹出的下拉列表中选择【垂直（值）轴主要网格线】选项，然后单击【设置所选内容格式】按钮，弹出【设置主要网格线格式】窗格。如图 5-84 所示。也可以选中水平轴主要网格线，单击鼠标右键，在弹出的快捷菜单中单击【设置网格线格式】命令，打开【设置主要网格线格式】窗格，在【填充线条】选项卡中设置线条为实线，颜色红色，宽度 1 磅。垂直轴主要网格线设置与水平轴主要网格线设置方法一样。

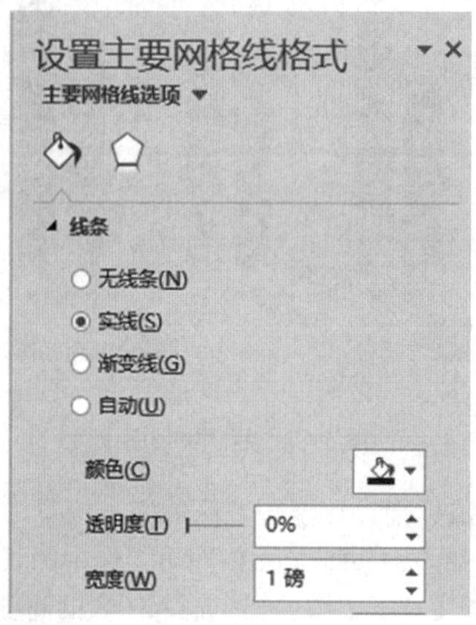

图 5-84 【设置主要网格线格式】窗格

⑦ 设置数据标签。选中图表，单击图表区域单击右上角出现的+号按钮，在出现的【图表元素】列表中单击【数据标签】选项右侧三角按钮，在出现的子菜单中选择 【数据标签外】。

⑧ 设置数据系列。单击选中图表中的数据系列“铁路客运量（亿人）”，单击【图表工具/格式选】项卡中【设置所选内容格式】按钮，打开【设置数据系列格式】窗口，在【填充线条】区域下【填充】组中选中【图片或纹理填充】单选项，在【纹理】下拉列表中选择“白色大理石”。数据系列“铁路货运量（亿吨）”填充方法与数据系列“铁路客运量（亿人）”一样。

⑨ 设置图表区。选择图表，单击【图表工具/设计】选项卡中【当前所选内容】组中【设置所选内容格式】按钮（默认选中图表区，如果没有选中图表区单击右侧下拉按钮，在弹出的下拉列表中选择【图表区】选项），弹出【设置图表区格式】窗格。在【填充与线条】区域下【填充】组中【颜色】下拉列表中单击【填充颜色】下拉按钮，选择【其他颜色】命令，在弹出的【颜色】对话框中选择【自定义】选项卡，在【红色、绿色、蓝色】的微调框中分别输入“150”“200”“255”，在【边框】组中选中【实线】单选项，在【颜色】下拉列表中设置颜色为【黄色】，在【宽度】微调框中设置宽度为“1.5”磅。也可通过单击鼠标右键进行设置，选中图表，单击鼠标右键，在弹出的快捷菜单中选择【设置图表区域格式】菜单项。

⑩ 设置趋势线。单击选中图表中的数据系列“铁路客运量（亿人）”，在弹出的快捷菜单中选择【添加趋势线】命令，弹出【设置设置趋势线格式】窗格。在【趋势线选项】区域中

选中【线性】单选项，选中【趋势线名称】组中【自定义】单选项，在文本框中输入“客运量趋势”。如图 5-85 所示。在【填充与线条】区域下【线条】组中，在【颜色】下拉列表中设置颜色为“黄色”。

⑪ 设置坐标轴。选中【垂直（值）轴】坐标轴数据，单击鼠标右键，在弹出的快捷菜单中选择【设置坐标轴格式】选项。弹出【设置坐标轴格式】窗格，在【坐标轴选项】区域中的【边界】选项组中【最小值】文本框中输入“0”，【最大值】文本框中输入“50”。在【单位】组中【主要】文本框中输入“10”，【次要】文本框中输入“5”。如图 5-86 所示。在【开始】选项卡中设置字体“倾斜”“11”磅“绿色”。

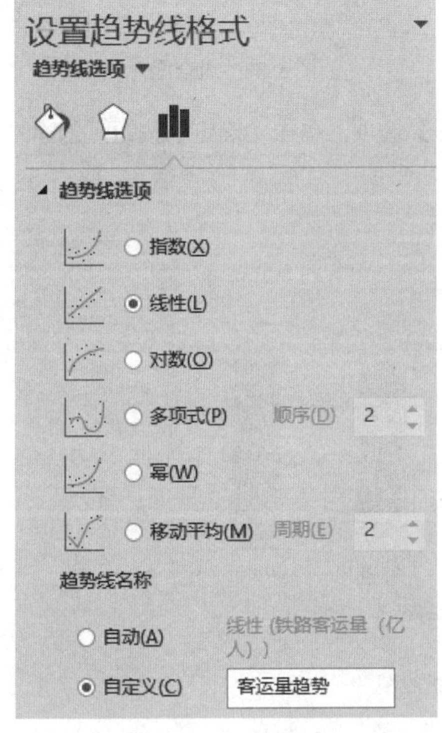

图 5-85 【设置趋势线格式】窗格

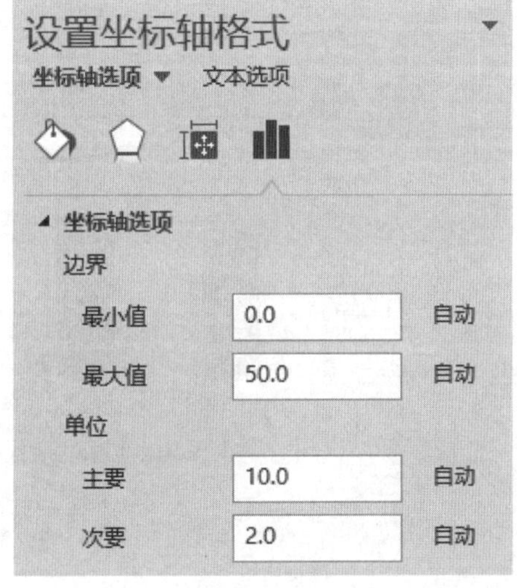

图 5-86 【设置坐标轴格式】窗格

⑫ 设置迷你图。选择单元格 G2，单击【插入】选项卡【迷你图】组中的【柱形图】按钮，弹出【创建迷你图】对话框，如图 5-87 所示。在【数据范围】文本框中选择 B2:F2 数据单元格，如需修改目标位置，在【位置范围】文本框中选择插入折线迷你图的目标位置单元格，然后单击【确定】按钮。单元格 G3 创建方法与单元格 G2 一样。选中创建的迷你图，在【迷你图工具/设计】选项卡的【显示】组中，选中高点和低点复选项，在【样式】组中单击【标记颜色】下拉按钮，在弹出的下拉列表中选择高点选项，颜色设置为“深红色”。

⑬ 更改 sheet1 名称为【工作表图表】。

以下操作针对组合图表：

⑭ 创建簇状柱形图-折线图。选定 A1:F3 数据区域。，在【插入】选项卡的【图表】组中单击【插入组合图】下拉按钮。弹出组合图下拉列表框。如图 5-88 所示。

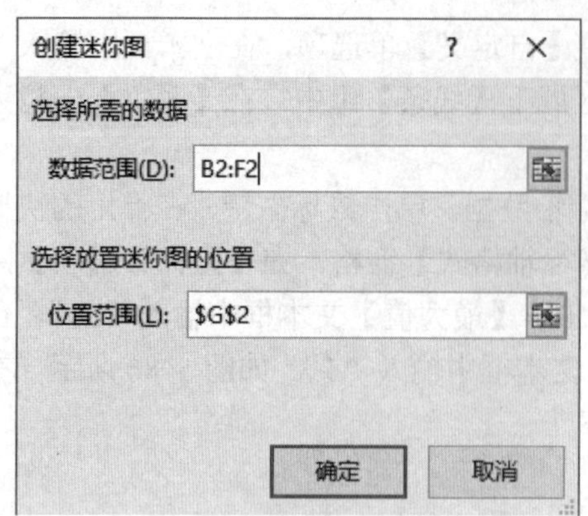

图 5-87 【创建迷你图】对话框

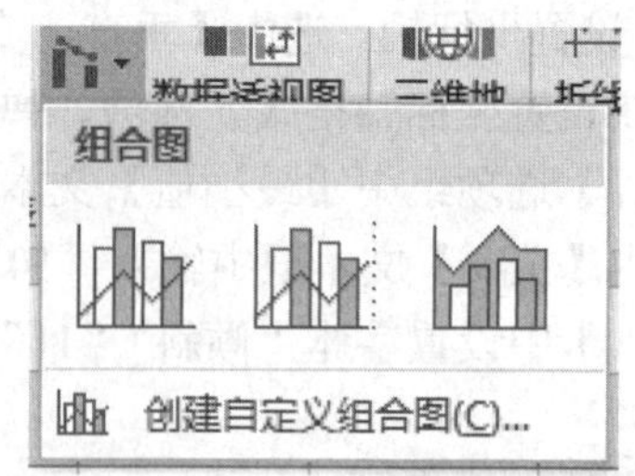

图 5-88 组合图列表

在弹出的下拉列表框中选择【簇状柱形图-折线图】选项，单击【确定】按钮，创建“簇状柱形图-折线图”组合图表，如图 5-89 所示。

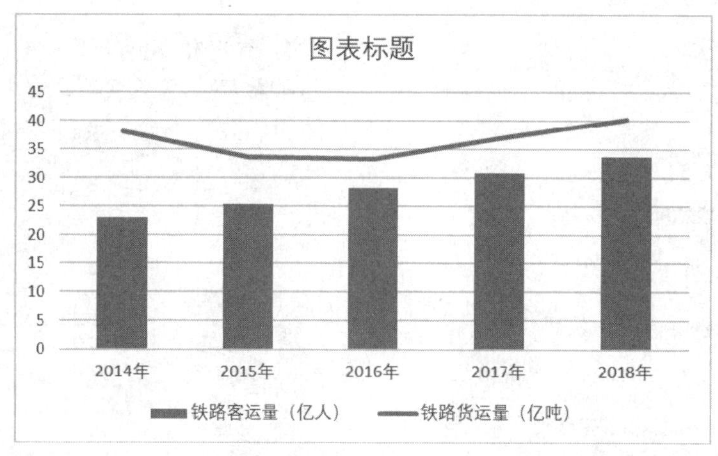

图 5-89 簇状柱形图-折线图

⑮ 调整位置和大小。将鼠标指针移至图表区的空白位置，当鼠标指针呈✥形状时，按住鼠标左键并拖动鼠标，左上角位于 A25 单元格即可。选中图表，在【格式】选项卡中选择【大小】组，然后在【高度】和【宽度】微调框中输入图表的“8”和“17”，按回车键完成输入。

⑯ 设置图表标题。单击文字【图表标题】，输入文字“2014—2018 年全国铁路客货运数据统计组合图表”。设置纵坐标轴标题。选中整个图表，单击图表区域单击右上角出现的+号按钮，在出现的图表元素列表中单击【坐标轴标题】选项右侧三角按钮。在弹出的子菜单中选中【主要纵坐标轴】选项。在新添加的纵坐标轴标题文本框中输入“运量数据”。鼠标选中需要设置的文字，在【开始】选项卡中设置字号“12”号。设置图例位置。选中图表，在【图表工具/设计】选项卡中，单击【图表布局】组中的【添加图表元素】按钮，在弹出的下拉列表中选择【图例】，在弹出的子菜单中选择【顶部】。也可通过右上角出现的+号按钮完成操作。

⑰ 设置折线图数据标签。选中折线图，单击图表区域单击右上角出现的+号按钮，在出

现的【图表元素】列表中单击【数据标签】选项右侧三角按钮，在出现的子菜单中选择 【上方】选项。

⑱ 设置图表样式。选中图表，在【图表工具/设计】选项卡的【图表样式】组中单击【其他】下拉按钮，然后在弹出的下拉列表中选择名称为【样式 6】的图表样式选项。

⑲ 设置图表布局。选中图表，在【图表工具/设计】选项卡的【图表布局】组中单击【快速布局】下拉按钮，然后在弹出的下拉列表中选择名称为【布局 5】的布局样式选项。

⑳ 移动图表。选中图表，在【图表工具/设计】选项卡中，单击【位置】选项组中的【移动图表】按钮，在弹出的【移动图表】对话框中选中对象位于单选项，在下拉列表按钮中选择 sheet2，单击【确定】按钮。如图 5-90 所示。

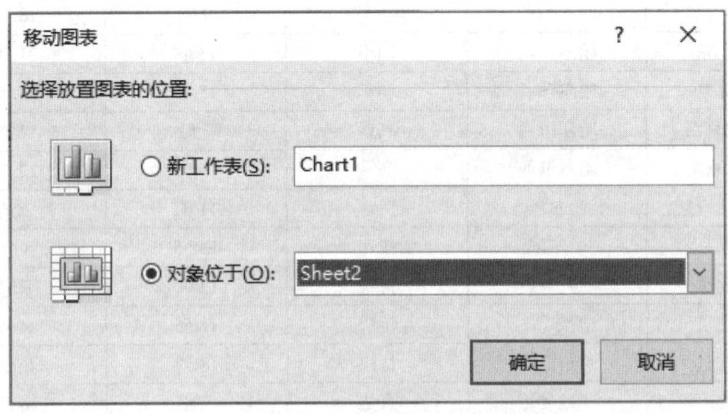

图 5-90 【移动图表】对话框

实例 15：按如下要求，完成操作。

根据以下数据创建 2011-2015 年全国铁路货运发送量图表，要求：

（1）数据系列为【货运发送量（万吨）】

（2）图表类型为【簇状柱形图】

（3）设置图表标题及纵坐标轴标题

（4）图表右侧设置图例

（5）为数据添加趋势线

2011-2015年全国铁路货运数据统计					
类型	2011年	2012年	2013年	2014年	2015年
货运发送量（万吨）	393263	390438	396697	381334	335801
货运周转量（亿吨公里）	29465.79	29187.09	29173.89	27530.19	23754.31

操作方法：

（1）打开 EXCEL2016，输入数据；

（2）【插入】→【图表】→【图表类型】簇状柱形图→【确定】即创建空图表。

（3）选择空图表→【设计】→【选择数据】区域范围为 A2：F3→【确定】。

（4）【布局】→【坐标轴标题】→【主要纵坐标轴标题】→【竖排标题】

（5）【布局】→【图例】→【在右侧显示图例】

（6）【布局】→【趋势线】→【线性趋势线】

5.14 数据透视表

在本节中，将以一个“北京-哈尔滨列车时刻表”数据为例，如表5-9所示。说明如何使用数据透视表来对数据进行各种综合的统计和分析。

表5-9 北京-哈尔滨列车时刻表

	北京-哈尔滨列车时刻表					
车次	出发站	到达站	车次类型	出发时间	到达时间	历时
D29	北京	哈尔滨西	动车	6:58	14:43	7:45
D25	北京	哈尔滨西	动车	9:58	18:05	8:07
D101	北京	哈尔滨西	动车	13:49	21:39	7:50
D27	北京	哈尔滨西	动车	15:15	23:00	7:45
G381	北京南	哈尔滨西	高铁	7:53	14:59	7:06
G393	北京南	哈尔滨西	高铁	15:05	22:12	7:07
K339	北京	哈尔滨	快速	11:07	2:56	15:49
K265	北京	哈尔滨	快速	13:55	8:41	18:46
T297	北京	哈尔滨	特快	12:00	1:57	13:57
T17	北京	哈尔滨	特快	16:55	6:04	13:09
T47	北京	哈尔滨西	特快	18:57	6:12	11:15
Z157	北京	哈尔滨	直达	5:58	16:55	10:57
Z203	北京	哈尔滨	直达	20:31	6:47	10:16
Z17	北京	哈尔滨	直达	21:15	7:18	10:03
Z157	北京	哈尔滨	直达	21:21	7:26	10:05

具体要求如下：

① 在当前工作表内创建商品销售数据表的透视表，起始位置为A20，数据区域为A2:G15.

② 设置“车次类型”为行标签。将“车次类型”,“历时”添加到数值区域,,

③ 设置“车次类型”汇总方式为“计数”，设置“历时”汇总方式为“求平均数”。

④ 为透视表添加样式：数据透视表样式中等深线9。

⑤ 为透视表添加边框：外边框、橙色、双实线。

⑥ 插入“出发站”和“到达站”的切片器，并进行数据分析。

5.14.1 数据透视表介绍

1. 数据透视表

数据透视表是一种对大量数据快速汇总和建立交叉列表的交互式表格，它具有强大的透视和筛选功能，在分析数据信息时经常使用。它可以动态地改变版面布置，以便按照不同方式分析数据，也可以重新安排行号、列标和页字段。每一次改变版面布置时，数据透视表会立即按照新的布置重新计算数据。另外，如果原始数据发生更改，则可以更新数据透视表。

数据透视表专门针对以下用途设计：

以多种用户友好的方式查询大量数据。

分类汇总和聚合数值数据，按类别和子类别汇总数据，以及创建自定义计算和公式。

展开和折叠数据级别以重点关注结果，以及深入查看感兴趣的区域的汇总数据的详细信息。

可以通过将行移动到列或将列移动到行（也称为【透视】），查看源数据的不同汇总。

通过对最有用、最有趣的一组数据执行筛选、排序、分组和条件格式设置，可以重点关注所需信息。

提供简明、有吸引力并且带有批注的联机报表或打印报表。

2．数据透视表的组成结构

对于任何一个数据透视表来说，可以将其整体结构划分为 4 大区域，分别是行区域、列区域、值区域和筛选器，如图 5-91 所示。

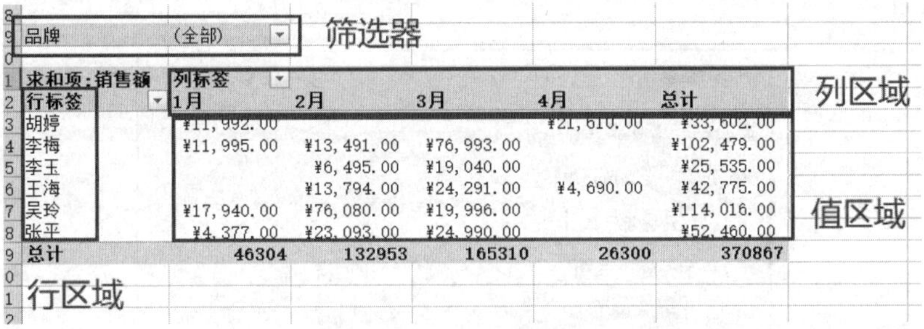

品牌　（全部）　筛选器

求和项:销售额	列标签				
行标签	1月	2月	3月	4月	总计
胡婷	¥11,992.00			¥21,610.00	¥33,602.00
李梅	¥11,995.00	¥13,491.00	¥76,993.00		¥102,479.00
李玉		¥6,495.00	¥19,040.00		¥25,535.00
王海		¥13,794.00	¥24,291.00	¥4,690.00	¥42,775.00
吴玲	¥17,940.00	¥76,080.00	¥19,996.00		¥114,016.00
张平	¥4,377.00	¥23,093.00	¥24,990.00		¥52,460.00
总计	46304	132953	165310	26300	370867

列区域　值区域　行区域

图 5-91　整体结构图

（1）行区域

位于数据透视表的左侧，每个字段中的每一项显示在行区域的每一行中。通常在行区域中放置一些可用于进行分组或分类的内容。

（2）列区域

由数据透视表各列顶端的标题组成。每个字段中的每一项显示在列区域的每一列中。通常在列区域中放置一些可以随时间变化的内容，可以很明显地看出数据随时间变化的趋势。

（3）值区域

在数据透视表中，包含数值的大面积区域就是值区域。值区域中的数据是对数据透视表中行字段和列字段数据的计算和汇总，该区域中的数据一般都是可以进行运算的。默认情况下，Excel 对数值区域中的数值型数据进行求和，对文本型数据进行计数。

（4）筛选器

筛选器位于数据透视表的最上方，由一个或多个下拉列表组成，通过选择下拉列表中的选项，可以一次性对整个数据透视表中的数据进行筛选。

3．切片器

切片器能够直观的筛选数据，可以轻松了解当前显示的内容。作为筛选组件使用十分简单方便。它包含一组按钮，使用户能够快速地筛选数据透视表中的数据，而无须打开下拉列表查找要筛选的项目。但是插入切片器前，需要先在工作表中创建数据透视表。

5.14.2 创建数据透视表

1．创建空白的数据透视表

数据透视表的创建方法很简单，只需连接到一个数据源，并输入报表的位置即可。

将光标定位到工作表中的任意单元格上，单击【插入】选项卡，单击【表格】组中的【数据透视表】按钮。弹出【创建数据透视表】对话框，如图 5-92 所示。在该对话框中选择放置数据透视表的位置。用户需要设置新生成的数据透视表所在的起始位置，可以选择新工作表，也可以选择现有工作表的某个空白单元格。设置成功后单击【确定】按钮，即可自动生成一个新的数据透视表，透视表中暂时没有任何数据，需要用户进行进一步的设置。

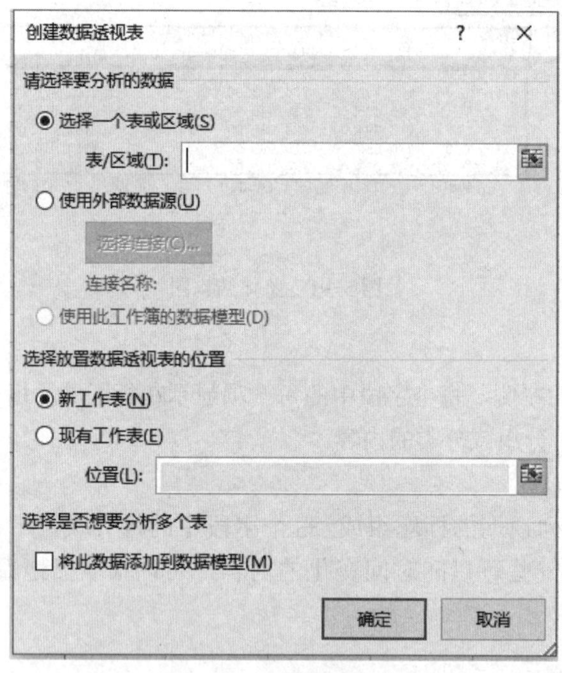

图 5-92 【创建数据透视表】对话框

2．设置数据透视表字段

（1）如图 5-93 所示，在创建数据透视表的同时，工作区右侧会自动展开【数据透视表字段】对话框，可以通过添加和排列数据透视表的字段来更改数据透视表的设计。如果该对话框已经被关闭，可以通过鼠标选择数据透视表区域中的任意单元格，单击【数据透视表工具/分析】选项卡，在显示组中单击【字段列表】按钮展开【数据透视表字段】对话框。

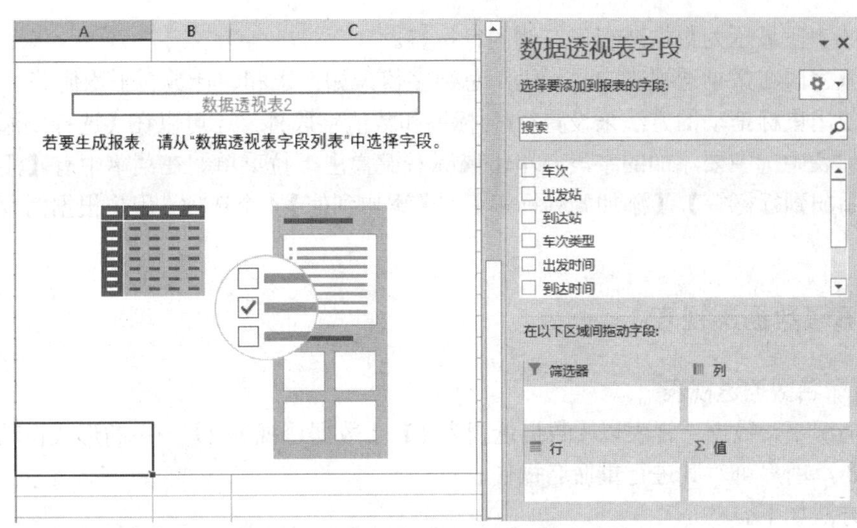

图 5-93　数据透视表

（2）数据透视表字段列表共包含两个大部分：【字段节】及【区域节】，如果要更改节在字段列表中的显示方式。请单击"工具" 按钮 然后选择所需的布局。如图 5-94 所示。

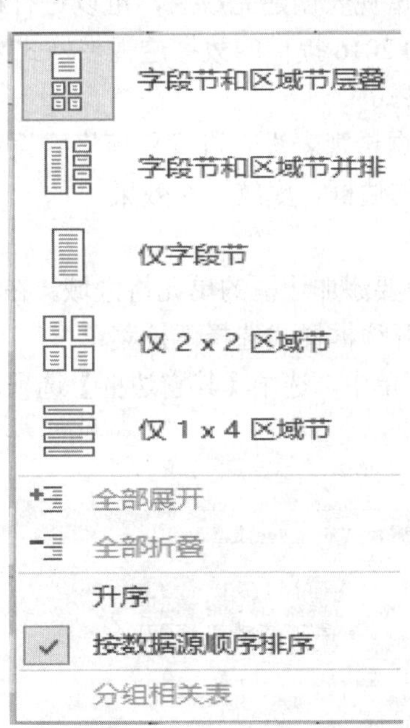

图 5-94 【工具】下拉列表

【字段节】包含要分析数据的所有列字段名称，可以在其中选择要在数据透视表中显示的字段。

【区域节】部分在底部，用户可以单击需要分析的字段并拖拽到【区域节】，可以按所需的方式排列这些字段。要删除某个字段，请将该字段拖出区域节。

筛选区域字段显示为数据透视表上方的顶级报表筛选器。

列区域字段在数据透视表顶部显示为列标签。

行区域字段显示为数据透视表左侧的行标签。

值区域字段在数据透视表中显示为汇总数字值，如：求和、计数、平均值等。

除了使用鼠标拖动的方法来设置行/列标签和数值字段外，还可以在【选择要添加到报表的字段】列表中选中要添加的字段，单击鼠标右键弹出下拉菜单。在菜单中有【添加到报表筛选】、【添加到行标签】，【添加到列标签】和【添加到值】4 个选项，用户根据需要选择添加位置即可。

5.14.3 编辑数据透视表

1. 重命名数据透视表

默认情况下，数据透视表以【数据透视表 1】、【数据透视表 2】……的形式自动命名，根据操作需要，用户可对其进行重命名操作。

操作方法如下。

打开需要编辑的工作簿，选中数据透视表中的任意单元格，切换到【数据透视表工具/分析】选项卡，然后在【数据透视表】组的【数据透视表名称】文本框中输入新名称即可。

2. 美化数据透视表格式效果

与普通数据表相同，数据透视表创建完成后，可以进行格式设置和布局设置来美化数据透视表，也可以直接套用 Excel 2016 提供的数据透视表样式来直接美化格式效果。

1）手工美化数据透视表格式

在默认情况下，创建的数据透视表没有进行任何格式设置，用户可以通过手工设置的方式，设置单元格或单元格区域的边框、底纹填充效果。

（1）设置边框效果

① 在数据透视表中，选中要添加边框的单元格区域，在【开始】主菜单下的【字体】工具栏，单击【边框】按钮，展开边框样式选择下拉菜单。

② 在边框样式选择下拉菜单中，选中【其它边框】选项，即可为选中的单元格区域添加边框效果，如图 5-95 所示。

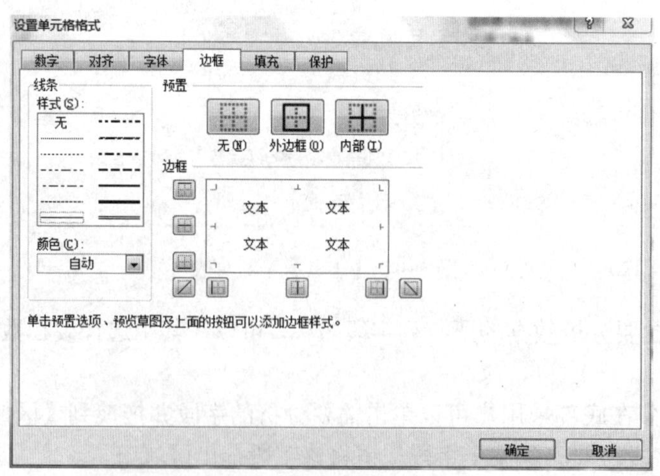

图 5-95 手工设置数据透视表边框

③ 选择合适的线条样式，线条颜色及边框后，可以通过预览草图进行修改，单击确定后实际的数据透视表效果与预览效果相同，如图 5-96 所示。

行标签	计数项:车次类型	平均值项:历时
动车	4	7:51
高铁	2	7:06
快速	2	17:17
特快	3	12:47
直达	4	10:20
总计	**15**	**10:39**

图 5-96　手工设置数据透视表边框效果

（2）设置底纹填充效果

① 在数据透视表中，选中要添加底纹颜色的单元格区域。

② 在【开始】主菜单下的【字体】工具栏，单击【填充颜色】按钮，展开填充颜色选择下拉菜单。

③ 在填充颜色选择下拉菜单中，选中要填充的颜色，即可为选中的单元格区域添加底纹颜色效果，如图 5-97、图 5-98 所示。

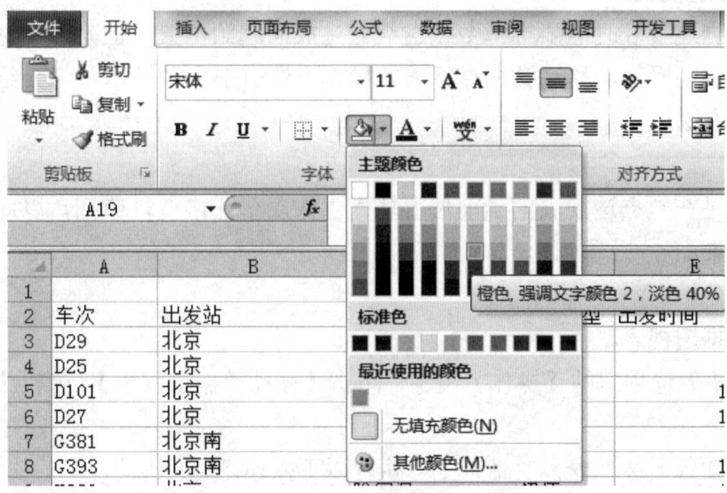

图 5-97　手工设置数据透视表底纹

行标签	计数项:车次类型	平均值项:历时
动车	4	7:51
高铁	2	7:06
快速	2	17:17
特快	3	12:47
直达	4	10:20
总计	**15**	**10:39**

图 5-98　手工设置数据透视表底纹效果

2）套用数据透视表样式

在 Excel 2010 中，专为数据透视表提供了数据透视表样式设置方案，用户可以直接套用样式来美化数据透视表。

操作方法如下。

① 将光标定位到数据透视表的任一单元格中，在【数据透视表工具/设计】选项卡的【数据透视表样式】组中单击【其他】下拉按钮，展开所有数据透视表样式选择下拉列表，如图 5-99 所示。

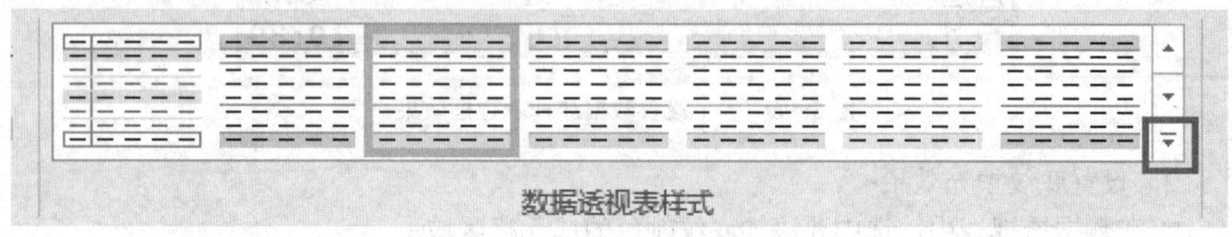

图 5-99 设置数据透视表样式

② 在【外观样式】下拉列表中，根据需要选择一种样式，如：数据透视表样式中等深浅 3，即可将样式套用到数据透视表中。

3. 移动数据透视表

虽然创建数据透视表时需要选择数据透视表生成的起始位置，但是数据透视表创建成功后同样可以进行移动操作，移动数据透视表的操作方法有很多种，本节将介绍主要的两种移动数据透视表的方法：

方法一：

用户可以通过在数据透视表的当前位置插入工作表单元格、行或列，以此方式使数据透视表产生移动效果。

方法二：

（1）单击数据透视表。

（2）在【分析】选项卡的【操作】组中，单击【移动数据透视表】，弹出【移动数据透视表】对话框。

（3）在【移动数据透视表】对话框中，执行以下操作之一：

① 要将数据透视表移动至一个新的工作表，选中【新工作表】单选项，单击【确定】按钮，Excel 2016 自动生成新的工作表，并将原数据透视表移动至新的工作表中。

② 要将数据透视表移动至现有工作表，选中【现有工作表】单选项，将光标移动至【位置】文本框中，之后单击需要移动至的工作表，并在工作表中选中一个空白单元格，单击【确定】按钮，原数据透视表移动至所选工作表，起始位置为选中单元格。

4. 删除数据透视表

删除数据透视表的方式有很多种，本节介绍主要的两种删除数据透视表的方法：

方法一：

（1）单击数据透视表；

（2）在【分析】选项卡的【操作】组中，单击【选择】下拉按钮，然后在下拉列表中单击【整个数据透视表】；

（3）单击键盘上的 Delete 键。

方法二：

（1）选中数据透视表；

（2）在【开始】选项卡的【单元格】组中，单击【删除】按钮。

5．刷新数据透视表

在 Excel 2016 中，图表数据随着表格数据的变化动态更新，与之相反，表格数据更新后，数据透视表的数据仍然保持不变，因此，需要用户在表格数据更新后刷新数据透视表，刷新数据透视表的方法如下：

方法一：

（1）单击数据透视表上的任意单元格；

（2）在【数据透视表工具/分析】选项卡【数据】组中，单击按钮【刷新】按钮。

方法二：

（1）单击数据透视表示的任意单元格；

（2）在【数据透视表工具/分析】选项卡中，单击【数据透视表】组中的【选项】按钮；

（3）在弹出的【数据透视表选项】对话框中，选择【数据】选项卡，然后将【打开文件时刷新数据】前的复选框选中。

6．更改数据透视表的源数据

创建好数据透视表后，如果需要重新选择或者更改数据透视表中的源数据，方法为：将光标定位到数据透视表，在【数据透视工具/分析】选项卡下单击【数据】组中的【更改数据源】按钮。弹出【更改数据透视表数据源】对话框，在【表/区域】参数框中输入新的源数据位置，单击【确定】按钮即可。

7．在数据透视表中筛选数据

在查看数据透视表中的数据时，为了更清晰地查看某一字段的数据，可以将其他字段隐藏起来（即筛选数据字段）。

在数据透视表中，单击【行标签】或【列标签】右侧的下拉按钮，在弹出的下拉列表中取消勾选要隐藏的字段对应的复选框即可。

除了通过隐藏数据字段来查看数据透视表中的数据，还可利用筛选功能筛选出要查看的数据。

单击数据透视表中【行标签】或【列标签】右侧的下拉按钮，在弹出的下拉列表中选择【标签筛选】或【值筛选】选项，在弹出的子菜单中选择筛选条件，如【大于】。在弹出的对话框中设置筛选条件，单击【确定】按钮。

与在普通表格中筛选数据一样，在数据透视表中执行筛选操作后，行或列标签右侧的下拉按钮将变为形状。单击此按钮，在打开的下拉列表中单击【从…中清除筛选】命令选项，可以清除对数据透视表的筛选状态。

8．更改数据透视表的计算类型

选中透视表中需要更改数据格式的列中的任一单元格，在【数据透视表工具/分析】选项卡中单击【活动字段】组中的【字段设置】按钮，在弹出的【值字段设置】对话框中，单击【值汇总方式】选项卡，选择计算类型后单击确定按钮。

9. 插入切片器

选中数据透视表中的任意单元格，在【数据透视表工具/分析】选项卡中单击【插入切片器】按钮，弹出【插入切片器】对话框，在列表框中选中要为其创建切片器的字段对应的复选框，单击【确定】按钮。

使用切片器筛选数据后，单击相应的按钮，即可清除筛选状态。

5.14.4 数据透视表应用

具体的操作方法如下。

① 将光标定位到工作表中的任意单元格上，单击【插入】选项卡下【表格】组中的【数据透视表】按钮，弹出【创建数据透视表】对话框，在【请选择要分析的数据】区域单击选中【选择一个表或区域】单选项，在【表/区域】文本框中设置数据透视表的数据源，单击其后的按钮，用鼠标拖曳选择“A2:G15”数据区域。在【选择放置数据透视表的位置】区域单击选中【现有工作表】单选项，在【位置】文本框中设置数据透视表的起始位置，单击其后的按钮，用鼠标拖曳选择“A20”单元格。单击【确定】按钮。如图 5-100 所示。

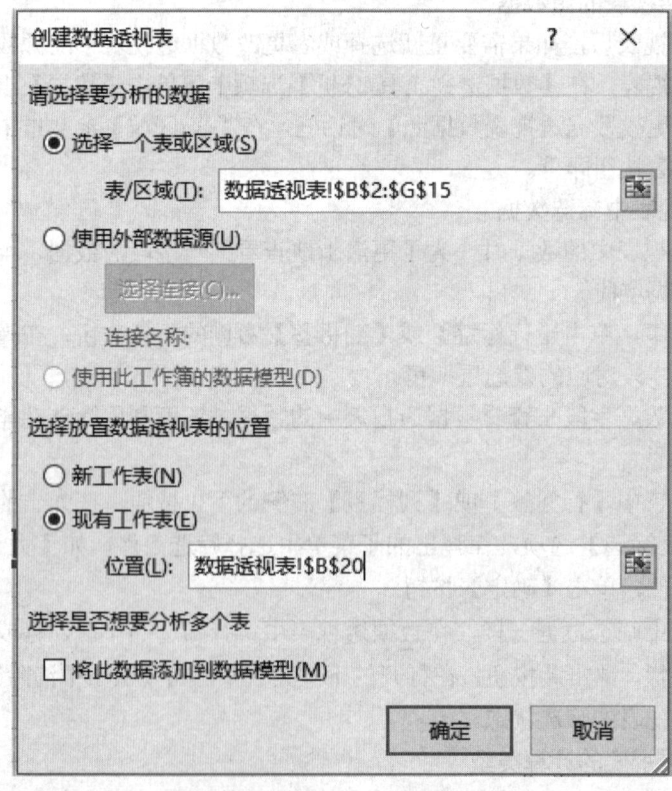

图 5-100 【创建数据透视表】对话框

② 在右侧的【数据透视表字段】任务窗格中将【车次类型】拖拽至【行标签】，将【车次类型】和【历时时间】依次拖拽至【值】区域。

③ 在【数据透视表字段】任务窗格中，选择【值】区域的【计数项：车次类型】，在弹出的快捷菜单中选择【值字段设置】，选择用于汇总数据的计算类型为【计数】，单击【确定】按钮，返回【数据透视表字段】对话框，选择【值】区域中的【计数项：历时 2】，在弹出的快捷菜单中选择【值字段设置】，选择用于汇总数据的计算类型为【平均值】，由于是对车次历时时间进行平均值的计算，需要在数据格式中设置单元格式为累计时间。

设置单元格格式为累计时间的方法：在【值字段设置】对话框中，单击【数字格式】按钮，在弹出的【设置单元格格式】对话框中【分类】选择【自定义】，【类型】选择【[h]:mm】，如图 5-101 所示。

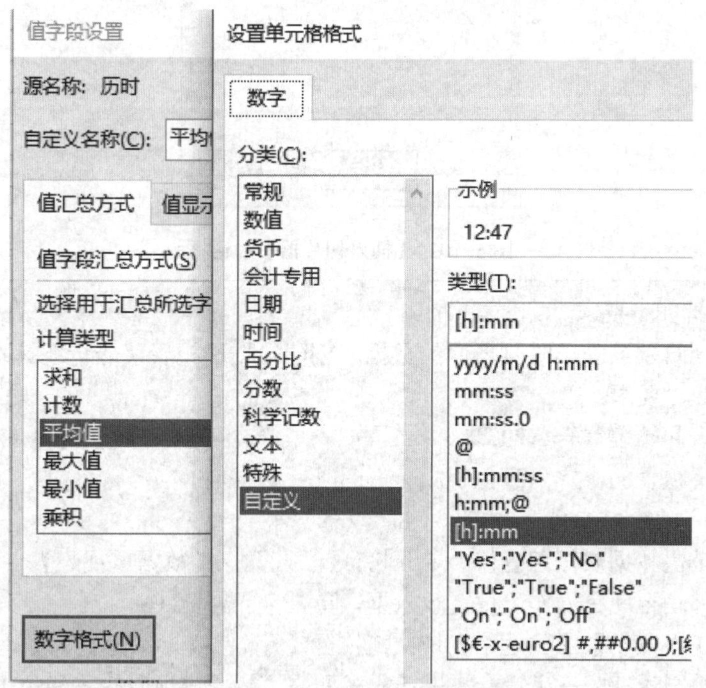

图 5-101　设置数据透视表值字段

④ 选择创建的透视表，单击【数据透视表工具/设计】选项卡中【数据透视表样式】组中的【其他】按钮，展开所有数据透视表样式选择下拉列表，单击【数据透视表样式中等深线 9】选项。

⑤ 选择创建的透视表，选中要“A20:C26”单元格区域，单击鼠标右键，打开【设置单元格格式】对话框，切换到【边框】选项卡设置即可。

⑥ 选中数据透视表中的任意单元格，在【数据透视表工具/分析】选项卡中单击【插入切片器】按钮，弹出【插入切片器】对话框，如图 5-102 所示。在列表框中勾选【出发站】和【到达站】字段对应的复选框，单击【确定】按钮。

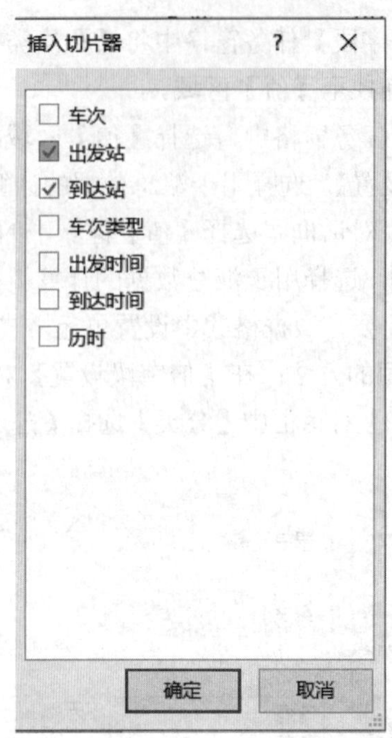

图 5-102 【插入切片器】对话框

实例 16： 按如下要求，完成操作。

根据北京至哈尔滨列车时刻表内的数据，创建数据透视表，分析统计不同出发站及到达站的车次总数，要求：

（1）透视表起始位置为 A20；

（2）数据透视表的样式为浅色 10。

操作方法：

（1）鼠标单击数据表任意有值的单元格，【插入】→【数据透视表】；

（2）光标移动至现有工作表位置输入框，单击单元格 A20；

（3）字段【出发站】、【到达站】依次拖拽至【行标签】，字段【车次】拖拽至【值】；

（4）选择数据透视表→【设计】→【样式】→【数据透视表样式浅色 10】→【确定】。

评价单（一）

<table>
<tr><td>项目名称</td><td colspan="3"></td><td>完成日期</td><td></td></tr>
<tr><td>班级</td><td></td><td>小组</td><td></td><td>姓名</td><td></td></tr>
<tr><td>学号</td><td colspan="2"></td><td colspan="2">组长签字</td><td></td></tr>
<tr><td colspan="2">评价项点</td><td>分值</td><td colspan="2">学生评价</td><td>教师评价</td></tr>
<tr><td colspan="2">准确选取数据区域</td><td>10</td><td colspan="2"></td><td></td></tr>
<tr><td colspan="2">设置图表类型</td><td>10</td><td colspan="2"></td><td></td></tr>
<tr><td colspan="2">设置图表、分类轴标题</td><td>10</td><td colspan="2"></td><td></td></tr>
<tr><td colspan="2">复制图表</td><td>10</td><td colspan="2"></td><td></td></tr>
<tr><td colspan="2">设置数据标签显示值</td><td>10</td><td colspan="2"></td><td></td></tr>
<tr><td colspan="2">数据系列填充样式</td><td>10</td><td colspan="2"></td><td></td></tr>
<tr><td colspan="2">设置图表区的背景颜色</td><td>10</td><td colspan="2"></td><td></td></tr>
<tr><td colspan="2">添加趋势线</td><td>10</td><td colspan="2"></td><td></td></tr>
<tr><td colspan="2">整体设计效果</td><td>10</td><td colspan="2"></td><td></td></tr>
<tr><td colspan="2">文明、平等、公正、诚信、友善的品质的展现</td><td>10</td><td colspan="2"></td><td></td></tr>
<tr><td colspan="2">总分</td><td>100</td><td colspan="2"></td><td></td></tr>
<tr><td>学生得分</td><td colspan="5"></td></tr>
<tr><td>自我总结</td><td colspan="5"></td></tr>
<tr><td>教师评语</td><td colspan="5"></td></tr>
</table>

评价单（二）

<table>
<tr><td>项目名称</td><td colspan="3"></td><td>完成日期</td><td></td></tr>
<tr><td>班级</td><td></td><td>小组</td><td></td><td>姓名</td><td></td></tr>
<tr><td>学号</td><td colspan="2"></td><td colspan="2">组长签字</td><td></td></tr>
<tr><td colspan="2">评价项点</td><td>分值</td><td colspan="2">学生评价</td><td>教师评价</td></tr>
<tr><td colspan="2">准确选取数据区域</td><td>10</td><td colspan="2"></td><td></td></tr>
<tr><td colspan="2">准确设置透视表位置</td><td>10</td><td colspan="2"></td><td></td></tr>
<tr><td colspan="2">添加行标签</td><td>10</td><td colspan="2"></td><td></td></tr>
<tr><td colspan="2">添加列标签</td><td>10</td><td colspan="2"></td><td></td></tr>
<tr><td colspan="2">值汇总方式设置</td><td>10</td><td colspan="2"></td><td></td></tr>
<tr><td colspan="2">数字格式设置</td><td>10</td><td colspan="2"></td><td></td></tr>
<tr><td colspan="2">边框设置</td><td>10</td><td colspan="2"></td><td></td></tr>
<tr><td colspan="2">底纹设置</td><td>10</td><td colspan="2"></td><td></td></tr>
<tr><td colspan="2">整体设计效果</td><td>10</td><td colspan="2"></td><td></td></tr>
<tr><td colspan="2">文明、平等、公正、诚信、友善的品质的展现</td><td>10</td><td colspan="2"></td><td></td></tr>
<tr><td colspan="2">总分</td><td>100</td><td colspan="2"></td><td></td></tr>
<tr><td>学生得分</td><td colspan="5"></td></tr>
<tr><td>自我总结</td><td colspan="5"></td></tr>
<tr><td>教师评语</td><td colspan="5"></td></tr>
</table>

知识点强化与巩固

一、选择题

1．在 Excel 2016 图表的标准类型中，包含的图表类型共有（　　）。

A．11 种　　B．15 种　　C．20 种　　D．30 种

2．在 Excel 2016 图表中，能反映出数据变化趋势的图表类型是（　　）。

A．柱形图　　B．折线图　　C．饼图　　D．气泡图

3．在 Excel 2016 图表中，水平 x 轴通常用作（　　）。

A．排序轴　　B．分类轴　　C．数值轴　　D．时间轴

4．在 Excel 2016 中，在单元格内不能输入的内容是（　　）。

A．文本　　B．图表　　C．数值　　D．日期

5．Excel 2016 中，能够选择和编辑图表中的任何对象的工具栏是（　　）。

A．【常用】工具栏　　B．【格式】工具栏

C．【图表】工具栏　　D．【绘图】工具栏

6．Excel 2016 中，工作表的数据与相对图表的数据（　　）。

A．两者均可改变，且互相自动跟踪

B．两者均可改变，互相可以独立

C．工作表的数据可改变，图表的不可变

D．两者均不可改变，要改变，必须重建和重划。

7．在 Excel 2016 中，创建图表要打开（　　）选项卡

A．开始　　B．插入　　C．公式　　D．数据

8．在 Excel 2016 中，编辑图表时，图表工具下的三个选项卡不包括（　　）。

A．设计　　B．布局　　C．编辑　　D．格式

9．在 Excel 2016 中，图表工具下包含的选项卡个数为（　　）。

A．1　　B．2　　C．3　　D．4

10．在 Excel 2016 中，选择形成图表的数据区域 A2:C3 所表示的范围是（　　）。

A．A2，C3　　B．A2，B2，C3

C．A2，B2，C2　　D．A2，B2，C2，A3，B3，C3

11．数据透视表字段是指（　　）。

A．源数据中的行标题　　B．源数据中的列标题

C．源数据中的数据值　　D．源数据中的表名称

12．要在数据透视表中分类汇总某个日期的累计值，应该选用的数据显示方式是（　　）。

A．计数　　B．按某一字段汇总

C．累计值　　D．求和

二、判断题

1．在 Excel 2016 中，图表可以分为两种类型:独立图表和嵌入式图表。（　　）

2．在 Excel 2016 中，删除工作表中与图表有链接的数据，图表将自动删除相应的数据。（ ）

3．在 Excel 2016 图表中，水平 x 轴通常用作数值轴。（ ）

4．在 Excel 2016 中，建立数据透视表时，数据系列只能是数值。（ ）

5．一般情形下，数据透视表的结果随源数据的变化而即时更新。（ ）

第 6 章
PowerPoint 2016 演示文稿制作

项目一　幻灯片设计

知识点提要

1. PowerPoint 2016 窗口各部分的功能
2. 演示文稿的创建、打开、保存等基本操作
3. 演示文稿视图方式
4. 幻灯片的插入、复制、移动、删除等编辑操作
5. 幻灯片版式
6. 幻灯片对象的添加与编辑
7. 幻灯片主题、背景、模板

任务单

<table>
<tr><td>任务名称</td><td>全功能自动售票机介绍</td><td>学时</td><td>2 学时</td></tr>
<tr><td>知识目标</td><td colspan="3">1．掌握幻灯片的插入、复制、移动等编辑操作。
2．掌握幻灯片中图形、图片、艺术字的插入和编辑方法。
3．掌握幻灯片中文本及其他各种对象的插入和编辑方法。
4．会设置声音的播放效果。
5．掌握幻灯片背景的设置方法。
6．掌握母版的使用方法。</td></tr>
<tr><td>能力目标</td><td colspan="3">1．能够结合工作需求，按照要求完成演示文稿的制作，培养学生制作及展示的能力。
2．引导学生总结归纳讲演类演示文稿的制作方法及注意事项，培养学生分析问题及总结归纳的能力。
3．引导学生自主设计、制作幻灯片，培养学生创新能力。</td></tr>
<tr><td>素质目标</td><td colspan="3">1．通过铁路榜样人物宣传演示文稿的制作，引导学生学习榜样，培养学生创新进取、勇于攀登科学高峰的精神。
2．通过对演示文稿的操作训练，使学生学会基本操作方法，熟练应用、解决相关问题，培养学生精益求精、爱岗敬业的工匠精神。
3．通过对学生分组教学及训练，使学生相互合作、互相尊重、有效沟通、公正评价、学习有序、物品整洁、垃圾分类，培养学生文明、平等、公正、诚信、友善的品质。</td></tr>
<tr><td>任务描述</td><td colspan="3">根据提供的有关自动售票机的图片和文字素材创建演示文稿，设计要求如下：
1．用图片和文字展示并介绍自动售票机的组成及操作方法。
2．显示网格线和参考线。
3．在第一张幻灯片中插入艺术字“全功能自动售票机介绍”，并设置艺术字的字体为楷体，字号为 72 号，文本填充为自定义 RGB（0，255，255），文字轮廓颜色为深蓝，艺术字形状为倒 V 形，发光效果的颜色为自定义 RGB（0，255，255）。
4．其他幻灯片中的标题文本排列方式：顶端对齐、左右居中对齐幻灯片，并设置文本的字体为宋体，字号为 36 号字，颜色为红色，加粗；其他文本格式设置为 28 号，宋体，蓝色。
5．对每一张幻灯片中的图片进行图片样式设置，样式任意。
6．通过幻灯片母板，在所有幻灯片的左上角添加统一的文字“自动售票机”。
7．幻灯片布局合理。
8．设置幻灯片主题为“水滴”。
9．添加背景音乐，设置循环播放，直到演示文稿播放完毕。
10．将文件保存到桌面，文件名称为“全功能自动售票机介绍.pptx”。
按照小实例的要求完成铁路榜样人物宣传演示文稿的制作。</td></tr>
<tr><td>任务要求</td><td colspan="3">1．仔细阅读任务描述中的设计要求，认真完成任务。
2．上交电子作品。
3．小组间互相学习设计中优点。</td></tr>
</table>

项目要求

制作铁路榜样人物宣传演示文稿，请同学们收集相关资料，制作演示文稿并展示。

资料卡及实例

6.1 PowerPoint 2016 简介

PowerPoint 2016 主要用于幻灯片的制作。人们可以用 PowerPoint 借助图片、声音和影片等强化效果制作出富于个性、生动活泼、突出主题，用于汇报、演讲等场合的幻灯片。PowerPoint 2016 还为我们提供了更加丰富的新功能。

PowerPoint 2016 在原有的白色和深灰色 Office 主题上新增了彩色和黑色两种主题色，在 PowerPoint 2013 版本的基础上新增了 10 多种主题。通过“TellMe”助手，可以快速获得想要使用的功能和想要执行的操作。PowerPoint 2016 设计器能够根据幻灯片中的内容自动生成多种多样的设计版面效果。PowerPoint 2016 中提供了墨迹公式功能，通过它可快速将需要的公式手动写出来，并将其插入到幻灯片中。开始墨迹书写可手动绘制一些规则或不规则的图形，以及书写需要的文字内容，让 PowerPoint 2016 慢慢实现一些画图软件的功能。PowerPoint 2016 提供了屏幕录制功能，通过该功能可以录制计算机屏幕中的任何内容。

6.2 PowerPoint 2016 的基本操作

6.2.1 PowerPoint 2016 的启动和退出

1．启动

① 在【开始】菜单中选择【PowerPoint 2016】选项，即可启动 PowerPoint 2016。启动后，屏幕显示 PowerPoint 2016 的工作窗口。

② 双击桌面上的 PowerPoint 2016 快捷图标。

③ 双击已存在的 PowerPoint 2016 演示文稿。

2．退出

① 单击窗口右上角的【关闭】按钮。

② 选择【文件】选项卡下的【关闭】命令。

③ 按快捷键 Alt+F4。

6.2.2 PowerPoint 2016 窗口组成

PowerPoint 2016 的工作界面如图 6-1 所示。

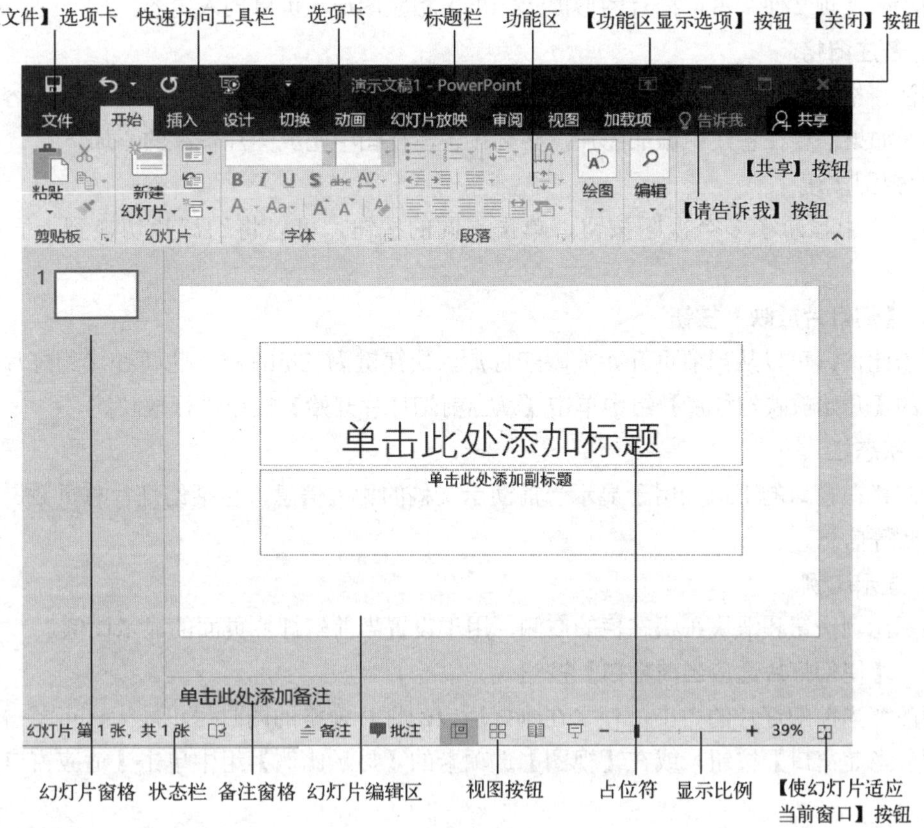

图 6-1　PowerPoint 2016 工作界面

1．选项卡

PowerPoint 2016 将各种工具按钮进行分类管理，放在不同的选项卡面板中，如图 6-1 所示 PowerPoint 窗口中有九个选项卡，分别为【开始】【插入】【设计】【切换】【动画】【幻灯片放映】【审阅】【视图】【加载项】选项卡，选项卡会根据编辑对象的不同有所变化。

2．幻灯片窗格

在幻灯片窗格中可以清晰的看到幻灯片的编号、数量、位置及结构，还可以轻松的完成幻灯片的移动、复制、删除等操作。

3．幻灯片编辑区

该区域是对幻灯片内容进行详细设计的区域，可以对单张幻灯片中的文字、图形、对象、配色、布局等进行加工处理。

4．占位符

幻灯片中的虚线框称为占位符，起到规划幻灯片结构的作用。

占位符分为文本占位符和内容占位符。文本占位符中有提示语，例如“单击此处添加标题”等。鼠标在占位符内部单击，提示语将自动消失，此时占位符内部变成文本输入状态，如果输入信息，输入的信息会取代占位符提示语。内容（表格、图表、SmartArt 图形、图片、联机图片、视频文件）占位符有图形提示，单击相应图形，可以插入内容。

5. 备注窗格

备注窗格使得用户可以添加与观众共享的演说者备注信息，可以在演示时提示容易忘记的内容。如果需要在备注中添加图片，必须在备注视图中完成图片备注的添加。

6. 视图按钮

视图栏中显示了多个视图按钮，单击不同的按钮，可以将幻灯片切换到不同的视图方式。

7. 【幻灯片放映】按钮

单击此按钮可以从当前页开始放映幻灯片，快捷键为 Shift+F5，也可在【幻灯片放映】选项卡的【开始放映幻灯片】组中单击【从当前幻灯片开始】按钮进行放映。

8. 状态栏

状态栏在窗口的下边，用于显示当前演示文稿的相关信息，包括幻灯片总页数、当前幻灯片页数等信息。

9. 显示比例

显示比例按钮和滑块在状态栏的右侧，用于设置当前幻灯片页面的显示比例。

10. 【使幻灯片适应当前窗口】按钮

要改变当前幻灯片的大小，使之在刚好适应幻灯片窗格的同时尽可能大，可单击【使幻灯片适应当前窗口】按钮，或在【视图】选项卡的【显示比例】组中单击【适应窗口大小】按钮。

6.2.3 创建演示文稿

1. 创建空白演示文稿

创建空白演示文稿可采用以下方法之一。

① 单击【文件】选项卡，选择其中的【新建】选项卡，选择其中的【空白演示文稿】，单击即可创建一个空白演示文稿。

② 单击【自定义快速访问工具栏】中的【新建】命令，创建新空白演示文稿。

③ 按快捷键 Ctrl+N。

2. 创建基于模板和主题的演示文稿

在 PowerPoint 2016 中使用模板和主题创建演示文稿的步骤如下。

① 单击【文件】选项卡，选择其中的【新建】选项卡。

② 在打开的【新建】面板中，可以看到 PowerPoint 2016 提供的模板和主题，如图 6-2 所示，在【建议的搜索:】后面可以选择相应的内容，也可以在【搜索联机模板和主题】对话框中输入内容进行联机搜索。

③ 例如选择了教育主题，在左侧可以选择教育相关的模板进行使用。如果要更改主题，在右侧的分类中选择新的主题即可。

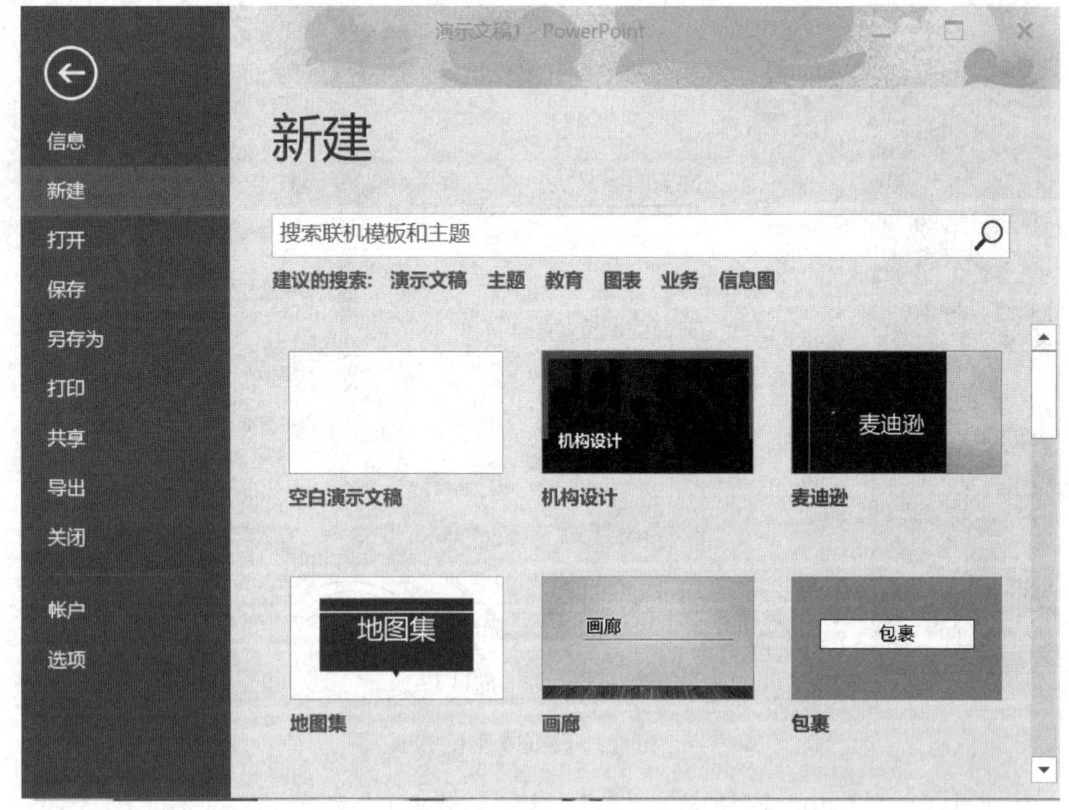

图 6-2　新建模板和主题

6.2.4　保存演示文稿

保存文档可以采用以下几种方法。

① 单击【文件】选项卡，选择【保存为】中的【浏览】命令，选择一个要保存的位置后，单击【保存】按钮。

② 单击快速访问工具栏中的【保存】按钮。

③ 按快捷键 Ctrl+S。

PowerPoint 2010 文件保存后的扩展名是.pptx，若要保存为 97-2003 版本的演示文稿，可以在【另存为】对话框的【保存类型(T):】下拉列表中选择【PowerPoint 97-2003 演示文稿(*.ppt)】选项，输入文件名后，单击【保存】按钮。

6.2.5　保护演示文稿

演示文稿加密保存的主要目的是防止其他用户随意打开或修改演示文稿。设置密码保护的方法及步骤如下。

① 单击【文件】选项卡，选择其中的【信息】选项卡，将显示如图 6-3 所示的【信息】面板。

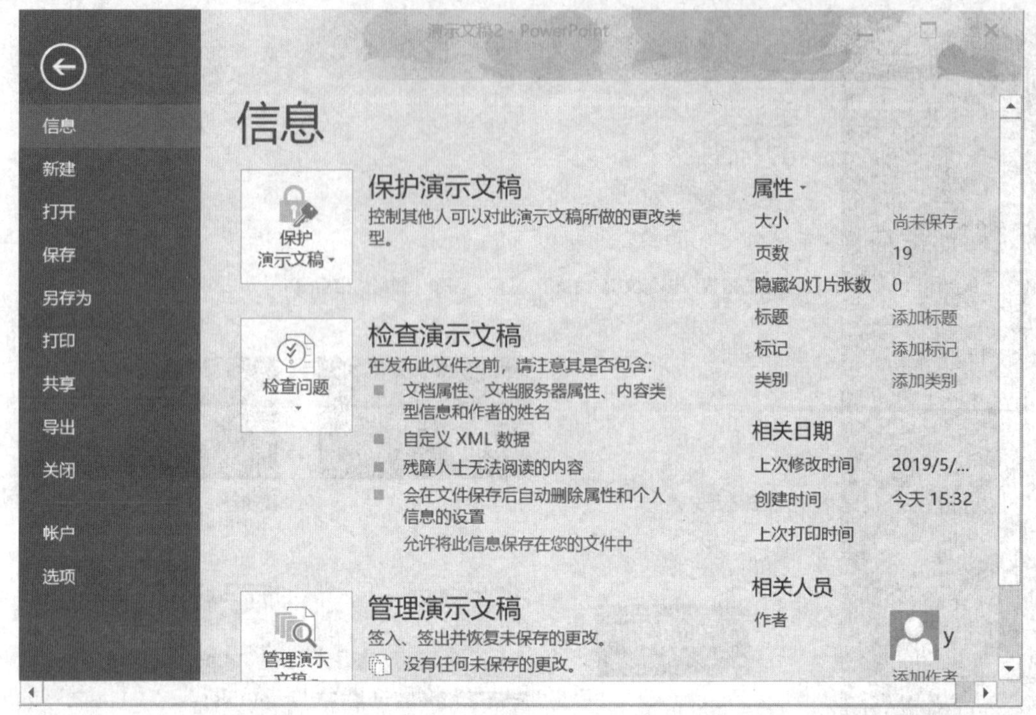

图 6-3 【信息】面板

② 单击【信息】中的【保护演示文稿】按钮，将弹出下拉菜单。

③ 选择下拉菜单中的【用密码进行加密】选项，弹出如图 6-4 所示的【加密文档】对话框。

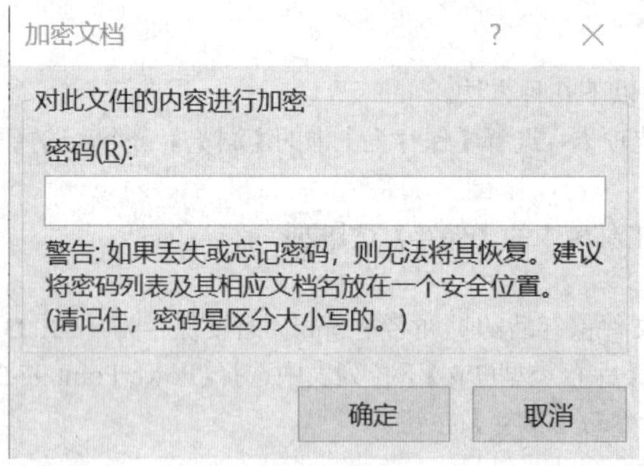

图 6-4 【加密文档】对话框

④ 单击【确定】按钮，系统会要求输入确认密码，再次输入密码，单击【确定】按钮即可。

演示文稿设置了密码并关闭之后，再次打开时，系统会要求输入打开密码，只有密码输入正确，文件才可以打开，所以对文档加密可以起到保护演示文稿的作用。

6.2.6 打开演示文稿

演示文稿可选择以下方法进行打开。

① 单击【文件】选项卡，选择【打开】选项卡，单击【最近】选项可以在右侧选择最近使用的演示文稿进行打开，单击【浏览】按钮，可以在【打开】对话框中选择位置，找到文件并打开。

② 按快捷键 Ctrl+O 进入【打开】选项，按快捷键 Ctrl+F12 弹出【打开】对话框。

6.2.7 关闭演示文稿

演示文稿可选择以下方法进行关闭。

（1）单击【文件】选项卡，在显示的面板中选择【关闭】命令。

（2）单击标题栏右侧的【关闭】按钮。

（3）按快捷键 Alt+F4。

（4）在任务栏上的演示文稿按钮上单击右键，在快捷菜单中选择【关闭窗口】命令。

实例 1：铁路榜样人物宣传演示文稿的制作，按如下要求，完成操作。

（1）创建一个演示文稿，保存名称为“铁路榜样人物”。

（2）为演示文稿设置密码，密码为“123”，关闭演示文稿。

操作方法：

（1）单击【文件】→【新建】→【空白演示文稿】创建一个空白的演示文稿。单击【文件】→【另存为】→【浏览】，在【另存为】对话框中输入文件名称“铁路榜样人物”，选择保存位置→【保存】。

（2）单击【文件】→【信息】→【保护演示文稿】→在下拉列表中选择【用密码进行加密】→在【加密文档】对话框中输入密码“123”，再确认密码“123”，单击【确定】按钮。单击标题栏右侧的【关闭】按钮，关闭演示文稿。

6.3 演示文稿的视图方式

为了建立、编辑、浏览幻灯片的需要，PowerPoint 2016 提供了多种视图，常用的普通视图、幻灯片浏览视图、阅读视图、幻灯片放映之间的切换可以通过状态栏上的“视图按钮”来实现，各种视图的切换也可以在【视图】选项卡的【演示文稿视图】组中单击相应的命令按钮来实现。

1．普通视图

普通视图是 PowerPoint 2016 默认的视图。该视图中，界面由三部分组成：幻灯片窗格、备注窗格和幻灯片编辑区。这些窗格可以在同一个屏幕中使用幻灯片的不同属性。

2．备注页视图

若要为幻灯片添加文本备注，可以在备注窗格中添加，但是要设置备注文本格式或添加图片、图形、图表等备注信息，需要切换到备注页视图。在备注页视图中设置的备注文本格式和添加的图片、图形、图表等对象在普通视图中不显示。在备注页视图中，页面的上方会显示与备注信息框大小相同的幻灯片缩略图，若要扩展备注空间，可以将幻灯片缩略图删除。

3. 阅读视图

阅读视图是幻灯片的预播放状态。在幻灯片编辑过程中，可以随时用阅读视图预览每张幻灯片设计的效果是否满意，以便进一步修改。

4. 幻灯片浏览视图

在此视图中，整个演示文稿所有的幻灯片是以缩略图方式显示的，可以清楚地看到所有幻灯片的排列顺序和前后搭配的效果。同时在该视图下可以对选择的幻灯片进行幻灯片切换设置，并可以预览幻灯片中的动画效果。

5. 大纲视图

该视图中，界面由三部分组成：大纲窗格、备注窗格和幻灯片编辑区。大纲窗格中显示演示文稿的结构和文本。

6.4 制作幻灯片

6.4.1 幻灯片编辑

编辑幻灯片包括在演示文稿中插入、选择、复制、移动、删除幻灯片等操作。

1. 插入新幻灯片

插入新幻灯片可以采用如下方法来实现。

① 在幻灯片窗格或大纲窗格中选择要插入幻灯片的位置，按 Enter 键或单击鼠标右键，在快捷菜单中选择【新建幻灯片】命令。

② 单击【开始】选项卡的【幻灯片】组中的【新建幻灯片】命令。

2. 幻灯片版式设置

在幻灯片编辑窗格中显示的幻灯片为当前幻灯片，用户可根据需要选择不同的版式，设计幻灯片中各对象的布局，并在相应的占位符中输入文本或插入图片等对象。

设置幻灯片版式的具体操作步骤如下。

① 选择要设置版式的幻灯片。

② 在【开始】选项卡的【幻灯片】组中单击【幻灯片版式】按钮，弹出幻灯片版式列表框，如图 6-5 所示。

③ 在列表中选择用户所需的版式，例如选择【两栏内容】版式后，幻灯片效果如图 6-6 所示。

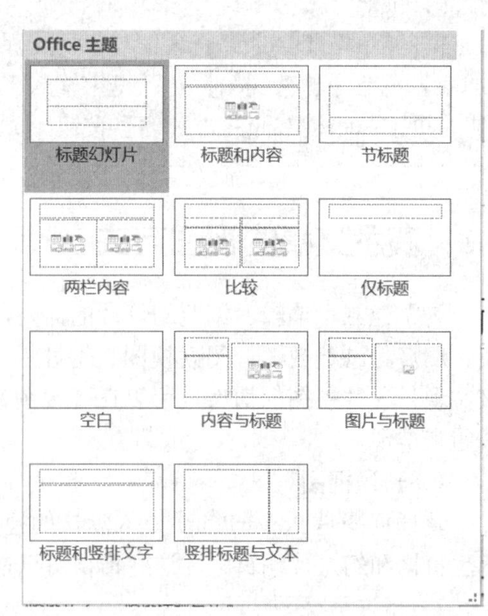

图 6-5 版式列表框

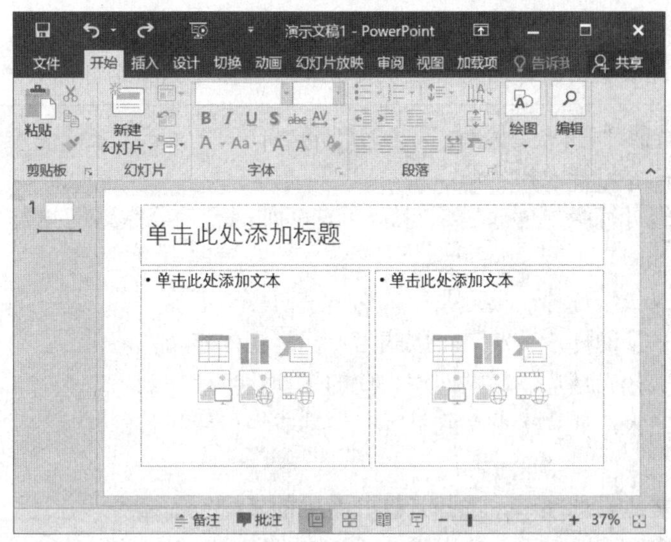

图 6-6 【两栏内容】版式

在如图 6-6 所示的幻灯片中，在出现的占位符中按文字提示输入文字或单击占位符中的图标完成对象的添加。

3．选择幻灯片

选择幻灯片包括选择单张幻灯片和选择多张幻灯片两种。

选择单张幻灯片的步骤为在【幻灯片窗格】或【大纲窗格】中单击要选择的幻灯片即可。被选中的幻灯片边框线条将变为红色并加粗，此时用户可以对幻灯片进行复制、删除等操作。

选择多张幻灯片的操作方法如下。

① 在【幻灯片窗格】或【大纲窗格】中选中一张幻灯片，然后按住 Shift 键，再按键盘上的“↑”或“↓”方向键，可以选中相邻的多张幻灯片。

② 在【幻灯片窗格】或【大纲窗格】中选中一张幻灯片，然后按住 Shift 键，再单击另一张幻灯片，可以同时选中两张幻灯片之间的所有幻灯片。

③ 在【幻灯片窗格】或【大纲窗格】中选中一张幻灯片，然后按住 Ctrl 键，再单击其他幻灯片，可以同时选中不连续的多张幻灯片。

④ 按 Ctrl+A 键可选择所有的幻灯片。

4．复制和移动幻灯片

复制和移动幻灯片的具体操作步骤如下。

① 选中一张或多张幻灯片。

② 在【开始】选项卡的【剪贴板】组中单击【复制】按钮，或按快捷键 Ctrl+C，或单击鼠标右键，在快捷菜单中选择【复制】命令，将幻灯片复制到剪贴板中，如果要移动幻灯片，单击【剪贴】按钮，或者按快捷键 Ctrl+X，或在快捷菜单中选择【剪切】命令，将幻灯片移动到剪贴板中。

③ 单击要插入幻灯片的位置，单击【粘贴】按钮，或按快捷键 Ctrl+V，粘贴幻灯片，即可完成幻灯片的复制或移动操作。

5．删除幻灯片

要删除多余的幻灯片可以按如下方法来实现。

① 在【大纲窗格】或【幻灯片窗格】选择要删除的幻灯片。

② 按 Delete 键或单击鼠标右键，在快捷菜单中选择【删除幻灯片】命令。

实例 2：铁路榜样人物宣传演示文稿的制作，按如下要求，完成操作。

（1）打开“铁路榜样人物”演示文稿。

（2）第一张幻灯片版式为“标题幻灯片”，添加标题为“铁路榜样人物”，副标题为作者信息及日期。

（3）插入第二张幻灯片，第二张版式为“空白”。

（4）插入第三张幻灯片，第三张版式为“标题和内容”。

（5）复制第三张幻灯片，粘贴四遍，使幻灯片数目增加到第 7 张。

（6）复制第二张幻灯片，粘贴到最后（使其成为最后一张幻灯片）。

操作方法：

（1）单击【文件】选项卡，选择【打开】中的【浏览】命令，在【打开】对话框中找到“铁路榜样人物”演示文稿，单击【打开】按钮。

（2）选中第一张幻灯片，单击【开始】选项卡【幻灯片】组中的【版式】按钮，在版式列表中选择 “标题幻灯片”，在“单击此处添加标题”处输入“铁路榜样人物”，在“单击此处添加副标题”处输入作者信息及日期。

（3）单击【开始】选项卡【幻灯片】组中的【新建幻灯片】按钮，插入第二张幻灯片，单击【版式】按钮，在版式列表中选择【空白】。

（4）单击【开始】选项卡【幻灯片】组中的【新建幻灯片】按钮，插入第三张幻灯片，单击【版式】按钮，在版式列表中选择“标题和内容”。

（5）选择第三张幻灯片，按 Ctrl+C 键，在当前幻灯片下按 Ctrl+V 键四遍，粘贴出四张幻灯片。

（6）选择第二张幻灯片，按 Ctrl+C 键，光标定位在最后一张幻灯片下，按 Ctrl+V 键。

6.4.2 幻灯片中对象的添加

PowerPoint 2016 中可以向幻灯片中添加多种对象，包括文本、图片、图形、SmartArt 图、艺术字、图表、表格、媒体剪辑等。

1．文本的输入

文本在演示文稿中最为常用，在幻灯片中输入文本有两种方式，即在文本框中输入和在占位符中输入。

在文本框中输入文本的具体操作步骤如下。

① 单击【插入】选项卡【文本】组中的【文本框】按钮。

② 在下拉列表中选择【横排文本框】或【垂直文本框】命令。

③ 在幻灯片中要输入文本的位置，单击鼠标或用鼠标拖拽出一个矩形框，便出现一个可以输入文本的文本框，文本框中显示文本的输入提示符。

④ 在该文本框中输入所需的文本即可。

在占位符中输入文本的具体操作方法如下：用鼠标单击提示输入文本的占位符，占位符中即出现输入光标，此时直接在占位符中输入文本内容。输入完成后，单击占位符以外的任意位置，可使占位符的边框消失。

2．插入图片、联机图片、艺术字和形状

图片、联机图片、艺术字和形状是幻灯片中不可缺少的组成元素，它可以形象、生动地表达作者的设计意图。在 PowerPoint 中插入与编辑图片、联机图片、艺术字和形状的方法与 Word 2016 中的方法相似，这里不再赘述。

3．插入表格

在幻灯片中插入表格的具体操作如下。

单击【插入】选项卡【表格】组中的【表格】按钮，在弹出的下拉列表中选择相应的选项。

如果幻灯片中有“内容”占位符，占位符中会显示插入表格的图标，单击【表格】图标，将弹出【插入表格】对话框，在对话框中输入行数和列数，再单击【确定】按钮，也可在幻灯片中插入表格。

提示：

选择表格后，在功能区将出现【表格工具】的【设计】和【布局】选项卡，在其中可以对表格的样式、类型、颜色、背景等进行具体设置。

4．插入图表

如果向观众展示的是数据信息，则用图表来描述数据之间的大小关系、变化趋势等更直观，更易于理解。

在幻灯片中插入图表的操作方法如下。

① 单击【插入】选项卡的【插图】组中的【图表】按钮，或在占位符中单击【插入图表】图标，将弹出【插入图表】对话框，如图 6-7 所示。

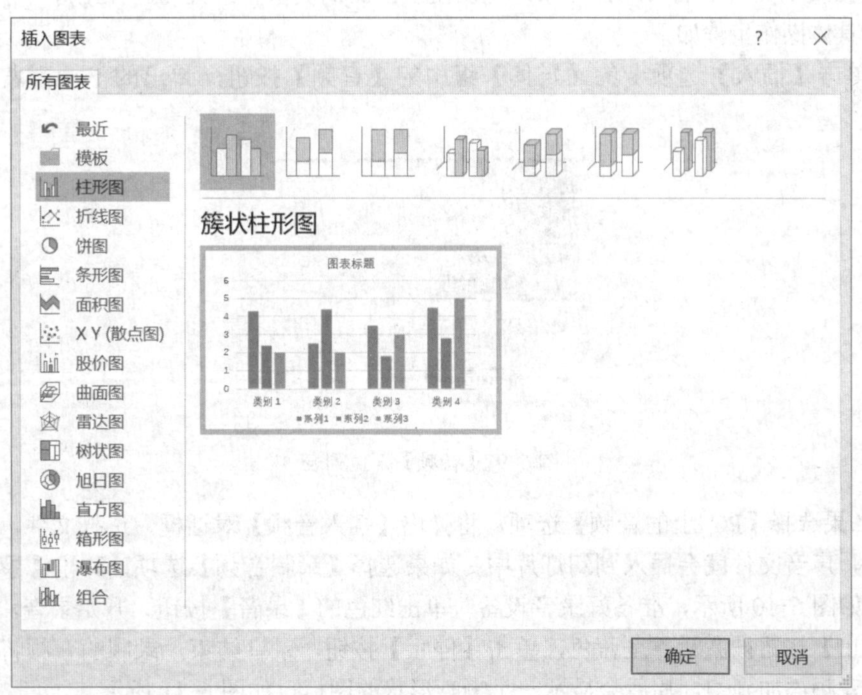

图 6-7 【插入图表】对话框

② 选择图表类型（例如选择簇状柱形图），单击【确定】按钮。此时幻灯片中将显示创建的图表，同时打开该图表的数据表格 Excel 文件，如图 6-8 所示。

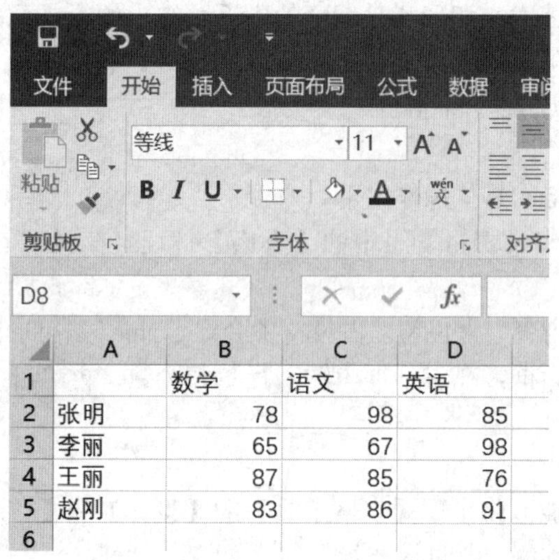

	A	B	C	D
1		数学	语文	英语
2	张明	78	98	85
3	李丽	65	67	98
4	王丽	87	85	76
5	赵刚	83	86	91
6				

图 6-8 图表的数据表格

③ 修改数据表格 Excel 文件中的字段和数据信息，幻灯片中的图表会随之变化。

选择幻灯片中插入的图表后，会激活【图表工具】的【设计】和【格式】选项卡，利用选项卡中的命令可以对图表进行编辑，具体操作方法与 Excel 2016 中图表的编辑方法相同。

5. 插入声音

通过在演示文稿中插入声音对象，可以使演示文稿更富有感染力。在幻灯片中插入并编辑声音的具体操作步骤如下。

① 单击【插入】选项卡的【媒体】组中的【音频】按钮，弹出的下拉列表如图 6-9 所示。

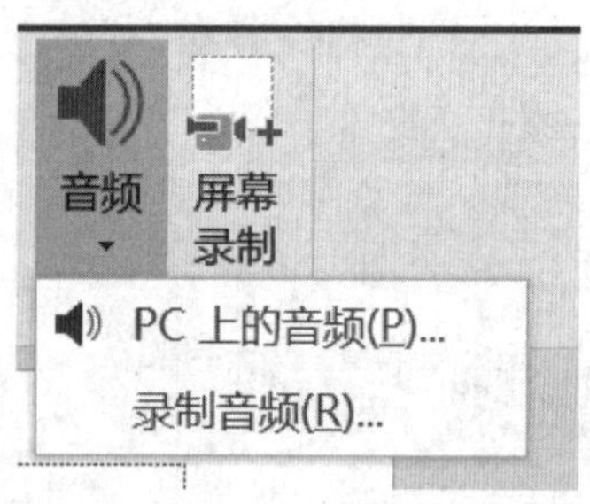

图 6-9 【音频】下拉列表

② 如果选择【PC 上的音频】选项，将弹出【插入音频】对话框，选择文件，单击【插入】按钮，声音文件就会插入到幻灯片中；如果选择【录制音频】选项，弹出【录制声音】对话框，如图 6-10 所示，准备好录音设备，单击红色的【录音】按钮，开始录音，此时，中间的【停止】按钮被激活并呈蓝色，单击【停止】按钮，录音结束，录制的音频将插入到幻灯片中。音频添加到幻灯片后会显示一个喇叭形状的图标，如图 6-11 所示。

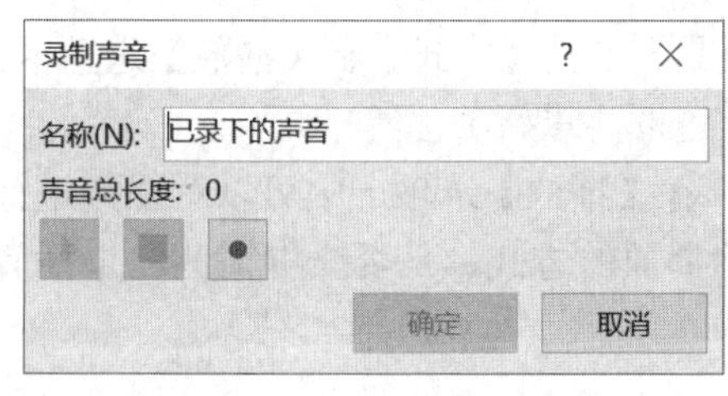

图 6-10 【录音】对话框

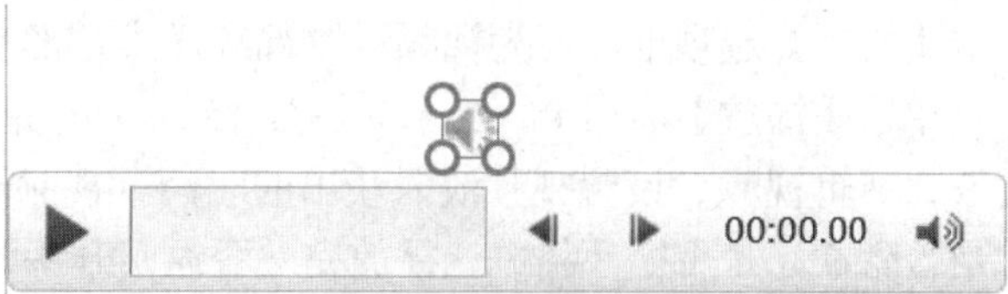

图 6-11　音频图标

③ 编辑音频。选中音频图标会激活【音频工具】及其【格式】和【播放】选项卡。单击【格式】选项卡，可为音频文件设置格式。格式选项卡中的按钮以及按钮功能与图片的按钮功能和使用方法相同。

选中音频图标后，单击【播放】选项卡，显示如图 6-12 所示的界面。

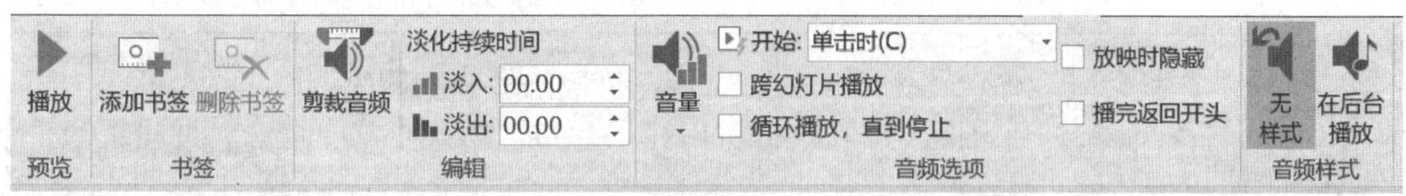

图 6-12　音频的【播放】选项卡

在该选项卡中可以播放音频、对插入音频进行裁剪、设置声音淡入淡出时间、音量的大小、开始播放方式、幻灯片放映时是否隐藏音频图标、是否循环播放音频、播放完后是否返回开头等。

6. 插入视频

在幻灯片中插入视频的方法如下。

单击【插入】选项卡的【媒体】组中的【视频】按钮，将弹出如图 6-13 所示的下拉列表。

如果选择【PC 上的视频】选项将打开【插入视频文件】对话框，选择要插入的视频文件，单击【插入】按钮，可将选中的视频插入到幻灯片中；如果选择【联机视频】选项将弹出【插入视频】对话框，如图 6-14 所示，在【搜索 You Tube】对话框中输入要搜索的视频后，选中视频单击【插入】按钮，在【在此处粘贴嵌入代码】对话框把视频的嵌入代码粘贴到该对话框中，再单击后面的箭头。

图 6-13 【视频】下拉列表

图 6-14 【插入视频】对话框

在幻灯片中单击插入的视频文件，会激活【视频工具】及其【格式】和【播放】选项卡。单击【格式】选项卡，可为视频设置视频样式、形状、边框、重新着色等格式。

单击【播放】选项卡，显示如图 6-15 所示的界面，在【播放】选项卡中可以对视频进行播放、剪辑视频、设置视频淡入淡出的时间、视频开始播放的方式、是否全屏播放、未播放时是否隐藏、是否循环播放、播放完是否返回开头等。

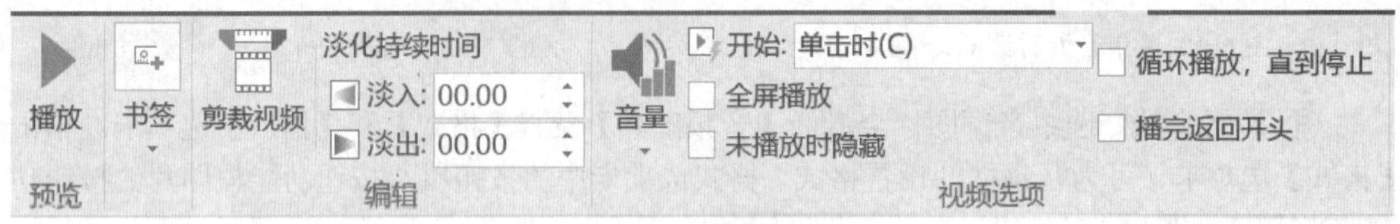

图 6-15 视频的【播放】选项卡

实例 3：铁路榜样人物宣传演示文稿的制作，按如下要求，完成操作。

（1）在第一张幻灯片中插入一个背景音乐，设置音乐与幻灯片一起播放，并设置音乐循环播放，直到演示文稿放映结束。

（2）收集四名铁路榜样人物的素材，在第二张幻灯片中插入四名人物的图片及姓名。

（3）第三张幻灯片到第六张幻灯片的标题分别为四名榜样人物的姓名，文本区包括人物的介绍、人物的图片，或人物的视频。

（4）最后一张幻灯片中插入艺术字，内容为“感谢您的观看！”。

操作方法：

（1）选择第一张幻灯片，单击【插入】选项卡【媒体】组【音频】下拉列表【PC 上的音频】命令，在【插入音频】对话框中选择音频文件，单击【插入】按钮。选中第一张幻灯片中插入的音频文件，单击【播放】选项卡的【音频选项】组，在【开始】下拉列表中选择【自动】选项，勾选【跨幻灯片播放】及【循环播放，直到停止】选项。

（2）选择【插入】选项卡的【图像】组中【图片】下拉列表【此设备】命令，在【插入图片】对话框中选择四张图片，并调整适当大小、放在合适位置。选择【插入】选项卡的【文本】组中【文本框】下拉列表中的【绘制横排文本框】命令，在图片下面或旁边，画出文本框，在文本框中输入铁路榜样人物的名字，并设置适当的字体。

（3）在第三张幻灯片到第六张幻灯片的“单击此处添加标题”处分别录入四名榜样人物的姓名，在“单击此处添加文本”处录入人物的介绍。单击【图片】按钮，弹出【插入图片】对话框，选择人物图片插入或采用第（2）问中的方法插入图片。单击【插入视频文件】按钮，弹出【插入视频文件】对话框，选择一个视频文件后单击【插入】按钮，也可单击【插入】选项卡【媒体】组【视频】下拉列表【PC 上的视频】命令，弹出【插入视频文件】对话框，选择一个视频文件后单击【插入】按钮。

（4）选择最后一张幻灯片，选择【插入】选项卡【文本】组中【艺术字】下拉列表中的一种样式，输入内容“感谢您的观看！”。

6.5　统一幻灯片外观风格

为了使制作的演示文稿在播放时效果统一协调，需要对演示文稿中的所有幻灯片的外观风格进行统一设计。在 PowerPoint 2016 中统一幻灯片外观风格可以通过采用统一的模板、主题、主题的配色方案和背景来实现，也可以通过母版来实现。

6.5.1　应用设计模板

PowerPoint 2016 提供了内嵌的样本模板，在背景颜色、文字效果、背景主题等方面都具有统一的风格。在创建演示文稿时可以应用设计模板来创建演示文稿，在模板的基础上对文本等信息进行修改就可以创建具有统一外观风格的演示文稿。

6.5.2　应用主题

主题就是一组格式设计的组合。其中包含颜色设置、字体设置、对象效果设置、布局设置及背景图形等。

1．使用默认主题

PowerPoint 2016 的每一个默认主题的首页与其他页在布局上都略有不同。应用主题的方法为：在【设计】选项卡的【主题】组中，直接单击选中的主题样式，就可以将主题应用于演示文稿。此时，整个演示文稿中所有幻灯片中的文本以及各种对象具有了统一的格式。

2．设置主题的颜色、字体、效果

可以对系统自带的主题的颜色、字体和效果进行更改，而不会改变主题的整体布局和背景图形。

在【设计】选项卡的【主题】组中，可以选择主题模板，选中右侧的【其他】下拉列表，就可以对演示文稿的颜色、字体、效果、背景样式进行相应的设置，如图 6-16 所示。

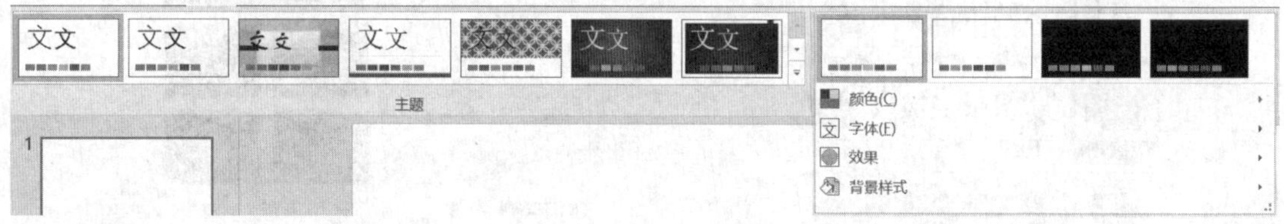

图 6-16　设置主题颜色、字体、效果、背景样式选项

颜色：通过颜色设置，可以更改当前应用的主题中所有对象包括文本、背景、形状、图表等的配色方案。

单击【颜色】按钮，将弹出主题【颜色】的配色方案列表，如图 6-17 所示。选择一种配色方案，整个演示文稿中的各种对象的颜色将发生改变。

字体：通过字体设置，可以更改当前主题中所有文字的字体效果。

单击【字体】按钮，将弹出主题【字体】的下拉列表，如图 6-18 所示。选择一种字体，所有幻灯片中的字体将发生改变。

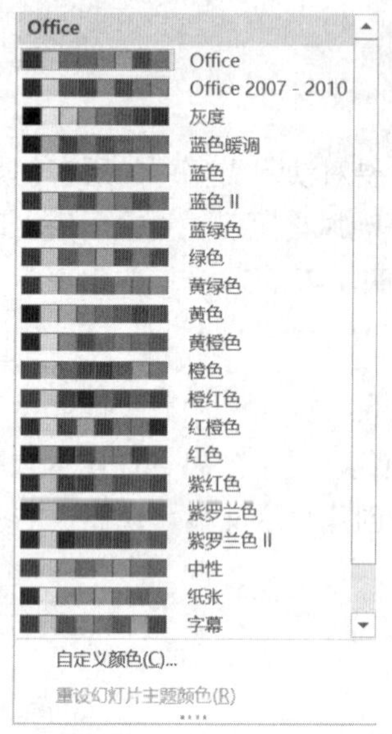

图 6-17 【颜色】下拉列表

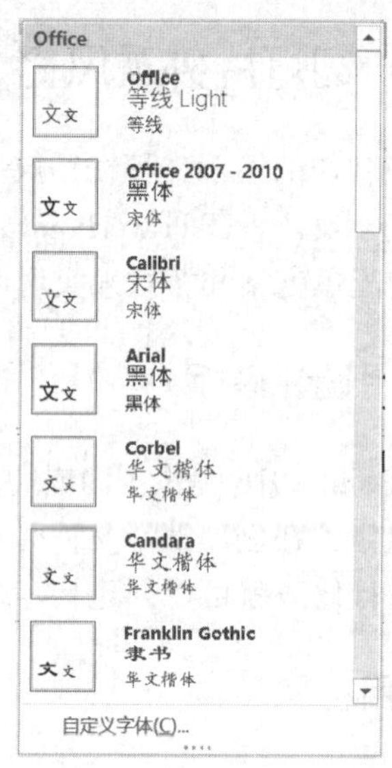

图 6-18 【字体】下拉列表

效果：通过效果设置，可以更改当前主题中所有图形及 SmartArt 图形的外观效果，对其他元素没有影响。

单击【效果】按钮，将弹出主题【效果】的下拉列表，如图 6-19 所示。选择一种效果，幻灯片中的图形对象外观将发生改变。

单击【背景样式】按钮，将弹出主题【背景样式】的下拉列表，如图 6-20 所示。选择一种背景样式，幻灯片的背景将发生改变。

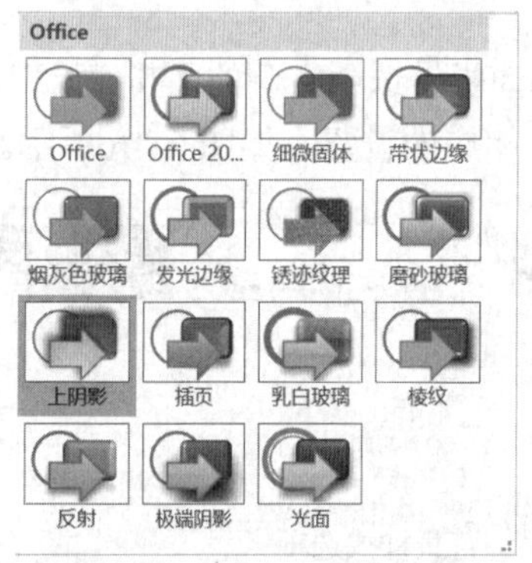

图 6-19 【效果】下拉列表

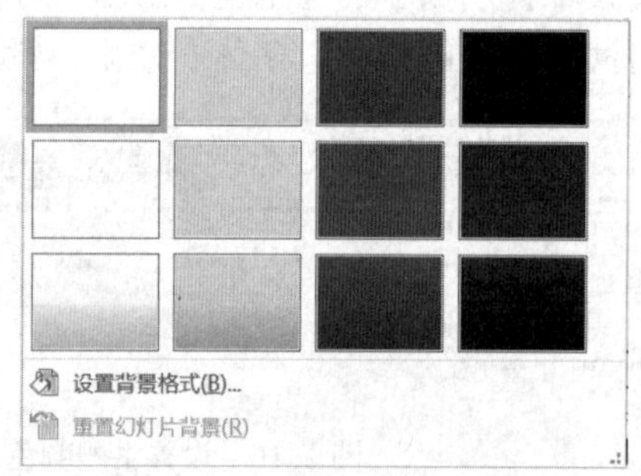

图 6-20 【背景样式】下拉列表

6.5.3 设置背景格式

背景格式可以设置背景的填充效果、颜色、透明度等，设置背景格式的方法如下。

在【设计】选项卡的【自定义】组中单击【设置背景格式】选项，将在 PPT 界面的右侧弹出【设置背景格式】对话框，如图 6-21 所示。

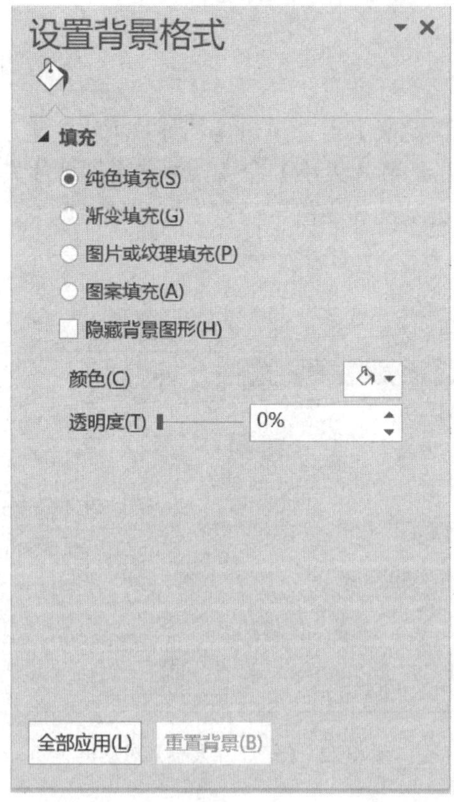

图 6-21 【设置背景格式】对话框

如果设置单一的颜色填充，选择【填充】下面的【纯色填充】选项；如果要填充多种颜色的渐变效果，选择【渐变填充】选项，再设置渐变方式等效果；如果要填充图片或纹理，选择【图片或纹理填充】选项，选择纹理右侧的下拉按钮，选择纹理效果，或单击【文件】按钮，选择要作为背景的图片文件，图片或纹理设置好后，单击【效果】选项，在【艺术效果】下拉列表中可以设置艺术效果，单击【图片】选项，可以设置清晰度、亮度、对比度等；如果要填充系统给定的图案效果，选择【图案填充】选项。如果应用了主题，并且要将主题自带的背景形状隐藏，可以选中【隐藏背景图形】选项。单击【全部应用】按钮，可以将设置应用于所有幻灯片。

实例 4：铁路榜样人物宣传演示文稿的制作，按如下要求，完成操作。

演示文稿应用“回顾”主题，变体颜色为“红橙色”，字体为“华文仿宋”，效果为“发光边缘”，背景样式为“样式 2”。

操作方法：

单击【设计】选项卡，在【主题】组中单击“回顾”主题。选择【变体】组中【颜色】列表中的【红橙色】命令，选择【变体】组中【字体】列表中的【华文仿宋】命令，选择【变体】组中【效果】列表中的【发光边缘】命令，选择【变体】组中【背景样式】列表中的【样式 2】命令。

6.5.4 幻灯片大小

在【设计】选项卡的【自定义】组中单击【幻灯片大小】选项，可以设置 4:3 或 16:9 的全屏显示样式，选择【自定义幻灯片大小】命令，弹出【幻灯片大小】对话框，如图 6-22 所示。这里可以设置幻灯片的宽度及高度值、设置幻灯片编号起始值及幻灯片的方向等。

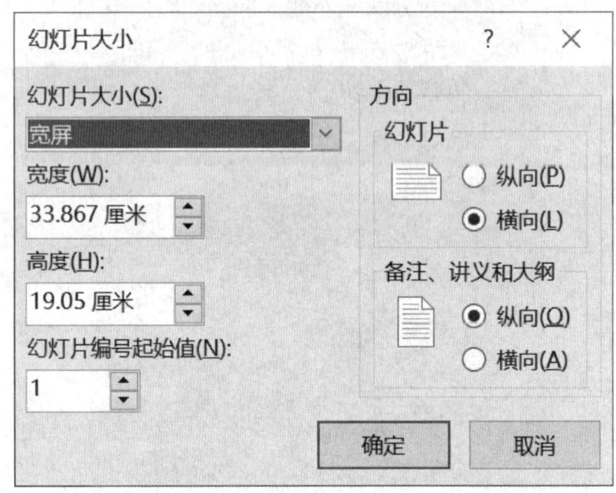

图 6-22 【幻灯片大小】对话框

6.5.5 母版的设置

母版用于为演示文稿中所有幻灯片设置具有的共同属性，是所有幻灯片的底版。幻灯片的母版种类包括：幻灯片母版、讲义母版和备注母版。

母版主要是针对于同步更改所有幻灯片的文本及对象而定的，例如在母版上放入一张图片，则所有应用该母版的幻灯片的同一处都将显示这张图片。要对幻灯片的母版进行修改，必须切换到母版视图才可以修改。对母版所做的任何改动，将应用于所有使用该母版的幻灯片上。若只改变单张幻灯片的版面，只要针对该幻灯片做修改就可以，不用修改母版。

1. 幻灯片母版

最常用的母版是幻灯片母版，通过修改幻灯片母版可以控制幻灯片中插入的对象的格式。

在【视图】选项卡的【母版视图】组中单击【幻灯片母版】按钮，即可进入【幻灯片母版】视图，如图 6-23 所示。

在幻灯片母版视图中，左侧窗格中第一张较大的幻灯片是控制所有幻灯片的母版，对其进行修改可以控制所有的幻灯片中对应对象的格式；对于新建的演示文稿，下面的 11 张较小的幻灯片是与 11 种版式相对应的幻灯片母版。选择对应版式的幻灯片母版对其进行修改，只能控制应用该版式的幻灯片中对象的格式。

图 6-23 【幻灯片母版】视图

2. 备注母版

备注母版主要设置备注视图下幻灯片区域、备注区域的大小及备注信息的格式。

在【视图】选项卡的【母版视图】组中单击【备注母版】按钮，即可进入【备注母版】视图，如图 6-23 所示。在备注母版中可以设置是否显示页眉、幻灯片图像、页脚、日期、正文及页码，可以拖动这些占位符改变其位置。可以编辑主题，改变背景。

3. 讲义母版

讲义是打印幻灯片作为了解演示的内容或作为参考。讲义只显示幻灯片而不包括相应的备注。与幻灯片母版、备注母版不同的是，讲义母版是直接在讲义母版中创建的。

在【视图】选项卡的【母版视图】组中单击【讲义母版】按钮，即可进入【讲义母版】视图，如图 6-24 和图 6-25 所示。

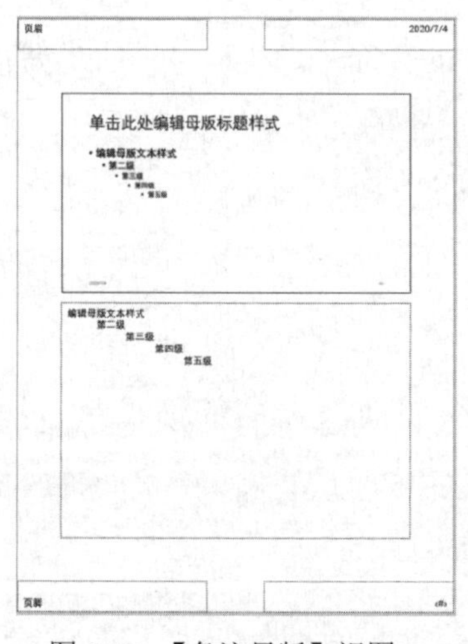

图 6-24 【备注母版】视图

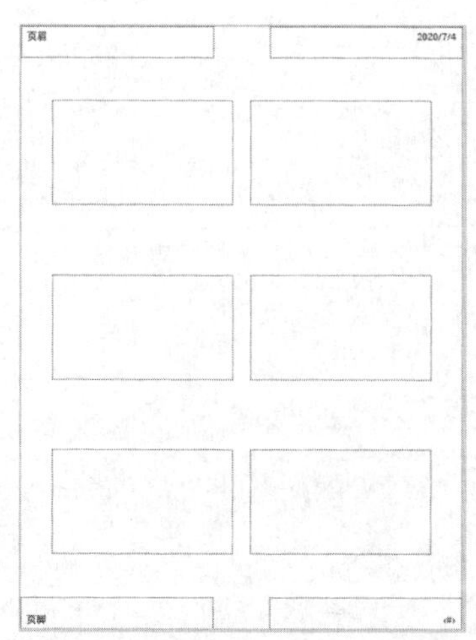

图 6-25 【讲义母版】视图

进入【讲义母版】视图，在【讲义母版】选项卡中可以设置幻灯片的大小、方向、讲义方向、每页幻灯片数量等信息。

实例 5：铁路榜样人物宣传演示文稿的制作，按如下要求，完成操作。

利用母版，在每一页幻灯片的右上角添加文本“向榜样学习”。

操作方法：

在【视图】选项卡的【母版视图】组中单击【幻灯片母版】命令，进入【母版视图】状态。单击所有幻灯片都使用的母版。在【插入】选项卡的【文本】组中选择【文本框】下拉列表中【绘制横排文本框】命令，在右上角画出文本框，并输入文本“向榜样学习”。

评价单

<table>
<tr><td>项目名称</td><td colspan="4"></td><td>完成日期</td><td></td></tr>
<tr><td>班级</td><td></td><td>小组</td><td colspan="2"></td><td>姓名</td><td></td></tr>
<tr><td>学号</td><td colspan="3"></td><td colspan="2">组长签字</td><td></td></tr>
<tr><td colspan="2">评价项点</td><td colspan="2">分值</td><td colspan="2">学生评价</td><td>教师评价</td></tr>
<tr><td colspan="2">PowerPoint 使用熟练程度</td><td colspan="2">10</td><td colspan="2"></td><td></td></tr>
<tr><td colspan="2">各种对象的添加编辑熟练程度</td><td colspan="2">10</td><td colspan="2"></td><td></td></tr>
<tr><td colspan="2">母版使用是否熟练</td><td colspan="2">10</td><td colspan="2"></td><td></td></tr>
<tr><td colspan="2">幻灯片编辑操作是否熟练</td><td colspan="2">10</td><td colspan="2"></td><td></td></tr>
<tr><td colspan="2">幻灯片设计是否满足要求</td><td colspan="2">10</td><td colspan="2"></td><td></td></tr>
<tr><td colspan="2">主题、颜色、背景设置情况</td><td colspan="2">10</td><td colspan="2"></td><td></td></tr>
<tr><td colspan="2">幻灯片整体风格是否协调</td><td colspan="2">10</td><td colspan="2"></td><td></td></tr>
<tr><td colspan="2">创新进取、勇于攀登科学高峰的精神的养成</td><td colspan="2">10</td><td colspan="2"></td><td></td></tr>
<tr><td colspan="2">精益求精、爱岗敬业的工匠精神的养成</td><td colspan="2">10</td><td colspan="2"></td><td></td></tr>
<tr><td colspan="2">文明、平等、公正、诚信、友善的品质的展现</td><td colspan="2">10</td><td colspan="2"></td><td></td></tr>
<tr><td colspan="2">总分</td><td colspan="2">100</td><td colspan="2"></td><td></td></tr>
<tr><td>学生得分</td><td colspan="6"></td></tr>
<tr><td>自我总结</td><td colspan="6"></td></tr>
<tr><td>教师评语</td><td colspan="6"></td></tr>
</table>

知识点强化与巩固

一、填空题

1．PowerPoint 2016 演示文稿文件的扩展名是（　　　　）。

2．复制幻灯片，可以使用快捷键（　　　　）。

3．适合编辑幻灯片内容的视图是（　　　　）。

4．按（　　　　）键可以结束幻灯片的放映状态。

5．要在所有的幻灯片中同一位置添加相同的文本或图片对象，可以在（　　　　）视图中添加。

6．PowerPoint 2016 中，剪切幻灯片的快捷键是（　　　　）。

7．要设置幻灯片中文本的字体、颜色等格式，可以使用（　　　　）选项卡中设置字体格式按钮。

8．在 PowerPoint 2016 中，要选择多张不连续的幻灯片，可以按（　　　　）键，再用鼠标依次单击要选择的幻灯片。

二、选择题

1．打开 PowerPoint 2016，系统新建文件的默认名称是（　　）。

A．DOCl　　B．SHEETl　　C．演示文稿 1　　D．BOOKl

2．PowerPoint 2016 的主要功能是（　　）。

A．幻灯片处理　　B．声音处理　　C．图像处理　　D．文字处理

3．在 PowerPoint 2016 中，添加新幻灯片的快捷键是（　　）。

A．Ctrl+M　　B．Ctrl+N　　C．Ctrl+O　　D．Ctrl+P

4．不属于 PowerPoint 2016 视图的是（　　）。

A．幻灯片浏览视图　　B．页面视图　　C．普通视图　　D．备注页视图

5．进入 PowerPoint 2016 后，默认的视图是（　　）视图。

A．幻灯片浏览　　B．阅读　　C．备注　　D．普通

6．在 PowerPoint 2016 中，【文件】选项卡可创建（　　）。

A．新文件　　B．图表

C．页眉或页脚　　D．动画

7．在 PowerPoint 2016 中，【插入】选项卡可以创建（　　）。

A．新文件　　B．表格、形状与图表

C．文本左对齐　　D．动画

8．在 PowerPoint 2016 中，【设计】选项卡可自定义演示文稿的（　　）。

A．新文件，打开文件　　B．表，形状与图表

C．背景，主题设计和颜色　　D．动画设计与页面设计

9．从当前幻灯片开始放映幻灯片的快捷键是（　　）。

A．Shift+F5　　B．Shift+F4　　C．Shift+F3　　D．Shift+F2

10．要对演示文稿进行保存、打开、新建、打印等操作时，应在（　　）选项卡中操作。

A.【文件】　　B.【开始】　　C.【设计】　　D.【审阅】

11．要在幻灯片中插入表格、图片、艺术字、视频、音频等元素时，应在（　　）选项卡中操作。

A．【文件】　B．【开始】　C．【插入】　D．【设计】

12．在状态栏中没有显示的是（　　）视图按钮。

A．普通　B．幻灯片浏览

C．阅读视图　D．备注页

13．按住（　　）键可以选择多张不连续的幻灯片。

A．Shift　B．Ctrl　C．Alt　D．Ctrl+Shift

14．在幻灯片浏览视图，按住鼠标左键，并拖动幻灯片到其他位置是进行幻灯片的（　　）操作。

A．移动　B．复制　C．删除　D．插入

15．幻灯片的版式是由（　　）组成的。

A．文本框　B．表格　C．图表　D．占位符

16．演示文稿与幻灯片的关系是（　　）。

A．演示文稿和幻灯片是同一个对象　B．幻灯片由若干个演示文稿组成

C．演示文稿由若干个幻灯片组成　D．演示文稿和幻灯片没有联系

17．在应用了版式之后，幻灯片中的占位符（　　）。

A．不能添加，也不能删除　B．不能添加，但可以删除

C．可以添加，也可以删除　D．可以添加，但不能删除

18．设置背景时，若要使所选择的背景应用于所有幻灯片，应该按（　　）。

A．【应用到全部】按钮　B．【关闭】按钮

C．【取消】按钮　D．【重置背景】按钮

19．若要在幻灯片中插入垂直文本框，应选择的选项是（　　）。

A．【开始】选项卡中的【文本框】按钮

B．【审阅】选项卡中的【文本框】按钮

C．【格式】选项卡中的【文本框】按钮

D．【插入】选项卡中的【文本框】按钮

20．在 PowerPoint 2016 中，格式刷位于（　　）选项卡中。

A．【开始】　B．【设计】　C．【切换】　D．【插入】

三、判断题

1．在用 PowerPoint 2016 制作演示文稿中，可以根据需要选择不同的幻灯片版式。（　　）

2．幻灯片中插入的音频，只有在该幻灯片播放时声音才能播放，换片后自动结束。（　　）

3．屏幕截图和删除背景功能是 PowerPoint 2016 的新增功能。（　　）

4．在幻灯片浏览视图中可以对幻灯片中的文本等内容进行编辑。（　　）

5．从头开始播放换灯片可以按 F5 键。（　　）

6．幻灯片中的文本可以设置对齐、缩进、行距等段落格式。（　　）

7．在编辑幻灯片时，若不小心删除了重要的信息，可以按 Ctrl+Z 撤销删除操作。（　　）

8．在幻灯片中插入的视频文件，不能改变播放窗口的大小和形状。（ ）

9．要在幻灯片中插入时间、日期、页眉和页脚信息，必须在幻灯片母版视图中添加。（ ）

10．PowerPoint 2016 中插入的 SmartArt 图是系统设计好的图形，不能改变其形状。（ ）

项目二　幻灯片动画设计

知识点提要

1. 幻灯片动画设置与编辑
2. 幻灯片切换设置
3. 幻灯片超链接设置
4. 幻灯片放映设置

任务单

<table>
<tr><td>任务名称</td><td>幻灯片动画设计</td><td>学时</td><td>2 学时</td></tr>
<tr><td>知识目标</td><td colspan="3">1．掌握幻灯片动画的设置方法。
2．掌握幻灯片切换效果的设置方法。
3．掌握幻灯片放映的设置。
4．掌握动画刷的功能和使用方法。</td></tr>
<tr><td>能力目标</td><td colspan="3">1．能够结合工作需求，按照要求完成动画制作，培养学生制作及展示的能力。
2．引导学生总结归纳讲动画的应用场合及注意事项，培养学生分析问题及总结归纳的能力。
3．引导学生自主设计、制作动画，培养学生创新能力。</td></tr>
<tr><td>素质目标</td><td colspan="3">1．通过铁路榜样人物宣传演示文稿的制作，引导学生学习榜样，培养学生创新进取、勇于攀登科学高峰的精神。
2．通过对演示文稿的操作训练，使学生学会基本操作方法、熟练应用，解决相关问题，培养学生精益求精、爱岗敬业的工匠精神。
3．通过对学生分组教学及训练，使学生相互合作、互相尊重、有效沟通、公正评价、学习有序、物品整洁、垃圾分类，培养学生文明、平等、公正、诚信、友善的品质。</td></tr>
<tr><td>任务描述</td><td colspan="3">对“全功能自动售票机介绍．pptx”进行动画设计，设计要求如下：
1．对第一张幻灯片中的艺术字“全功能自动售票机介绍”进行动画设置，动画效果为“飞入”、自左侧、持续时间 2 秒，单击鼠标时开始播放；在艺术字下面插入一个水平文本框，输入文本内容：专业+班级+姓名，并设置文本格式：黑体，32 号，浅蓝色。
2．为幻灯片中的第一个标题文本添加动画效果，动画效果为“擦除”、自左侧、持续时间 2 秒，单击鼠标时开始播放；用动画刷为其他幻灯片中的标题文本设置动画效果，动画效果与第一个标题文本的动画效果相同。
3．为幻灯片中的第一张图片设置动画效果，动画效果为“向内溶解”，持续时间 3 秒，单击鼠标时开始播放；用动画刷为其他幻灯片中的图片设置动画效果，动画效果与第一张图片的动画效果相同。
4．设置所有幻灯片的切换效果为“框”，持续时间为 2 秒，换片方式为“单击鼠标时”。
5．删除已有的背景音乐，插入一个新的背景音乐，将新插入的背景音乐文件设置为：自动播放，播放时隐藏文件图标，淡入 1 秒，淡出 1 秒，循环播放，直到幻灯片结束放映。
6．作品保存。完成作品后，保存并上交，文件名为“专业+学号+姓名”。
按照小实例的要求完成铁路榜样人物宣传演示文稿的动画制作。</td></tr>
<tr><td>任务要求</td><td colspan="3">1．仔细阅读任务描述中的设计要求，认真完成任务。
2．上交电子作品。
3．小组间互相学习设计中优点。</td></tr>
</table>

资料卡及实例

6.6　设置动画

制作幻灯片时不仅要在幻灯片的内容设计上精雕细琢，还需要在幻灯片对象的动画上下功夫，好的幻灯片动画能给演示文稿带来一定的帮助与推力，使制作的幻灯片更具有吸引力。PowerPoint 2016 提供了强大的动画效果，用户可以为幻灯片中的文本、图片、图表、媒体剪辑等各种对象设置动画效果。

PowerPoint 2016 提供 4 类动画，分别是进入、强调、退出和动作路径。

进入：幻灯片中的对象在幻灯片中出现时的动作形式，比如可以使对象弹跳出现于幻灯片、从边缘飞入幻灯片或者切入视图中等，动画效果分为基本型、细微型、温和型和华丽型。

强调：为了突出强调某一个对象设置的动画效果。强调动画效果包括使对象缩小或放大、闪烁或陀螺旋等，动画效果分为基本型、细微型、温和型和华丽型。

退出：退出效果与进入效果类似但是相反，它是定义对象退出时所表现的动画形式，如让对象飞出幻灯片、从视图中消失或者从幻灯片旋出，动画效果分为基本型、细微型、温和型和华丽型。

动作路径：动作路径这一动画效果是根据形状或者直线、曲线的路径来展示对象游走的路径，使用这些效果可以使对象上下移动、左右移动或者沿着星形或圆形图案移动，动画路径分为基本、直线和曲线以及特殊型。

6.6.1　添加动画效果

添加动画效果的操作步骤如下。

（1）选中要设置动画的对象，单击【动画】选项卡，切换到【动画】面板，如图 6-26 所示。

图 6-26 【动画】选项卡面板

（2）单击【添加动画】按钮，弹出图 6-27 所示的动画效果下拉列表。

（3）在下拉列表中用不同颜色和符号显示 4 类动画效果中常用的效果名称。如果要选择更多的效果，可以单击下方的【更多进入效果】【更多强调效果】【更多退出效果】或【其他动作路径】选项，弹出动画效果对话框，如图 6-28 所示的便是【添加进入效果】对话框，其他动画效果对话框类似。

（4）在下拉列表中单击选择的动画效果或在对话框中选择一种动画效果，单击【确定】按钮，就为选择的对象添加了动画效果。

提示：

若选择的是某种动作路径效果，需要在幻灯片中绘制路径线图，路径线的绿色端为动作路径的起点，红色端为动作路径的终点。可以通过鼠标来调整路径的位置、大小等属性。

添加了动画效果之后，单击如图 6-26 所示的【动画】面板中的【高级动画】组中的【动画窗格】按钮，将显示动画窗格，如图 6-29 所示，在此窗格中将显示添加的动画。

图 6-27 动画效果下拉列表

图 6-28 【添加进入效果】对话框

图 6-29 动画窗格

6.6.2 编辑动画效果

1. 更改动画效果

要更改动画效果，首先在动画窗格的动画序列中选择要更改的动画编号，在【动画】选项卡的【动画】组中单击【其他】按钮，选择一个动画效果即可。

2. 设置动画的效果选项

设置【动画选项】可以通过以下两种方法来实现。

（1）利用【动画】选项卡的【动画】组中的【效果选项】按钮来实现，操作步骤如下。

【效果选项】按钮的图标以及下拉列表中的内容会随着所选的动画效果不同而有所变化。例如：设置的动画效果为进入类型中的“飞入”效果，【效果选项】图标为箭头，内容为方向，自底部、自左侧、自右上部等；若动画效果为退出类型中的“随机线条”效果，【效果选项】图标为带线条的星型，内容为水平和垂直。

设置【动画选项】的方法为：如果添加的动画效果有效果选项，在动画窗格的动画序列中单击要设置动画选项的动画编号，再单击【效果选项】按钮，在弹出的下拉列表中选择一项即可。

（2）利用【效果选项】对话框来实现，操作步骤如下。

在动画序列中选择要设置效果选项的动画序号，单击右侧的下拉按钮，选择【效果选项】，弹出的对话框，默认打开的是【效果】选项卡，如图 6-30 所示。在【效果】选项卡中【设置】区域可设置方向等效果选项，在【增强】区域可设置动画声音及动画播放后的状态。

3．设置动画计时

动画计时包括动画开始、持续时间、延迟、动画重新排序设置。

设置【动画计时】可以通过以下两种方法来实现。

（1）利用【动画】选项卡【计时】组中的设置框来实现，操作步骤如下。

【开始】设置框：设置动画开始播放的方式，有【单击时】【与上一动画同时】【上一动画之后】三个选项。

【单击时】：当幻灯片放映到动画序列中该动画效果时，单击鼠标，动画开始播放，否则将一直停在此位置等待用户单击鼠标。

【与上一动画同时】：与动画序列中该动画相邻的前一个动画效果同时播放，这时其序号将与前一个用单击开始的动画效果的序号相同。

【上一动画之后】：该动画效果将在幻灯片的动画序列中与之相邻的前一个动画效果播放完时发生，这时其序号将和前一个用单击开始的动画效果的序号相同。

【持续时间】设置框：设置动画效果播放延续的时间，单位为秒。可以通过设置持续时间的长短来调整动画播放的速度。

【延迟】设置框：设置动画效果从开始触发计时到动画播放之间的时间间隔。

对动画重新排序设置包括向前移动和向后移动，单击【向前移动】按钮，使当前选中的动画向上移动一个位置，即使其播放次序提前。单击【向后移动】按钮，使当前选中的动画向下移动一个位置，即使其播放次序延后。

（2）利用【效果选项】对话框来实现，操作步骤如下。

在动画序列中选择要设置效果选项的动画，单击右侧的下拉按钮，选择【效果选项】，在弹出的对话框中选择【计时】选项卡，如图 6-31 所示。在【计时】选项卡中设置开始方式、延迟、期间、重复播放的次数等选项。

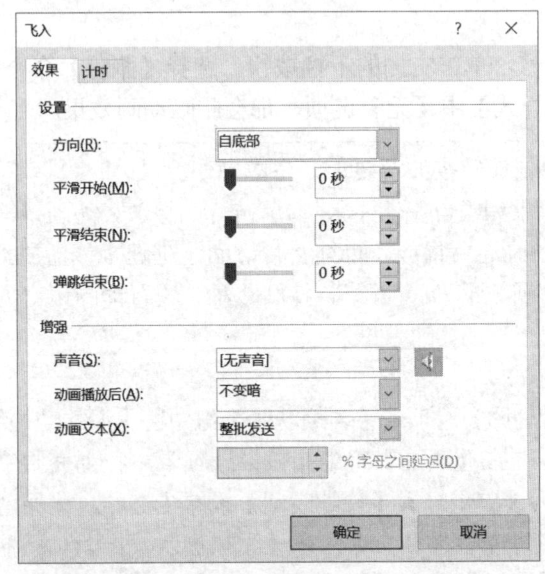

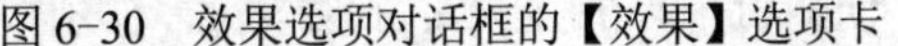
图 6-30　效果选项对话框的【效果】选项卡

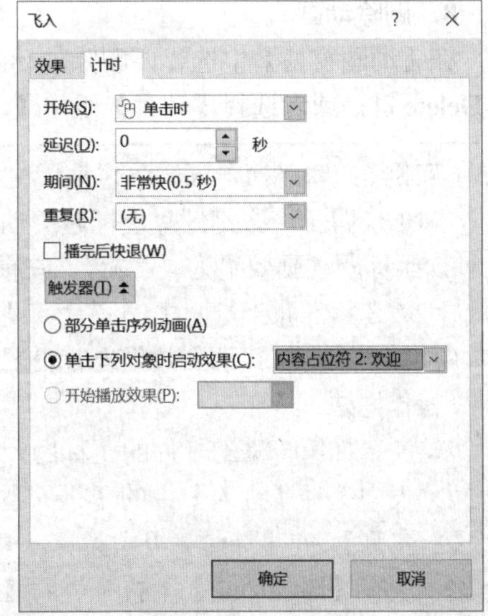

图 6-31　效果选项对话框的【计时】选项卡

4．设置触发器

可以为动画设置触发器，即选择单击幻灯片中的某个对象时触发该动画。设置方法为：

在【计时】选项卡中，在【触发器】下方选择【单击下列对象时启动效果】后的下拉按钮，选择一个对象即可。

如果设置了触发器，则在【计时】中设置的【开始】方式将失效。

5. 设置动画声音

为动画效果添加合适的声音效果，可以使动画更具吸引力。为动画添加声音效果的方法为：在动画序列中选择要设置声音的动画，单击右侧的下拉按钮，选择【效果选项】，打开图 6-29 所示的对话框，在【效果】选项卡【增强】区域下的【声音】右侧单击下拉按钮，选择一个声音即可。

6. 动画刷的使用

动画刷是用来复制动画效果的工具，要对多个对象设置相同的动画效果、开始方式、持续时间、延迟等效果选项，使用动画刷可以节省大量的设计时间。

动画刷的使用方法如下。

在多个需要设置相同动画效果的对象中选择一个对象，添加动画并编辑。设置完成后，选择该对象，单击【高级动画】组中的【动画刷】按钮，再单击其他对象，即可将动画效果复制到被单击的其他对象中。

提示：

选择了带有动画效果的对象后，单击【动画刷】按钮，只能为一个其他对象复制动画效果；双击【动画刷】按钮，可以为多个其他对象复制动画效果，再次单击【动画刷】按钮取消操作。

7. 调整动画顺序

在如图 6-28 所示的【动画窗格】中选择要移动位置的动画编号，单击下方的【上移】按钮或【下移】按钮来调整动画顺序。

8. 删除动画

在【动画窗格】中选择要删除的动画编号，单击右侧的下拉按钮，选择【删除】命令或按 Delete 键，或者选择【动画】组中【动画样式】中【无】选项，都会删除动画效果。

实例 6：铁路榜样人物宣传演示文稿的制作，按如下要求，完成操作。

（1）设置第一张幻灯片主标题的动画效果为“自左侧飞入”，单击开始播放，动画持续 2 秒，副标题动画效果为“回旋”，在前一动画之后播放，持续 2 秒时间，延迟 1 秒播放。

（2）在第三张幻灯片中的图片，设置动画效果为“擦除”，持续 3 秒，设置动画声音为“风铃”。其余幻灯片动画效果自行设置。

操作方法：

（1）选择第一张幻灯片的主标题，在【动画】选项卡【高级动画】组中的【添加动画】下拉列表中选择【进入】中的【飞人】命令，在【动画】组中【效果选项】下拉列表中选择【自左侧】，在【计时】组中设置：开始为【单击时】，【持续时间】设置为 2 秒。选择副标题，选择【添加动画】下拉列表中【更多进入效果】命令，在【添加进入效果】对话框中【温和】选项中选择【回旋】命令，在【计时】组中设置【开始】为【上一动画之后】，【持续时间】设置为 2 秒，【延迟】设置为 1 秒。

（2）选择第三张幻灯片，选中图片，在【动画】选项卡【高级动画】组中的【添加动画】下拉列表中选择【进入】中的【擦除】命令，在【计时】组中设置【持续时间】为 3 秒，单击【高级动画】组中【动画窗格】命令，在【动画窗格】中选择图片的动画，单击右侧的下拉按钮，选择【效果选项】命令，在【效果】选项卡中【声音】后选择【风铃】。

6.7　设置幻灯片切换效果

幻灯片切换是指演示文稿在播放过程中每一张幻灯片进入和离开屏幕时产生的视觉效果，也就是让幻灯片之间的切换以动画方式放映的特殊效果。PowerPoint 2016 提供了多种切换方案，例如切出、淡出、推进、擦除等等。在演示文稿制作过程中，可以为指定的一张幻灯片设计切换方案，也可以为全部幻灯片设计切换方案。

1．设置幻灯片切换效果

设置幻灯片切换效果的方法步骤如下。

（1）单击【切换】选项卡，显示的【切换】面板如图 6-32 所示。

图 6-32　【切换】面板

（2）单击【切换到此幻灯片】组【切换方案】右下角的下拉按钮，将弹出切换方案列表，如图 6-33 所示。

（3）在下拉列表中选择需要的切换效果，单击即可。

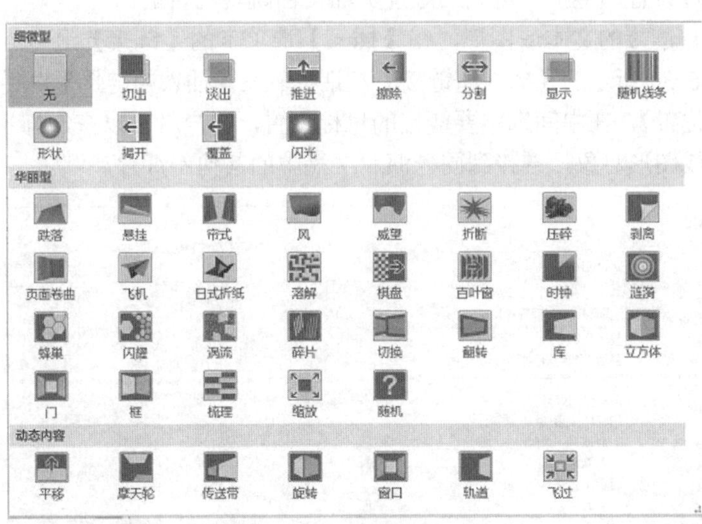

图 6-33　【切换方案】样式列表

2．设置幻灯片之间切换的效果选项

幻灯片切换的效果选项是指切换方案的方向、颜色、方式等，【效果选项】按钮在【切换到此幻灯片】命令组的右侧，它会随着选择的切换方案不同图标样式和效果选项有所不同，例如“百叶窗”方案的效果选项有水平和垂直两项；“平移”方案的效果选项有自底部、自左

侧、自右侧和自顶部四项；“闪光”“蜂巢”方案没有效果选项等。

设置切换方案的效果选项的方法：在选择了某个切换方案后，【效果选项】会变成与所选方案相同的图标，单击【效果选项】按钮，在弹出的列表中选择一个选项即可。

3. 设置幻灯片切换的声音

在【切换】选项卡的【计时】组中【声音】下拉列表框中选择一个声音。

4. 设置幻灯片切换的持续时间

在【切换】选项卡的【计时】组中【持续时间】数值框中设置持续时间，单位为秒。通过设置时间的长短来确定幻灯片切换的速度。

5. 设置幻灯片之间的换片方式

在【切换】选项卡的【计时】组中的【换片方式】下，可以选择单击鼠标时切换或通过设置自动换片时间来切换。自动换片时间以秒为单位来设置幻灯片切换时间。

6. 全部应用

在【切换】选项卡的【计时】组中单击【全部应用】按钮，可以将设置好的切换效果应用于所有幻灯片。

7. 删除幻灯片之间的切换效果

若要删除幻灯片的切换效果方案，选择【切换方案】列表中的【无】选项，就可以将已添加的幻灯片切换效果删除。

6.8 设置超链接

1. 链接到同一演示文稿中的其他幻灯片

用户可以通过设置超链接，达到幻灯片页面自由跳转的目的。

选中要设置超链接的文本或图形，在【插入】选项卡的【链接】组中，选择【超链接】命令，出现如图 6-34 所示的【插入超链接】对话框。在【插入超链接】对话框中的左侧，单击【本文档中的位置】，在中间选中要链接的目标位置，用户就可以在幻灯片播放的过程中，通过单击该文本或图形对象，链接到同一演示文稿中的其他幻灯片。

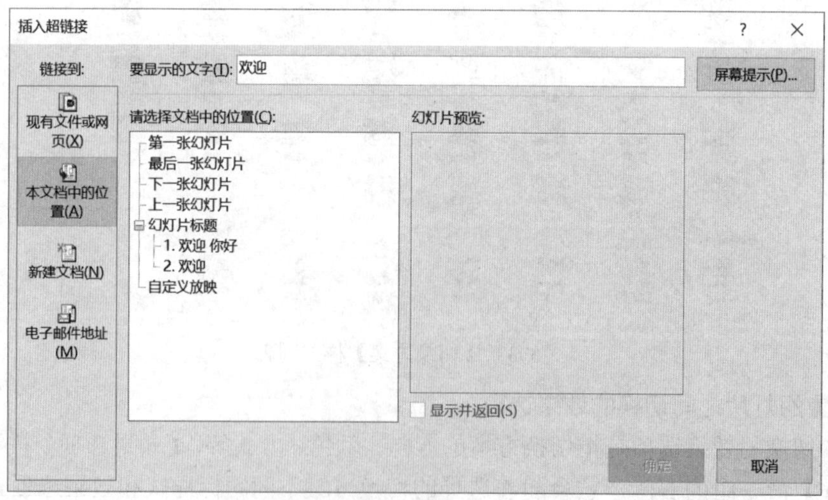

图 6-34 【插入超链接】对话框

2．链接到其他演示文稿中的幻灯片

在【插入超链接】对话框中，单击【现有文件或网页】，如图 6-35 所示。在右侧查找范围下拉列表中选择要插入的超链接目标文件，就可以将文本或图形对象链接到其他演示文稿中的幻灯片。单击【新建文档】就可以将演示文稿链接到某一新建的文档，单击【电子邮件地址】，在电子邮件地址文本框中输入邮件地址，在运行该链接时就可以写邮件发送给该地址。

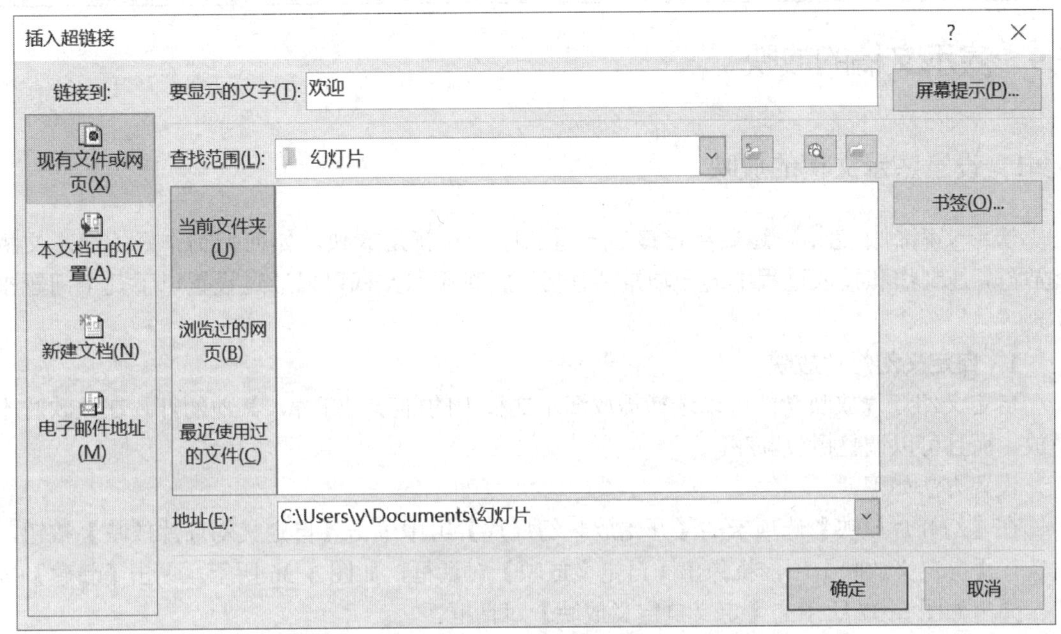

图 6-35 【插入超链接】对话框

3．更改或删除超链接

选中已设置超链接的文本或图形，单击【插入】选项卡中的【超链接】，弹出【编辑超链接】对话框，在【编辑超链接】对话框中，单击【删除链接】按钮就可以删除超链接。

提示：

在设置超链接时，也经常通过动作实现。选择要链接的内容后，在【链接】组中选择【动作】命令，在弹出的【操作设置】对话框中，选择【超链接到】命令，并从下拉列表中选择【幻灯片】命令，弹出【超链接到幻灯片】对话框，在【幻灯片标题】下选择一张需要链接的幻灯片后单击【确定】按钮，如果想在链接时出现声音可以在【播放声音】下选择一个声音后单击【确定】按钮。在【操作设置】对话框中如果选择的是【单击鼠标】选项卡，则在播放幻灯片时通过单击对象实现超链接，如果选择【鼠标悬停】选项卡则在播放幻灯片时通过鼠标悬停在对象上实现超链接。

实例 7： 铁路榜样人物宣传演示文稿的制作，按如下要求，完成操作。

（1）将第二张幻灯片中的人物图片超级链接到对应的幻灯片中。

（2）设置第所有幻灯片的切换效果为“覆盖”。

操作方法：

（1）在第二张幻灯片中，选择一张人物照片，在【插入】选项卡的【链接】组中选择

【动作】命令，在【单击鼠标】选项卡中的【超链接到】下拉列表中选择【幻灯片】命令，在弹出的【超链接到幻灯片】对话框中选择要链接的幻灯片，单击【确定】按钮，再次单击【确定】按钮。

（2）选择【切换】选项卡，在【切换到此幻灯片】组中选择【覆盖】效果，单击【计时】组中的【应用到全部】按钮。

6.9 演示文稿的放映

6.9.1 设置演示文稿的放映

演示文稿制作完毕，还要经过最后一道工序，那就是放映。如何把制作好的演示文稿播放好，是制作和播放过程中的一项重要任务。放映演示文稿可以通过设置以下几个问题来实现。

1．自定义幻灯片放映

自定义幻灯片放映功能可以选择播放演示文稿中的部分幻灯片，其他幻灯片在放映时不播放，而且可以调整播放顺序。

设置方法如下：

在【幻灯片放映】选项卡的【开始放映幻灯片】组中单击【自定义幻灯片放映】按钮，再选择【自定义放映】项，将弹出【自定义放映】对话框，如图 6-36 所示。单击【新建】按钮，弹出如图 6-37 所示的【定义自定义放映】对话框。

图 6-36 【自定义放映】对话框

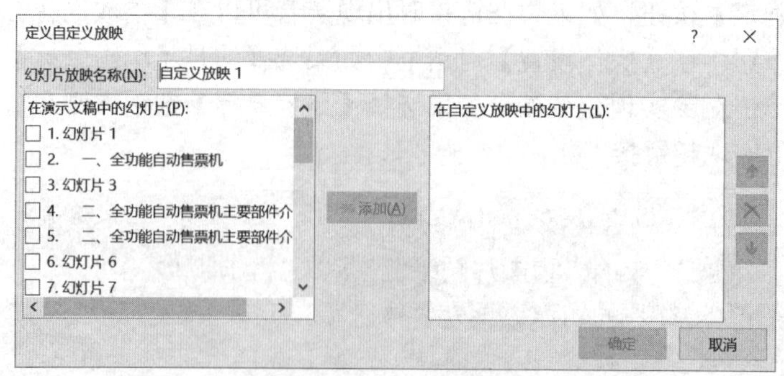

图 6-37 【定义自定义放映】对话框

在【在演示文稿中的幻灯片】下选择要放映的换灯片，单击【添加】按钮，使其添加到右侧的【在自定义放映中的幻灯片】下面。

添加到【在自定义放映中的幻灯片】区域的幻灯片可以调整播放的先后顺序，单击要调整顺序的幻灯片，按【向上】按钮↑或【向下】按钮↓完成播放顺序的调整，单击【删除】按钮×，可以删除添加到自定义放映中的幻灯片。

2．设置放映方式

通过设置放映方式，可以使用户随心所欲地控制幻灯片的放映过程。

在【幻灯片放映】选项卡中，单击【设置幻灯片放映】按钮，打开【设置放映方式】对话框，如图 6-38 所示。在这里用户可以方便地设置幻灯片的放映方式。

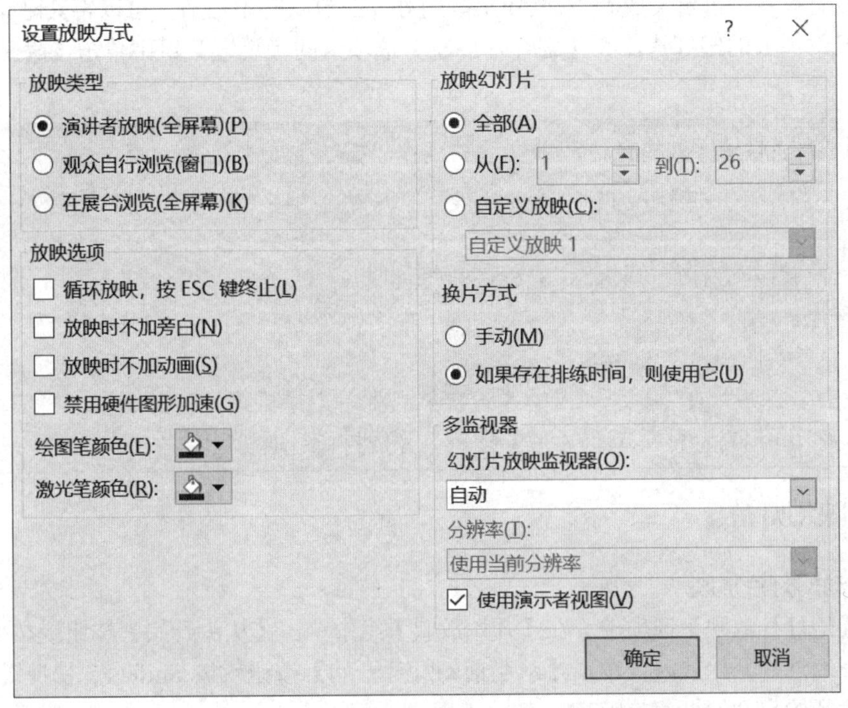

图 6-38　【设置放映方式】对话框

3．应用排练计时

在【幻灯片放映】选项卡的【设置】组中，选择【排练计时】命令，就可以立即以排练计时方式启动幻灯片放映，此时，在幻灯片放映屏幕的左上角会出现如图 6-39 所示的【录制】对话框。每次换片，重新计时，它会记录每张幻灯片播放的时间长度。用户可以方便地看到播放及讲解演示文稿所用的时间。结束放映后，可以选择是否保留排练计时，若保留，则在设置放映方式时可以选择使用排练计时。

图 6-39　排练计时的【录制】对话框

4．录制旁白

通过录制旁白可以将演讲者的解说声音添加到幻灯片中，这样不在场的观众也能听到演讲。

录制旁白的操作步骤如下。

（1）准备好录音设备。

（2）在【幻灯片放映】选项卡的【设置】组单击【录制幻灯片演示】按钮，可选择【从头开始录制】或【从当前幻灯片开始录制】进入播放状态，开始录制，按 Esc 结束放映状态，录制结束。对每张幻灯片的解说都会被录制为音频文件，自动添加到幻灯片中。

5．隐藏幻灯片

如果没有设置"自定义放映"，要使某些幻灯片在放映时不播放，可以将其隐藏。设置方法为：选择不播放的幻灯片，在【幻灯片放映】选项卡的【设置】组中单击【隐藏幻灯片】按钮即可。

实例 8：铁路榜样人物宣传演示文稿的制作，按如下要求，完成操作。

（1）在倒数第二张幻灯片中输入标题"感悟"，并在文本处以图文的形式写出自己的体会。

（2）对幻灯片进行排练计时，并应用排练计时。

操作方法：

（1）参考实例 2 及实例 3 的步骤。

（2）在【幻灯片放映】选项卡的【设置】组中单击【排练计时】命令，对幻灯片进行放映，结束后弹出对话框，单击【是】按钮，完成排练计时。

6.9.2 放映幻灯片

1．启动幻灯片放映

单击【幻灯片放映】选项卡，在【开始放映】组中单击【从头开始】按钮或按 F5 键，可以从第一张幻灯片开始放映；单击【从当前幻灯片开始】按钮或按 Shift+F5 快捷键，可以从当前幻灯片开始启动幻灯片放映。

在排练演示文稿时，幻灯片放映视图能够清晰地展示最终成果。在该视图中，幻灯片全屏方式显示。可以按 Page Up 或 Page Down 键翻页或单击幻灯片换页。用户可以浏览每张幻灯片的动画效果及切换效果。

2．退出幻灯片放映

要退出放映状态，可以使用如下的方法。

（1）在放映的幻灯片上单击鼠标右键，在弹出的快捷菜单中选择【结束放映】。

（2）按 Esc 键。

评价单

项目名称		完成日期	
班级	小组	姓名	
学号		组长签字	
评价项点	分值	学生评价	教师评价
PowerPoint 使用熟练程度	10		
主题、颜色、背景设置情况	10		
动画效果设置	10		
幻灯片切换效果设置	10		
幻灯片放映设置	10		
幻灯片设计是否满足要求	10		
幻灯片整体风格是否协调	10		
创新进取、勇于攀登科学高峰的精神的养成	10		
精益求精、爱岗敬业的工匠精神的养成	10		
文明、平等、公正、诚信、友善的品质的展现	10		
总分	100		
学生得分			
自我总结			
教师评语			

知识点强化与巩固

一、填空题

1．PowerPoint 2016 提供 4 类动画，分别是进入、强调、（　　　　）和（　　　　）。

2．在幻灯片中若要复制动画效果，可以使用【动画】选项卡中的（　　　　）按钮。

3．若要从第一张幻灯片开始播放演示文稿，可以使用（　　　　）选项卡中的【从头开始】命令按钮。

4．若要使每张幻灯片能按各自所需的时间实现连续自动播放，应进行（　　　　）。

5．在幻灯片中设置（　　　　）可以使幻灯片在播放时自由跳转到其他位置。

6．创建并编辑动画效果要使用（　　　　）选项卡中的命令。

二、选择题

1．在 PowerPoint 2016 中，要设置幻灯片循环放映，应选择（　　）选项卡中的设置幻灯片放映。

A．开始　　B．视图　　C．幻灯片放映　　D．审阅

2．如果要从一张幻灯片“溶解”到下一张幻灯片，应在（　　）选项卡中设置。

A．设计　　B．切换　　C．幻灯片放映　　D．动画

3．幻灯片母版可以起到的作用是（　　）。

A．设置幻灯片的放映方式

B．定义幻灯片的打印页面范围

C．设置幻灯片的切换效果

D．统一设置整套幻灯片的标志图片或多媒体元素

4．要设置幻灯片中对象的动画效果以及动画的出现方式时，应在（　　）选项卡中操作。

A．【切换】　　B．【动画】　　C．【设计】　　D．【审阅】

5．要设置幻灯片的切换效果以及切换方式时，应在（　　）选项卡中操作。

A．【开始】　　B．【设计】　　C．【切换】　　D．【动画】

6．若要在幻灯片播放时，从“盒装展开”效果变换到下一张幻灯片，需要设置幻灯片的（　　）。

A．动画　　B．放映方式　　C．切换　　D．自定义放映

7．在 PowerPoint 2016 中，【动画刷】按钮所在的选项卡是（　　）。

A．【开始】　　B．【设计】　　C．【动画】　　D．【切换】

8．对幻灯片进行【排练计时】设置的作用是（　　）。

A．预置幻灯片播放时的动画　　B．预置幻灯片播放时的放映方式

C．预置幻灯片的播放顺序　　D．预置幻灯片播放的时间控制

9．演示文稿的基本组成单元是（　　）。

A．图形　　B．文本　　C．幻灯片　　D．占位符

10．要使幻灯片中的标题、图片、文字等按顺序出现，应进行的设置是（　　）。

A．放映方式　　B．切换　　C．动画　　D．超链接

11．在 PowerPoint 2016 的幻灯片切换中，不能设置切换的（　　）。

A．换片方式　B．颜色　C．声音　D．持续时间

12．如果要从第 2 张幻灯片跳转到第 5 张幻灯片，应设置（　　）。

A．超链接　B．动画　C．切换　D．排练计时

13．播放幻灯片时，以下说法正确的是（　　）。

A．只能按顺序播放　B．只能按幻灯片编号的顺序播放

C．可以按任意顺序播放　D．不能逆序播放

14．在幻灯片浏览视图下，不能（　　）。

A．插入幻灯片　B．删除幻灯片

C．更改幻灯片顺序　D．编辑幻灯片中的文字

15．在对幻灯片中的对象设置动画时，不可以设置（　　）。

A．动画效果　B．动画时间　C．开始方式　D．结束方式

16．PowerPoint 2016 中幻灯片默认版式共有（　　）种。

A．1　B．7　C．11　D．16

17．更改幻灯片主题使用的选项卡是（　　）。

A．开始　B．设计　C．切换　D．动画

三、判断题

1．动画窗格中的动画序列顺序是不能调整的。（　　）

2．在 PowerPoint 2016 中，幻灯片母板是一张特殊的幻灯片，包含已设定格式的占位符（　　）

3．对于演示文稿中不准备放映的幻灯片可以隐藏起来。（　　）

4．PowerPoint 2016 自定义动画中，所有动画效果都可以设置循环播放。（　　）

5．在 PowerPoint 2016 环境中，“项目符号”按钮通常在【开始】选项卡上。（　　）

6．在 PowerPoint 2016 中，放映方式有演讲者放映、观众自行浏览和在展台浏览三种。（　　）

7．在 PowerPoint 2016 中，【自定义放映】选项可以选择要播放的幻灯片及其播放顺序。（　　）

8．幻灯片中的对象设置了动画效果后，不能改变动画的播放速度。（　　）

9．若设置了幻灯片切换效果，则所有的幻灯片在切换时都是相同的效果。（　　）

10．幻灯片中可以为图片设置超链接，文本不能设置超链接。（　　）